住房城乡建设部土建类学科专业"十三五"规划教材
全国住房和城乡建设职业教育教学指导委员会工程管理类专业
指 导 委 员 会 规 划 推 荐 教 材

建筑施工质量验收与
资 料 管 理

蒋孙春　编著
冯锦华　主审

中国建筑工业出版社

图书在版编目(CIP)数据

建筑施工质量验收与资料管理/蒋孙春编著. —北京：
中国建筑工业出版社，2020.9 （2024.7重印）
住房城乡建设部土建类学科专业"十三五"规划教材
全国住房和城乡建设职业教育教学指导委员会工程管
理类专业指导委员会规划推荐教材
ISBN 978-7-112-25388-3

Ⅰ. ①建… Ⅱ. ①蒋… Ⅲ. ①建筑工程-工程质量-
工程验收-高等职业教育-教材②建筑施工-工程验收-技
术档案-档案管理-高等职业教育-教材 Ⅳ. ①TU712
②G275.3

中国版本图书馆CIP数据核字（2020）第157240号

　　本教材内容主要涵盖建筑工程施工质量验收和施工质量验收资料编制两大部分。建筑工程质量验收由两大模块内容组成，其一是涉及建筑工程施工质量验收的统一标准，主要阐述建筑工程施工质量验收单元的划分、不同验收单元质量合格条件、不同验收单元的验收组织、验收程序以及施工质量验收不合格时的处理流程等知识与技能；另一模块涉及专业工程的施工质量验收，主要有地基与基础工程（土方工程、常见基坑支护工程、常见地基处理工程、扩展基础、筏板基础、常见桩基础、地下防水工程等），主体结构工程（混凝土结构工程和砌体结构工程），屋面工程（屋面常见保温隔热工程，屋面常见防水工程，屋面常见细部工程等），装饰装修工程（常见门窗工程、一般抹灰工程、涂饰工程、饰面砖工程、建筑地面工程主要有：水泥砂浆整体面层、水磨石面层、砖面层等）等常见的土建施工质量验收知识与技能。

　　本教材可作为高等职业学校建设工程管理专业、建筑工程技术专业等专业的课程教材，也适合作为一些已有一定工程实践经验的专业技术人员学习建筑工程施工质量验收规范和验收资料编制的辅导资料。

　　为更好地支持教学，我们向使用本教材的教师提供教学课件。请有需要的教师发送邮件至cabpkejian@126.com 免费索取。

责任编辑：张　晶　吴越恺
责任校对：李美娜

住房城乡建设部土建类学科专业"十三五"规划教材
全国住房和城乡建设职业教育教学指导委员会工程管理类专业
指导委员会规划推荐教材
建筑施工质量验收与资料管理
蒋孙春　编著
冯锦华　主审
＊
中国建筑工业出版社出版、发行（北京海淀三里河路9号）
各地新华书店、建筑书店经销
北京红光制版公司制版
北京凌奇印刷有限责任公司印刷
＊
开本：787×1092毫米　1/16　印张：25¾　字数：624千字
2020年10月第一版　2024年7月第二次印刷
定价：**59.00**元（赠课件）
ISBN 978-7-112-25388-3
（36384）

教材编审委员会名单

主　任：胡兴福

副主任：黄志良　贺海宏　银　花　郭　鸿

秘　书：袁建新

委　员：（按姓氏笔画排序）

　　　　王　斌　　王立霞　　文桂萍　　田恒久　　华　均

　　　　刘小庆　　齐景华　　孙　刚　　吴耀伟　　何隆权

　　　　陈安生　　陈俊峰　　郑惠虹　　胡六星　　侯洪涛

　　　　夏清东　　郭起剑　　黄春蕾　　程　媛

序　言

　　全国住房和城乡建设职业教育教学指导委员会工程管理类专业指导委员会（以下简称工程管理专指委），是受教育部委托，由住房和城乡建设部组建和管理的专家组织。其主要工作职责是在教育部、住房和城乡建设部、全国住房和城乡建设职业教育教学指导委员会的领导下，负责工程管理类专业的研究、指导、咨询和服务工作。按照培养高素质技术技能人才的要求，研究和开发高职高专工程管理类专业教学标准，持续开发"工学结合"及理论与实践紧密结合的特色教材。

　　高职高专工程管理类各专业教材自2001年开发以来，经过"示范性高职院校建设""骨干院校建设"等标志性的专业建设历程和普通高等教育"十一五"国家级规划教材、"十二五"国家级规划教材、教育部普通高等教育精品教材的建设经历，已经形成了有特色的教材体系。

　　根据住房和城乡建设部人事司《全国住房和城乡职业教育教学指导委员会关于召开高等职业教育土木建筑大类专业"十三五"规划教材选题评审会议的通知》（建人专函〔2016〕3号）的要求，2016年7月，工程管理专指委组织专家组对规划教材进行了细致地研讨和遴选。2017年7月，工程管理专指委组织召开住房和城乡建设部土建类学科专业"十三五"规划教材主编工作会议，专指委主任、委员、各位主编教师和中国建筑工业出版社编辑参会，共同研讨并优化了教材编写大纲、配套数字化教学资源建设等方面内容。这次会议为"十三五"规划教材建设打下了坚实的基础。

　　近年来，随着国家推广建筑产业信息化、推广装配式建筑等政策出台，工程管理类专业的人才培养、知识结构等都需要更新和补充。工程管理专指委制定完成的教学基本要求，为本系列教材的编写提供了指导和依据，使工程管理类专业教材在培养高素质人才的过程中更加具有针对性和实用性。

　　本系列教材内容根据行业最新法律法规和相关规范标准编写，在保证内容先进性的同时，也配套了部分数字化教学资源，可方便教师教学和学生学习。本轮教材的编写，继承了工程管理专指委一贯坚持的"给学生最新的理论知识、指导学生按最新的方法完成实践任务"的指导思想，让该系列教材为我国的高职工程管理类专业的人才培养贡献我们的智慧和力量。

全国住房和城乡建设职业教育教学指导委员会

工程管理类专业指导委员会

2017 年 8 月

前　　言

　　《高等职业学校建设工程管理专业教学标准》和《高等职业教育建设工程管理专业教学基本要求》分别在 2019 年 7 月和 2019 年 11 月颁布实施，在这两个专业建设的标准文件中，建筑工程施工质量验收与资料管理都是建设工程管理专业的一门核心课程。《建筑工程施工质量验收与资料管理》就是针对这两个标准文件量身编制的一本专业教材。

　　在学习建筑施工质量验收与资料管理课程前，应先完成建筑施工技术课程的学习。建筑工程施工技术主要解决建筑施工工艺的确定、施工工艺流程和施工过程的质量控制，而建筑工程施工质量验收则是评判施工成品质量是否合格以及出现不合格时如何处理。

　　建筑工程施工质量验收涉及内容非常广泛，其涵盖地基与基础工程、主体结构工程、屋面工程、装饰装修工程等 4 个土建类专业，还包括建筑给水排水及供暖工程、通风与空调工程、建筑电气工程、智能建筑工程、电梯工程等 5 个设备安装类工程，以及建筑节能，总共十个大的分部工程，每个分部工程又涵盖几个子分部工程，因此内容非常多，且土建专业与设备安装类的专业跨度比较大。因此，教材在内容选取方面主要着重于土建类工程且将地基与基础和主体结构内容框定在应用最广泛的混凝土结构工程、砌体结构工程的验收和资料编制。对于钢结构工程、钢管混凝土结构工程及木结构工程等一些相对特殊的结构工程没有列入本教材编写内容。

　　建筑施工质量验收首先涉及验收单元的划分、不同验收单元质量合格条件、不同验收单元的验收组织、验收程序、验收方式、验收方法以及施工质量验收不合格时的处理流程等知识与技能。其次是对专业工程施工质量的验收，首先是对投入品质量验收，即建筑工程使用的原材料、构配件、半成品的质量验收，其方式主要是检查其质量证明文件，对于涉及安全、使用功能、环境保护和建筑节能时，还要求抽样复验；其次是对施工过程成品和施工完成品进行验收，检查其质量是否符合设计图纸和验收规范要求。

　　施工质量验收资料是施工质量验收的佐证资料，其主要组成部分是施工质量验收结果的记录资料，包括检验批、分项工程、分部工程和单位工程的验收记录，这部分验收记录资料量大面广。因此，掌握了工程质量验收和验收记录资料的编写知识，就解决了验收资料编制的主要问题。为便于学生在学习过程中对照参考使用，在内容设置和组织方面，教材将检验批质量验收记录资料的编制（示例）置于每一章节的相应内容之后。对于分项工程和分部工程质量验收记录资料的编制则以地基与基础工程为例进行系统讲解，其他分部工程及分项工程验收资料的编制则可以参考地基与基础分部工程及其分项工程验收资料编制，因为各专业分项分部工程的验收记录编写是相似的。本教材最后一章则系统讲述竣工验收（即单位工程竣工验收）资料的编制以及验收备案资料的收集整理，并涵盖了部分施工过程中常见的施工资料编制，如工程签证、工程联系单、技术交底单等。

　　学习并理解建筑工程施工质量验收规范是一件比较困难的事情，为此，教材中加入对验收规范条文的解读，解读内容除了验收规范本身的解读内容外，也有编者自己 20 年来使用规范时的理解，个别难点和重点加入了 CAD 图示。

本教材包括施工质量验收和施工验收资料编制两大块内容，使用本教材时，除第 1、2 章外，其他章节均可根据自身的教学计划取舍相关内容，独立安排相关知识的讲解和技能的实训。

本教材 2014 年开始作为广西建设职业技术学院的校编教材应用于建筑工程管理专业（2015 年后变更为建设工程管理专业）的教学。教材内容主要以《建筑工程施工质量验收统一标准》GB 50300—2013 及其配套的 16 个专业验收标准为基础，这一套标准从 2001 年开始实施以来，从 2010 年再次不断地进行修订，至 2019 年 10 月《建筑装饰装修工程质量验收标准》GB 50210—2018 出台，涉及土建类的专业验收规范或标准修订完毕。本教材自投入使用来，每年均随验收规范或标准的修订不断同步更新，至 2020 年年初修订完成定稿，正式出版。

本教材在编写过程中，在现行建筑工程施工质量验收规范（标准）的基础上，参考了部分施工规范、技术规范、设计规范以及专业著作，在此一并向出版这些资料的出版社和编著者表示感谢！本教材虽经过 7 年编写，其中也一定会存在不足之处，敬请使用本教材的专家、教师和同行不吝批评指正，以便在后续的版本中予以订正。

目　　录

1 建筑工程施工质量检查与验收基础

本章要点

本章知识点：建筑工程质量的定义；现行建筑工程施工质量验收标准和规范体系；建筑工程质量验收重要性和责任主体。

本章技能点：能识别建筑工程质量责任的归属主体。

1.1 概　述

1. 建筑工程质量的定义

最新版 GB/T 19000—ISO 9000 族标准中质量的定义是：一组固有特性满足要求的程度。建筑工程质量简称工程质量。建筑工程质量是指工程满足业主需要的，符合国家法律、法规、技术规范标准、设计文件及合同规定的特性综合。

2. 建筑工程质量的特性

建筑工程作为一种特殊的产品，除具有一般产品共有的质量特性，如性能、寿命、可靠性、安全性、经济性等满足社会需要的使用价值及其属性外，还具有特定的内涵。建筑工程质量的特性主要表现在以下六个方面：

（1）适用性

适用性即功能，是指工程满足使用目的的各种性能。包括：

1）理化性能，如尺寸、规格、保温、隔热、隔声等。

2）化学性能，如耐酸、耐碱、耐腐蚀、防火、防风化、防尘等。

3）结构性能，如地基基础的牢固程度，具有足够的结构承载力、刚度和稳定性。

4）使用性能，如民用住宅工程要能使居住者安居，工业厂房要能满足生产活动需要，道路、桥梁、铁路、航道要能通达便捷等。

建设工程的组成部件、配件，水、暖、电、卫器具、设备也要能满足其使用功能。

5）外观性能，如指建筑物的造型、布置、室内装饰效果、色彩等美观大方、协调等。

（2）耐久性

耐久性即寿命，是指工程在规定的条件下，满足规定功能要求使用的年限，即工程竣工后的合理使用寿命周期。目前民用建筑工程的设计合理使用周期是 50 年，特别重要的建筑物可以达到 100 年。

（3）安全性

安全性是指工程建成后在使用过程中保证结构安全、保证人身和环境免受危害的程度。建设工程产品的结构安全度、抗震、耐火及防火能力，人民防空的抗辐射、抗核污染、抗爆炸波等能力，是否能达到特定的要求，都是安全性的重要标志。工程交付使用之后，必须保证人身财产、工程整体都有能免遭工程结构破坏及外来危害的伤害。工程组成部件，如阳台栏杆、楼梯扶手、电器产品漏电保护、电梯及各类设备等，也要保证使用者的安全。

（4）可靠性

可靠性是指工程在规定的时间和规定的条件下完成规定功能的能力。工程不仅要求在竣工验收时要达到规定的指标，而且在一定的使用时期内要保持应有的正常功能。如工程上的防洪与抗震能力、防水隔热、恒温恒湿措施等，都属可靠性的质量范畴。

（5）经济性

经济性是指工程从规划、勘察、设计、施工到整个产品使用寿命期内的成本和消耗的费用。工程经济性具体表现为设计成本、施工成本、使用成本三者之和，包括从征地、拆迁、勘察、设计、采购（材料、设备）、施工、配套设施等建设全过程的总投资和工程使用阶段的能耗、水耗、维护、保养乃至改建更新的使用维修费用。通过分析比较，判断工程是否符合经济性要求。

（6）与环境的协调性

与环境协调性是指工程与其周围生态环境协调，与所在地区经济环境协调，以及与周围已建工程相协调，以适应可持续发展的要求。

上述六个方面的质量特性彼此之间是相互依存的，总体而言，适用、耐久、安全、可靠、经济与环境适应性，都是必须达到的基本要求，缺一不可。但是对于不同门类不同专业的工程，如工业建筑、民用建筑、公共建筑、住宅建筑、道路建筑，可根据其所处的特定地域环境条件、技术经济条件的差异，有不同的侧重点。

1.2　我国现行建筑工程施工质量验收规范体系

建筑工程施工质量检查验收应执行现行国家标准《建筑工程施工质量验收统一标准》GB 50300—2013（以下简称"统一标准"）及其相配套的各专业验收规范。

1. 现行建筑工程施工质量验收标准和规范体系

目前我国建筑工程施工质量验收规范共 17 本。基本涵盖了建筑工程中各专业工程的验收。具体如下：

1)《建筑工程施工质量验收统一标准》GB 50300—2013

2)《建筑地基基础工程施工质量验收标准》GB 50202—2018

3)《砌体结构工程施工质量验收规范》GB 50203—2011

4)《混凝土结构工程施工质量验收规范》GB 50204—2015

5)《钢结构工程施工质量验收标准》GB 50205—2020

6)《木结构工程施工质量验收规范》GB 50206—2012

7)《钢管混凝土工程施工质量验收规范》GB 50628—2010

8)《屋面工程质量验收规范》GB 50207—2012

9)《地下防水工程质量验收规范》GB 50208—2011

10)《建筑地面工程施工质量验收规范》GB 50209—2010

11)《建筑装饰装修工程质量验收标准》GB 50210—2018

12)《建筑给水排水及采暖工程施工质量验收规范》GB 50242—2002

13)《通风与空调工程施工质量验收规范》GB 50243—2016

14)《建筑电气工程施工质量验收规范》GB 50303—2015

15)《智能建筑工程质量验收规范》GB 50339—2013

16)《电梯工程施工质量验收规范》GB 50310—2002

17)《建筑节能工程施工质量验收标准》GB 50411—2019

上述标准规范中，2）～11）为土建工程部分；12）～16）为建筑设备安装工程部分；17）为建筑节能验收规范。

《建筑工程施工质量验收统一标准》GB 50300—2013主要针对施工质量验收的一般规定，如对验收单元的划分，不同验收单元的验收标准、验收组织、验收程序以及验收不合格时的处理流程等。《建筑工程施工质量验收统一标准》是我国建筑工程质量验收规范中一个纲领性标准。在专业工程验收过程中，除了使用到相关专业验收规范以外，还必须同时运用《建筑工程施工质量验收统一标准》GB 50300—2013。

在上述专业验收规范中，凡是以"施工质量验收规范"命名的专业验收规范，主要是对建筑工程的专业工程施工质量进行验收，一般不含设计质量，对施工技术有所淡化。而以"质量验收规范"命名的，不含"施工"字眼的验收规范，除了明确了对施工质量的验收标准以外，还含有设计质量的要求，如《屋面工程质量验收规范》GB 50207—2012、《地下防水工程质量验收规范》GB 50208—2011、《建筑装饰装修工程质量验收标准》GB 50210—2018等，其他规范均加有"施工"二字。

2. 现行建筑工程施工质量验收规范的编制依据和适用范围

"建筑工程施工质量验收规范"系列标准的编制依据有《建筑法》《建设工程质量管理条例》及《建筑结构可靠性设计统一标准》GB 50068—2018等相关设计规范的规定。具体运用过程中，现行的各专业工程施工质量验收规范必须和《建筑工程施工质量验收统一标准》配套使用。

"建筑工程施工质量验收规范"系列标准的适用范围是建筑工程施工质量的验收，不包括设计和使用中的质量问题，具体包括建筑工程的地基与基础、主体结构、建筑装饰装修工程、屋面工程、给水排水及供暖工程、建筑电气工程、通风与空调工程及电梯工程、智能建筑工程（即弱电部分）及建筑节能工程等。

1.3　建筑工程质量验收的重要性和责任主体

1. 建筑工程质量验收的重要性

建筑工程的质量涉及人、财、物的安全，涉及人民生活环境和工作条件的改善，涉及建筑物的使用功能和社会功能。

建筑工程质量检查与验收是保障工程质量的基础和前提，是做好工程质量工作有效的、必要的技术保证，是工程施工管理的一个重要内容。施工企业、建设单位、监理单位和质量监督机构等各方通过对工程质量进行检查和验收，既能发现、协商、更改工程勘察设计阶段的不足，又能对施工过程中的工程质量进行检查控制，实现工程质量的动态控制，便于保证工序质量及其使用功能，便于发现问题、解决问题，最大限度地避免或减少经济损失并保证工程质量。

建筑工程质量检查与验收是保证建筑工程施工质量必不可少的重要手段。

2. 参与施工质量检查与验收的各方主体

建筑工程施工质量检查与验收是保证工程施工质量的重要手段。我国《建筑法》和《建设工程质量管理条例》规定：在建筑工程施工质量的检查与验收中主要有六个主体，即建设单位、勘察单位、设计单位、施工单位、监理单位和检测单位。这六个主体在工程质量的检查和验收中承担各自的职责。

（1）建设单位

建设单位可能仅是建筑工程项目的投资者，也可能是建筑工程项目的投资者、所有者和使用者。建设单位应按国家现行有关工程建设法律法规和技术标准的规定及合同的约定，定期或不定期地深入工地进行检查和验收。当没有委托监理单位时，建设单位应当履行工程监理的职责，应主持检验批、分项工程、（子）分部工程等的验收。当工程项目施工委托监理的时候，建设方也应参与施工项目的质量检查和验收，同时组织单位工程的竣工验收。

（2）监理单位

监理单位是建设单位的委托代理，作为工程建设的专业技术管理人员，代表建设单位执行施工监督、控制工程质量并参与各层次的检查与验收工作。

监理单位在工程建设的实施过程中，对施工单位已经完成并自检合格的项目须进行抽样检验，进行质量确认，形成验收文件；同时在施工过程中应采取巡视、旁站和平行检验等手段，对隐蔽工程、重要工序进行监督检查。监理工程师的质量检查，是对承包单位作业活动质量的复核与确认，即验收。监理工程师的验收必须在承包单位自检并确认合格的基础上进行。

（3）施工单位

施工单位是建筑工程的施工主体，即建筑市场中的生产方。工程质量的验收均应在施工单位自行检查评定的基础上进行，故施工单位参与各层次的检查和验收。

施工单位应对检验批、分项、分部（子分部）、单位（子单位）工程按操作依据的标准（企业标准）等进行自行检查并评定结果。

施工单位质量检查体系即"三检"，具体为：

1）作业活动的作业者（专业队组）在作业结束后必须自检；

2）不同工序交接、转换必须由相关人员交接检查（相邻工序的不同专业队组）；

3）施工单位专职质检员的专检。

（4）勘察单位和设计单位

勘察单位通过一系列勘察工作提交工程勘察报告，作为设计单位进行地基处理或基础设计的依据之一。在施工阶段，勘察单位参加地基验槽、基础验收等验收工作，施工过程中还需要配合施工单位处理有关地基方面的质量和安全隐患等工作，对施工过程中出现的地质问题要进行跟踪服务，提出相应的处理意见和建议。

设计单位主要根据建设单位的意图，利用自己的设计和技术手段将该意图转化成可以施工的图纸。在施工阶段，设计人员要参与到施工中，解决图纸中的未尽事宜，参与地基验槽、基础验收、主体结构验收和竣工验收等过程，以保证工程项目质量的实现，同时也要做好施工过程中的有关设计服务工作。

（5）检测单位

工程质量检测单位是对建设工程、建筑构件、制品及现场所用的有关建筑材料、设备质量进行检测的法定单位。检测单位在其资质和经营业务许可范围内开展检测工作，其出具的检测报告具有法定效力。法定的检测机构对本地区正在施工的建设工程所用的材料、混凝土、砂浆和建筑构件等进行随机抽样检测，向本地建设工程质量主管部门和质量监督部门提出抽样报告和建议。

我国的建筑法律法规和"建筑工程施工质量验收规范"系列标准规定，对涉及结构安全、使用功能、环境保护和职业健康的材料、构配件等检测应实行见证检测；除此以外，在下列三种情况下应进行见证检测：国家规定应进行见证检测时；合同约定应进行见证检测时；对材料的质量发生争议需要进行仲裁时。

对于需要进行见证检测的材料或试件，应由监理单位或建设单位具有见证资格的人员（即见证员）监督，由施工单位有取样资格的人员（即取样员）随机抽取一定数量的材料或试件，在见证员的旁站监督下押送或封样送往检测单位。见证员、取样员须持证上岗。

（6）其他相关单位

在工程建设过程中，除上述单位外，质量监督机构也一定程度、一定范围地参与或影响着工程项目的施工质量检查与验收。

质量监督机构，国家实行建设工程质量监督管理制度。工程质量监督管理的主体是各级政府建设行政主管部门和其他有关部门。但由于工程建设周期长、环节多、点多面广，工程质量监督工作是一项专业技术性强，且很繁杂的工作，政府部门不可能亲自进行日常检查工作。因此，工程质量监督管理由建设行政主管部门或其他有关部门委托的工程质量监督机构具体实施。

建设工程质量监督机构通过制定质量监督工作方案、检查施工现场工程建设各方主体的质量行为、检查建设工程实体质量和监督工程质量验收来对建设工程质量进行控制。

本 章 小 结

本章学习了建筑工程质量的定义、建筑工程施工验收过程中涉及使用的现行国家验收规范以及建筑工程施工质量不同主体的质量责任。通过对本章的知识点和技能点的学习和掌握，为后续章节的学习打下初步基础。

本 章 习 题

1. 建筑工程质量的特性有哪些？
2. 现行的建筑工程施工质量验收规范有哪些？
3. 对建筑工程施工质量检查和验收的责任主体有哪些？其各自的责任是什么？

2 建筑工程施工质量验收规则

本章要点

本章知识点：建筑工程施工质量验收的基本术语；验收单元的划分及划分依据；不同验收单元合格标准及验收记录表填报；不同验收单元的验收程序和组织；建筑工程施工质量检查与验收的基本方式和方法；建筑工程施工质量验收过程中遵循的基本规定；验收不符合要求的处理和严禁验收的规定。

本章技能点：能根据设计图纸划分单位工程的验收单元；能依据不同验收单元合格条件填报相应的施工质量验收记录；能参与组建不同验收单元的验收组织；能利用基本的检查和检验工具对施工质量进行检查和验收；能根据验收不合格的处理基本流程参与处理不合格验收项目。

建筑工程施工质量检查与验收应执行现行国家标准《建筑工程施工质量验收统一标准》GB 50300—2013（以下称《统一标准》）及其相配套的各专业验收规范。在执行相应的各专业质量验收规范时，必须同时执行《统一标准》。《统一标准》和其相配套的各专业验收规范共同构成了一个完整的验收规则。《统一标准》共6章、27条、17个术语、8个附录。其中6章内容主要针对施工质量验收的一般规定，如对验收单元的划分，不同验收单元的验收标准、验收组织、验收程序以及验收不合格时的处理流程等做出规定。本章主要讲述《统一标准》的内容。

2.1 建筑工程施工质量验收基本术语

现行建筑工程施工质量验收规范涉及诸多术语，其中《统一标准》给出了17个术语，是本标准有关章节所引用的，是本系列规范各专业施工质量验收规范引用的依据，也是工程实际验收中经常提及的；各专业验收规范中也有部分专业术语，仅在相应专业规范中引用。

《统一标准》中17个术语涵义如下：

（1）建筑工程

通过对各类房屋建筑及其附属设施的建造和与其配套线路、管道、设备等的安装所形成的工程实体。

建筑工程的附属设施如人防工程、化粪池、变电站房等；配套线路、管道、设备等主要包括给水排水管道、消防系统（喷淋管道、消防报警、抽排风系统等）、电梯等。

（2）检验

对被检验项目的特征、性能进行量测、检查、试验等，并将结果与标准规定的要求进行比较，以确定项目每项性能是否合格的活动。

（3）进场检验

对进入施工现场的建筑材料、构配件、设备及器具，按相关标准的要求进行检验，并对其质量、规格及型号等是否符合要求作出确认的活动。

（4）见证检验

施工单位在工程监理单位或建设单位的见证下，按照有关规定从施工现场随机抽取试样，送至具备相应资质的检测机构进行检验的活动。

（5）复验

建筑材料、设备等进入施工现场后，在外观质量检查和质量证明文件核查符合要求的基础上，按照有关规定从施工现场抽取试样送至实验室进行检验的活动。

（6）检验批

按相同的生产条件或按规定的方式汇总起来供检验用的，由一定数量样本组成的检验体。

（7）验收

建筑工程质量在施工单位自行检查合格的基础上，由工程质量验收责任方组织，工程建设相关单位参加，对检验批、分项、分部、单位工程及其隐蔽工程的质量进行审核，并根据设计文件和相关标准以书面形式对工程质量是否达到合格作出确认。

上述定义包括：

1）施工单位自行质量检查的结论称为"评定"；建设活动有关各方（建设、施工、监理等）对质量的共同确认是"验收"。

2）"评定"是施工单位的内部行为；"验收"是建设各方的共同行为。前者是施工单位质量控制，自我评价的活动；后者则是社会主义市场经济条件下各方对成品质量的确认。

3）评定是验收的基础。施工质量是由施工过程决定的，检验只是客观反映状态而已。施工单位应该最清楚真正的质量情况。因此，检验批的检查验收应先由施工单位的质检部门和实验室进行，给出评定结论，并作为验收的依据。

4）施工单位不能自行验收，验收结论应由有关各方共同确认。监理单位不能代替施工单位自行检查，只能通过旁站观察、抽样检查与复测等形式对施工单位的评定结论加以复核，并签字确认，从而完成验收。

（8）主控项目

建筑工程中对安全、卫生、环境保护和主要使用功能起决定性作用的检验项目。

（9）一般项目

除主控项目以外的检验项目。

（10）抽样方案

根据检验项目的特性所确定的抽样数量和方法。

（11）计数检验

通过确定抽样样本中不合格的个体数量，对样本总体质量做出判定的检验方法。

（12）计量检验

以抽样样本的检测数据计算总体均值、特征值或推定值，并以此判断或评估总体质量的检验方法。

(13) 错判概率

合格批被判为不合格批的概率，即合格批被拒收的概率，用 α 表示。

(14) 漏判概率

不合格批被判为合格批的概率，即不合格批被误收的概率，用 β 表示。

(15) 观感质量

通过观察和必要的测试所反映的工程外在质量和功能状态。

(16) 返修

对施工质量不符合标准规定的部位采取整修等措施。

(17) 返工

对施工质量不符合标准规定的工程部位采取的更换、重新制作、重新施工等措施。

上述术语的涵义是从标准的角度赋予的。正确理解其涵义，有利于正确把握各专业施工质量验收规范的要义。

2.2　建筑工程施工质量验收单元的划分

建筑工程一般施工周期较长，从开工到竣工交付使用，要经过若干工序、若干专业工种的共同配合，故工程质量合格与否，取决于各工序和各专业工种的质量。为确保工程竣工质量达到合格的标准，就有必要把工程项目进行细化，划分为分项、分部、单位工程进行质量管理和控制。分项工程是工程的最小单位，也是质量管理的基本单元。验收的最小单位是检验批，把分项工程划分成检验批进行验收，有助于及时纠正施工中出现的质量问题，确保工程质量，也符合施工实际的需要。

1. 单位工程的划分

单位工程的划分按下列原则确定：

(1) 具备独立施工条件并能形成独立使用功能的建筑物及构筑物为一个单位工程

建筑物及构筑物的单位工程是由建筑与结构工程和建筑设备安装工程共同组成。一个单位工程最多由十个分部组成：地基与基础工程、主体结构工程、建筑装饰装修工程、建筑屋面工程四个分部为建筑与结构工程；建筑给水、排水及采暖工程、建筑电气工程、智能建筑工程、通风与空调工程、电梯工程五个分部为建筑设备安装工程；另外还有建筑节能分部工程。但在一个单位工程中，一般也不会少于八个分部工程，如多层的一般民用住宅楼没有电梯分部工程和通风与空调分部工程。

(2) 对于规模较大的单位工程，可将其能形成独立使用功能的部分为一个子单位工程

随着经济的发展和施工技术的进步，单体工程的建筑规模越来越大，综合使用功能越来越多，在施工过程中，受多种因素的影响，如后期建设资金缺口、部分停建缓建等情况时有发生。为发挥投资效益，常需要将其中一部分已建成的提前使用，再加之建筑规模特别大的建筑物，一次性检验难以实施。因此，在一个单位工程中划分出子单位工程，既适应当前的实际情况和确保工程质量，又利于强化验收。

子单位工程的划分，也必须具有独立施工条件及独立的使用功能，如某商厦大楼，裙楼先建成，主楼建设相对缓慢，可以将裙楼提前交工使用，即可将其作为一个子单位工程。子单位工程的划分，由建设单位、监理单位、施工单位自行商议确定。

2. 室外工程单位（子单位）工程、分部工程和分项工程的划分

室外工程可根据专业类别和工程规模进行划分。

室外单位（子单位）工程、分部工程的划分见表 2-1。

室外单位（子单位）工程、分部工程的划分 表 2-1

单位工程	子单位工程	分部（子分部）工程
室外设施	道路	路基、基层、面层、广场与停车场、人行道、人行地道、挡土墙、附属构筑物
	边坡	土石方、挡土墙、支护
附属建筑及室外环境	附属建筑	车棚、围墙、大门、挡土墙
	室外环境	建筑小品、亭台、水景、连廊、花坛、场坪绿化、景观桥

注：本表摘自《建筑工程施工质量验收统一标准》GB 50300—2013 附录 C。

3. 分部工程和子分部工程的划分

分部工程的划分原则如下：

1）分部工程的划分应按专业性质、建筑部位确定

建筑工程（构筑物）是由土建工程和建筑设备安装工程共同组成的。建筑工程一般可分为地基与基础、主体结构、建筑装饰装修、建筑屋面、建筑给水排水及采暖、建筑电气、智能建筑、通风与空调、电梯、建筑节能等 10 个分部工程。

2）当分部工程较大或较复杂时，可按材料种类、施工特点、施工程序、专业系统及类别等划分为若干个子分部工程。

随着人们对建筑物的使用功能要求越来越高，建筑物相同部位的设计多样化，建筑物内部设施的多样化，"四新"的推广使用，按专业性质、建筑部位来划分分部工程已远远不能适应发展的要求，子分部工程的划分可按相近工作内容和系统划分。

在《统一标准》中，分部工程已经给出且是完全确定的内容，子分部工程虽已列出，但在实际施工中可以增加。

4. 分项工程和分项工程检验批的划分

分项工程应按主要工种、材料、施工工艺、设备类别等进行划分。

如按瓦工的砖砌体工程、木工的模板工程、油漆工的涂饰工程；如按材料在砌体结构工程中，可分为砖砌体、混凝土小型空心砖块砌体、填充墙砌体、配筋砖砌体工程等分项工程。

分项工程的名称和划分，在《统一标准》附录 B.0.1 列表给出，详见表 2-2。可以说，该表基本包含了工程实际中所遇到的分项工程，工程实践中若遇到了该表没有列出的分项工程，可另外定义。

建筑工程分部（子分部）工程、分项工程划分表 表 2-2

序号	分部工程	子分部工程	分项工程
1	地基与基础	地基	素土、灰土地基，砂和砂石地基，土工合成材料地基，粉煤灰地基，强夯地基，注浆地基，预压地基，砂石桩复合地基，高压旋喷注浆地基，水泥土搅拌桩地基，土和灰土挤密桩复合地基，水泥粉煤灰碎石桩复合地基，夯实水泥桩复合地基

序号	分部工程	子分部工程	分项工程
1	地基与基础	基础	无筋扩展基础，钢筋混凝土扩展基础，筏形与箱形基础，钢结构基础，钢管混凝土结构基础，型钢混凝土结构基础，钢筋混凝土预制桩基础，泥浆护壁成孔灌注桩基础，干作业成孔桩基础，长螺旋钻孔压灌桩基础，沉管灌注桩基础，钢桩基础，锚杆静压桩基础，岩石锚杆基础，沉井与沉箱基础
		基坑支护	灌注桩排桩围护墙，板桩围护墙，咬合桩围护墙，型钢水泥土搅拌墙，土钉墙，地下连续墙，水泥土重力式挡墙，内支撑，锚杆，与主体结构相结合的基坑支护
		地下水控制	降水与排水，回灌
		土方	土方开挖，土方回填，场地平整
		边坡	喷锚支护，挡土墙，边坡开挖
		地下防水	主体结构防水，细部构造防水，特殊施工法结构防水，排水，注浆
2	主体结构	混凝土结构	模板，钢筋，混凝土，预应力，现浇结构，装配式结构
		砌体结构	砖砌体，混凝土小型空心砌块砌体，石砌体，配筋砌体，填充墙砌体
		钢结构	钢结构焊接，紧固件连接，钢零部件加工，钢构件组装及预拼装，单层钢结构安装，多层及高层钢结构安装，钢管结构安装，预应力钢索和膜结构，压型金属板，防腐涂料涂装，防火涂料涂装
		钢管混凝土结构	构件现场拼装，构件安装，钢管焊接，构件连接，钢管内钢筋骨架，混凝土
		型钢混凝土结构	型钢焊接，紧固件连接，型钢与钢筋连接，型钢构件组装及预拼装，型钢安装，模板，混凝土
		铝合金结构	铝合金焊接，紧固件连接，铝合金零部件加工，铝合金构件组装，铝合金构件预拼装，铝合金框架结构安装，铝合金空间网格结构安装，铝合金面板，铝合金幕墙结构安装，防腐处理
		木结构	方木和原木结构，胶合木结构，轻型木结构，木构件防护
3	建筑装饰装修	建筑地面	基层铺设，整体面层铺设，板块面层铺设，木、竹面层铺设
		抹灰	一般抹灰，保温层薄抹灰，装饰抹灰，清水砌体勾缝
		外墙防水	外墙砂浆防水，涂膜防水，透气膜防水
		门窗	木门窗安装，金属门窗安装，塑料门窗安装，特种门安装，门窗玻璃安装
		吊顶	整体面层吊顶，板块面层吊顶，格栅吊顶
		轻质隔墙	板材隔墙，骨架隔墙，活动隔墙，玻璃隔墙
		饰面板	石板安装，陶瓷板安装，木板安装，金属板安装，塑料板安装
		饰面砖	外墙饰面砖粘贴，内墙饰面砖粘贴
		幕墙	玻璃幕墙安装，金属幕墙安装，石材幕墙安装，陶板幕墙安装
		涂饰	水性涂料涂饰，溶剂型涂料涂饰，美术涂饰
		裱糊与软包	裱糊，软包
		细部	橱柜制作与安装，窗帘盒和窗台板制作与安装，门窗套制作与安装，护栏和扶手制作与安装，花饰制作与安装

序号	分部工程	子分部工程	分项工程
4	屋面	基层与保护	找坡层，找平层，隔汽层，隔离层，保护层
		保温与隔热	板状材料保温层，纤维材料保温层，喷涂硬泡聚氨酯保温层，现浇泡沫混凝土保温层，种植隔热层，架空隔热层，蓄水隔热层
		防水与密封	卷材防水层，涂膜防水层，复合防水层，接缝密封防水层
		瓦面与板面	烧结瓦和混凝土瓦铺装，沥青瓦铺装，金属板铺装，玻璃采光顶铺装
		细部构造	檐口，檐沟和天沟，女儿墙和山墙，水落口，变形缝，伸出屋面管道，屋面出入口，反梁过水孔，设施基座、屋脊，屋顶窗
5	建筑给水、排水及采暖（略）		
6	通风与空调（略）		
7	建筑电气（略）		
8	智能建筑（略）		
9	建筑节能（略）		
10	电梯（略）		

注：本表摘自《建筑工程施工质量验收统一标准》GB 50300—2013 附录 B。

对于一个多层或高层建筑，每一层都有瓦工的砖砌体工程或木工的模板工程，全部分项施工完成再进行验收根本不可能；就是同一层瓦工的砖砌体工程、木工的模板工程，可能工程量也很大，也应该进行中间验收，故应该进行分项工程的再划分。

5. 检验批的划分

检验批可根据施工、质量控制和专业验收的需要，按工程量、楼层、施工段、变形缝进行划分。

分项工程划分为检验批进行验收，有助于及时纠正施工中出现的质量问题，确保工程质量，也符合施工实际需要。关于检验批的具体划分，在《统一标准》中并没有具体给出，各专业工程的分项工程检验批主要在各专业工程质量验收规范中给出。实际施工前可以根据工程的具体情况进行确定，可以在施工组织设计中体现出来。

一般来说，分项工程检验批的划分，可按如下原则确定：

1）工程量较少的分项工程可统一划为一个检验批。

2）地基与基础分部工程中的分项工程一般划为一个检验批，有地下层的基础工程可按不同地下层划分检验批。

3）单层建筑工程中的分项工程可按变形缝等划分检验批。多层及高层建筑工程中主体结构分部工程的分项工程可按楼层或施工段划分检验批。

4）屋面分部工程的分项工程可按不同楼层屋面划分不同的检验批。

5）其他分部工程的分项工程一般按楼层划分检验批。散水、台阶、明沟等工程含在地面检验批中。

6）安装工程一般按一个设计系统或设备组别划分为一个检验批。

7）室外工程统一划为一个检验批。

6. 分项工程和检验批应事先划定

（1）建筑工程的分部工程、分项工程划分宜按表 2-2 采用。

（2）施工前，应由施工单位制定分项工程和检验批的划分方案，并由监理单位审核。对于表 2-2 及相关专业验收规范未涵盖的分项工程和检验批，可由建设单位组织监理、施工等单位协商确定。

工程施工前，资料员应根据项目施工图纸和《统一标准》及其系列专业标准划分出各单位工程的分部（子分部）工程、分项工程及检验批。以便在开工后有计划、有步骤地填报和收集整理相关质量验收资料。

随着建筑工程领域的技术进步和建筑功能要求的提升，会出现一些新的验收项目，并需要有专门的分项工程和检验批与之相对应。对于表 2-2 及相关专业验收规范未涵盖的分项工程、检验批，可由建设单位组织监理、施工等单位在施工前根据工程具体情况协商确定，并据此整理施工技术资料和进行验收。

【例 2-1】某学校 1 号教学楼采用钢筋混凝土扩展基础（独立基础），地下 0 层，地上三层，框架结构，填充墙采用 200 厚页岩砖砌筑，内外窗采用铝合金窗，门采用一般木门，墙面采用普通抹灰，外墙采用 1:3 水泥砂浆，内墙采用 1:0.5:2.5 水泥混合砂浆，内外墙饰面均采用涂料，教室地面采用 800mm×800mm 抛光砖，采用不上人屋面，屋面防水采用高聚物改性沥青防水卷材，浅色涂料保护层等。则 1 号教学楼项目分部（子分部）、分项工程和检验批划分计划表见表 2-3。

1 号教学楼工程分部（子分部）、分项工程和检验批划分计划表　　　　表 2-3

分部工程	子分部工程	分项工程	检验批	
			编号	检验批名称
01　地基与基础分部工程	0105　土方	010501　土方开挖	01050101	土方开挖分项工程检验批质量验收记录
		010502　土方回填	01050201	土方回填分项工程检验批验收记录
	0102　钢筋混凝土扩展基础	010201　模板安装分项工程	01020101	基础模板安装工程检验批质量验收记录
		010202　钢筋原材料及加工分项工程	01020201	基础钢筋原材料检验批质量验收记录
			01020202	基础钢筋加工工程检验批质量验收记录
		010202　钢筋连接及安装分项工程	01020203	基础钢筋连接工程检验批质量验收记录
			01020204	基础钢筋安装工程检验批质量验收记录
		010203　混凝土原材料、拌合物、混凝土施工	01020301	基础混凝土原材料及拌合物检验批质量验收记录
			01020302	基础混凝土施工检验批质量验收记录
		010205　现浇结构、外观尺寸偏差	01020501	基础现浇结构外观质量及尺寸偏差检验批质量验收记录

分部工程	子分部工程	分项工程	检验批	
			编号	检验批名称
02 钢筋、混凝土、模板与砌筑工程	0201 钢筋混凝土工程	020101 模板分项工程	02010101	一层现浇结构模板安装检验批质量验收记录
			02010102	二层现浇结构模板安装检验批质量验收记录
			02010103	三层现浇结构模板安装检验批质量验收记录
		020102 钢筋（原材料、加工、连接、安装）分项工程	020102（Ⅰ）01	钢筋原材料检验批质量验收记录
			020102（Ⅱ）01	（一层）钢筋加工检验批质量验收记录
			020102（Ⅲ）01	（一层）钢筋连接检验批质量验收记录
			020102（Ⅳ）01	（一层）钢筋安装检验批质量验收记录
			020102（Ⅱ）02	（二层）钢筋加工检验批质量验收记录
			020102（Ⅲ）02	（二层）钢筋连接检验批质量验收记录
			020102（Ⅳ）02	（二层）钢筋安装检验批质量验收记录
			020102（Ⅱ）03	（三层）钢筋加工检验批质量验收记录
			020102（Ⅲ）03	（三层）钢筋连接检验批质量验收记录
			020102（Ⅳ）03	（三层）钢筋安装检验批质量验收记录
		020103 混凝土（原材料、混凝土拌合物、混凝土施工）分项工程	020103（Ⅰ）01	一层混凝土原材料检验批质量验收记录
			020103（Ⅱ）01	一层混凝土拌合物检验批质量验收记录
			020103（Ⅲ）01	一层混凝土施工检验批质量验收记录
			020103（Ⅰ）02	二层混凝土原材料检验批质量验收记录
			020103（Ⅱ）02	二层混凝土拌合物检验批质量验收记录
			020103（Ⅲ）02	二层混凝土施工检验批质量验收记录
			020103（Ⅰ）03	三层混凝土原材料检验批质量验收记录
			020103（Ⅱ）03	三层混凝土拌合物检验批质量验收记录
			020103（Ⅲ）03	三层混凝土施工检验批质量验收记录
		020105 现浇结构（外观质量及尺寸偏差）分项工程	02010501	一层现浇结构外观质量及尺寸偏差检验批质量验收记录
			02010502	二层现浇结构外观质量及尺寸偏差检验批质量验收记录
			02010503	三层现浇结构外观质量及尺寸偏差检验批质量验收记录
	0202 砌体子分部工程	020205 填充墙砌体	02020501	一层填充墙砌体工程检验批质量验收记录
			02020502	二层填充墙砌体工程检验批质量验收记录
			02020503	三层填充墙砌体工程检验批质量验收记录

分部工程	子分部工程	分项工程	检验批	
			编号	检验批名称
03 装饰装修分部工程	0302 抹灰工程子分部	030201 一般抹灰分项工程	03020101	南立面室外一般抹灰工程检验批质量验收记录
			03020102	北立面室外一般抹灰工程检验批质量验收记录
			03020103	西立面室外一般抹灰工程检验批质量验收记录
			03020104	东立面室外一般抹灰工程检验批质量验收记录
			03020105	一～三层室内一般抹灰工程检验批质量验收记录
			03020106	一～三层室内卫生间一般抹灰工程检验批质量验收记录
	0301 建筑地面子分部工程	030101 基层铺设分项工程	03010101	底层基土分项工程检验批质量验收记录
			03010102	一～三层水泥混凝土垫层检验批质量验收记录
		030103 板块面层铺设	03010301	一～三层砖面层检验批质量验收记录
	0304 门窗工程子分部工程	030402 金属门窗安装分项工程	03040201	一～三层金属门窗安装工程检验批质量验收记录
		030403 塑料门窗分项工程	03040301	一～三层（卫生间）塑料门窗安装工程检验批质量验收记录
		030404 特种门安装	03040401	一～三特种门安装工程检验批质量验收记录
		030405 门窗玻璃安装	03040501	一～三层门窗玻璃安装工程检验批质量验收记录
	0310 涂饰子分部工程	031001 （室外）水性涂饰分项工程	03100101	（南立面外墙）水性涂料涂饰检验批质量验收记录
			03100102	（北立面外墙）水性涂料涂饰检验批质量验收记录
			03100103	（东立面外墙）水性涂料涂饰检验批质量验收记录
			03100104	（西立面外墙）水性涂料涂饰检验批质量验收记录
		031001 （室内）水性涂饰分项工程	03100105	一～三层（室内）水性涂料涂饰工程检验批质量验收记录
	0312 细部子分部工程	031204 护栏与扶手制作与安装分项工程	03120401	一～三层护栏和扶手制作与安装工程检验批质量验收记录

分部工程	子分部工程	分项工程	检验批	
			编号	检验批名称
04 屋面分部工程	0401 基层与保护	040101 找坡层和找平层	04010101	找坡层工程检验批质量验收记录
		040104 保护层	04010401	保护层检验批质量验收记录
	0402 保温与隔热	040201 板块材料保温层	04020101	板块材料保温层检验批质量验收记录表
	0403 防水与密封	040301 卷材防水层	04030101	卷材防水层检验批质量验收记录
	0405 细部构造	040501 檐沟与天沟	04050201	檐沟与天沟检验批质量验收记录
		040504 水落口	04050401	水落口工程检验批质量验收记录
		040506 伸出屋面管道	04050601	伸出屋面管道检验批质量验收记录
		040507 屋面出入口	04050701	屋面出入口检验批质量验收记录
05 建筑给水排水及供暖分部工程（略）				
06 建筑电气分部工程（略）				
07 智能建筑分部工程（略）				
08 建筑节能分部工程（略）				

2.3 建筑工程施工质量验收单元合格标准

建筑工程施工质量验收时一个单位工程最多可划分为六个验收单元层次，即：单位工程、子单位工程、分部工程、子分部工程、分项工程、分项工程检验批。

对于每个验收层次的验收，国家强制性标准只给出了合格的条件，没有给出优良的条件。

2.3.1 检验批的验收

在建筑工程的六个验收层次单元中，质量验收首先从检验批开始。检验批是分项工程中的最基本单元，是分项工程质量检验的基础。检验批的划分是根据施工过程中条件相同，并有一定数量的材料、构配件或安装项目，由于质量基本均匀一致，因此可以作为检验的基础单位，并按批验收。通过对检验批的检验，能比较准确地反映出分项工程的质量。

1. 检验批质量合格标准

（1）检验批质量验收合格应符合下列规定

1）主控项目的质量经抽样检验均应合格；

2）一般项目的质量经抽样检验合格。当采用计数抽样时，合格点率应符合有关专业验收规范的规定，且不得存在严重缺陷。对于计数抽样的一般项目，正常检验一次、二次抽样可按《统一标准》中 D.0.1 和 D.0.2 判定；

3）具有完整的施工操作依据、质量验收记录。

① 对于计数抽样的一般项目，正常检验一次抽样可按表 2-4 判定，正常检验二次抽样可按表 2-5 判定。抽样方案应在抽样前确定。

② 样本容量在表 2-4 或表 2-5 给出的数值之间时，合格判定数可通过插值并四舍五入取整确定。

一般项目正常检验一次抽样判定　　　　　　　　　　　　表 2-4

样本容量	合格判定数	不合格判定数	样本容量	合格判定数	不合格判定数
5	1	2	32	7	8
8	2	3	50	10	11
13	3	4	80	14	15
20	5	6	125	21	22

一般项目正常检验二次抽样判定　　　　　　　　　　　　表 2-5

抽样次数	样本容量	合格判定数	不合格判定数	抽样次数	样本容量	合格判定数	不合格判定数
（1）	3	0	2	（1）	20	3	6
（2）	6	1	2	（2）	40	9	10
（1）	5		5	（1）	32	5	9
（2）	10	3	4	（2）	64	12	13
（1）	8	1	3	（1）	50	7	11
（2）	16	4	5	（2）	100	18	19
（1）	13	2	5	（1）	80	11	16
（2）	26	6	7	（2）	160	26	27

注：（1）和（2）表示抽样次数，（2）对应的样本容量为两次抽样的累计数量。

（2）主控项目和一般项目的质量检验

检验批是施工过程中条件相同并有一定数量的材料、构配件或安装项目，由于其质量水平基本均匀一致，因此可以作为检验的基本单元，并按批验收。

检验批是工程验收的最小单位，是分项工程、分部工程、单位工程质量验收的基础。检验批验收包括资料检查、主控项目和一般项目检验。

检验批的合格与否主要取决于对主控项目和一般项目的检验结果。主控项目是对检验批的基本质量起决定性影响的检验项目，须从严要求，因此要求主控项目必须全部符合有关专业验收规范的规定，这意味着主控项目不允许有不符合要求的检验结果。

质量控制资料反映了检验批从原材料到最终验收的各施工工序的操作依据、检查情况以及保证质量所必需的管理制度等。对其完整性的检查，实际是对过程控制的确认，是检验批合格的前提。

（3）检验批主控项目涉及验收项目

分项工程检验批主控项目主要涉及以下几个方面：

1）建筑材料、构配件及建筑设备的技术性能与进场复验要求。如水泥、钢材的质量；预制楼板、墙板、门窗等构配件的质量；风机等设备的质量等。

2）涉及结构安全、使用功能的检测项目。如混凝土、砂浆的强度；钢结构的焊缝强度；管道的压力试验；风管的系统测定与调整；电气的绝缘、接地测试；电梯的安全保护、试运转结果等。

3）一些重要的允许偏差项目，必须控制在允许偏差限值之内，如地基的标高。

对于一般项目，虽然允许存在一定数量的不合格点，但某些不合格点的指标与合格要求偏差较大或存在严重缺陷时，仍将影响使用功能或观感质量，对这些部位应进行维修处理。在一般项目中，用数据规定的标准，可以有允许偏差范围，并有不到20％的检查点可以超过允许偏差值，但也不能超过允许偏差值的150％。

为了使检验批的质量满足安全和功能的基本要求，保证建筑工程质量，各专业验收规范应对各检验批的主控项目、一般项目的合格质量给予明确的规定。

（4）一般项目正常检验一次抽样和二次抽样的合格判定

依据《计数抽样检验程序第1部分：按接收质量限（AQL）检索的逐批检验抽样计划》GB/T 2828.1—2012给出了计数抽样正常检验一次抽样、二次抽样结果的判定方法。具体的抽样方案应按有关专业验收规范执行。如有关规范无明确规定时，可采用一次抽样方案，也可由建设、设计、监理、施工等单位根据检验对象的特征协商采用二次抽样方案。

举例说明表2-4和表2-5的使用方法：对于一般项目正常检验一次抽样，假设样本容量为20，在20个试样中如果有5个或5个以下试样被判为不合格时，该检验批可判定为合格；当20个试样中有6个或6个以上试样被判为不合格时，则该检验批可判定为不合格。对于一般项目正常检验二次抽样，假设样本容量为20，当20个试样中有3个或3个以下试样被判为不合格时，该检验批可判定为合格；当有6个或6个以上试样被判为不合格时，该检验批可判定为不合格；当有4或5个试样被判为不合格时，应进行第二次抽样，样本容量也为20个，两次抽样的样本容量为40，当两次不合格试样之和为9或小于9时，该检验批可判定为合格，当两次不合格试样之和为10或大于10时，该检验批可判定为不合格。

表2-4和表2-5给出的样本容量不连续，对合格判定数有时需要进行取整处理。例如样本容量为15，按表2-4插值得出的合格判定数为3.571，取整可得合格判定数为4，不合格判定数为5。

有关质量检查的内容、数据、评定，由施工单位项目专业质量检查员填写，检验批验收记录及结论由监理单位监理工程师填写完整。

2. 检验批质量验收记录表填写

检验批是验收评定工程质量的最小单位，是确定工程质量的基础，是施工资料中数量最大而又重要的内容。不同的分项工程检验批有不同的内容，但分项工程检验批验收记录通用表格式见表2-6。

分项工程检验批质量验收记录   表 2-6

编号：×××××× □□

单位（子单位）工程名称		分部（子分部）工程名称		分项工程名称	
施工单位		项目负责人		检验批容量	
分包单位		分包单位项目负责人		检验批部位	
施工依据			验收依据		

	验收项目	设计要求及规范规定	最小/实际抽样数量	检查记录	检查结果
主控项目	1				
	2				
	3				
	4				
	5				
	6				
	7				
一般项目	1				
	2				
	3				
	4				
	5				

施工单位检查结果	专业工长： 项目专业质量检查员： 年　月　日
监理单位验收结论	专业监理工程师： 年　月　日

注：本表摘自《建筑工程施工质量验收统一标准》GB 50300—2013 附录 E。

（1）检验批表头内容及填写

对于不同的分项工程检验批，表头部分主要包括：

1）单位（子单位）工程名称；

2）分部（子分部）工程名称；

3）分项工程名称；

4）施工单位；

5）项目负责人；

6）检验批容量；

7）分包单位；

8）分包单位项目负责人；

9）检验批部位；

10）施工依据；

11）验收依据。

表头前三项内容指的是所验收检验批所在的分部、分项工程。其中单位（子单位）工程名称，按合同文件上的单位工程名称填写，子单位工程标出该部分的位置。分部（子分部）工程名称，按验收规范划定的分部（子分部）名称填写。验收部位是指该分项工程检验批的抽样范围，要标注清楚，如二层①～⑤轴线砖砌体。

表头第4）、5）及第7）、8）项内容要填写施工单位的全称，与合同上公章名称相一致。项目负责人填写合同中指定的项目负责人。在装饰、安装分部工程施工中，有分包单位时，也应填写分包单位全称，分包单位的项目负责人也应是合同中指定的项目负责人。这些人员由填表人填写不需要本人签字，只是标明具体项目负责人姓名。

表头第6）"检验批容量"，这一项是一个难点，很多初学者不知如何确定检验批的容量，检验批的容量就是检验批的大小，就是供检验用样本大小，如混凝土施工检验批，其检验批容量就是浇筑的构件混凝土的方量。

表头第10）"施工依据"和第11）项"验收依据"。"施工依据"主要指的是施工工艺标准，可以采用企业自己的施工工艺标准，企业标准应有编制人、批准人、批准时间、执行时间、标准名称及编号，也可以采用行业施工规范或国家施工规范。

"验收依据"主要指现行的《建筑工程施工质量验收统一标准》及其16个专业验收规范。

（2）检验批表头编号

检验批表的编号按建筑工程施工质量验收规范系列的分部工程、子分部工程统一为8位数（个别地区为9位）的数码编号，写在表的右上角，前6位数字均印在表上，后留两个"□"，检查验收时填写检验批的顺序号。其编号规则为：

前边两个数字是分部工程的代码，01～10。地基与基础为01，主体结构为02，建筑装饰装修为03，建筑屋面为04，建筑给水排水及采暖为05，建筑电气为06，智能建筑为07，通风与空调为08，电梯为09，建筑节能为10。

第3、4位数字是子分部工程的代码。

第5、6位数字是分项工程的代码。

第7、8位数字是各分项工程检验批验收的顺序号。由于在大量高层或超高层建筑中，同一个分项工程会有很多检验批的数量，故留了2位数的空位置。

如地基与基础分部工程，土方子分部工程，土方开挖分项工程，其检验批表的编号为010501□□，第一个检验批编号为：01050101。

（3）主控项目和一般项目施工单位检查评定记录

填写方法分以下几种情况，验收与否均按施工质量验收规定进行判定。

1）对定量项目，检验批验收记录可采用"合格"或"√"的方法标注，现场检查获取的数据作为原始记录。

2）对定性项目，当符合规范规定时，可采用"合格"或"√"的方法标注；当不符合规范规定时，采用打"×"的方法标注。

3）有混凝土、砂浆强度等级的检验批，按规定制取试件后，可填写试件编号，待试件报告出来后，对检验批进行判定，并在分项工程验收时进一步对整个同强度等级系列混凝土强度进行评定及验收。

4）对既有定性又有定量的项目，各个子项目质量均符合规范规定时，采用打"√"来标注；否则采用打"×"标注。无此项内容的打"/"来标注。

5）对一般项目合格点有要求的项目，应是其中带有数据的定量项目；定性项目必须基本达到。定量项目中每个项目都必须有80%以上（混凝土保护层为90%）检测点的实测值达到规范规定。其余20%按各专业施工质量验收规范规定，不能大于150%，钢结构为120%，即有数据的项目除必须达到规定的数值外，其余可放宽的，最大放宽到150%（或120%）。

6）对于某些定量检查的项目，如果检查的点数或件数较多，检测编号超出给定的10个空格，可以一个空格内填2个数字。

"施工单位检查评定记录"栏的填写，有数据的项目，将实际测量的数值填入格内，超出企业标准的数字，而没有超出国家验收规范的用"○"将其圈住；对超出国家验收规范的用"△"将其圈住。

（4）监理（建设）单位检查结果

通常监理人员应进行平行、旁站或巡回的方法进行监理，在施工过程中，对施工质量进行察看和测量，并参加施工单位的重要项目的检测。对新开工程或首件产品进行全面检查，以了解质量水平和控制措施的有效性及执行情况，在整个过程中，随时可以测量等。在检验批验收时，对主控项目、一般项目应逐项进行验收。对符合验收规范规定的项目，填写"合格"或"√"，对不符合验收规范规定的项目，暂不填写，待处理后再验收，但应做标记。

（5）施工单位检查结果

施工单位自行检查评定合格后，应"主控项目全部合格，一般项目满足规范规定要求"。

专业工长（施工员）和施工班、组长栏目由本人签字，以示承担责任。专业质量员代表企业逐项检查评定合格，填写原始验收记录单和检验批验收记录表，签字（部分地区要求本人签章）后，交给监理工程师或建设单位项目专业技术负责人验收。

（6）监理（建设）单位验收结论

主控项目、一般项目验收合格，混凝土、砂浆试件强度待试块试验报告出具后判定，其余项目已全部验收合格，注明"同意验收"。专业监理工程师或建设单位的专业技术负责人签字。

（7）说明

在工程实际中，对于每一个检验批的检查验收，按规定施工单位应采用上述的验收表格，先进行自行检查，并将检查的结果填在"施工单位检查评定记录"内，然后报给监理工程师申请验收，监理工程师依然采用同样的表格按规定的数量抽测，如果符合要求，就在"监理单位验收记录"内填写验收结果，这是一种形式；另外还有一种做法，某分项工程检验批完成后，监理工程师和施工单位进行平行检验，由施工单位填写验收记录中的实测结果，由监理单位填写验收结论。

2.3.2　分项工程的验收

分项工程是由一个或若干个检验批组成的，在我国现行的验收规范体系中，一个分项工程含有一个检验批的情形是最常见的，也存在个别分项工程含有 2 个或以上检验批。分项工程的验收是在所包含检验批全部合格的基础上进行的。

1. 分项工程质量合格标准及验收要求

（1）分项工程质量合格标准

分项工程质量验收合格应符合下列规定：

1）分项工程所含的检验批均应符合合格质量的规定；

2）分项工程所含的检验批的质量验收记录应完整。

分项工程的验收在检验批的基础上进行。一般情况下，两者具有相同或相近的性质，只是批量的大小不同而已。分项工程质量合格的条件是构成分项工程的各检验批验收资料齐全完整，且各检验批均已验收合格。

（2）分项工程质量验收要求

分项工程是由所含性质、内容一样的检验批汇集而成，是在检验批的基础上进行验收的，实际上分项工程质量验收是一个汇总统计的过程，并无新的内容和要求，因此，在分项工程质量验收时应注意：

1）核对检验批的部位、区段是否覆盖分项工程的范围全部，有无缺漏的部位没有验收到。

2）一些在检验批中无法检验的项目，在分项工程中直接验收。如砖砌体工程中的全高垂直度、砂浆强度的评定等。

3）检验批验收记录的内容及签字人是否正确、齐全。

2. 分项工程质量验收记录填写

根据《统一标准》的要求，分项工程质量应由监理工程师（建设单位项目专业技术负责人）组织项目专业技术负责人等进行验收，并按表 2-7 记录。

分项工程验收由监理工程师组织项目专业技术负责人等进行验收，分项工程在检验批验收合格的基础上进行，通常起一个归纳整理的作用，是一个统计表，没有实质性验收内容。

分项工程质量验收记录
表 2-7

编号：××××××□□

单位（子单位） 工程名称			分部（子分部） 工程名称				
分项工程数量			检验批数量				
施工单位			项目负责人			项目技术负责人	
分包单位			分包单位项目负责人			分包内容	
序号	检验批名称	检验批容量	部位/区段		施工单位检查结果		监理单位验收结论
1							
2							
3							
4							
5							
6							
7							
8							
9							
10							
11							
12							
13							
14							
说明：							
施工单位 检查结果			项目专业技术负责人： 　　　年　月　日				
监理单位 验收结论			专业监理工程师： 　　　年　月　日				

注：本表摘自《建筑工程施工质量验收统一标准》GB 50300—2013 附录 F。

表的填写：表头填上所验收分项工程的名称、单位工程名称、分部工程名称、分项工程数量及检验批数量。施工单位检查结果，均由施工单位专业质量检查员填写，由施工单位的项目专业技术负责人检查后给出评价并签字，交监理单位或建设单位验收。

监理单位的专业监理工程师（或建设单位的专业负责人）应逐项审查，同意项填写"合格"或"符合要求"；不同意项暂不填写，待处理后再验收，但应做标记。注明验收和不验收的意见，如同意验收并签字确认，不同意验收请指出存在问题，明确处理意见和完成时间。

2.3.3 分部（子分部）工程的验收

分部工程是由若干个分项工程构成的。分部工程验收是在分项工程验收的基础上进行的，这种关系类似检验批与分项工程的关系，都具有相同或相近的性质。故分项工程验收合格且有完整的质量控制资料，是检验分部工程合格的前提。

1. 分部工程质量验收合格标准和验收说明

（1）分部工程质量验收

分部工程质量验收合格应符合下列规定：

1）所含分项工程的质量均应验收合格；

2）质量控制资料应完整；

3）有关安全、节能、环境保护和主要使用功能的抽样检验结果应符合相应规定；

4）观感质量应符合要求。

（2）分部工程质量验收说明

分部工程的验收是以所含各分项工程验收为基础进行的。首先，组成分部工程的各分项工程已验收合格且相应的质量控制资料齐全、完整。注意查对所含分项工程归纳整理有无漏缺，各分项工程划分是否正确，是否存在分项工程没有验收的情形。注意检查各分项工程是否均按规定通过了合格质量验收；分项工程的资料是否完整，每个验收资料的内容是否有缺漏项，填写是否正确，以及分项工程验收人员的签字是否齐全等。此外，由于各分项工程的性质不尽相同，因此作为分部工程不能简单地组合而加以验收，尚须进行以下两类检查项目：

1）涉及安全、节能、环境保护和主要使用功能的地基与基础、主体结构和设备安装等分部工程应进行有关的见证检验或抽样检验，检验结果符合相关规定即可，即分部工程验收时，只要确认检验结果符合要求，不强制要求出具正式的检测报告。

2）以观察、触摸或简单量测的方式进行观感质量验收，并结合验收人的主观判断，检查结果并不给出"合格"或"不合格"的结论，而是综合给出"好""一般""差"的质量评价结果。对于"差"的检查点应进行返修处理。所谓"好"，是指在质量符合验收规范的基础上，能达到精致、流畅、匀净的要求，精度控制好；所谓"一般"，是指经观感质量检验能符合验收规范的要求；所谓"差"，是指勉强达到验收规范的要求，但质量不够稳定，离散性较大，给人以粗疏的印象。

观感质量验收中若发现有影响安全、功能的缺陷，有超过偏差限值，或明显影响观感效果的缺陷，不能评价，应处理后再进行验收。

评价时，施工企业应自行检查合格后，再由监理单位来验收，参加评价的人员应具有相应的资格，由总监理工程师组织，不少于三位监理工程师进行检查，在听取其他参加人员的意见后，共同做出评价，但总监理工程师的意见应为主导意见。在作评价时，可分项目逐点评价，也可按项目进行综合评价，最后对分部（子分部）作出评价。

2. 分部（子分部）工程验收记录表填写

分部（子分部）工程验收记录表格式见表2-8。

分部（子分部）工程验收记录　　　　　　　　　　　　　　　　　　　表2-8

编号：

单位（子单位）工程名称		子分部工程数量		分项工程数量	
施工单位		项目负责人		技术（质量）负责人	
分包单位		分包单位负责人		分包内容	
序号	子分部工程名称	分项工程名称	检验批容量	施工单位检查结果	监理单位验收结论
1					
2					
3					
4					
5					
6					
7					
8					
9					
10					
11					
质量控制资料					
安全和功能检验结果					
观感质量验收结果					
综合验收结论					
施工单位项目负责人： 年　月　日	勘察单位项目负责人： 年　月　日		设计单位项目负责人： 年　月　日		监理单位总监理工程师： 年　月　日

注：1）地基与基础分部工程的验收应由施工、勘察、设计单位项目负责人和总监理工程师参加并签字。

2）主体结构、节能分部工程的验收应由施工、设计单位项目负责人和总监理工程师参加并签字。

3）本表摘自《建筑工程施工质量验收统一标准》GB 50300—2013附录G。

分部（子分部）工程应由施工单位将自行检查评定合格的表填写好后，由项目经理交监理单位或建设单位。由总监理工程师组织施工项目经理及有关勘察（地基与基础部分）、设计（地基与基础及主体结构等）单位项目负责人进行验收，并按表的要求进行记录。

分部（子分部）工程验收表的填写要求如下：

（1）表名及表头部分

1）表名：分部工程的名称填写要具体。

2）表头部分的单位工程名称填写工程全称，与检验批、分项工程、分部工程验收表的工程名称一致。

施工单位填写单位全称。与检验批、分项工程、单位工程验收表填写的名称一致。

技术部门负责人或质量部门负责人多数情况下填写项目的技术及质量负责人，只有地基与基础、主体结构及主要安装分部（子分部）工程应填写施工单位的技术部门及质量部门负责人签字。

分包单位的内容，有分包单位时才填，没有时就不填写，主体结构不能进行分包。分包单位名称要写全称，与合同或图章上的名称一致。分包单位负责人及分包单位技术负责人，填写本项目的项目负责人及项目技术负责人。

（2）验收内容

1）分项工程

将分部工程所含的子分部工程名称依次填写清楚，再按子分部工程名称、分项工程名称以及该分项工程检验批数量依次填写，并将各分项工程评定表按顺序附在表后。

施工单位检查结果栏，填写施工单位自行检查评定的结果。核查一下各分项工程是否都通过验收，有关于龄期试件的合格评定是否达到要求；有全高垂直度或总标高的检验项目应进行检查验收。自检符合要求的可打"√"标注，否则打"×"标注。有"×"的项目不能交给监理单位或建设单位验收，应进行返修达到合格后再提交验收。监理单位或建设单位由总监理工程师或建设单位项目专业技术负责人组织审查，在符合要求后，在验收意见栏内签注"同意验收"意见。

2）质量控制资料

应按表 2-9《单位（子单位）工程质量控制资料核查记录》中所列的相关内容，来确定所要验收的分部（子分部）工程的质量控制项目，按资料核查的要求，逐项进行核查。这样能基本反映工程质量情况，达到保证结构安全和使用功能的要求，即可通过验收。全部项目都通过，即可在施工单位检查评定栏内打"√"标注检查合格，并送监理单位或建设单位验收。监理单位总监理工程师组织检查，在符合要求后，在验收意见栏内签注"同意验收"意见。

有些工程可按子分部工程进行资料验收，有些工程可按分部工程进行验收，由于工程不同，不能强求统一。

3）安全和功能检验（检测）报告

这个项目是指竣工抽样检测的项目，能在分部（子分部）工程中检测的，尽量放在分部（子分部）工程中检测。检测内容按相关专业验收规范涉及的工程安全和功能检验项目进行检验和核查。在核查时要注意，在开工之前确定的项目是否都进行了检测；逐一检查每个检测报告，核查每个检测项目的检测方法、程序是否符合有关标准规定；检测结果是否达到规范的要求；检测报告的审批程序签字是否完整；在每个报告上是否标注审查同意。每个检测项目都通过审查，即可在施工单位检查评定栏内打"√"标注检查合格。由项目经理送监理单位或建设单位验收，监理单位总监理工程师或建设单位项目专业负责人组织审查，在符合要求后，在验收意见栏内签注"同意验收"意见。

4）观感质量验收

观感质量不仅是外观质量，还包括能启动或运转的项目应能启动或试运转，能打开看的项目应打开看，有代表性的房间、部位都应走到，并由施工单位项目经理组织进行现场检查，经检查合格后，将施工单位填写的内容填写好后，由项目经理签字后交监理单位或建设单位验收。监理单位由总监理工程师或建设单位项目专业负责人组织验收，在听取参加检查人员意见的基础上，以总监理工程师或建设单位项目专业负责人为主导共同确定质量评价：好、一般、差。由施工单位的项目经理和总监理工程师或建设单位项目专业负责人共同确认。如果评价观感质量差的项目，能修理的尽量修理，如果确实难以修理时，只要不影响结构安全和使用功能的，可采用协商解决的方法进行验收，并在验收表上注明，然后将验收评价结论填写在分部（子分部）工程观感质量验收意见栏格内。

（3）验收单位的签字认可

按表列要求，参与工程建设责任单位的有关人员应亲自签名认可，以示负责，以便追究质量责任。

勘察单位可只签认地基基础分部（子分部）工程，由项目负责人亲自签认。

设计单位可只签地基基础、主体结构及重要安装分部（子分部）工程，由项目负责人亲自签认。

施工单位总承包单位必须签认，由项目经理亲自签认；有分包单位的，分包单位也必须签认其分包的分部（子分部）工程，由分包项目经理亲自签认。

监理单位作为验收方，由总监理工程师亲自签认验收。如果按规定不委托监理单位的工程，可由建设单位项目专业负责人亲自签认验收。

2.3.4　单位（子单位）工程的验收

1. 单位工程质量验收合格标准及验收要求

（1）单位工程质量验收合格标准

单位工程质量验收也称质量竣工验收，是建筑工程投入使用前的最后一次验收，也是最重要的一次验收。

单位（子单位）工程质量验收合格应符合下列规定：

1）所含分部工程的质量均应验收合格；

2）质量控制资料应完整；

3）所含分部工程中有关安全、节能、环境保护和主要使用功能的检验资料应完整；

4）主要功能项目的抽查结果应符合相关专业质量验收规范的规定；

5）观感质量验收应符合要求。

（2）单位工程验收要求

1）构成单位工程的各分部工程应验收合格。

2）有关的质量控制资料应完整。

单位（子单位）工程质量验收采用表 2-12 "单位（子单位）工程质量验收记录总表"和配套的表 2-9 "单位（子单位）工程质量控制资料核查记录"、表 2-10 "单位（子单位）工程安全和功能资料核查及主要功能抽查记录"、表 2-11 "单位（子单位）工程观感质量检查记录"进行。

单位（子单位）工程质量控制资料的检查应在施工单位自查的基础上进行，施工单位应在表 2-9 填上资料的份数，监理单位应填上核查意见，总监理工程师应给出质量控制资料"完整"或"不完整"的结论。

工程名称		××工程		施工单位	××建设工程有限公司	
序号	项目	资料名称	数量	核查意见		核查人
1	建筑与结构	图纸会审、设计变更、洽商记录	15	设计变更、洽商记录齐全		
2		工程定位测量、放线记录	7	定位测量准确，放线记录齐全		
3		原材料出厂合格证书及进场检（试）验报告	56	水泥、钢筋、防水材料等有出厂合格证及复试报告		
4		施工试验报告及见证检测报告	58	钢筋连接、混凝土抗压强度试验报告等符合要求，且按30％进行见证取样		
5		隐蔽工程验收表	37	隐蔽工程检查记录齐全		
6		施工记录	4	地基验槽、钎探、预检等齐全		
7		预制结构、预拌混凝土合格证	—	—		
8		地基、基础、主体结构检验及抽样检测资料	5	基础、主体经监督部门检验，其抽样检测资料符合要求		
9		分项、分部工程质量验收记录	2	质量验收符合规范规定		
10		工程质量事故及事故调查处理资料	—	无工程质量事故		
11		新材料、新工艺施工记录				
1	给水排水与采暖	图纸会审、设计变更、洽商记录		洽商记录齐全、清楚		
2		材料、配件出厂格证及进场检（试）验报告	28	合格证齐全，有进场检验报告		
3		管道、设备强度试验、严密性试验记录	4	强度试验记录齐全符合要求		
4		隐蔽工程验收表	21	隐蔽工程检查记录齐全		
5		系统清洗、灌水、通水、通球试验记录	9	灌水、通水等试验记录齐全		
6		施工记录	3	各种预检记录齐全		
7		分项、分部工程质量验收记录	22	质量验收符合规范规定		
1	建筑电气	图纸会审、设计变更、洽商记录	4	图纸会审、设计变更、洽商记录齐全、清楚		
2		材料、配件出厂合格证及进场检（试）验报告	16	材料、主要设备出厂合格证书齐全，有进场检验报告		
3		设备调试记录	3	设备调试记录齐全		
4		接地、绝缘电阻测试记录	4	接地、绝缘电阻测试记录齐全符合要求		
5		隐蔽工程验收表	22	隐蔽工程检查记录齐全		
6		施工记录	5	各种预检记录齐全		
7		分项、分部工程质量验收记录	9	质量验收符合规范规定		

结论：资料完整，同意验收

施工单位项目经理：××　　　　　　　　　监理工程师：××

×年 ×月×日　　　　　　　　　　（建设单位项目负责人）：×年×月 ×日

注：表中资料份数仅是示例，具体工程按实际填写。

3）单位（子单位）工程所含分部工程有关安全和功能的检测资料应完整

涉及安全、节能、环境保护和主要使用功能的分部工程检验资料应复查合格，这些检验资料与质量控制资料同等重要。资料复查要全面检查其完整性，不得有漏检缺项，核查并不是简单的重复检查，而是对原有检测资料所作的一次延续性的补充、修正和完善，特别是对分部工程验收时补充进行的见证抽样检验报告，是整个"型式"检验的一个组成部分；其次，复核分部工程验收时要补充进行的见证抽样检验报告，这体现了对安全和主要使用功能等的重视。凸显了新的验收规范对涉及结构安全和使用功能方面的强化作用，这些检测资料直接反映了房屋建筑物、附属构筑物及其建筑设备的技术性能。这些资料连同其他规定的试验、检测资料共同构成建筑产品的一份"型式"检验报告。

对主要使用功能应进行抽查。这是对建筑工程和设备安装工程质量的综合检验，也是用户最为关心的内容，体现了验收标准完善手段、过程控制的原则，也将减少工程投入使用后的质量投诉和纠纷。因此，在分项、分部工程验收合格的基础上，竣工验收时再作全面检查。抽查项目是在检查资料文件的基础上由参加验收的各方人员商定，并用计量、计数的方法抽样检验，检验结果应符合有关专业验收规范的规定。

单位（子单位）工程安全和功能检测资料核查表 2-10 中的份数应由施工单位填写，总监理工程师应逐一进行核查，尤其对检测的依据、结论、方法和签署情况应认真审核，并在表上填写核查意见，给出"完整"或"不完整"的结论。

单位（子单位）工程安全和功能检验资料核查及主要功能抽查记录表　　表 2-10

工程名称				施工单位			
序号	项目	安全和功能检查项目		份数	核查意见	抽查结果	核查（抽查）人
1	建筑与结构	屋面淋水试验记录					
2		地下室防水效果检查记录					
3		有防水要求的地面蓄水试验记录					
4		建筑物垂直度、标高、全高测量记录					
5		抽气（风）道检查记录					
6		幕墙及外窗气密性、水密性、耐风压检测报告					
7		建筑物沉降观测测量记录					
8		节能、保温测试记录					
9		室内环境检测报告					
10	给水排水与采暖分部工程（略）						
11	建筑电气部分（略）						
12	通风与空调部分（略）						
13	电梯部分（略）						
14	建筑智能化部分（略）						

结论：　　　　　　　　　　　　　　　总监理工程师：
施工单位项目经理：　　　　　　　　　（建设单位项目负责人）

　　　　　　　　　　年　月　日　　　　　　　　　　　年　月　日

4）主要功能项目的抽查结果应符合相关专业质量验收规范的规定

主要功能抽测是《统一规范》规范修订时新增加的，是这次修订的特点之一，目的主要是综合检验工程质量能否保证工程的功能，满足使用要求。这项抽查检测多数还是复查性的和验证性的。可以说，使用功能的检查是对建筑工程和设备安装工程最终质量的综合检验，是用户最为关心的内容。

主要功能抽测项目已在各分部、子分部工程中列出，有的是在分部、子分部完成后进行检测，有的还要待相关分部、子分部工程完成后试验检测，有的则需要等单位工程全部完成后进行检测。这些检测项目应在单位工程完工，施工单位向建设单位提交工程验收报告之前全部进行完毕，并将检测报告写好。至于在建设单位组织单位工程验收时，抽测什么项目，可由验收委员会（验收组）来确定。

一般的做法是：抽查项目是在检查资料文件的基础上由参加验收的各方人员商定，用计量、计数的抽样方法确定检查部位，检查依然按有关专业工程施工质量验收标准的要求进行。

功能抽查的项目，不应超出表 2-10 规定的范围，合同另有约定的不受其限制。

主要功能抽查完成后，总监理工程师应在表 2-10 上填写抽查意见，并给出"符合"或"不符合"验收规范的结论。

5）观感质量验收应符合要求

观感质量应通过验收。观感质量检查须由参加验收的各方人员共同进行，最后共同协商确定是否通过验收。

观感质量评价是工程的一项重要评价工作，是全面评价一个分部、子分部、单位工程的外观及使用功能质量，促进施工过程的管理、成品保护，提高社会效益和环境效益。观感质量验收不单纯是对工程外表质量进行检查，同时也是对部分使用功能和使用安全所作的一次全面检查。如门窗启闭是否灵活，关闭后是否严密，即属于使用功能。又如室内顶棚抹灰层的空鼓、楼梯踏步高差过大等，涉及使用安全，在检查时应加以关注。检查中发现有影响使用功能和使用安全的缺陷，或不符合验收规范要求的缺陷，应进行处理后再进行验收。

观感质量检查应在施工单位自查的基础上进行，总监理工程师在表 2-11 中填写观感质量综合评价后，并给出"符合"与"不符合"要求的检查结论。

单位（子单位）工程观感质量检查记录表　　　　表 2-11

工程名称：			施工单位：			
序号	项　　目		抽查质量状况	质量评价		
				好	一般	差
1	建筑与结构	室外墙面				
2		变形缝				
3		水落管、屋面				
4		室内墙面				
5		室内顶棚				
6		室内地面				
7		楼梯、踏步、护栏				
8		门窗				

序号	项　　目	抽查质量状况	质量评价		
			好	一般	差
9	给水排水与采暖部分（略）				
10	建筑电气部分（略）				
11	通风与空调部分（略）				
12	电梯（略）				
13	智能建筑化部分（略）				
	观感质量综合评价				
检查结论	施工单位项目经理： 　　　年　月　日	总监理工程师： （建设单位项目负责人）　　年　月　日			

　　单位（子单位）工程质量验收完成后，按表2-12的要求填写工程质量验收记录，其中验收记录由施工单位填写；验收结论由监理单位填写；综合验收结论由参加验收各方共同商定，建设单位填写，并应对工程质量是否符合设计和规范要求及总体质量水平作出评价。

单位（子单位）工程质量竣工验收记录表　　　　　　　　　　表2-12

工程名称		结构类型		层数/建筑面积	
施工单位		技术负责人		开工日期	
项目经理		项目技术负责人		竣工日期	

序号	项目	验收记录	验收结论
1	分部工程	共__分部，经查__分部 符合标准及设计要求__分部	
2	质量控制资料核查	共__项，经审查符合要求__项， 经核定符合规范要求____项	
3	安全和主要使用功能核查及 抽查结果	共核查__项，符合要求__项， 共抽查__项，符合要求__项， 经返工处理符合要求____项	
4	观感质量验收	共抽查__项，符合要求__项， 不符合要求__项	
5	综合验收结论		

参加验收单位	建设单位	监理单位	施工单位	设计单位
	（公章）	（公章）	（公章）	（公章）
	单位（项目）负责人 　　　年　月　日	总监理工程师 　　　年　月　日	单位（项目）负责人 　　　年　月　日	单位（项目）负责人 　　　年　月　日

表 2-12 为单位（子单位）工程质量验收记录总表。由施工单位填写，验收结论由监理（建设）单位填写，综合验收结论由参加验收各方共同商定，由建设单位填写。填写的内容应对工程质量是否符合设计和规范要求及总体质量水平做出评价。

前面已经提及：各相关专业质量验收规范是用于对检验批、分项、分部（子分部）工程检验的；《统一标准》用于对单位工程质量验收，是一个统计性的审核和综合性的评价。如建筑工程的综合性使用功能（如室内环境检测、屋面淋水或蓄水检测、智能建筑系统运行），建筑物全高垂直高度、上下窗口位置偏移及一些线角顺直等，只有在单位工程终检时，掌握得更准确。

2.4 建筑工程施工质量验收程序和组织

《统一标准》对建筑工程施工质量各层次的验收程序和组织都进行了要求。

1. 检验批和分项工程的质量验收程序和组织

（1）检验批质量验收组织

检验批应由专业监理工程师组织施工单位项目专业质量检查员、专业工长等进行验收。

检验批验收是建筑工程施工质量验收的最基本层次，是单位工程质量验收的基础，所有检验批均应由专业监理工程师组织验收。验收前，施工单位应完成自检，对存在的问题自行整改处理，然后申请专业监理工程师组织验收。

（2）分项工程质量验收组织

分项工程应由专业监理工程师组织施工单位项目专业技术负责人等进行验收。

分项工程由若干个检验批组成，也是单位工程质量验收的基础。验收时在专业监理工程师组织下，可由施工单位项目技术负责人对所有检验批验收记录进行汇总，核查无误后报专业监理工程师审查，确认符合要求后，由项目专业技术负责人在分项工程质量验收记录中签字，然后由专业监理工程师签字通过验收。在分项工程验收中，如果对检验批验收结论有怀疑或异议时，应进行相应的现场检查核实。

（3）检验批和分项工程质量验收程序

检验批验收的程序：相关检验批完成后，施工单位项目专业质量检查员组织自检，自检合格后填写"检验批质量验收记录"和"检验批质量报验报告"，项目专业质量检查员在验收记录表上签字，并将报验报告和检验批验收记录表报项目监理，项目监理（建设单位）收到报验报告后由监理工程师（建设单位项目技术负责人）组织验收。

分项工程验收的程序：相关分项工程完成后，施工单位项目专业质量（技术）负责人组织自检，自检合格后填写"分项工程质量验收记录"和"分项工程质量报验报告"，项目专业技术负责人在验收记录表上签字，并将报验报告和分项工程质量验收记录表报项目监理，项目监理（建设单位）收到报验报告后由监理工程师（建设单位项目技术负责人）组织验收。

2. 分部工程质量验收的程序和组织

（1）分部工程质量验收组织

分部工程应由总监理工程师组织施工单位项目负责人和项目技术负责人等进行验收。

勘察、设计单位项目负责人和施工单位技术、质量部门负责人应参加地基与基础分部工程的验收。

设计单位项目负责人和施工单位技术、质量部门负责人应参加主体结构、节能分部工程的验收。

本条给出了分部工程验收组织的基本规定。就房屋建筑工程而言，在所包含的十个分部工程中，参加验收的人员可有以下三种情况：

1）除地基基础、主体结构和建筑节能三个分部工程外，其他七个分部工程的验收组织相同，即由总监理工程师组织，施工单位项目负责人和项目技术负责人等参加。

2）由于地基与基础分部工程情况复杂，专业性强，且关系到整个工程的安全，为保证质量，严格把关，规定勘察、设计单位项目负责人应参加验收，并要求施工单位技术、质量部门负责人也应参加验收。

3）由于主体结构直接影响使用安全，建筑节能是基本国策，直接关系到国家资源战略、可持续发展等，故这两个分部工程，规定设计单位项目负责人应参加验收，并要求施工单位技术、质量部门负责人也应参加验收。

参加验收的人员，除指定的人员必须参加验收外，允许其他相关人员共同参加验收。

由于各施工单位的机构和岗位设置不同，施工单位技术、质量负责人允许是两个部门的两位负责人员，也可以是一个整合部门的一位人员。

勘察、设计单位项目负责人应为勘察、设计单位负责本工程项目的专业负责人，不应由与本项目无关或不了解本项目情况的其他人员、非专业人员代替。

（2）分部工程的验收程序

分部工程完成后，由施工单位项目负责人组织项目部技术人员按验收规范规定的标准对分部工程进行检查评定，合格后填写分部工程验收记录及分部工程质量报验报告，整理好相关的报验资料，向监理单位（或建设单位项目负责人）提出分部工程验收的报告，其中地基基础、主体工程等分部，还应由施工单位的技术、质量部门配合项目负责人做好检查评定工作，监理单位的总监理工程师（没有实行监理的单位应由建设单位项目负责人）组织施工单位的项目负责人和技术、质量负责人等有关人员进行验收。

3. 单位工程质量验收的程序和组织

1）分包工程的质量验收

单位工程中的分包工程完工后，分包单位应对所承包的工程项目进行自检，并应按《建筑工程施工质量验收统一标准》规定的程序进行验收。验收时，总包单位应派人参加。分包单位应将所分包工程的质量控制资料整理完整，并移交给总包单位。

《建设工程承包合同》的双方主体是建设单位和总承包单位，总承包单位应按照承包合同的权利义务对建设单位负责。总承包单位可以根据需要将建设工程的一部分依法分包给其他具有相应资质的单位，分包单位对总承包单位负责，亦应对建设单位负责。总承包单位就分包单位完成的项目向建设单位承担连带责任。因此，分包单位对承建的项目进行验收时，总承包单位应参加，检验合格后，分包单位应将工程的有关资料整理完整后移交给总承包单位，建设单位组织单位工程质量验收时，分包单位负责人应参加验收。

2）单位工程预验收

单位工程完工后，施工单位应组织有关人员进行自检。总监理工程师应组织各专业监理工程师对工程质量进行竣工预验收。存在施工质量问题时，应由施工单位整改。整改完毕后，由施工单位向建设单位提交工程竣工报告，申请工程竣工验收。

单位工程完成后，施工单位应首先依据验收规范、设计图纸等组织有关人员进行自检，对检查发现的问题进行必要的整改。监理单位应根据《统一标准》和《建设工程监理规范》GB/T 50319—2013 的要求对工程进行竣工预验收。符合规定后由施工单位向建设单位提交工程竣工报告和完整的质量控制资料，申请建设单位组织竣工验收。

单位工程验收也是竣工验收，验收合格意味着工程保管权、使用权和所有权的移交。预验收是为了确保竣工验收顺利进行，确保工程质量验收一次验收合格。预验收合格后的工程，施工单位才能正式提交竣工报告，没有通过预验收的建筑工程，施工单位必须整改合格后才能提交竣工报告。

工程竣工预验收由总监理工程师组织，各专业监理工程师参加，施工单位由项目经理、项目技术负责人等参加，其他各单位人员可不参加。工程预验收除参加人员与竣工验收不同外，其方法、程序、要求等均应与工程竣工验收相同。竣工预验收的表格格式可参照工程竣工验收的表格格式。

3）单位工程竣工验收组织

建设单位收到工程竣工报告后，应由建设单位项目负责人组织监理、施工、设计、勘察等单位项目负责人进行单位工程验收。

单位工程竣工验收是依据国家有关法律、法规及规范、标准的规定，全面考核建设工作成果，检查工程质量是否符合设计文件和合同约定的各项要求。竣工验收通过后，工程将投入使用，发挥其投资效应，也将与使用者的人身健康或财产安全密切相关。因此，工程建设的参与单位应对竣工验收给予足够的重视。

单位工程质量验收应由建设单位项目负责人组织，由于勘察、设计、施工、监理单位都是责任主体，因此各单位项目负责人应参加验收，考虑到施工单位对工程负有直接生产责任，而施工项目部不是法人单位，故施工单位的技术、质量负责人也应参加验收。

在一个单位工程中，对满足生产要求或具备使用条件，施工单位已自行检验，监理单位已预验收的子单位工程，建设单位可组织进行验收。由几个施工单位负责施工的单位工程，若其中的子单位工程已按设计要求完成，并经自行检验，也可按规定的程序组织正式验收，办理交工手续。在整个单位工程验收时，已验收的子单位工程验收资料应作为单位工程验收的附件。

2.5 建筑工程施工质量检查与验收的基本方式和方法

1. 建筑工程施工质量检查与验收的基本思想

前面已经提及，建筑工程施工质量检查与验收是工程施工项目质量管理的一部分，通过对工程质量进行检查与验收，可以有效地保障工程质量，避免不合格的施工项目（或过程）流向下一工序，被下一个施工过程所掩盖，从而确保整个工程质量。

但是，一般的工程施工项目都较为庞大，施工周期长，如果仅是工程结束后才进行验收，或之间只设置几个验收点，都是远远不够的，仍然难以保证工程施工质量。新的验收规则把庞大的工程施工项目层层分解：单位工程分为若干分部（子分部）工程；分部（子分部）工程依然较大，又被分为较小的分项工程；较小的分项工程又被分为更小的检验批。检验批是施工管理的最小单位，也是施工项目检查验收的基础单位。进行工程项目施工质量验收的时候，通过对检验批的检查与验收来保证所在的分项工程的合格验收，分项工程的合格从而又保证了分部（子分部）的合格，最后保证了整个单位工程的质量合格。

2. 建筑工程施工质量检查与验收的基本方式和方法

无论是施工单位还是监理单位，在建筑工程施工质量检查或验收时所采用的方式，主要包括审查有关技术文件、报告和直接进行现场检查或必要的试验两类。

（1）审查有关技术文件、报告或报表

对技术文件、报告、报表的审查，是施工项目部管理人员、监理人员等对工程质量进行全面质量检查和控制的重要手段，如审查有关技术资质证明文件、审查有关材料、半成品的质量检验报告，同时也是各层次验收合格的条件之一。

（2）现场实际项目的质量检查与验收方法

建筑工程施工质量的好坏，不仅要进行技术资料的检查和验收，还须进行实际项目的质量检查与验收，如施工单位对某砌筑工程检验批的自检、工序交接检、专职人员检查以及监理单位对某钢筋工程检验批的隐蔽检查和验收。

现场实际项目的质量检查与验收方法归纳起来主要有目测法、实测法和试验法 3 种。

1）目测法

其手段可归纳为看、摸、敲、照 4 个字。

看，就是根据质量标准进行外观目测。清水墙面是否洁净，地面是否光洁平整，施工顺序是否合理，工人操作是否正确等，均需通过目测检查、评价。进行观察检验的人需要具有丰富的经验，经过反复实践才能掌握标准。所以这种方法虽然简单，但是难度最大，应予以充分重视，加强训练。

摸，就是手感检查。主要用于装饰工程的某些检查项目，如水刷石、干粘石粘结牢固程度，油漆的光滑度，地面有无起砂等，均可通过手摸加以鉴别。

敲，是运用工具进行音感检查。对地面工程、装饰工程中的水磨石、面砖、锦砖和大理石贴面等，均应进行敲击检查，通过声音的虚实确定有无空鼓，还可根据声音的清脆和沉闷，判定属于面层空鼓或底层空鼓。又如，用手敲玻璃，如发出颤动声响，一般是底灰不满或压条不实。

照，对于难以看到或光线较暗的部位，则可采用镜子反射或灯光照射的方法进行检查。

2）实测法

实测法是通过实测数据与施工规范及质量标准所规定的允许偏差对照，来判别质量是否合格。实测检查法的手段，也可归纳为靠、吊、量、套 4 个字。

靠，是用直尺、塞尺检查墙面、地面、屋面的平整度。如对墙面、地面等要求平整的项目都利用这种方法检验。

吊，是用托线板以线锤吊线检查垂直度。可在托线板上系线锤吊线，紧贴墙面，或在托板上下两端粘突出小块，以触点触及受检面进行检验。板上线锤的位置可压托线板的刻度，示出垂直度。

量，是用测量工具和计量仪表等检查断面尺寸、轴线、标高、湿度、温度等的偏差。这种方法用得最多，主要是检查容许偏差项目。如外墙砌砖上下窗口偏移用经纬仪或吊线检查，钢结构焊缝余高用"量规"检查，管道保温厚度用钢针刺入保温层和尺量检查等。

套，是以方尺套方，辅以塞尺检查。如对阴阳角的方正、踢脚线的垂直度、预制构件的方正等项目的检查。对门窗口及门窗框的对角线检查，也是套方的特殊手段。

3）试验法

试验法是指必须通过试验手段，才能对质量进行判断的检查方法。如对桩或地基的静载试验，确定其承载力；对钢结构的稳定性试验，确定是否产生失隐现象；对钢筋对焊接头进行拉力试验，检验焊接的质量等。

3. 建筑工程质量检验的常用工具

建筑工程施工质量检查的工具较多，不同的分项工程有不同的检查验收内容和检查方法，所使用的检查工具也不同，这在相应的检验批验收方法中有明确要求。用于检验用的各种器具应经过计量标定。

下面仅介绍目前工地常使用的建筑工程检测仪器。

（1）常见的建筑工程检测器和技术参数

建筑工程检测器种类和技术参数见表 2-13。

建筑工程检测器的技术参数（单位：mm）   表 2-13

序号	器具名称	规格	测量范围	精度误差
1	垂直检测尺	2000×55×25	±14/2000	0.5
2	对角检测尺	970×22×13	1000～2420	（标尺）0.5
3	内外直角检测尺	200×130	±7/130	0.5
4	楔形塞尺	150×15×17	1～15	0.5
5	百格网	240×115×53	标准砖	0.5%
6	检测镜	105×65×10		
7	卷线器	65×65×20	线长 15m	
8	响鼓锤	25g		
9	钢针小锤	10g		

（2）垂直检测尺使用方法

检测物体平面的垂直度，平整度及水平度的偏差

1）垂直度检测：检测尺为可展式结构，合拢长 1m，展开长 2m。用于 1m 检测时，推下仪表盖，活动销推键向上推，将检测尺左侧面靠紧被测面（注意：握尺要垂直，观察红色活动销外露 3～5mm，摆动灵活即可），待指针自行摆动停止时，直读指针所指下行刻度数值，此数值即被测面 1m 垂直度偏差，每格为 1mm。用于 2m 检测时，将检测尺展开后锁紧连接扣，检测方法同上，直读指针所指上行刻度数值，此数值即被测面 2m 垂直度偏差，每格为 1mm。如被测面不平整，可用右侧上下靠脚（中间靠脚旋出不用）检测。

2）平整度检测：检测尺侧面靠紧被测面，其缝隙大小用楔形塞尺检测，其数值即平整度偏差。

3）水平度检测：检测尺侧面装有水准管，可检测水平度，用法同普通水平仪。

4）校正方法：垂直检测时，如发现仪表指针数值偏差，应将检测尺放在标准器上进行校对调正。标准器可自制，将一根长约 2.1m 平直方木或铝型材，竖直安装在墙面上，

由线坠调正垂直，将检测尺靠在标准器上，用十字螺丝刀调节检测尺上的"指针调节"螺丝，使指针对"0"为止。水准管调正，可将检测尺放在标准水平物体上。用十字螺丝刀调节水准管"S"螺丝，使气泡居中。

（3）对角检测尺使用方法

检测尺为三节伸缩式结构。中节尺设三档刻度线。检测时，将大节尺的推键锁定在中节尺上某档刻度线"0"位，将检测尺两端尖角顶紧被测对角顶点，固紧小节尺。检测另一对角线时，松开大节尺的推键，检测后再固紧，目测推键在刻度线上所指的数值，此数值就是该物体上两对角线长度对比的偏差值（单位：mm）。

检测尺的小节尺顶端备有 M6 螺栓。可装楔形塞尺、检测镜、活动锤头，便于高处检测使用。

（4）内外直角检测尺使用方法

1）内外直角检测，将推键向左推检测时主尺及活动尺都应紧靠被测面，长度的直角度偏差，每格为 1mm。拉出活动尺，旋转 270°即可检测，指针所指刻度牌数值即被测面 130mm。

2）该尺在检测后离开被测物体时，指针所指数值不会变动（活动尺不会自行滑动），检测后可将检测尺拿到明亮处看清数值，克服了过去在检测中遇到高处、暗处、墙角处等不易看清数值的缺陷，扩大了使用范围。

3）垂直度及水平度检测：该检测尺装有水准管，可检测一般垂直度及水平度偏差。垂直度可用主尺侧面垂直靠在被测面上检测。检测水平度应把活动尺拉出旋转 270°，使指针对准"0"位，主尺垂直朝上，将活动尺平放在被测物体上检测。

（5）楔形塞尺使用方法

1）缝隙检测：游码推到尺顶部，手握塑料柄，将顶部插入被测缝隙中，插紧后退出，直读游码刻度（单位：mm）。

2）平整度检测：取一平直长尺紧靠被测面，缝隙大小用楔形塞尺去检测，游码所指数值即被侧面的平整度偏差。

3）楔形塞尺侧面有 M6 螺孔，可将塞尺装在伸缩杆或对角检测尺顶部，便于高处检测。

（6）百格网使用方法

百格网采用高透明度工业塑料制成，展开后检测面积等同于标准砖，其上均布 100 小格，专用于检测砌体砖面砂浆粘结的饱满度，即覆盖率。

（7）检测镜使用方法

检验建筑物体的上冒头、背面、弯曲面等肉眼不易直接看到的地方，手柄处有 M6 螺孔，可装在伸缩杆或对角检测尺上，以便于高处检测。

（8）卷线器使用方法

塑料盒式结构，内有尼龙丝线，拉出全长 15m，可检测建筑物体的平直度，如砖墙砌体灰缝、踢脚线等（用其他检测工具不易检测物体的平直部位）。检测时，拉紧两端丝线，放在被测处，目测观察对比，检测完毕后，用卷线手柄顺时针旋转，将丝线收入盒内，然后锁上方扣。

（9）响鼓锤（锤头重 25g）使用方法

轻轻敲打抹灰后的墙面，可以判断墙面的空鼓程度及砂灰与砖水泥冻结的黏合质量。

（10）钢针小锤（锤头重10g）使用方法

小锤轻轻敲打玻璃、锦砖、瓷砖，可以判断空鼓程度及黏合质量。

拔出塑料手柄，里面是尖头钢针，钢针向被检物上戳几下，可探查出多孔板缝隙、砖缝等砂浆是否饱满。

2.6 建筑工程施工质量验收过程中遵循的基本规定

《统一标准》在其第三大点中给出的"基本规定"，是新验收规范体系中的核心部分，是建筑工程施工质量验收的最基本规则，对工程质量验收的有关最基本的和重要的方面，提出了要求；同时在"基本规定"中提出了全过程进行验收的主导思路。

下面介绍《统一标准》中的"基本规定"，它是建筑工程施工质量验收的基本规则。

1. 对施工单位施工现场质量管理的检查和验收规则

（1）施工现场质量管理

施工现场应具有健全的质量管理体系、相应的施工技术标准、施工质量检验制度和综合施工质量水平评定考核制度。施工现场质量管理可按表2-14的要求进行检查记录。

施工现场质量管理检查记录 　　　　　　　　　　表2-14

开工日期：

工程名称			施工许可证（开工证）	
建设单位			项目负责人	
设计单位			项目负责人	
监理单位			总监理工程师	
施工单位		项目负责人		项目技术负责人

序号	项目	内容
1	项目部质量管理体系	
2	现场质量责任制	
3	主要专业工种操作岗位证书	
4	分包单位管理制度	
5	图纸会审记录	
6	地质勘察资料	
7	施工技术标准	
8	施工组织设计、施工方案编制及审批	
9	物资采购管理制度	
10	施工设备和机械设备管理制度	
11	计量设备配备	
12	检验试验管理制度	
13	工程质量检查验收制度	
14	...	

自查结果： 施工单位项目负责人： 　　　　　　　　　年　月　日	检查结论： 总监理工程师： （建设单位项目负责人） 　　　　　　　　　年　月　日

1）标准条文对施工现场的要求

从该条可以看出，该条针对施工现场提出了四项要求：

① 有相应的施工技术标准，即操作依据，可以是企业标准、施工工艺、工法、操作规程等，是保证国家标准贯彻落实的基础，所以这些企业标准必须高于国家标准、行业标准。

② 有健全的质量管理体系，按照质量管理规范建立必要的机构、制度，并赋予其应有的权责，保证质量控制措施的落实。可以是通过 ISO9000 系列认证的，也可以不是通过认证的，为了有可操作性，必须满足《统一标准》附录 A 表的要求。

③ 有施工质量检验制度，包括材料、设备的进场验收检验、施工过程的试验、检验，竣工后的抽查检测，要有具体的规定、明确检验项目和制度等，重点是竣工后的抽查检测，检测项目、检测时间、检测人员应具体落实。

④ 提出了综合施工质量水平评定考核制度，是将企业资质、人员素质、工程实体质量及前三项的要求等所形成的综合效果和成效，包括工程质量的总体评价、企业的质量效益等。目的是经过综合评价，不断提高施工管理水平。

2）施工现场质量管理检查记录表的要点

施工现场质量管理检查的主要内容属于事前控制。为了保证工程质量达到合格的规定，应重点控制现场的质量管理、在质量方面指挥和控制组织的活动是否协调并有实效、组织机构的设置和职责的分配与落实是否到位。

对工程产品形成的直接创造者，要检查主要专业工种是否持有上岗证书，有利于形成操作人员素质保障制度。

检查分包方的资质，审查控制的重点是施工组织者、管理者的资质与质量管理水平；主要专业工种和关键的施工工艺及新技术、新工艺、新材料等应用方面的能力；检查总承包单位对分包单位的质量管理方面的约束机制。

施工图纸是施工单位质量控制的重要依据，设计交底和图纸会审做得好，能事先消除图纸中的质量隐患，有利于施工单位更进一步了解设计意图、工程结构特点、施工工艺要求及应采取的技术措施。

检查施工组织设计，重点要抓住组织体系特别是质量管理体系是否健全，施工现场总体布局是否合理，能否有利于保证施工质量，检查施工组织技术措施针对性和有效性。

对施工方案的检查，主要应检查施工程序的安排、施工机械设备的选择，主要项目的施工方法。施工方法是施工方案的核心，要检查是否可行，是否符合国家有关规定的施工规范和质量验评标准等。

材料和设备通过物化劳动，将构成工程的组成部分，故质量的好坏与工程质量关系重大，对于材料、设备的检查要进行全过程控制，检查是否从进场、存放、使用等方面进行了系统控制。

凡涉及安全、功能的有关产品必须坚持按各专业工程质量验收规范规定进行复验，必须得到监理工程师或建设单位技术负责人的检查认可。

（2）未实行监理时建设单位的职责

未实行监理的建筑工程，建设单位相关人员应履行本标准涉及的监理职责。

根据《建设工程监理范围和规模标准规定》（建设部令第 86 号），对国家重点建设工程、大中型公用事业工程等必须实行监理。对于该规定包含范围以外的工程，也可由建设单位完成相应的施工质量控制及验收工作。

（3）施工质量控制要求

建筑工程的施工质量控制应符合下列规定：

1）建筑工程采用的主要材料、半成品、成品、建筑构配件、器具和设备应进行进场检验。凡涉及安全、节能、环境保护和主要使用功能的重要材料、产品，应按各专业工程施工规范、验收规范和设计文件等规定进行复验，并应经监理工程师检查认可。

2）各施工工序应按施工技术标准进行质量控制，每道施工工序完成后，经施工单位自检符合规定后，才能进行下道工序施工。各专业工种之间的相关工序应进行交接检验，并应记录。

3）对于监理单位提出检查要求的重要工序，应经监理工程师检查认可，才能进行下道工序施工。

本条内容规定了建筑工程施工质量控制的主要方面：

1）用于建筑工程的主要材料、半成品、成品、建筑构配件、器具和设备的进场检验及重要建筑材料、产品的复验。为把握重点环节，要求对涉及安全、节能、环境保护和主要使用功能的重要材料、产品进行复检，体现了以人为本、节能、环保的理念和原则。

2）为保障工程整体质量，应控制每道工序的质量。目前各专业的施工技术规范正在编制并陆续实施，施工单位可按照执行。考虑到企业标准的控制指标应严格于行业和国家标准指标，鼓励有能力的施工单位编制企业标准，并按照企业标准的要求控制每道工序的施工质量。施工单位完成每道工序后，除了自检、专职质量检查员检查外，还应进行工序交接检查，上道工序应满足下道工序的施工条件和要求；同样，相关专业工序之间也应进行交接检验，使各工序之间和各相关专业工程之间形成有机的整体。

3）工序是建筑工程施工的基本组成部分，一个检验批可能由一道或多道工序组成。根据目前的验收要求，监理单位对工程质量控制到检验批，对工序的质量一般由施工单位通过自检予以控制，但为保证工程质量，对监理单位有要求的重要工序，应经监理工程师检查认可，才能进行下道工序施工。

（4）抽样方案的调整

符合下列条件之一时，可按相关专业验收规范的规定适当调整抽样复验、试验数量，调整后的抽样复验、试验方案应由施工单位编制，并报监理单位审核确认。

1）同一项目中由相同施工单位施工的多个单位工程，使用同一生产厂家的同品种、同规格、同批次的材料、构配件、设备；

2）同一施工单位在现场加工的成品、半成品、构配件用于同一项目中的多个单位工程；

3）在同一项目中，针对同一抽样对象已有检验成果可以重复利用。

本条内容规定了可适当调整抽样复验、试验数量的条件和要求。

1）相同施工单位在同一项目中施工的多个单位工程，使用的材料、构配件、设备等往往属于同一批次，如果按每一个单位工程分别进行复验、试验势必会造成重复，且必要性不大。因此规定可适当调整抽样复检、试验数量，具体要求可根据相关专业验收规范的规定执行。

2）施工现场加工的成品、半成品、构配件等符合条件时，可适当调整抽样复验、试验数量。但对施工安装后的工程质量应按分部工程的要求进行检测试验，不能减少抽样数量，如结构实体混凝土强度检测、钢筋保护层厚度检测等。

3）在实际工程中，同一专业内或不同专业之间对同一对象有重复检验的情况，需分别填写验收资料。例如，混凝土结构隐蔽工程检验批和钢筋工程检验批，装饰装修工程和节能工程中对门窗的气密性试验等。因此，本条规定可避免对同一对象的重复检验，可重复利用检验成果。

调整抽样复验、试验数量或重复利用已有检验成果应有具体的实施方案，实施方案应符合各专业验收规范的规定，并事先报监理单位认可。施工或监理单位认为必要时，也可不调整抽样复验、试验数量或不重复利用已有检验成果。

（5）专业规范对验收项目未规定时的处理方式

当专业验收规范对工程中的验收项目未作出相应规定时，应由建设单位组织监理、设计、施工等相关单位制定专项验收要求。涉及安全、节能、环境保护等项目的专项验收要求应由建设单位组织专家论证。

为适应建筑工程行业的发展，鼓励"四新"技术的推广应用，保证建筑工程验收的顺利进行，本条规定对国家、行业、地方标准没有具体验收要求的分项工程及检验批，可由建设单位组织制定专项验收要求，专项验收要求应符合设计意图，包括分项工程及检验批的划分、抽样方案、验收方法、判定指标等内容，监理、设计、施工等单位可参与制定。为保证工程质量，重要的专项验收要求应在实施前组织专家论证。

（6）施工质量验收基本要求

建筑工程施工质量应按下列要求进行验收：

1）工程质量验收均应在施工单位自检合格的基础上进行；

2）参加工程施工质量验收的各方人员应具备相应的资格；

3）检验批的质量应按主控项目和一般项目验收；

4）对涉及结构安全、节能、环境保护和主要使用功能的试块、试件及材料，应在进场时或施工中按规定进行见证检验；

5）隐蔽工程在隐蔽前应由施工单位通知监理单位进行验收，并应形成验收文件，验收合格后方可继续施工；

6）对涉及结构安全、节能、环境保护和使用功能的重要分部工程，应在验收前按规定进行抽样检验；

7）工程的观感质量应由验收人员现场检查，并应共同确认。

本条内容规定了建筑工程施工质量验收的基本要求：

1）工程质量验收的前提条件为施工单位自检合格，验收时施工单位对自检中发现的问题已完成整改。

2）参加工程施工质量验收的各方人员资格包括岗位、专业和技术职称等要求，具体要求应符合国家、行业和地方有关法律、法规及标准、规范的规定，尚无规定时可由参加验收的单位协商确定。

3）主控项目和一般项目的划分应符合各专业验收规范的规定。

4）见证检验的项目、内容、程序、抽样数量等应符合国家、行业和地方有关规范的规定。

5）考虑到隐蔽工程在隐蔽后难以检验，因此隐蔽工程在隐蔽前应进行验收，验收合格后方可继续施工。

6）本标准修订适当扩大抽样检验的范围，不仅包括涉及结构安全和使用功能的分部工程，还包括涉及节能、环境保护等的分部工程，具体内容可由各专业验收规范确定，抽样检验和实体检验结果应符合有关专业验收规范的规定。

7）观感质量可通过观察和简单的测试确定，观感质量的综合评价结果应由验收各方共同确认并达成一致。对影响观感及使用功能或质量评价为差的项目应进行返修。

验收规范强调完善手段和确保结构质量，但为了对工程整体进行一次全面验收检查仍有必要。其验收的内容不仅是外观，对局部的缺陷、缺损也包括在内。验收的标准原则上仍要根据分项工程的主控项目和一般项目的质量指标，综合考虑，评出"好""一般""差"。由于这项工作受人为因素和评价人情绪的影响较大，对不影响安全、功能的装饰等外观质量，评为"好""一般"务必符合通过验收的各项规定；如评为"差"，能返修的应尽量维修，不能维修的应协商解决，故要求专家共同确认（注意：对于不符合要求的项目，影响安全或使用功能，就要按不合格处理程序进行处理）。

验收人员以监理单位为主，由总监理工程师组织，不少于3个监理工程师参加，并有施工单位的项目经理、技术和质量部门的人员及分包单位项目经理和有关技术、质量人员参加，经过现场检查，在听取各方面的意见后，以总监理工程师为主导并与监理工程师共同确定。

对于"好""一般""差"的评价方法，检查人员可以这样掌握：如果某些部位质量较好，细部处理到位，就可评为"好"；如果没有明显达不到要求的，就可以评为"一般"；如果有的部位达不到要求，或有明显的缺陷，不影响安全或使用功能的，则评为"差"。

（7）施工质量验收合格的通用规定

建筑工程施工质量验收合格应符合下列规定：

1）符合工程勘察、设计文件的要求；

2）符合本标准和相关专业验收规范的规定。

本条内容明确给出了建筑工程施工质量验收合格的条件。需要指出的是，本标准及各专业验收规范提出的合格要求是对施工质量的最低要求，允许建设、设计等单位提出高于本标准及相关专业验收规范的验收要求。

2. 检验批抽样方案的确定

（1）检验批抽样方案的选取

检验批的质量检验，可根据检验项目的特点在下列抽样方案中选取：

1）计量、计数或计量-计数的抽样方案；

2）一次、二次或多次抽样方案；

3）对重要的检验项目，当有简易快速的检验方法时，选用全数检验方案；

4）根据生产连续性和生产控制稳定性情况，采用调整型抽样方案；

5）经实践证明有效的抽样方案。

对检验批的抽样方案可根据检验项目的特点进行选择。计量、计数检验可分为全数检验和抽样检验两类。对于重要且易于检查的项目，可采用简易快速的非破损检验方法时，宜选用全数检验。

本条内容在计量、计数抽样时引入了概率统计学的方法，提高抽样检验的理论水平，作为可采用的抽样方案之一。鉴于目前各专业验收规范在确定抽样数量时仍普遍采用基于经验的方法，本标准仍允许采用"经实践证明有效的抽样方案"。

（2）抽样要求

检验批抽样样本应随机抽取，满足分布均匀、具有代表性的要求，抽样数量应符合有关专业验收规范的规定。当采用计数抽样时，最小抽样数量应符合表 2-15 的要求。

明显不合格的个体可不纳入检验批，但应进行处理，使其满足有关专业验收规范的规定，对处理的情况应予以记录并重新验收。

检验批最小抽样数量   表 2-15

检验批的容量	最小抽样数量	检验批的容量	最小抽样数量
2～15	2	151～280	13
16～25	3	281～500	20
26～90	5	501～1200	32
91～150	8	1201～3200	50

本条内容规定了检验批的抽样要求。目前对施工质量的检验大多没有具体的抽样方案，样本选取的随意性较大，有时不能代表母体的质量情况。因此，本条规定随机抽样应满足样本分布均匀、抽样具有代表性等要求。

对抽样数量的规定依据国家标准《计数抽样检验程序第 1 部分：按接收质量限（AQL）检索的逐批检验抽样计划》GB/T 2828.1—2012，给出了检验批验收时的最小抽样数量，其目的是要保证验收检验具有一定的抽样量，并符合统计学原理，使抽样更具代表性。最小抽样数量有时不是最佳的抽样数量，因此本条规定抽样数量尚应符合有关专业验收规范的规定。表 2-15 适用于计数抽样的检验批，对计量-计数混合抽样的检验批可参考使用。

检验批中明显不合格的个体主要可通过肉眼观察或简单的测试确定，这些个体的检验指标往往与其他个体存在较大差异，纳入检验批后会增大验收结果的离散性，影响整体质量水平的统计。同时，也为了避免对明显不合格个体的人为忽略情况，本条规定对明显不合格的个体可不纳入检验批，但必须进行处理，使其符合规定。

（3）对错判概率和漏判概率的规定

计量抽样的错判概率（α）和漏判概率（β）可按下列规定采取：

1）主控项目：对应于合格质量水平的。α 和 β 均不宜超过 5%；

2）一般项目：对应于合格质量水平的 α 不宜超过 5%，β 不宜超过 10%。

关于合格质量水平的错判概率 α，是指合格批被判为不合格的概率，即合格批被拒收的概率；漏判概率 β 为不合格批被判为合格批的概率，即不合格批被误收的概率。抽样检验必然存在这两类风险，通过抽样检验的方法使检验批 100% 合格是不合理的也是不可能的，在抽样检验中，两类风险一般控制范围是：$\alpha=1\%\sim5\%$；$\beta=5\%\sim10\%$。对于主控项目，其 α、β 均不宜超过 5%；对于一般项目，α 不宜超过 5%，β 不宜超过 10%。

2.7 建筑工程施工质量验收不符合要求的处理和严禁验收的规定

1. 建筑工程质量不符合要求时的处理规定

一般情况下，不合格现象在最基层的验收单位——检验批时就应发现并及时处理，否则将影响后续检验批和相关的分项工程、分部工程的验收。因此，所有质量隐患必须尽快消灭在萌芽状态，这也是《建筑工程施工质量验收统一标准》GB 50300—2013"强化验收"与"过程控制"的体现。

建筑工程质量不可能做到全部一次验收合格和零缺陷的情况，特别是目前大部分施工队伍的整体素质还有待提高的情况下，出现建筑工程质量问题在所难免。

（1）工程质量不符合要求的处理流程

当建筑工程质量不符合要求时，应按下列规定进行处理：

1）经返工或返修的检验批，应重新进行验收；

2）经有资质的检测机构检测鉴定能够达到设计要求的检验批，应予以验收；

3）经有资质的检测机构检测鉴定达不到设计要求、但经原设计单位核算认可能够满足安全和使用功能的检验批，可予以验收；

4）经返修或加固处理的分项、分部工程，满足安全及使用功能要求时，可按技术处理方案和协商文件的要求予以验收。

（2）严禁验收的规定

经返修或加固处理仍不能满足安全或重要使用要求的分部工程及单位工程，严禁验收。

上述五种情况分别叙述如下：

第一种情况，是指在检验批验收时，其主控项目不能满足验收规范规定或一般项目超过偏差限值的子项不符合检验规定的要求时，应及时进行处理的检验批。其中，严重的缺陷应推倒重来；一般的缺陷通过翻修或更换器具、设备予以解决，应允许施工单位在采取相应的措施后重新验收。如能够符合相应的专业工程质量验收规范，则应认为该检验批合格。

重新验收质量时，要对检验批重新抽样、检查和验收，并重新填写检验批质量验收记录表。

第二种情况，是指个别检验批发现试块强度等不满足要求等问题，难以确定是否验收。应请具有资质的检测单位检测。当鉴定结果能够达到设计要求时，该检验批仍应认为通过验收。

第三种情况，是指经检测鉴定达不到设计要求，但经原设计单位核算，仍能满足结构安全和使用功能的情况。该检验批可以予以验收。一般情况下，规范标准给出了满足安全和功能的最低限度要求，而设计往往在此基础上留有一些余量。不满足设计要求和符合相应规范标准的要求，两者有时并不矛盾。

第四种情况，是指有更为严重的缺陷或超过检验批的更大范围内的缺陷，可能影响结构的安全性和使用功能。若经法定检测单位检测鉴定以后认为达不到规范标准的相应要求，即不能满足最低限度的安全储备和使用功能，则必须按一定的技术方案进行加固处理，使之能保证其满足安全使用的基本要求。这样会造成一些永久性的缺陷，如改变结构外形尺寸，影响一些次要的使用功能等。为了避免社会财富更大的损失，在不影响安全和主要使用功能条件下可按处理技术方案和协商文件进行验收，责任方应承担经济责任，但不能作为轻视质量而回避责任的一种出路，这是应该特别注意的。

第五种情况非常少，通常是指通过加固处理也不能保证结构安全，或采取措施所付出的代价比起拆除重来的代价还大的，这种情况就应坚决拆掉，返工重做，严禁验收。

（3）资料缺失的处理

工程质量控制资料应齐全完整。当部分资料缺失时，应委托有资质的检测机构按有关标准进行相应的实体检验或抽样试验。

本 章 小 结

在开展建筑工程施工验收前，首先要知道一个单位工程可以划分为哪些验收单元？不同验收单元的验收组织和验收程序如何？不同验收单元合格的条件是如何规定的？不同验收单元验收记录填写基本要求，在验收过程采用的基本方式和方法，验收过程遵循的基本规定，验收不合格时的处理流程。这些均是开展施工质量验收必须掌握的基本知识和技能，通过本章的学习，即可以达到这个目标。

本 章 习 题

1. 一个单位工程最多可以划分为多少个分部工程？最少不能少于几个？
2. 一个单位工程的施工质量验收可以划分为几个层次？
3. 检验批、分项工程、分部工程可以按什么内容进行划分？
4. 检验批、分项工程、分部工程、单位工程的合格条件分别是什么？
5. 检验批、分项工程、分部工程、单位工程的验收组织和验收程序是如何规定的？
6. 建筑工程施工质量检查与验收的基本方式是什么？常用的方法是什么？
7. 建筑工程施工质量验收过程中应遵循哪些基本规定？
8. 建筑工程施工质量验收不符合要求的处理流程是如何规定的？

3　地基与基础分部工程

本章要点

本章知识点：建筑地基与基础工程验收的基本规定；土方开挖分项工程检验批质量验收、土方回填分项工程检验批质量验收；有支护土方子分部工程的一般规定、灌注桩排桩支护工程质量验收、单轴水泥土搅拌桩截水帷幕检验批质量验收、土钉墙支护检验批质量验收、钢筋混凝土（钢管）内支撑检验批质量验收、锚杆检验批质量验收；地基工程验收一般规定、水泥粉煤灰碎石桩复合地基检验批质量验收；地基与基础工程验槽和施工勘察点；钢筋混凝土扩展基础、筏板基础的质量验收，桩基础验收的一般规定、预制桩、泥浆护壁成孔灌注桩、干作业成孔灌注桩、长螺旋钻孔压灌桩的质量验收；地下防水工程质量验收的基本规定，防水混凝土工程（主体结构防水）验收的一般规定及施工质量验收，地下工程卷材防水验收及细部构造防水验收。地基与基础的分项工程和分部工程质量验收及验收记录的填写。

本章技能点：能对土方开挖分项工程检验批质量、土方回填分项工程检验批质量等进行验收并编制相应验收记录资料；能对灌注桩排桩支护工程质量、单轴水泥土搅拌桩截水帷幕检验批质量、土钉墙支护检验批质量、钢筋混凝土（钢管）内支撑检验批质量、锚杆检验批质量等进行验收并编制相应验收记录资料；能对水泥粉煤灰碎石桩复合地基检验批质量等进行验收并编制相应验收记录资料；能参与地基与基础工程验槽；能对钢筋混凝土扩展基础、筏板基础的质量，预制桩、泥浆护壁成孔灌注桩、干作业成孔灌注桩、长螺旋钻孔压灌桩的质量等进行验收并编制相应验收记录资料；能对防水混凝土工程（主体结构防水）的质量、地下工程卷材防水质量及细部构造防水质量等进行验收并编制相应验收记录资料。能编制地基与基础的分项工程和分部工程质量验收资料。

3.1　概　　述

建筑物或构筑物的结构都是由地基、基础和上部主体结构三个部分组成的。基础担负着承受建筑物的全部荷载并将其传递给地基的任务。建筑地基与基础分部工程是建筑工程施工验收十大分部工程之一，对地基与基础的验收主要涉及三个验收规范：《建筑地基基础工程施工质量验收标准》GB 50202—2018；《地下防水工程质量验收规范》GB 50208—2011 及《建筑工程施工质量验收统一标准》GB 50300—2013。在实际施工中，地基与基础分部工程还涉及砌体、混凝土、钢结构、钢管混凝土工程等子分部工程以及桩基检测等有关内容，验收时还应符合相应的专业验收规范的规定。

故地基与基础分部工程验收时可能涉及的现行国家规范有：

1)《建筑工程施工质量验收统一标准》GB 50300—2013

2)《建筑地基基础工程施工质量验收标准》GB 50202—2018

3）《混凝土结构工程施工质量验收规范》GB 50204—2015

4）《地下防水工程质量验收规范》GB 50208—2011

5）《钢结构工程施工质量验收标准》GB 50205—2020

6）《砌体结构工程施工质量验收规范》GB 50203—2011

7）《建筑地基基础设计规范》GB 50007—2011

8）《建筑基桩检测技术规范》JGJ 106—2014

9）《建筑地基处理技术规范》JGJ 79—2012

10）《钢管混凝土工程施工质量验收规范》GB 50628—2010

地基与基础分部工程包括的子分部和分项工程较多，本章仅介绍较为常见的土石方工程、基坑支护工程、地基工程、桩基、地下防水工程等子分部工程内容。

3.2 基本规定

建筑地基与基础工程的基本规定主要是做好地基基础工程施工的质量预控工作。

1. 地基基础工程验收时应提交的资料

1）岩土工程勘察报告；

2）设计文件、图纸会审记录和技术交底资料；

3）工程测量、定位放线记录；

4）施工组织设计及专项施工方案；

5）施工记录及施工单位自查评定报告；

6）监测资料；

7）隐蔽工程验收资料；

8）检测与检验报告；

9）竣工图。

地基与基础的施工主要与地下土层接触，掌握地质资料极为重要。基础工程的施工往往会影响邻近房屋和其他公共设施（如交通、地下管线等），为了利于基础施工的安全和质量，又利于临近房屋和设施的保护，掌握设施的结构状况极为重要，必要时应做施工勘察。

2. 施工前及施工过程中记录要求

施工前及施工过程中所进行的检验项目应制作表格，并应做相应记录、校审存档。

地基基础施工，往往面临复杂的地质情况，加之专业性较强，又具有较高的专业标准，施工前和施工过程中所有进行的检验项目应做好详细记录存档。

3. 原材料的质量检验

原材料的质量检验应符合下列规定：

1）钢筋、混凝土等原材料的质量检验应符合设计要求和现行国家标准《混凝土结构工程施工质量验收规范》GB 50204—2015 的规定；

2）钢材、焊接材料和连接件等原材料及成品的进场、焊接或连接检测应符合设计要求和现行国家标准《钢结构工程施工质量验收标准》GB 50205—2020 的规定；

3）砂、石子、水泥、石灰、粉煤灰、矿（钢）渣粉等掺合料、外加剂等原材料的质量、检验项目、批量和检验方法，应符合国家现行有关标准的规定。

基础工程所采用的材料与主体结构所用原材料或半成品相同，对这些结构材料的质量控制，已在相应的规范和标准中有明确规定，因此应符合相应规范和标准的规定。

4. 试件强度评定不符合要求时的处理

地基基础标准试件强度评定不满足要求或对试件的代表性有怀疑时，应对实体进行强度检测，当检测结果符合设计要求时，可按合格验收。

试件的留置虽然要求具有代表性，但是试件的养护和保管等毕竟与现场结构构件实体存在一定的差异，且试件强度的评定结果主要是为了反映实体的强度。当试件强度评定不合格时，可直接对实体进行检测，检测合格即可按合格验收。

5. 子分部工程的划分

地基基础工程是分部工程，如有必要，根据现行《统一标准》的规定，可再划分为若干个子分部工程。

地基与基础分部工程包括如下子分部工程、分项工程等（表 3-1）。

地基与基础分部工程子分部和分项工程划分　　　　　　　表 3-1

地基与基础	地基	素土、灰土地基，砂和砂石地基，土工合成材料地基，粉煤灰地基，强夯地基，注浆地基，预压地基，砂石桩复合地基，高压旋喷注浆地基，水泥土搅拌桩地基，土和灰土挤密桩复合地基，水泥粉煤灰碎石桩复合地基，夯实水泥桩复合地基
	基础	无筋扩展基础，钢筋混凝土扩展基础，筏形与箱形基础，钢结构基础，钢管混凝土结构基础，型钢混凝土结构基础，钢筋混凝土预制桩基础，泥浆护壁成孔灌注桩基础，干作业成孔桩基础，长螺旋钻孔压灌桩基础，沉管灌注桩基础，钢桩基础，锚杆静压桩基础，岩石锚杆基础，沉井与沉箱基础
	基坑支护	灌注桩排桩围护墙，板桩围护墙，咬合桩围护墙，型钢水泥土搅拌墙，土钉墙，地下连续墙，水泥土重力式挡墙，内支撑，锚杆，与主体结构相结合的基坑支护
	地下水控制	降水与排水，回灌
	土方	土方开挖，土方回填，场地平整
	边坡	喷锚支护，挡土墙，边坡开挖
	地下防水	主体结构防水，细部构造防水，特殊施工法结构防水，排水，注浆

对于一个具体的工程项目，该基础分部可能只包括上述所列 9 个子分部中的 2 个或 2 个以上，不一定是全部。具体包含有哪些子分部工程和分项工程，应根据实际工程设计图纸确定。其他分部、子分部工程也是这样。

<h2 style="text-align:center">3.3　土石方子分部工程</h2>

土石方工程是一个子分部工程，包括土方开挖、岩质基坑开挖、土石方堆放与运输、土石方回填等分项工程。

1. 土石方工程的一般规定

本节适用于土方开挖、岩质基坑开挖、土石方堆放与运输、土石方回填等分项工程检验批的质量验收。

土石方开挖的顺序、方法必须与设计工况和施工方案相一致，并应遵循"开槽支撑，先撑后挖，分层开挖，严禁超挖"的原则。

（1）土方开挖前应完成验收工作

在土石方工程开挖施工前，应完成支护结构、地面排水、地下水控制、基坑及周边环境监测、施工条件验收和应急预案准备等工作的验收，合格后方可进行土石方开挖。

土方开挖前应完成支护桩的施工工作，对于土钉墙支护、锚杆和内支撑等支撑结构，则应先进行土方开挖，挖一层做一层。地下水控制如果采用隔水措施，一般在土方开挖前完成；而对于降水工程，则可以结合地下水位情况和坑内外降水位置选择在土方开挖适当阶段开始降水施工。土方开挖时应采取信息化施工技术，加强对支护结构和基坑周边环境的监测。

（2）土方施工过程质量控制

在土石方工程开挖施工中，应定期测量和校核设计平面位置、边坡坡率和水平标高。平面控制桩和水准控制点应采取可靠措施加以保护，并应定期检查和复测。土石方不应堆在基坑影响范围内。

在土方工程施工测量中，除开工前的复测放线外，还应配合施工对平面位置（包括控制边界线、分界线、边坡的上口线和底口线等）、边坡坡度（包括放坡线、变坡等）和标高（包括各个地段的标高）等经常进行测量，校核是否符合设计要求。平面控制桩核水准控制点也应定期进行复测和检查。

（3）土石方工程检查项目和数量

平整后的场地表面坡率应符合设计要求，设计无要求时，沿排水沟方向的坡率不应小于2‰，平整后的场地表面应逐点检查。

土石方工程的标高检查点为每100m² 取1点，且不应少于10点；土石方工程的平面几何尺寸（长度、宽度等）应全数检查；土石方工程的边坡为每20m取1点，且每边不应少于1点。土石方工程的表面平整度检查点为每100m² 取1点，且不应少于10点。

根据当地规划部门给定的基准点（线）进行定位放线，做好轴线控制桩和高程控制点。平整场地的坡度应符合设计要求，设计无要求时做成向排水沟方向不小于2‰的坡度。在施工过程中，应经常测量、核验其平面位置和高程，避免出现超挖、欠挖或基坑位置出现偏差等情形，边坡坡度应符合设计要求。

2. 土方开挖分项工程

（1）土方开挖的一般要求

施工前应检查支护结构质量、定位放线、排水和地下水控制系统，以及对周边影响范围内地下管线和建（构）筑物保护措施的落实，并应合理安排土方运输车辆的行走路线及弃土场。附近有重要保护设施的基坑，应在土方开挖前对围护体的止水性能通过预降水进行检验。

土方开挖一般是在基坑支护保护的情况下进行开挖，因此基坑支护结构在土方开挖过程始终保持质量稳定可靠。土方开挖对周围建筑物和构筑物的安全均存在重大影响，在土方开挖过程中应加强信息化施工。土方运输车辆的行走路线对土方的运输和基础的施工影响比较大。

施工中应检查平面位置、水平标高、边坡坡率、压实度、排水系统、地下水控制系统、预留土墩、分层开挖厚度、支护结构的变形，并随时观测周围环境变化。

施工结束后应检查平面几何尺寸、水平标高、边坡坡率、表面平整度和基底土性等。

临时性挖方工程的边坡坡率允许值应符合表3-2的规定或经设计计算确定。

临时性挖方边坡值　　　　　　　　表3-2

土的类别		边坡值（高∶宽）
砂土（不包括细砂、粉砂）		1∶1.25～1∶1.50
一般性黏土	硬	1∶0.75～1∶1.00
	硬塑	1∶1.00～1∶1.25
	软	1∶1.50 或更缓
碎石类土	充填坚硬、硬塑黏性土	1∶0.50～1∶1.00
	充填砂土	1∶1.00～1∶1.50

说明：1. 本表适用于无支护措施的临时性挖方工程的边坡坡率。
　　　2. 设计有要求时，应符合设计标准。
　　　3. 本表适用于地下水位以上的土层。采用降水或其他加固措施时，可不受本表限制，但应计算复核。
　　　4. 一次开挖深度，软土不应超过4m，硬土不应超过8m

注：本表摘自《建筑地基基础工程施工质量验收标准》GB 50202—2018。

（2）土方开挖分项工程检验批的质量检验

一般情况下，土方开挖都是一次完成的，然后进行验槽，故大多数土方开挖分项工程都只有一个检验批。也有部分工程土方开挖分为两段施工，进行两次验收，形成两个或两个以上检验批。在施工中，虽然形成不同的检验批，由于只是施工的部位和时间不同，施工的内容和工艺是一样的，因此各检验批检查和验收的内容及方法都是一样的。

土方开挖分项工程检验批按照建筑构件类别分为：柱基、基坑、基槽土方开挖工程、挖方场地平整土方开挖工程、管沟土方开挖工程和地（路）面基层土方开挖工程。

柱基、基坑、基槽土方开挖工程检验批的质量检验标准和检验方法应符合表3-3的规定。表3-3所列数值适用于附近无重要建（构）筑物或重要公共设施，且暴露时间不长的条件。土方开挖应保证平面几何尺寸（长度、宽度等）达到设计要求，当土方开挖平面边界尺寸受支护结构控制时，如排桩、板桩、咬合桩、地下连续墙、SMW工法等支护的基坑土方开挖，不受表3-3中所列条件限制，支护结构的施工质量与允许偏差应符合设计文件和相关专业标准要求。

柱基、基坑、基槽土方开挖工程检验批质量检验标准　　　　　表3-3

项目类型	序号	验收项目	允许值或允许偏差		检查方法
			单位	数值	
主控项目	1	标高	mm	0 −50	水准测量
	2	长度、宽度（由设计中心线向两边量）	mm	+200 −50	用全站仪或钢尺量
	3	坡率	设计值		目测法或用坡度尺检查
一般项目	1	表面平整度	mm	±20	用2m靠尺
	2	基底土性	设计要求		目测法或土样分析

关于土方开挖分项工程检验批质量检验的说明：

1）主控项目第1项

不允许欠挖是为了防止基坑底面超高，进而影响基础的标高。

2）主控项目第3项

边坡坡度应符合设计要求或经审批的组织设计要求，并应符合表3-3要求。

3）一般项目第2项

基坑（槽）基底的土质条件（包括工程地质和水文地质条件等），必须符合设计要求，否则对整个建筑物或管道的稳定性和耐久性会造成严重影响。检验方法应由施工单位会同设计单位、建设单位等在现场观察检查，合格后作出验槽记录。

3. 土石方堆放与运输分项工程

（1）土石方堆放与运输施工前工作要求

施工前应对土石方平衡计算进行检查，堆放与运输应满足施工组织设计要求。

（2）土石方堆放与运输施工施工过程中工作要求

施工中应检查安全文明施工、堆放位置、堆放的安全距离、堆土的高度、边坡坡率、排水系统、边坡稳定、防扬尘措施等内容，并应满足设计或施工组织设计要求。

在基坑（槽）、管沟等周边堆土的堆载限值和堆载范围应符合基坑围护设计要求，严禁在基坑（槽）、管沟、地铁及建构（筑）物周边影响范围内堆土。对于临时性堆土，应视挖方边坡处的土质情况、边坡坡率和高度，检查堆放的安全距离，确保边坡稳定。在挖方下侧堆土时应将土堆表面平整，其顶面高程应低于相邻挖方场地设计标高，保持排水畅通，堆土边坡坡率不宜大于1∶1.5。在河岸处堆土时，不得影响河堤的稳定和排水，不得阻塞污染河道。

（3）土石方堆放与运输施工完成后工作要求

施工结束后，应检查堆土的平面尺寸、高度、安全距离、边坡坡率、排水、防扬尘措施等内容，并应满足设计或施工组织设计要求。

土石方堆放工程的质量检验标准应符合表3-4的规定。

土石方堆放工程的质量检验标准 表3-4

项目类型	序号	验收项目	允许值或允许偏差		检查方法
			单位	数值	
主控项目	1	总高度	不大于设计值		水准测量
	2	长度、宽度	设计值		用全站仪或钢尺量
	3	堆放安全距离	设计值		用全站仪或钢尺量
	4	坡率	设计值		目测法或用坡度尺检查
一般项目	1	防扬尘	满足环境保护要求或施工组织设计要求		目测法

4. 土石方回填分项工程

（1）土方回填的一般要求

施工前应检查基底的垃圾、树根等杂物清除情况，测量基底标高、边坡坡率，检查验收基础外墙防水层和保护层等。回填料应符合设计要求，并应确定回填料含水量控制范围、铺土厚度、压实遍数等施工参数。

填方基底处理，属于隐蔽工程，直接影响整个填方工程和整个上层建筑的安全和稳定，一旦发生事故，很难补救。因此，必须按设计要求施工，如无设计要求时，必须符合施工验收规范的规定。

施工中应检查排水系统，每层填筑厚度、辗迹重叠程度、含水量控制、回填土有机质含量、压实系数等。回填施工的压实系数，应满足设计要求。当采用分层回填时，应在下层的压实系数经试验合格后进行上层施工。填筑厚度及压实遍数应根据土质、压实系数及压实机具确定。无试验依据时，应符合表3-5的规定。

填土施工时的分层厚度及压实遍数 表3-5

压实机具	分层厚度（mm）	每层压实遍数
平碾	250～300	6～8
振动压实机	250～350	3～4
柴油打夯机	200～250	3～4
人工打夯	<200	3～4

注：本表摘自《建筑地基基础工程施工质量验收标准》GB 50202—2018。

施工结束后，应进行标高及压实系数检验。

（2）土方回填分项工程检验批的质量检验

土方回填分项工程检验批的划分可根据工程实际情况按施工组织设计进行确定，可以按室内和室外划分为两个检验批，也可以按轴线分段划分成两个或两个以上检验批。若工程项目较小，也可以将整个填方作为一个检验批。对于每一个检验批，其质量检验标准均应符合表3-6的规定。

柱基、基坑、基槽、管沟、地（路）面基础层填方工程质量检验标准 表3-6

项目类型	序号	验收项目	允许值或允许偏差		检查方法
			单位	数值	
主控项目	1	标高	mm	0 −50	水准测量
	2	分层压实系数	不小于设计值		环刀法、灌水法、灌砂法
一般项目	1	回填土料	设计要求		取样检查或直接鉴别
	2	分层厚度	设计值		水准测量或抽样检查
	3	含水量	最优含水量±2%		烘干法
	4	表面平整度	mm	±20	用2m靠尺
	5	有机质含量	≤5%		灼烧减量法
	6	碾迹重叠长度	mm	500～1000	用钢尺量

关于土方开挖分项工程检验批质量检验的说明：

1）主控项目第2项

检查方法：填方密实后的干密度，应符合设计要求，干密度由设计提供。

对有密度要求的填方，在夯实或压实之后，要对每层回填土的质量进行检验。一般采用环刀取样测定土的干密度和密实度，符合设计要求后，才能填筑上层。

2）一般项目第1项

检查方法：野外鉴别或取样试验。

对填土压实要求不高的填料，可根据设计要求或施工规范的规定，按土的野外鉴别进行判别；对填土压实要求较高的填料，应先按野外鉴别法作初步判别，然后取有代表性的土样进行试验，提出试验报告。

3）一般项目第 3 项

施工过程中应检查每层填筑厚度、含水量控制、压实程度。填筑厚度及压实遍数应根据土质、压实系数及所用机具确定。若无试验依据及设计要求，应符合表 3-6 的规定。

【例 3-1】基础基坑土方开挖施工检验批的容量以基坑面积计算，假设某学校 1 号教学楼平面呈 U 形布置，采用混凝土扩展基础，设计有 24 个独立基础，基础的基坑面积为 403m²，基坑采用放坡开挖，坡度为 1∶0.5，基础持力层落在第④黏土，则该基础基坑土方开挖施工检验批质量验收记录及报验表（表 3-7）。

基坑土方开挖施工检验批质量验收记录表　　　　　　　　表 3-7

GB 50202—2018　　　　　　　　　　　　　　　　　桂建质 010601（Ⅰ）[0][0][1]

单位（子单位）工程名称		1 号教学楼	分部（子分部）工程名称		地基与基础（土石方）	分项工程名称		土石开挖
施工单位		××建筑工程有限公司	项目负责人		张××	检验批容量		403m²
分包单位			分包单位项目负责人			检验批部位		基础土方
施工依据		《建筑地基基础工程施工规范》GB 51004—2015		验收依据		《建筑地基基础工程施工质量验收标准》GB 50202—2018		

		验收项目	设计要求及规范规定		最小/实际抽样数量	检查记录	检查结果
主控项目	1	标高	0，−50mm	水准测量	10/10	抽查 10 处，全部合格	合格
	2	长度、宽度（由设计中心线向两边量）	−50，+200mm	用全站仪或钢尺量	10/10	抽查 10 处，全部合格	合格
	3	坡率	设计值 0.5	目测法或用坡度尺检查	10/10	抽查 10 处，全部合格	合格
一般项目	1	表面平整度	±20mm	用 2m 靠尺	10/10	抽查 10 处，全部合格	合格
	2	基底土性	设计要求	目测法或土样分析	/	试验合格，报告编号 T001	合格

施工单位检查结果	主控项目全部符合要求，一般项目满足规范要求，本检验批符合要求	专业工长：王×× 项目专业质量检查员：张×× 2018 年 8 月 2 日
监理（建设）单位验收结论	主控项目全部合格，一般项目满足规范要求，本检验批合格	专业监理工程师：李×× （建设单位项目专业技术负责人）： 2018 年 8 月 3 日

填写相应的检验验收记录时，应严格依据设计图纸和施工质量验收规范记录，不要简单依赖资料管理软件直接生成，如土方开挖施工检验批的验收项目"标高""表面平整度""基地土性"可按照基础构件的个数确定验收数量，而基坑的"长宽度"则要求按设计要求全检。

　　施工单位完成土方开挖施工检验批的验收后，将验收合格的验收数据记入验收记录表，然后再填写相应的土方开挖报验表（见表3-8）一并报送给项目监理单位，请监理单位组织土方开挖施工检验批的验收。

柱基、基坑、基槽土方开挖工程报验表（范例）　　　　　　　　　　表 3-8

工程名称：1号教学楼　　　　　　　　　　　　　　　　　　　　　　　编号：001

致：西部××建设监理有限公司　　　　　　　　　　　　　　　　　　　　　　（项目监理机构） 　我方已完成　　基础土方柱基、基坑、基槽土方开挖工程　　　工作，请予以审查或验收。 　附件：□隐蔽工程质量检验资料 　　　　☑检验批质量检验资料　柱基、基坑、基槽土方开挖工程检验批质量验收记录 　　　　□分项工程质量检验资料 　　　　□施工试验室证明资料 　　　　□其他   　　　　　　　　　　　　　　　　　　　施工项目经理部（盖章） 　　　　　　　　　　　　　　　　　　项目技术负责人（签字）：　　　张×× 　　　　　　　　　　　　　　　　　　　　　　　　　　　2018 年 8 月 2 日
审查或验收意见： 　经现场验收检查，符合设计和规范要求，同意进行下一道工序。   　　　　　　　　　　　　　　　　　　　项目监理机构（盖章） 　　　　　　　　　　　　　　　　　　专业监理工程师（签字）：李×× 　　　　　　　　　　　　　　　　　　　　　　　　　　2018 年 8 月 3 日

　　注：本表一式两份，项目监理机构、施工单位各一份。

假设基坑的概况同土方开挖，则柱基、基坑、基槽填方工程检验批质量验收记录及报验表（范例）见表3-9、表3-10。

柱基、基坑、基槽填方工程检验批质量验收记录表　　　　　　　　表3-9

GB 50202—2018　　　　　　　　　　　　　　　　　　　　桂建质 010604□0□0□1

单位（子单位）工程名称	1号教学楼		分部（子分部）工程名称	地基与基础（土石方）	分项工程名称	土石方回填
施工单位	××建筑工程有限公司		项目负责人	张××	检验批容量	403m²
分包单位			分包单位项目负责人		检验批部位	基础土方
施工依据	《建筑地基基础工程施工规范》GB 51004—2015			验收依据	《建筑地基基础工程施工质量验收标准》GB 50202—2018	

		验收项目	设计要求及规范规定		最小/实际抽样数量	检查记录	检查结果
主控项目	1	标高	0，—50mm	水准测量	10/10	抽查10处，全部合格	合格
	2	分层压实系数	不小于设计值	环刀法、灌水法、灌砂法	/	试验合格，报告编号 T001	合格
一般项目	1	回填土料	设计要求	取样检查或直接鉴别	/	试验合格，报告编号 T002	合格
	2	分层厚度	设计值	水准测量及抽样检查	/	抽样检查合格，报告编号 T003	合格
	3	含水量	最优含水量±2%	烘干法	/	试验合格，报告编号 T004	合格
	4	表面平整度	±20mm	用2m靠尺	10/10	抽查10处，全部合格	合格
	5	有机质含量	≤5%	灼烧减量法	/	试验合格，报告编号 T005	合格
	6	辗迹重叠长度	500～1000mm	用钢尺量	10/10	抽查10处，全部合格	合格
施工单位检查结果			主控项目全部符合要求，一般项目满足规范要求，本检验批符合要求			专业工长：王××项目专业质量检查员：张××2018年8月13日	
监理（建设）单位验收结论			主控项目全部合格，一般项目满足规范要求，本检验批合格			专业监理工程师：李××（建设单位项目专业技术负责人）：2018年8月13日	

施工单位完成土方回填施工检验批的验收后，将验收合格的验收数据记入验收记录表，然后再填写相应的土方回填报验表（见表3-10）一并报送给项目监理单位，请监理单位组织土方开挖施工检验批的验收。因此，所有的检验批验收记录、分项工程验收记录、分部工程验收记录和单位工程验收记录，施工单位在完成施工自检合格后，填写相应的专业验收记录，均应填写（使用资料管理软件提供的规范性格式报验报告）相应报验报告报送项目监理部，项目监理部收到报验申请报告再组织相应的人员进行验收。这就是国家施工质量验收标准强调的基本验收程序，即施工单位完成相应的验收单元施工后，自己先组织相关专业人员进行验收，自检合格后再向现场监理（或建设单位）申请验收。本教材后续仅提供相应的检验批验收记录、分项工程验收记录、分部工程验收记录和单位工程验收记录，省略相应的报验申请报告，阅读时请注意此事项。

柱基、基坑、基槽填方工程报验表（范例）　　　　表 3-10

工程名称：1号教学楼　　　　　　　　　　　　　　　　　　　　编号：001

致：西部××建设监理有限公司　　　　　　　　　　　　　　　　（项目监理机构） 　我方已完成　基础土方柱基、基坑、基槽、管沟、地（路）面基础层填方工程　工作，请予以审查或验收。 　附件：☐隐蔽工程质量检验资料 　　　　☑检验批质量检验资料　柱基、基坑、基槽、管沟、地（路）面基础层填方工程检验批质量验收记录 　　　　☐分项工程质量检验资料 　　　　☐施工试验室证明资料 　　　　☐其他   　　　　　　　　　　　　　　　　　　　施工项目经理部（盖章） 　　　　　　　　　　　　　　　项目技术负责人（签字）：　　张×× 　　　　　　　　　　　　　　　　　　　　2018 年 8 月 13 日
审查或验收意见： 　经现场验收检查，符合设计和规范要求，同意进行下一道工序。   　　　　　　　　　　　　　　　　　　　项目监理机构（盖章） 　　　　　　　　　　　　　　　专业监理工程师（签字）：　　李×× 　　　　　　　　　　　　　　　　　　　　2018 年 8 月 13 日

　　注：本表一式两份，项目监理机构、施工单位各一份。

3.4　有支护土方子分部工程

1. 一般规定

（1）基坑支护结构施工前后工作要求

基坑支护结构施工前应对放线尺寸进行校核，施工过程中应根据施工组织设计复核各项施工参数，施工完成后宜在一定养护期后进行质量验收。

围护结构施工完成后的质量验收应在基坑开挖前进行，支锚结构的质量验收应在对应的分层土方开挖前进行，验收内容应包括质量和强度检验、构件的几何尺寸、位置偏差及平整度等。

在基础工程施工中，如挖方较深，土质较差或有地下水渗流等，可能对邻近建（构）筑物、地下管线、永久性道路等产生危害，或构成边坡不稳定。因此，为保证土方开挖安全，应对基坑（槽）等侧壁进行支护。对于采用水泥类等时变性材料制作的支护结构，需要养护一定的时间才能达到支护功能要求，基坑开挖前，应对基坑支护结构进行验收，确保支护结构合格并能够发挥作用。

（2）基坑开挖施工过程工作要求

基坑开挖过程中，应根据分区分层开挖情况及时对基坑开挖面的围护墙表观质量、支护结构的变形、渗漏水情况以及支撑竖向支承构件的垂直度偏差等项目进行检查。

基坑支护结构必须在基坑开挖施工期间安全运转，应时刻检查其工作状况。基坑开挖务必采用信息化施工，保护邻近建筑物、设施和基坑安全。

基坑（槽）、管沟挖土要分层进行，分层厚度应根据工程具体情况（包括土质、环境等）决定，开挖本身是一种卸荷过程，应防止局部区域挖土过深、卸载过速，引起土体失稳，降低土体抗剪性能；同时在施工中应不损伤支护结构，以保证基坑的安全。

（3）基坑支护工程验收前提

除强度或承载力等主控项目外，其他项目应按检验批抽取。

基坑支护工程验收应以保证支护结构安全和周围环境安全为前提。

重要的基坑工程，支撑安装的及时性极为重要，根据工程实践，基坑变形与施工时间有很大关系，因此，施工过程应尽量缩短工期，特别是在支撑体系未形成情况下的基坑暴露时间应尽量减少，要重视基坑变形的时空效应。因此遵循"开槽支撑，先撑后挖，分层开挖，严禁超挖"的原则。

2. 排桩支护工程

（1）灌注桩排桩

1）原材料检验

灌注桩排桩和截水帷幕施工前，应对原材料进行检验。

灌注桩排桩和截水帷幕主要使用水泥、钢筋等结构材料，使用前应复验。

2）灌注桩试成孔

灌注桩施工前应进行试成孔，试成孔数量应根据工程规模和场地地层特点确定，且不宜少于2个。

试成孔的目的是为了检验施工工艺是否可行，是否能保证灌注桩的成桩质量。

3）施工过程质量控制

灌注桩排桩施工中应加强过程控制，对成孔、钢筋笼制作与安装、混凝土灌注等各项技术指标进行检查验收。

4）灌注桩混凝土试块留置

灌注桩混凝土强度检验的试件应在施工现场随机抽取。灌注桩每浇筑 $50m^3$ 必须至少留置 1 组混凝土强度试件，单桩不足 $50m^3$ 的桩，每连续浇筑 12h 必须至少留置 1 组混凝土强度试件。有抗渗等级要求的灌注桩尚应留置抗渗等级检测试件，一个级配不宜少于3 组。

5）灌注桩质量检测

灌注桩排桩应采用低应变法检测桩身完整性，检测桩数不宜少于总桩数的20％，且不得少于 5 根。采用桩墙合一时，低应变法检测桩身完整性的检测数量应为总桩数的100％；采用声波透射法检测的灌注桩排桩数量不应低于总桩数的10％，且不应少于 3根。当根据低应变法或声波透射法判定的桩身完整性为Ⅲ类、Ⅳ类时，应采用钻芯法进行验证。

灌注桩排桩的质量检验应符合表3-11的规定。

<table>
<tr><td colspan="7" style="text-align:center">灌注桩排桩质量检验标准　　　　　　　　　　　　表 3-11</td></tr>
<tr>
<td rowspan="2">项目类型</td>
<td rowspan="2">序号</td>
<td colspan="2" rowspan="2">验收项目</td>
<td colspan="2">允许值或允许偏差</td>
<td rowspan="2">检查方法</td>
</tr>
<tr>
<td>单位</td>
<td>数值</td>
</tr>
<tr>
<td rowspan="5">主控项目</td>
<td>1</td>
<td colspan="2">孔深</td>
<td colspan="2">不小于设计值</td>
<td>测钻杆长度或用测绳</td>
</tr>
<tr>
<td>2</td>
<td colspan="2">桩身完整性</td>
<td colspan="2">设计要求</td>
<td>低应变法、声波透射法等</td>
</tr>
<tr>
<td>3</td>
<td colspan="2">混凝土强度</td>
<td colspan="2">不小于设计值</td>
<td>28d 试块强度或钻芯法</td>
</tr>
<tr>
<td>4</td>
<td colspan="2">嵌岩深度</td>
<td colspan="2">不小于设计值</td>
<td>取岩样或超前钻孔取样</td>
</tr>
<tr>
<td>5</td>
<td colspan="2">钢筋笼主筋间距</td>
<td>mm</td>
<td>±10</td>
<td>用钢尺量</td>
</tr>
<tr>
<td rowspan="13">一般项目</td>
<td>1</td>
<td colspan="2">垂直度</td>
<td colspan="2">≤1/100（≤1/200）</td>
<td>测钻杆、用超声波或井径仪测量</td>
</tr>
<tr>
<td>2</td>
<td colspan="2">孔径</td>
<td colspan="2">不小于设计值</td>
<td>测钻头直径</td>
</tr>
<tr>
<td>3</td>
<td colspan="2">桩位</td>
<td>mm</td>
<td>≤50</td>
<td>开挖前量护筒，开挖后量桩中心</td>
</tr>
<tr>
<td>4</td>
<td colspan="2">泥浆指标</td>
<td colspan="2">验收标准第 5.6 节</td>
<td>泥浆试验</td>
</tr>
<tr>
<td rowspan="4">5</td>
<td rowspan="4">钢筋笼质量</td>
<td>长度</td>
<td>mm</td>
<td>±100</td>
<td>用钢尺量</td>
</tr>
<tr>
<td>钢筋连接质量</td>
<td colspan="2">设计要求</td>
<td>实验室试验</td>
</tr>
<tr>
<td>箍筋间距</td>
<td>mm</td>
<td>±20</td>
<td>用钢尺量</td>
</tr>
<tr>
<td>笼直径</td>
<td>mm</td>
<td>±10</td>
<td>用钢尺量</td>
</tr>
<tr>
<td>6</td>
<td colspan="2">沉渣厚度</td>
<td>mm</td>
<td>≤200</td>
<td>用沉渣仪或重锤测</td>
</tr>
<tr>
<td>7</td>
<td colspan="2">混凝土坍落度</td>
<td>mm</td>
<td>180～220</td>
<td>坍落度仪</td>
</tr>
<tr>
<td>8</td>
<td colspan="2">钢筋笼安装深度</td>
<td>mm</td>
<td>±100</td>
<td>用钢尺量</td>
</tr>
<tr>
<td>9</td>
<td colspan="2">混凝土充盈系数</td>
<td colspan="2">≥1.0</td>
<td>实际灌注量与计算灌注量的比</td>
</tr>
<tr>
<td>10</td>
<td colspan="2">桩顶标高</td>
<td>mm</td>
<td>±50</td>
<td>水准测量，需扣除桩顶浮浆层及劣质桩体</td>
</tr>
</table>

【例 3-2】假设某学校 1 号教学楼基坑采用灌注桩排桩支护，桩径 1m，总桩数设计有 103 根，支护桩采用旋挖钻机成孔，泥浆护壁，钢筋笼连接采用焊接连接。灌注桩排桩检验批的容量按总桩数确定。则该基坑灌注桩排桩检验批质量验收记录填写范例见表 3-12。

灌注桩排桩检验批质量验收记录   表 3-12

GB 50202—2018   桂建质 010401（Ⅰ）|0|0|1|

单位（子单位）工程名称		1 号教学楼	分部（子分部）工程名称	地基与基础（基坑支护）	分项工程名称	灌注桩排桩围护墙
施工单位		××建筑工程有限公司	项目负责人	张××	检验批容量	103 根
分包单位			分包单位项目负责人		检验批部位	基坑
施工依据		《建筑基坑支护技术规程》JGJ 120—2012	验收依据	《建筑地基基础工程施工质量验收标准》GB 50202—2018		

		验收项目	设计要求及规范规定		最小/实际抽样数量	检查记录	检查结果
主控项目	1	孔深	不小于设计值	测钻杆长度或用测绳	8/8	抽查 8 处，全部合格	合格
	2	桩身完整性	设计要求	验收标准第 7.2.4 条	/	试验合格，报告编号 Z001	合格
	3	混凝土强度	不小于设计值	28d 试块强度或钻芯法	/	试验合格，报告编号 JZZ001	合格
	4	嵌岩深度	不小于设计值	取岩样或超前钻孔取样	/	检查合格，报告编号 JZZ002	合格
	5	钢筋笼主筋间距	±10mm	用钢尺量	8/8	抽查 8 处，全部合格	合格
一般项目	1	垂直度	≤1/100　≤1/200（桩墙合一）	测钻杆、用超声波或井径仪测量	8/8　8/8	抽查 8 处，全部合格	合格　合格
	2	孔径	不小于设计值	测钻头直径	8/8	抽查 8 处，全部合格	合格
	3	桩位	≤50mm	开挖前量护筒，开挖后量桩中心	8/8	抽查 8 处，全部合格	合格
	4	泥浆指标 比重（黏土或砂性土中）	1.10～1.25	泥浆试验	/	试验合格，报告编号 JZZ003	合格
		含砂率	≤8%				
		黏度	18～28s				
	5	钢筋笼质量 长度	±100mm	用钢尺量	8/8	抽查 8 处，全部合格	合格
		钢筋连接质量	设计要求	实验室试验	/	试验合格，报告编号 GJ001	合格
		箍筋间距	±20mm	用钢尺量	8/8	抽查 8 处，全部合格	合格
		笼直径	±20mm	用钢尺量	8/8	抽查 8 处，全部合格	合格
	6	沉渣厚度	≤200mm	用沉渣仪或重锤测量	8/8	抽查 8 处，全部合格	合格
	7	混凝土坍落度	180～220mm	坍落度仪	8/8	抽查 8 处，全部合格	合格
	8	钢筋笼安装深度	±100mm	用钢尺量	8/8	抽查 8 处，全部合格	合格
	9	混凝土充盈系数	≥1.0	实际灌注量与理论灌注量的比	8/8	抽查 8 处，全部合格	合格
	10	桩顶标高	±50mm	水准测量，需扣除桩顶浮浆层及劣质桩体	8/8	抽查 8 处，全部合格	合格
施工单位检查结果		主控项目全部符合要求，一般项目满足规范要求，本检验批符合要求			专业工长：王××　项目专业质量检查员：张××　2018 年 7 月 15 日		
监理（建设）单位验收结论		主控项目全部合格，一般项目满足规范要求，本检验批合格			专业监理工程师：李××（建设单位项目专业技术负责人）：　2018 年 7 月 16 日		

（2）截水帷幕

截水帷幕可以设计成悬挂式，悬挂式的截水帷幕常与降水结合使用，这种组合可以控制降水量和降水对周围环境的影响。截水帷幕也可以与基底不透水层或人工高压旋喷注浆形成的不透水层一起形成封闭式截水帷幕。

1）截水帷幕的施工方式及取样检验

基坑开挖前截水帷幕的强度指标应满足设计要求，强度检测宜采用钻芯法。截水帷幕采用单轴水泥土搅拌桩、双轴水泥土搅拌桩、三轴水泥土搅拌桩、高压喷射注浆时，取芯数量不宜少于总桩数的1‰，且不应少于3根。截水帷幕采用渠式切割水泥土连续墙时，取芯数量宜沿基坑周边每50延米取1个点，且不应少于3个。

2）截水帷幕的质量检验

截水帷幕采用单轴水泥土搅拌桩或双轴水泥土搅拌桩时，质量检验应符合表3-13的规定。

单轴与双轴水泥土搅拌桩截水帷幕质量检验标准　　　　　　　　　表3-13

项目类型	序号	验收项目	允许值或允许偏差		检查方法
			单位	数值	
主控项目	1	水泥用量	不小于设计值		查看流量表
	2	桩长	不小于设计值		测钻杆长度
	3	导向架垂直度	≤1/150		经纬仪测量
	4	桩径	mm	±20	量搅拌叶回旋直径
一般项目	1	桩身强度	不小于设计值		28d试块强度或钻芯法
	2	水胶比	设计值		实际用水量与水泥等胶凝材料的重量比
	3	提升速度	设计值		测机头上升距离及时间
	4	下沉速度	设计值		测机头下沉距离及时间
	5	桩位	mm	≤20	用全站仪或钢尺量
	6	桩顶标高	mm	±200	水准测量，最上部500mm浮浆层及劣质桩体不计入
	7	施工间歇时间	h	≤24	检查施工记录

【例3-3】假设某学校1号教学楼基坑采用灌注桩排桩支护，桩径1m，总桩数设计有103根，支护桩采用旋挖钻机成孔，泥浆护壁，钢筋笼连接采用焊接连接。基础底标高位于地下水之下，设计采用单轴水泥土搅拌桩截水，水泥掺量为10%，水胶比0.55，设计桩长不小于20m，桩端进入第5层黏土，搅拌机钻头上下提升或下沉速度不大于2.0m/min。经计算并最终施工完成，现场施工单轴水泥土搅拌桩412根，水泥土搅拌桩检验批的容量按总桩数确定。则该基坑水泥土搅拌桩检验批质量验收记录填写范例见表3-14。

单轴水泥土搅拌桩截水帷幕检验批质量验收记录

表 3-14

GB 50202—2018 　　　　　　　　　　　　　　　　　　　　　　桂建质 010401（Ⅱ） ☐0☐0☐1

单位（子单位）工程名称		1号教学楼	分部（子分部）工程名称	地基与基础（基坑支护）	分项工程名称	水泥土搅拌桩截水帷幕
施工单位		××建筑工程有限公司	项目负责人	张××	检验批容量	412 根
分包单位			分包单位项目负责人		检验批部位	基坑
施工依据		《建筑基坑支护技术规程》JGJ 120—2012	验收依据		《建筑地基基础工程施工质量验收标准》GB 50202—2018	

		验收项目	设计要求及规范规定	最小/实际抽样数量	检查记录	检查结果
主控项目	1	水泥用量	不小于设计值10%	查看流量表	20/20	抽查20处，全部合格	合格
	2	桩长	不小于设计值20	测钻杆长度	20/20	抽查20处，全部合格	合格
	3	导向架垂直度	≤1/150	经纬仪测量	20/20	抽查20处，全部合格	合格
	4	桩径	±20mm	量搅拌叶回转直径	20/20	抽查20处，全部合格	合格
一般项目	1	桩身强度	设计值1	28d试块强度或钻芯法	/	试验合格，报告编号JZZ001	合格
	2	水胶比	设计值0.55	实际用水量与水泥等胶凝材料的重量比	/	试验合格，报告编号JZZ002	合格
	3	提升速度	设计值2.0m/min	测机头上升距离和时间	20/20	抽查20处，全部合格	合格
	4	下沉速度	设计值2.0m/min	测机头下沉距离和时间	20/20	抽查20处，全部合格	合格
	5	桩位	≤20mm	用全站仪或用钢尺量	20/20	抽查20处，全部合格	合格
	6	桩顶标高	±200mm	水准测量，最上部500mm浮浆层及劣质桩体不计入	20/20	抽查20处，全部合格	合格
	7	施工间歇	≤24h	检查施工记录	/	试验合格，报告编号001	合格
施工单位检查结果		主控项目全部符合要求，一般项目满足规范要求，本检验批符合要求			专业工长：王×× 项目专业质量检查员：张×× 2018 年 7 月 19 日	
监理（建设）单位验收结论		主控项目全部合格，一般项目满足规范要求，本检验批合格			专业监理工程师：李×× （建设单位项目专业技术负责人）： 2018 年 7 月 19 日	

填写时注意：表中最小抽样数量"20"是按照《统一标准》第3.0.9条确定，资料管理软件会在确定好检验批容量后自动计算生成。

3. 土钉墙支护工程

（1）土钉墙施工前检验

土钉墙支护工程施工前应对钢筋、水泥、砂石、机械设备性能等进行检验。

（2）土钉墙施工过程检验

土钉墙支护工程施工过程中应对放坡系数，土钉位置，土钉孔直径、深度及角度，土钉杆体长度，注浆配比、注浆压力及注浆量，喷射混凝土面层厚度、强度等进行检验。

（3）土钉墙施工完成后检验

土钉应进行抗拔承载力检验，检验数量不宜少于土钉总数的1%，且同一土层中的土钉检验数量不应小于3根。

地质土是分层的，土钉及后面讲述的锚杆检验均要求按土层确定检验数量。

（4）复合土钉墙的质量检验

复合土钉墙的质量检验应符合下列规定：

1）复合土钉墙中的预应力锚杆，应按锚杆的相关规定进行抗拔承载力检验；

2）复合土钉墙中的水泥土搅拌桩或旋喷桩用作截水帷幕时，应按支护结构中的水泥土搅拌桩有关规定进行质量检验。

（5）土钉墙支护质量检验标准

土钉墙支护质量检验应符合表3-15的规定。

土钉墙支护质量检验标准　　　　　　　　　　　　　　表 3-15

项目类型	序号	验收项目	允许值或允许偏差		检查方法
			单位	数值	
主控项目	1	抗拔承载力	不小于设计值		土钉抗拔试验
	2	土钉长度	不小于设计值		用钢尺量
	3	分层开挖厚度	mm	±200	水准测量或用钢尺量
一般项目	1	土钉位置	mm	±100	用钢尺量
	2	土钉直径	不小于设计值		用钢尺量
	3	土钉孔倾斜度	—	≤3	测倾角
	4	水胶比	设计值		实际用水量与水泥等胶凝材料的重量比
	5	注浆量	不小于设计值		查看流量表
	6	注浆压力	设计值		检查压力表读数
	7	浆体强度	不小于设计值		试块强度
	8	钢筋网间距	mm	±30	用钢尺量
	9	土钉面层厚度	mm	±10	用钢尺量
	10	面层混凝土强度	不小于设计值		28d试块强度
	11	预留土墩尺寸及间距	mm	±500	用钢尺量
	12	微型桩桩位	mm	≤50	用全站仪或钢尺量
	13	微型桩垂直度	≤1/200		经纬仪测量

关于土钉墙分项工程检验批质量检验的说明：

1）主控项目第2项

土钉墙一般适用于开挖深度不超过5m的基坑，如措施得当也可再加深，但设计与施工单位均应有足够的经验。土钉长度可用钢尺测土钉杆体的长度。

2）主控项目第 3 项

土钉墙的施工要求每挖一层土，然后施工一排土钉，每一层土方可开挖至该排拟施工土钉以下 500～600mm 处。

每施工完一排土钉墙，要让土钉有一段养护时间，待土钉能发挥支护作用后才能继续向下开挖土方，不能为抢进度而不顾及养护期。

【例 3-4】假设案例项目 1 号教学楼基坑边坡采用单一土钉墙支护，设计有 534 根土钉，检验批容量按土钉总数确定，土钉验收时按总数的 20％抽检，检验项目"注浆量""浆体强度""墙体强度"查看基坑支护设计图纸，按设计参数填写。则填写的范例见表 3-16。

土钉墙支护检验批质量验收记录

表 3-16

GB 50202—2018

桂建质 010405（Ⅴ）[0][0][1]

单位（子单位）工程名称		1 号教学楼		分部（子分部）工程名称	地基与基础（基坑支护）	分项工程名称	土钉墙
施工单位		××建筑工程有限公司		项目负责人		检验批容量	534 根
分包单位				分包单位项目负责人		检验批部位	基坑
施工依据		《建筑基坑支护技术规程》JGJ 120—2012			验收依据	《建筑地基基础工程施工质量验收标准》GB 50202—2018	

		验收项目	设计要求及规范规定	最小/实际抽样数量	检查记录	检查结果
主控项目	1	抗拔承载力	不小于设计值 1000	土钉抗拔试验	/	试验合格，报告编号 JTD001	合格
	2	土钉长度	不小于设计值 12	用钢尺量	32/32	抽查 32 处，全部合格	合格
	3	分层开挖厚度	±200mm	水准测量或用钢尺量	32/32	抽查 32 处，全部合格	合格
一般项目	1	土钉位置	±100mm	用钢尺量	32/32	抽查 32 处，全部合格	合格
	2	土钉直径	不小于设计值 25	用钢尺量	32/32	抽查 32 处，全部合格	合格
	3	土钉孔倾斜度	≤3°	测倾角	32/32	抽查 32 处，全部合格	合格
	4	水胶比	设计值 0.55	实际用水量与水泥等胶凝材料的重量比	/	检查合格，报告编号 JTD002	合格
	5	注浆量	不小于设计值	查看流量表	32/32	抽查 32 处，全部合格	合格
	6	注浆压力	设计值	检查压力表读数	32/32	抽查 32 处，全部合格	合格
	7	浆体强度	不小于设计值 20MPa	试块强度	/	试验合格，报告编号 JTD003	合格
	8	钢筋网间距	±30mm	用钢尺量	32/32	抽查 32 处，全部合格	合格
	9	土钉面层厚度	±10mm	用钢尺量	32/32	抽查 32 处，全部合格	合格
	10	面层混凝土强度	不小于设计值 C20	28d 试块强度	/	试验合格，报告编号 JTD004	合格
	11	预留土墩尺寸及间距	±500mm	用钢尺量			
	12	微型桩桩位	≤50mm	用全站仪或钢尺量			
	13	微型桩垂直度	≤1/200	经纬仪测量			
施工单位检查结果			主控项目全部符合要求，一般项目满足规范要求，本检验批符合要求		专业工长：王×× 项目专业质量检查员：张×× 2018 年 8 月 7 日	
监理（建设）单位验收结论			主控项目全部合格，一般项目满足规范要求，本检验批合格		专业监理工程师：李×× （建设单位项目专业技术负责人）： 2018 年 8 月 7 日	

填写时应注意：基坑支护结构设计图纸采用单一土钉，不是复合土钉，因此验收时应将验收项目"微型桩"删除，即在验收记录表中采用"/"删除。表中最小抽样数量"32"是按照本教材第 2 章表 2-15 确定，资料管理软件会在确定好检验批容量后自动计算生成。

4. 内支撑

内支撑是指支护结构的支撑系统，其主要作用是控制支护桩的位移变形。工程中常用的支撑系统有腰梁（或支护桩顶部的冠梁）、内支撑和中间支撑立柱组成。腰梁形式主要有混凝土腰梁和钢腰梁；内支撑形式主要有混凝土支撑和钢支撑；中间支撑柱的形式主要有格构式钢立柱、钢管立柱和型钢立柱等。立柱往往埋入灌注桩内，也有直接打入一根钢管桩或型钢桩，使桩柱合为一体。

一般支撑系统不宜承受垂直荷载，因此，不能在支撑上堆放钢材，也不能做脚手架用。对于一些在内支撑上设置栈桥，则必须由支护结构设计单位进行专门设计。

全部支撑安装结束后，仍应维持整个系统的正常运转直至支撑全部拆除。

支撑安装结束，在投入使用阶段，应对整个使用期做观测，避免出现一些过大的变形。

（1）内支撑施工前检验要求

内支撑施工前，应对放线尺寸、标高进行校核。对混凝土支撑的钢筋和混凝土、钢支撑的产品构件和连接构件以及钢立柱的制作质量等进行检验。

内支撑在水平位置应避开楼板、梁等水平结构构件；在竖向位置应避开框架柱、剪力墙等竖向结构构件。

（2）内支撑施工过程检验要求

施工中应对混凝土支撑下垫层或模板的平整度和标高进行检验。

内支撑在竖向位置应与水平结构构件保持有一定的距离，确保水平结构构件有足够的工作面和工作空间。

（3）内支撑施工完成后检验要求

施工结束后，对应的下层土方开挖前应对水平支撑的尺寸、位置、标高、支撑与围护结构的连接节点、钢支撑的连接节点和钢立柱的施工质量进行检验。

（4）钢筋混凝土支撑质量检验标准

钢筋混凝土支撑的质量检验应符合表 3-17 的规定。

钢筋混凝土支撑质量检验标准　　　　　　　　　　　表 3-17

项目类型	序号	验收项目	允许值或允许偏差		检查方法
			单位	数值	
主控项目	1	混凝土强度	不小于设计值		28d 试块强度
	2	截面宽度	mm	+20 0	用钢尺量
	3	截面高度	mm	+20 0	用钢尺量
一般项目	1	标高	mm	±20	水准测量
	2	轴线平面位置	mm	≤20	用钢尺量
	3	支撑与垫层或模板的隔离措施	设计要求		目测法

（5）钢支撑质量检验标准

钢支撑的质量检验应符合表 3-18 的规定。

工程实践中钢支撑常采用圆形钢管，钢支撑安装完成并施加预顶力后即可发挥支撑作用，使用完后还可以拆除重复使用。不足之处是钢支撑的刚度和适应性没有混凝土内支撑好。

钢支撑质量检验标准   表 3-18

项目类型	序号	验收项目	允许值或允许偏差		检查方法
			单位	数值	
主控项目	1	外轮廓尺寸	mm	±5	用钢尺量
	2	预加应力	kN	±10%	应力监测
一般项目	1	轴线平面位置	mm	≤20	用钢尺量
	2	连接质量	设计要求		超声波或射线探伤

关于钢支撑分项工程检验批质量检验的说明：

1）主控项目第 2 项

钢支撑系统安装时需要施加预顶力，预顶力一般采用千斤顶施加，预顶力大小应符合设计图纸要求。预顶力施加后及后期运行过程中，要加强监测，一旦预顶力减少应及时补充。

2）一般项目第 2 项

钢支撑的连接常采用法兰连接或焊接连接，法兰连接应采用力矩扳手检验；焊接连接可采用超声波或射线探伤检验。

（6）钢立柱质量检验标准

立柱桩的质量检验应符合桩基础的有关规定。

钢立柱主要作用是为跨度较大的内支撑提供支点，而立柱桩的主要作用是为钢立柱的基础，目前采用较多的形式是灌注桩。

钢立柱的质量检验应符合表 3-19 的规定。

钢立柱的质量检验标准   表 3-19

项目类型	序号	验收项目	允许值或允许偏差		检查方法
			单位	数值	
主控项目	1	截面尺寸（立柱）	mm	≤5	用钢尺量
	2	立柱长度	mm	±50	用钢尺量
	3	垂直度	≤1/200		经纬仪测量
一般项目	1	立柱挠度	mm	≤L/500	用钢尺量
	2	截面尺寸（缀板或缀条）	mm	≥-1	用钢尺量
	3	缀板间距	mm	±20	用钢尺量
	4	钢板厚度	mm	≥-1	用钢尺量
	5	标高	mm	±20	水准测量
	6	平面位置	mm	≤20	用钢尺量
	7	平面转角	°	≥5	用量角器量

【例3-5】假设案例项目1号教学楼基坑边坡设计采用混凝土灌注桩排桩支护，采用一层钢筋混凝土内支撑，混凝土强度为C35，梁高和梁宽均为600mm，内支撑数量为5根横梁，每根内支撑梁端部采用八字斜撑以加大支撑作用范围，钢筋混凝土内支撑检验批容量按内支撑总数确定，按本教材第2章表2-15要求，验收时抽检不少于2根。则填写的范例见表3-20。

钢筋混凝土支撑检验批质量验收记录

表3-20

GB 50202—2018

桂建质010409(Ⅹ) ⬚0⬚0⬚1

单位（子单位）工程名称		1号教学楼	分部（子分部）工程名称	地基与基础（基坑支护）	分项工程名称	内支撑
施工单位		××建筑工程有限公司	项目负责人	张××	检验批容量	5件
分包单位			分包单位项目负责人		检验批部位	基坑
施工依据		《建筑基坑支护技术规程》JGJ 120—2012		验收依据	《建筑地基基础工程施工质量验收标准》GB 50202—2018	

		验收项目	设计要求及规范规定		最小/实际抽样数量	检查记录	检查结果
主控项目	1	混凝土强度	不小于设计值	20d试块强度	/	试验合格，报告编号 JNZC001	合格
	2	截面宽度	+20mm 0	用钢尺量	2/2	抽查2处，全部合格	合格
	3	截面高度	+20mm 0	用钢尺量	2/2	抽查2处，全部合格	合格
一般项目	1	标高	±20mm	水准测量	2/2	抽查2处，全部合格	合格
	2	轴线平面位置	≤20mm	用钢尺量	2/2	抽查2处，全部合格	合格
	3	支撑与垫层或模板的隔离措施	设计要求	目测法	2/2	抽查2处，全部合格	合格

施工单位检查结果	主控项目全部符合要求，一般项目满足规范要求，本检验批符合要求 专业工长：王×× 项目专业质量检查员：张×× 2018 年 8 月 7 日
监理（建设）单位验收结论	主控项目全部合格，一般项目满足规范要求，本检验批合格 专业监理工程师：李×× （建设单位项目专业技术负责人）： 2018 年 8 月 7 日

【例3-6】假设案例项目1号教学楼基坑边坡设计采用混凝土灌注桩排桩支护，采用一层钢支撑，钢支撑规格为φ609，数量5根，钢支撑检验批容量按内支撑总数确定，按本教材第2章表2-15要求，验收时抽检不少于2根。则填写的范例见表3-21。

钢支撑检验批质量验收记录　　　　　表3-21

GB 50202—2018　　　　　　　　　　　　　　　　　　桂建质010409（ＸＸ）　⓪ ⓪ ①

单位（子单位）工程名称		1号教学楼	分部（子分部）工程名称	地基与基础（基坑支护）	分项工程名称	内支撑
施工单位		××建筑工程有限公司	项目负责人	张××	检验批容量	5件
分包单位			分包单位项目负责人		检验批部位	基坑
施工依据		《建筑基坑支护技术规程》JGJ 120—2012	验收依据			《建筑地基基础工程施工质量验收标准》GB 50202—2018

主控项目		验收项目	设计要求及规范规定		最小/实际抽样数量	检查记录	检查结果
主控项目	1	外轮廓尺寸	±5mm	用钢尺量	2/2	抽查2处，全部合格	合格
主控项目	2	预加顶力	±10%设计值	应力监测	2/2	抽查2处，全部合格	合格
一般项目	1	轴线平面位置	≤30mm	用钢尺量	2/2	抽查2处，全部合格	合格
一般项目	2	连接质量	设计要求	超声波或射线探伤	/	检查合格，报告编号 JGNZC001	合格

施工单位检查结果	主控项目全部符合要求，一般项目满足规范要求，本检验批符合要求 专业工长：王×× 项目专业质量检查员：张×× 2018 年 8 月 7 日
监理（建设）单位验收结论	主控项目全部合格，一般项目满足规范要求，本检验批合格 专业监理工程师：李×× （建设单位项目专业技术负责人）： 2018 年 8 月 7 日

【例3-7】假设案例项目1号教学楼基坑边坡设计采用混凝土灌注桩排桩支护，采用一层钢筋混凝土内支撑，混凝土强度为C35，梁高和梁宽均为600mm，内支撑数量为5根横梁，每根内支撑梁端部采用八字斜撑以加大支撑作用范围，每根内支撑中间设置钢支柱支撑，钢立柱检验批容量按钢立柱总数确定，按本教材第2章表2-15要求，验收时抽检不少于2根，则填写的范例见表3-22。

表 3-22

GB 50202—2018

桂建质 010409（ⅩⅪ） ⓪ ⓪ ①

单位（子单位） 工程名称		1 号教学楼		分部（子分部） 工程名称	地基与基础 （基坑支护）	分项工程 名称	内支撑
施工单位		××建筑工程有限公司		项目负责人	张××	检验批容量	5 件
分包单位				分包单位项目 负责人		检验批部位	基坑
施工依据		《建筑基坑支护技术规程》JGJ 120—2012		验收依据	《建筑地基基础工程施工质量验收标准》 GB 50202—2018		

		验收项目	设计要求及规范规定		最小/实际 抽样数量	检查记录	检查结果
主控项目	1	截面尺寸（立柱）	≤5mm	用钢尺量	2/2	抽查 2 处，全部合格	合格
	2	立柱长度	±50mm	用钢尺量	2/2	抽查 2 处，全部合格	合格
	3	垂直度	≤l/200	经纬仪测量	2/2	抽查 2 处，全部合格	合格
一般项目	1	立柱挠度	≤l/500mm	用钢尺量	2/2	抽查 2 处，全部合格	合格
	2	截面尺寸（缀 板或缀条）	≥−1mm	用钢尺量	2/2	抽查 2 处，全部合格	合格
	3	缀板间距	±20mm	用钢尺量	2/2	抽查 2 处，全部合格	合格
	4	钢板厚度	≥−1mm	用钢尺量	2/2	抽查 2 处，全部合格	合格
	5	立柱顶标高	±20mm	水准测量	2/2	抽查 2 处，全部合格	合格
	6	平面位置	≤20mm	用钢尺量	2/2	抽查 2 处，全部合格	合格
	7	平面转角	≤5°	用量角器量	2/2	抽查 2 处，全部合格	合格

施工单位 检查结果	主控项目全部符合要求，一般项目满足规范要求，本检验批符合要求 专业工长：王×× 项目专业质量检查员：张×× 2018 年 8 月 9 日
监理（建设）单位 验收结论	主控项目全部合格，一般项目满足规范要求，本检验批合格 专业监理工程师：李×× （建设单位项目专业技术负责人）： 2018 年 8 月 9 日

注：l 为型钢长度。

5. 锚杆

（1）锚杆施工前检验要求

锚杆施工前应对钢绞线、锚具、水泥、机械设备等进行检验。

（2）锚杆施工过程中检验要求

锚杆施工中应对锚杆位置，钻孔直径、长度及角度，锚杆杆体长度，注浆配比、注浆压力及注浆量等进行检验。

（3）锚杆施工完成后检验要求

锚杆应进行抗拔承载力检验，检验数量不宜少于锚杆总数的 5%，且同一土层中的锚杆检验数量不应少于 3 根。

（4）锚杆施工质量检验标准

锚杆质量检验应符合表 3-23 的规定。

<table>
<tr><td colspan="6" style="text-align:center">锚杆质量检验标准</td><td style="text-align:right">表 3-23</td></tr>
<tr><td rowspan="2">项目类型</td><td rowspan="2">序号</td><td rowspan="2">验收项目</td><td colspan="2">允许值或允许偏差</td><td rowspan="2" colspan="2">检查方法</td></tr>
<tr><td>单位</td><td>数值</td></tr>
<tr><td rowspan="4">主控项目</td><td>1</td><td>抗拔承载力</td><td colspan="2">不小于设计值</td><td colspan="2">锚杆抗拔试验</td></tr>
<tr><td>2</td><td>锚固体强度</td><td colspan="2">不小于设计值</td><td colspan="2">试块强度</td></tr>
<tr><td>3</td><td>预加力</td><td colspan="2">不小于设计值</td><td colspan="2">检查压力表读数</td></tr>
<tr><td>4</td><td>锚杆长度</td><td colspan="2">不小于设计值</td><td colspan="2">用钢尺量</td></tr>
<tr><td rowspan="7">一般项目</td><td>1</td><td>钻孔孔位</td><td>mm</td><td>≤100</td><td colspan="2">用钢尺量</td></tr>
<tr><td>2</td><td>锚杆直径</td><td colspan="2">不小于设计值</td><td colspan="2">用钢尺量</td></tr>
<tr><td>3</td><td>钻孔倾斜度</td><td colspan="2">≤3°</td><td colspan="2">测倾角</td></tr>
<tr><td>4</td><td>水胶比（或水泥砂浆配比）</td><td colspan="2">设计值</td><td colspan="2">实际用水量与水泥等胶凝材料的重量比（实际用水、水泥、砂的重量比）</td></tr>
<tr><td>5</td><td>注浆量</td><td colspan="2">不小于设计值</td><td colspan="2">查看流量表</td></tr>
<tr><td>6</td><td>注浆压力</td><td colspan="2">设计值</td><td colspan="2">检查压力表读数</td></tr>
<tr><td>7</td><td>自由段套管长度</td><td>mm</td><td>±50</td><td colspan="2">用钢尺量</td></tr>
</table>

【例 3-8】假设某学校 1 号教学楼基坑采用灌注桩排桩支护，桩径 1m，总桩数设计有 103 根，在排桩冠梁下 2m 处设置一层锚杆，锚杆长度 35m，锚杆倾角 15°，孔径 120mm，注浆浆液水胶比不大于 0.55，采用二次注浆，第二次注浆压力不低于 4MPa，每根锚杆的拉拔力不低于 1000kN。锚杆检验批的容量按总锚杆数确定。锚杆实际施工 102 根，按本教材第 2 章表 2-15 抽检数量要求，抽检 8 根，则该基坑锚杆检验批质量验收记录填写范例见表 3-24。

GB 50202—2018　　　　　　　　　　　　　　　　桂建质 010410[0][0][1]

单位（子单位）工程名称	1 号教学楼	分部（子分部）工程名称	地基与基础（基坑支护）	分项工程名称	锚杆
施工单位	××建筑工程有限公司	项目负责人	张××	检验批容量	102 根
分包单位		分包单位项目负责人		检验批部位	基坑
施工依据	《建筑基坑支护技术规程》JGJ 120—2012		验收依据	《建筑地基基础工程施工质量验收标准》GB 50202—2018	

		验收项目	设计要求及规范规定		最小/实际抽样数量	检查记录	检查结果
主控项目	1	抗拔承载力	不小于设计值 1000kN	锚杆抗拔试验	/	试验合格，报告编号 JMG001	合格
	2	锚固体强度	不小于设计值 20MPa	试块强度	/	试验合格，报告编号 JMG002	合格
	3	预加力	不小于设计值 1100kN	检查压力表读数	8/8	抽查 8 处，全部合格	合格
	4	锚杆长度	不小于设计值 35m	用钢尺量	8/8	抽查 8 处，全部合格	合格
一般项目	1	钻孔孔位	≤100mm	用钢尺量	8/8	抽查 8 处，全部合格	合格
	2	锚杆直径	不小于设计值	用钢尺量	8/8	抽查 8 处，全部合格	合格
	3	钻孔倾斜度	≤3°	测倾角	8/8	抽查 8 处，全部合格	合格
	4	水胶比（或水泥砂浆配合比）	设计值 0.55	实际用水量与水泥等胶凝材料的重量比（实际用水、水泥、砂的重量比）	/	检查合格，报告编号 JMG003	合格
	5	注浆量	不小于设计值	查看流量表	8/8	抽查 8 处，全部合格	合格
	6	注浆压力	设计值 4MPa	检查压力表读数	8/8	抽查 8 处，全部合格	合格
	7	自由段套管长度	±50mm	用钢尺量	8/8	抽查 8 处，全部合格	合格

施工单位检查结果	主控项目全部符合要求，一般项目满足规范要求，本检验批符合要求 专业工长：王×× 项目专业质量检查员：张×× 2018 年 8 月 9 日
监理（建设）单位验收结论	主控项目全部合格，一般项目满足规范要求，本检验批合格 专业监理工程师：李×× （建设单位项目专业技术负责人）： 2018 年 8 月 9 日

注：锚杆应进行抗拔承载力检验，检验数量不宜少于锚杆总数的 5%，且同一土层中的锚杆检验数量不应少于 3 根。

3.5 地基与基础施工勘察与验收

3.5.1 地基工程验收

1. 一般规定

（1）地基验收时间

地基工程的质量验收宜在施工完成并在间歇期后进行，间歇期应符合国家现行标准的有关规定和设计要求。

（2）地基承载力试验

平板静载试验采用的压板尺寸应按设计或有关标准确定。素土和灰土地基、砂和砂石地基、土工合成材料地基、粉煤灰地基、注浆地基、预压地基的静载试验的压板面积不宜小于 $1.0m^2$；强夯地基静载试验的压板面积不宜小于 $2.0m^2$。复合地基静载试验的压板尺寸应根据设计置换率计算确定。

地基承载力检验时，静载试验最大加载量不应小于设计要求的承载力特征值的 2 倍。

（3）地基承载力检验数量

素土和灰土地基、砂和砂石地基、土工合成材料地基、粉煤灰地基、强夯地基、注浆地基、预压地基的承载力必须达到设计要求。地基承载力的检验数量每 $300m^2$ 不应少于 1 点，超过 $3000m^2$ 部分每 $500m^2$ 不应少于 1 点。每单位工程不应少于 3 点。

砂石桩、高压喷射注浆桩、水泥土搅拌桩、土和灰土挤密桩、水泥粉煤灰碎石桩、夯实水泥土桩等复合地基的承载力必须达到设计要求。复合地基承载力的检验数量不应少于总桩数的 0.5%，且不应少于 3 点。有单桩承载力或桩身强度检验要求时，检验数量不应少于总桩数的 0.5%，且不应少于 3 根。

（4）复合地基增强体桩身检验数量

复合地基中增强体的检验数量不应少于总数的 20%。

（5）地基处理检验方法的调整

地基处理工程的验收，当采用一种检验方法检测结果存在不确定性时，应结合其他检验方法进行综合判断。

2. 水泥粉煤灰碎石桩复合地基

（1）施工前检验要求

施工前应对入场的水泥、粉煤灰、砂及碎石等原材料进行检验。

（2）施工中检验要求

施工中应检查桩身混合料的配合比、坍落度和成孔深度、混合料充盈系数等。

（3）施工后检验要求

施工结束后，应对桩体质量、单桩及复合地基承载力进行检验。

（4）水泥粉煤灰碎石桩复合地基的质量检验标准

水泥粉煤灰碎石桩复合地基的质量检验标准应符合表 3-25 的规定。

项目类型	序号	验收项目	允许值或允许偏差		检查方法
			单位	数值	
主控项目	1	复合地基承载力	不小于设计值		静载试验
	2	单桩承载力	不小于设计值		静载试验
	3	桩长	不小于设计值		测桩管长度或用测绳测孔深
	4	桩径	mm	+20 0	用钢尺量
	5	桩身完整性	—		低应变检测
	6	桩身强度	不小于设计值		28d 试块强度
一般项目	1	桩位	条基边桩沿轴线	≤1/4D	全站仪或用钢尺量
			垂直轴线	≤1/6D	
			其他情况	≤2/5D	
	2	桩顶标高	mm	±200	水准测量,最上部 500mm 浮浆层及劣质桩体不计入
	3	桩垂直度	≤1/100		经纬仪测桩管
	4	混合料坍落度	mm	160~220	坍落度仪
	5	混合料充盈系数	≥1.0		实际灌浆量与理论灌注量的比
	6	褥垫层夯填度	≤0.9		水准测量

注：表中 D 为设计桩径。

【例 3-9】假设案例项目 1 号教学楼基础采用筏形基础，基础设计等级为乙级。水泥粉煤灰碎石桩（CFG 桩）复合地基，设计桩径 500mm，桩长不小于 17m，桩间距 1.3m，矩形布置，桩身混凝土 C20，桩端以第⑦中风化泥岩为持力层，单桩竖向承载力特征值 1000kN，总桩数 247 根。CFG 桩施工采用长螺旋钻成孔成桩，采用商品混凝土（即预拌混凝土）施工。验收时，混凝土灌注桩检验批容量按总桩数确定。桩身完整性按总桩数的 20% 抽检，承载力检验按总桩数的 1% 抽检，其他验收项目按本教材第 2 章表 2-15 要求抽检 70 根，结合设计图纸和现场施工情况填写检验批验收记录。则填写的范例见表 3-26。

验收时应注意：CFG 桩的桩身完整性和单桩竖向承载力特征值根据第三方具有检测资质的单位检测报告填写资料，桩身混凝土根据施工时混凝土试块取样标准养护后检测结果填写。其他验收项目根据现场施工检查结果填写。

GB 50202—2018　　　　　　　　　　　　　　　　　　桂建质 010112 ⓪ ⓪ ②

单位（子单位）工程名称	1号教学楼		分部（子分部）工程名称	地基与基础（地基）	分项工程名称	水泥粉煤灰碎石桩复合地基
施工单位	××建筑工程有限公司		项目负责人	张××	检验批容量	347 根
分包单位			分包单位项目负责人		检验批部位	复合地基
施工依据	《建筑地基处理技术规范》JGJ 79—2012			验收依据	《建筑地基基础工程施工质量验收标准》GB 50202—2018	

		验收项目	设计要求及规范规定		最小/实际抽样数量	检查记录	检查结果
主控项目	1	复合地基承载力	不小于设计值 600kPa	静载试验	/	试验合格，报告编号 DJ001	合格
	2	单桩承载力	不小于设计值 1050kN	静载试验	/	试验合格，报告编号 DJZ001	合格
	3	桩长	不小于设计值 17m	测桩管长度或用测绳测孔深	70/70	抽查 70 处，全部合格	合格
	4	桩径	+50mm / 0	用钢尺量	70/70	抽查 70 处，全部合格	合格
	5	桩身完整性	—	低应变检测	/	试验合格，报告编号 DJZ002	合格
	6	桩身强度	不小于设计要求	28d 试块强度	/	试验合格，报告编号 DJZH001	合格
一般项目	1	桩位	条基边桩沿轴线 $\leq 1/4D$	用全站仪或钢尺量	70/70	抽查 70 处，全部合格	合格
			垂直轴线 $\leq 1/6D$		70/70	抽查 70 处，全部合格	合格
			其他情况 $\leq 2/5D$		70/70	抽查 70 处，全部合格	合格
	2	桩顶标高	±200mm	水准测量，最上部 500mm 劣质桩体不计入内	70/70	抽查 70 处，全部合格	合格
	3	桩垂直度	$\leq 1/100$	经纬仪测桩管	70/70	抽查 70 处，全部合格	合格
	4	混合料塌落度	160～220mm	坍落度仪	70/70	抽查 70 处，全部合格	合格
	5	混合料充盈系数	≥ 1.0	实际灌注量与理论灌注量的比	70/70	抽查 70 处，全部合格	合格
	6	褥垫层夯填度	≤ 0.9	水准测量	70/70	抽查 70 处，全部合格	合格

施工单位检查结果	主控项目全部符合要求，一般项目满足规范要求，本检验批符合要求　　　　　　　　专业工长：王×× 项目专业质量检查员：张×× 2018 年 8 月 13 日
监理（建设）单位验收结论	主控项目全部合格，一般项目满足规范要求，本检验批合格　　　　　　　专业监理工程师：李×× （建设单位项目专业技术负责人）： 2018 年 8 月 13 日

注：1. 本表所列项目的检查数量：

（1）复合地基承载力：检验数量不应少于总桩数的 0.5%，并不少于 3 点。有单桩承载力或桩身强度检验要求时，检验数量不应少于总桩数的 0.5%，并不少于 3 根。

（2）其他主控项目及一般项目：可按检验批抽样。

2. D 为设计桩径（mm）。

3.5.2 地基与基础工程验槽和施工勘察点

1. 地基与基础工程验槽一般规定

(1) 验收规范对开展验槽的要求

地基基础工程必须进行验槽。

(2) 参加验槽人员

勘察、设计、监理、施工、建设等各方相关技术人员应共同参加验槽。

地基验槽一般由项目总监理工程师主持进行，参加验槽的人员有施工单位的项目负责人和项目技术负责人、设计单位的项目负责人、勘察单位的项目负责人、建设单位的工地代表，当地工程质量监督部门的项目质量监督员参加履行监督职责。

(3) 验槽依据

验槽时，现场应具备岩土工程勘察报告、轻型动力触探记录（可不进行轻型动力触探的情况除外）、地基基础设计文件、地基处理或深基础施工质量检测报告等。

(4) 验槽要求

验槽应在基坑或基槽开挖至设计标高后进行，对留置保护土层时其厚度不应超过100mm；槽底应为无扰动的原状土。

当设计文件对基坑坑底检验有专门要求时，应按设计文件要求进行。

进行过施工勘察时，验槽时要结合详勘和施工勘察成果进行。

(5) 施工勘察

遇到下列情况之一时，尚应进行专门的施工勘察。

1) 工程地质与水文地质条件复杂，出现详勘阶段难以查清的问题时；

2) 开挖基槽发现土质、地层结构与勘察资料不符时；

3) 施工中地基土受严重扰动，天然承载力减弱，需进一步查明其性状及工程性质时；

4) 开挖后发现需要增加地基处理或改变基础形式，已有勘察资料不能满足需求时；

5) 施工中出现新的岩土工程或工程地质问题，已有勘察资料不能充分判别新情况时。

当预制打入桩、静力压桩或锤击沉管灌注桩的入土深度与勘察资料不符或对桩端下卧层有怀疑时，应核查桩端下主要受力层范围内的标准贯入击数和岩土工程性质。

在单柱单桩的大直径桩施工中，如发现地层变化异常或怀疑持力层可能存在破碎带或溶洞等情况时，应对其分布、性质、程度进行核查，评价其对工程安全的影响程度。

人工挖孔混凝土灌注桩应逐孔进行持力层岩土性质的描述及鉴别，当发现与勘察资料不符时，应对异常之处进行施工勘察，重新评价，并提供处理的技术措施。

我国《岩土工程勘察规范》GB 50021—2001 要求，勘探孔的深度应符合下列规定：

1) 一般性勘探孔的深度应达到预计桩长以下 $3\sim5d$（d 为桩径），且不得小于 3m；对大直径桩，不得小于 5m；

2) 控制性勘探孔深度应满足下卧层验算要求；对需验算沉降的桩基，应超过地基变形计算深度；

3) 钻至预计深度遇软弱层时，应予加深；在预计勘探孔深度内遇稳定坚实岩土时，可适当减小；

4）对嵌岩桩，应钻入预计嵌岩面以下 $3\sim5d$，并穿过溶洞、破碎带，到达稳定地层；

5）对可能有多种桩长方案时，应根据最长桩方案确定。

（6）验槽记录

验槽完毕填写验槽记录或检验报告，对存在的问题或异常情况提出处理意见。

2. 天然地基验槽

（1）天然地基验槽内容

天然地基验槽应检验下列内容：

1）根据勘察、设计文件核对基坑的位置、平面尺寸、坑底标高；

2）根据勘察报告核对基坑底、坑边岩土体和地下水情况；

3）检查空穴、古墓、古井、暗沟、防空掩体及地下埋设物的情况，并应查明其位置、深度和性状；

4）检查基坑底土质的扰动情况以及扰动的范围和程度；

5）检查基坑底土质受到冰冻、干裂、受水冲刷或浸泡等扰动情况，并应查明影响范围和深度。

（2）天然地基验槽方法

在进行直接观察时，可用袖珍式贯入仪或其他手段作为验槽辅助。

天然地基验槽前应在基坑或基槽底普遍进行轻型动力触探检验，检验数据作为验槽依据。轻型动力触探应检查下列内容：

1）地基持力层的强度和均匀性；

2）浅埋软弱下卧层或浅埋突出硬层；

3）浅埋的会影响地基承载力或基础稳定性的古井、墓穴和空载力或基础稳定性的古井、墓穴和空洞等。

轻型动力触探宜采用机械自动化实施，检验完毕后，触探孔位处应灌砂填实。

（3）轻型动力触探基槽检验深度及间距

采用轻型动力触探进行基槽检验时，检验深度及间距按表 3-27 执行：

轻型动力触探检验深度及间距表（m）　　　　表 3-27

排列方式	基槽宽度	检验深度	检验间距
中心一排	<0.8	1.2	1.0～1.5m 视地层复杂情况定
两排错开	0.8～2.0	1.5	
梅花形	>2.0	2.1	

具体触探点位布置见表 3-28。

轻型动力触探孔布置　　　　表 3-28

槽宽（m）	排列方式和图示	间距（m）	钎探深度（m）
<0.8	中心一排	1～2	1.2

槽宽（m）	排列方式和图示		间距（m）	钎探深度（m）
0.8~2	两排错开		1~2	1.5
>2	梅花形		1~2	2.1
柱基	梅花形		1~2	≥2.1m，并不浅于短边宽度

3.6 基础子分部工程

基础工程是地基与基础分部工程的一个子分部工程，其包括无筋扩展基础、钢筋混凝土扩展基础、筏形与箱形基础、钢筋混凝土预制桩基础、泥浆护壁成孔灌注桩基础、干作业成孔桩基础和长螺旋钻孔压灌桩基础等分项工程。这里仅对钢筋混凝土扩展基础、筏形与箱形基础、钢筋混凝土预制桩基础、泥浆护壁成孔灌注桩基础、干作业成孔桩基础和长螺旋钻孔压灌桩基础等进行介绍。

3.6.1 钢筋混凝土扩展基础分项工程

1. 一般规定

（1）钢筋混凝土扩展基础施工前检验要求

施工前应对放线尺寸进行检验。

（2）钢筋混凝土扩展基础施工中检验要求

施工中应对钢筋、模板、混凝土、轴线等进行检验。

（3）钢筋混凝土扩展基础施工结束后检验要求

施工结束后，应对混凝土强度、轴线位置、基础顶面标高进行检验。

2. 钢筋混凝土扩展基础施工质量检验标准

钢筋混凝土扩展基础质量检验标准应符合表3-29的规定。

钢筋混凝土扩展基础质量检验标准   表 3-29

项目类型	序号	验收项目	允许值或允许偏差		检查方法
			单位	数值	
主控项目	1	混凝土强度	不小于设计值		28d试块强度
	2	轴线位置	mm	≤15	用经纬仪或钢尺量
一般项目	1	L（或 B）≤30	mm	±5	用钢尺量
	2	30<L（或 B）≤60	mm	±10	
	3	60<L（或 B）≤90	mm	±15	
	4	L（或 B）>90	mm	±20	
	5	基础顶面标高	mm	±15	水准测量

注：表中 L 为基础长度；B 为基础宽度。

【例 3-10】 假设案例项目 1 号教学楼基础采用钢筋混凝土扩展基础，设计共有 28 个独立基础，基础混凝土强度为 C30，基础持力层落在第④黏土，基础尺寸最大 4.2m。钢筋混凝土扩展基础检验批容量按独立基础总数确定，按本教材第 2 章表 2-15 抽检数量要求，抽 3 根，则该钢筋混凝土扩展检验批质量验收记录填写范例见表 3-30。

钢筋混凝土扩展基础检验批质量验收记录

表 3-30

GB 50202—2018

桂建质 010202（ⅩⅡ） ⓪ ⓪ ①

单位（子单位）工程名称		1 号教学楼	分部（子分部）工程名称		地基与基础（基础）	分项工程名称	钢筋混凝土扩展基础
施工单位		××建筑工程有限公司	项目负责人		张××	检验批容量	28 件
分包单位			分包单位项目负责人			检验批部位	扩展基础
施工依据		深基坑专项施工方案	验收依据		《建筑地基基础工程施工质量验收标准》GB 50202—2018		

		验收项目	设计要求及规范规定	最小/实际抽样数量	检查记录	检查结果
主控项目	1	混凝土强度	不小于设计值 C30	28d 试块强度	/	试验合格、报告编号 KZC001	合格
	2	轴线位置	≤15mm	用经纬仪或钢尺量	3/3	抽查 3 处，全部合格	合格
一般项目	1	L（或）B≤30	±5mm	用钢尺量	3/3	抽查 3 处，全部合格	合格
		30<L（或）B≤60	±10mm		/		
		60<L（或）B≤90	±15mm		/		
		L（或）B>90	±20mm		/		
	2	基础顶面标高	±15mm	水准测量	3/3	抽查 3 处，全部合格	合格

施工单位检查结果	主控项目全部符合要求，一般项目满足规范要求，本检验批符合要求 专业工长：王×× 项目专业质量检查员：张×× 2018 年 8 月 17 日
监理（建设）单位验收结论	主控项目全部合格，一般项目满足规范要求，本检验批合格 专业监理工程师：李×× （建设单位项目专业技术负责人）： 2018 年 8 月 17 日

注：L 为基础长度（m）；B 为基础宽度（m）。

76

验收时应注意：在对钢筋混凝土扩展基础检验批质量进行验收时，还需对混凝土工程中的检验批进行验收。混凝土工程包括模板工程（含模板安装检验批）、钢筋工程（含钢筋原材料、加工、连接和安装 4 个检验批）、混凝土工程（含混凝土原材料、拌合物、施工 3 个检验批）、现浇结构（含外观质量和尺寸偏差 2 个检验批）。涉及上述 10 个检验批的验收可以参考本教材第 4 章的混凝土结构工程子分部中有关检验批的验收。

3.6.2 筏形与箱形基础

1. 一般规定
（1）筏形与箱形基础施工前检验要求
施工前应对放线尺寸进行检验。
（2）筏形与箱形基础施工中检验要求
施工中应对轴线、预埋件、预留洞中心线位置、钢筋位置及钢筋保护层厚度进行检验。
预埋件大多数是金属构件，在结构中预先留有钢板和锚固筋，能够用来连接结构构件。用来作为后续工序固定时用的连接件，一般使用预埋件，预埋件需要根据图纸进行加工，然后进行测量定位和支设支架等。预埋件在混凝土浇灌前必须经过严格的检查验收，预埋件在使用的时候必须经过复测与最后的固定，经过再次的调整和固定之后，待达到技术要求之后，方可进行后续混凝土的施工。
大体积混凝土施工过程中应检查混凝土的坍落度、配合比、浇筑的分层厚度、坡度以及测温点的设置，上下两层的浇筑搭接时间不应超过混凝土的初凝时间。养护时混凝土结构构件内部表面以内 50～100mm 位置处的温度与混凝土结构构件内部的温度差值不宜大于 25℃，且与混凝土结构构件表面温度的差值不宜大于 25℃。
一般筏形基础与箱形基础体积较大，大体积混凝土凝结化过程中内部热量较难散发，外部表面热量散发较快，内热胀外冷缩过程相应会在混凝土表面产生拉应力。温差大到一定程度，混凝土表面拉应力超过当时的混凝土极限抗拉强度时，在混凝土表面会产生裂缝，有时甚至是贯穿裂缝。另外，混凝土硬化后随温度降低产生收缩，在受到地基约束的情况下，会产生较大外约束力，当超过当时的混凝土极限抗拉强度时，也会产生裂缝。混凝土的坍落度、配合比、浇筑的分层厚度、坡度对大体积混凝土的热量产生及扩散都有影响，验收时应格外注意。
（3）筏形与箱形基础施工结束后检验要求
施工结束后，应对筏形和箱形基础的混凝土强度、轴线位置、基础顶面标高及平整度进行验收。
2. 筏形与箱形基础施工质量检验标准
筏形和箱形基础质量检验标准应符合表 3-31 的规定。

筏形和箱形基础质量检验标准　　　　　　　　　　　　表 3-31

项目类型	序号	验收项目	允许值或允许偏差		检查方法
			单位	数值	
主控项目	1	混凝土强度	不小于设计值		28d 试块强度
	2	轴线位置	mm	≤15	经纬仪或用钢尺量

项目类型	序号	验收项目	允许值或允许偏差		检查方法
			单位	数值	
一般项目	1	基础顶面标高	mm	±15	用2m靠尺
	2	平整度	mm	±10	用钢尺量
	3	尺寸	mm	+15 −10	用钢尺量
	4	预埋件中心位置	mm	≤10	用钢尺量
	5	预留洞中心线位置	mm	≤15	用钢尺量

3.6.3 桩基础检查验收

1. 一般规定

桩基础工程检查验收的"一般规定"是针对所有的桩质量验收。

（1）桩位放样允许偏差

扩展基础、筏形与箱形基础，施工前应对放线尺寸进行复核；桩基工程施工前应对放好的轴线和桩位进行复核。群桩桩位的放样允许偏差应为20mm，单排桩桩位的放样允许偏差应为10mm。

（2）施工完成后预制桩桩位允许偏差

预制桩（钢桩）的桩位偏差应符合表3-32的规定（图3-1、图3-2）。斜桩倾斜度的偏差应为倾斜角正切值的15%。

预制桩（钢桩）的桩位允许偏差　　　　　　　表 3-32

序号	检查项目		允许偏差（mm）
1	带有基础梁的桩	垂直基础梁的中心线	≤100+0.01H
		沿基础梁的中心线	≤150+0.01H
2	承台桩	桩数为1~3根桩基中的桩	≤100+0.01H
		桩数大于或等于4根桩基中的桩	≤1/2桩径+0.01H 或 1/2边长+0.01H

注：H 为施工现场地面标高与桩顶设计标高的距离；本表摘自《建筑地基基础工程施工质量验收标准》GB 50202—2018。

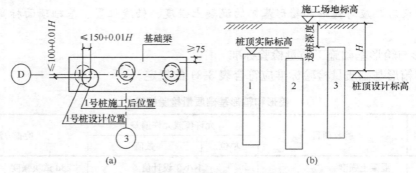

图 3-1　带有基础梁的桩位允许偏差示意图
（a）平面图；（b）立面图

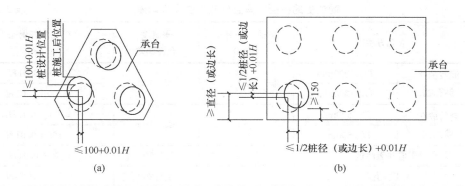

(a)   (b)

图 3-2　承台桩桩位允许偏差示意图
(a) 承台下 1～3 根桩；(b) 承台下不少于 4 根桩基中的桩

表 3-32 中数值已涵盖已入土桩由于打桩顺序不当而挤土造成的影响位移，但未计由于降水和基坑开挖等造成的位移。工程实践中，应在施工中考虑合适的顺序及打桩速率。布桩密集的基础工程应有必要的措施来减少沉桩的挤土影响。

桩顶标高低于施工场地标高时，桩位应做中间验收，否则在土方开挖后如存在桩顶位移偏离较大时不易明确责任，究竟是土方开挖不妥，还是本身桩位不准（打入桩施工不慎，会造成挤土，导致桩体位移），增加一次中间验收有利于责任区分，引起打桩及土方承包商的重视。另外，预制桩均要求送桩，送完桩后将无法对桩位进行验收。所有的桩基础均是施工完后才对桩间土进行开挖，桩头露出后对桩进行割桩或破桩头后才对桩位进行验收（图 3-3）。

  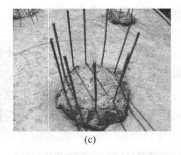

(a)   (b)   (c)

图 3-3　桩间土开挖及桩位验收
(a) 预制桩桩间土开挖；(b) 灌注桩桩间土开挖；(c) 桩位验收

（3）施工过程中灌注桩试块留置

灌注桩混凝土强度检验的试件应在施工现场随机抽取。来自同一搅拌站的混凝土，每浇筑 $50m^3$ 必须至少留置 1 组试件；当混凝土浇筑量不足 $50m^3$ 时，每连续浇筑 12h 必须至少留置 1 组试件。对单柱单桩，每根桩应至少留置 1 组试件。

（4）施工完成后灌注桩允许偏差

灌注桩的桩径、垂直度及桩位允许偏差应符合表 3-33 的规定。

灌注桩的桩径、垂直度及桩位允许偏差　　　　　　　　　　表 3-33

序号	成孔方法		桩径允许偏差 (mm)	垂直度 允许偏差	桩位允许偏差 (mm)
1	泥浆护壁 钻孔桩	$D<1000mm$	$\geqslant 0$	$\leqslant 1/100$	$\leqslant 70+0.01H$
		$D\geqslant 1000mm$			$\leqslant 100+0.01H$
2	套管成孔 灌注桩	$D<500mm$	$\geqslant 0$	$\leqslant 1/100$	$\leqslant 70+0.01H$
		$D\geqslant 500mm$			$\leqslant 100+0.01H$
3	干成孔灌注桩		$\geqslant 0$	$\leqslant 1/100$	$\leqslant 70+0.01H$
4	人工挖孔桩		$\geqslant 0$	$\leqslant 1/200$	$\leqslant 50+0.005H$

注：H 为施工现场地面标高与桩顶设计标高的距离，D 为设计桩径；本表摘自《建筑地基基础工程施工质量验收标准》GB 50202—2018。

灌注桩一般要求埋设护筒，护筒对桩可以起到定位作用，在成孔时起导向作用，对灌注桩的桩位中间验收可以改为对护筒位置验收。

对于设置有承台的桩基础，桩位还应满足：边桩中心至承台边缘的距离不宜小于桩的直径或边长，且桩的外边缘至承台边缘的距离不小于 150mm（图 3-2）。对于条形承台梁，桩的外边缘至承台梁边缘的距离不应小于 75mm（图 3-1）。

（5）工程桩检测

工程桩应进行承载力和桩身完整性检验。

工程桩是指用于工程实体的桩，要与工程桩施工前对桩的设计承载力进行核验的试验桩区别开来。

工程桩在进行承载力检测前，应先进行桩身完整性检测；选择进行承载力检测的桩，要求桩身完整性符合要求。

1）桩身完整性检测

工程桩的桩身完整性的抽检数量不应少于总桩数的 20%，且不应少于 10 根。每根柱子承台下的桩抽检数量不应少于 1 根。

用于桩身完整性检查的方法主要有：低应变法、声波透射法和钻芯法等（图 3-4）。当采用低应变法或声波透射法检测时，受检桩混凝土强度不应低于设计强度的 70%，且不应低于 15MPa；声波透射法不适用于桩径小于 0.6m 的桩；当采用钻芯法检测时，受检

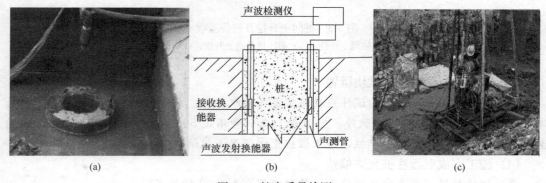

图 3-4　桩身质量检测
（a）低应变检测；（b）声波透射检测示意图；（c）钻芯取样

桩的混凝土龄期应达到 28d，或受检桩同条件养护试件强度应达到设计强度要求。当一种方法不能全面评价基桩完整性时，应采用两种或两种以上的检测方法。

2）承载力检测

设计等级为甲级或地质条件复杂时，应采用静载试验的方法对桩基承载力进行检验，检验桩数不应少于总桩数的 1%，且不应少于 3 根；当总桩数少于 50 根时，不应少于 2 根。在有经验和对比资料的地区，设计等级为乙级、丙级的桩基可采用高应变法对桩基进行竖向抗压承载力检测，检测数量不应少于总桩数的 5%，且不应少于 10 根。

我国地基基础设计根据地基复杂程度、建筑物规模和功能特征以及由于地基问题可能造成建筑物破坏或影响正常使用的程度分为甲级、乙级和丙级三个设计等级。按我国《建筑地基基础设计规范》GB 50007—2011 的规定，以下情形的地基基础设计等级为甲级：

① 重要的工业与民用建筑物；

② 30 层以上的高层建筑；

③ 体型复杂，层数相差超过 10 层的高低层连成一体建筑物；

④ 大面积的多层地下建筑物（如地下车库、商场、运动场等）；

⑤ 对地基变形有特殊要求的建筑物；

⑥ 复杂地质条件下的坡上建筑物（包括高边坡）；

⑦ 对原有工程影响较大的新建建筑物；

⑧ 场地和地基条件复杂的一般建筑物；

⑨ 位于复杂地质条件及软土地区的二层及二层以上地下室的基坑工程；

⑩ 开挖深度大于 15m 的基坑工程；

⑪ 周边环境条件复杂、环境保护要求高的基坑工程。

另外，按照我国《建筑桩基技术规范》JGJ 94—2008 的规定，建筑桩基设计等级为甲级还包括以下工程：

① 20 层以上框架-核心筒结构及其他对差异沉降有特殊要求的建筑；

② 场地和地基条件复杂的 7 层以上的一般建筑及坡地、岸边建筑；

③ 对相邻既有工程影响较大的建筑。

基桩静载荷检测见图 3-5。

(a)   (b)

图 3-5 基桩静载荷检测

（a）载荷堆放；（b）千斤顶和位移传感器

（6）桩基础验收

桩基础验收时应包括下列资料：工程地质勘察报告、桩基施工图、图纸会审纪要、设计变更单及材料代用通知单等；经审定的施工组织设计、施工方案及执行中的变更情况；桩位测量放线图，包括工程桩位线复核签证单；成桩质量检查报告；单桩承载力检测报告；基孔挖至设计标高的基桩竣工平面图及桩顶标高图。

2. 钢筋混凝土预制桩

钢筋混凝土预制桩的施工方式主要有静力压桩和锤击沉桩。

（1）钢筋混凝土预制桩基础施工前检验要求

施工前应检验成品桩构造尺寸及外观质量。

（2）钢筋混凝土预制桩基础施工中检验要求

施工中应检验接桩质量、锤击及静压的技术指标、垂直度以及桩顶标高等。

（3）钢筋混凝土预制桩基础施工结束后检验要求

施工结束后应对承载力及桩身完整性等进行检验。

（4）静压预制桩施工质量检验标准

钢筋混凝土预制桩质量检验标准应符合表 3-34 的规定。

静压预制桩质量检验标准　　　　　　　　表 3-34

项目类型	序号	验收项目	允许值或允许偏差		检查方法
			单位	数值	
主控项目	1	承载力	不小于设计值		静载试验、高应变法等
	2	桩身完整性	—		低应变法
一般项目	1	成品桩质量	表面平整，颜色均匀，掉角深度小于 10mm，蜂窝面积小于总面积的 0.5%		查产品合格证
	2	桩位	符合表 3-30 的要求		用全站仪或钢尺量
	3	电焊条质量	设计要求		查产品合格证
	4	接桩，焊缝质量	符合钢桩施工质量检验标准		符合《建筑地基基础工程施工质量验收标准》GB 50202—2018 中钢桩施工质量检验标准
		电焊结束后停歇时间	min	≥6(3)	用表计时
		上下节平面偏差	mm	≤10	用钢尺量
		节点弯曲矢高	同桩体弯曲要求		用钢尺量
	5	终压标准	设计要求		现场实测或查沉桩记录
	6	桩顶标高	mm	±50	水准测量
	7	垂直度	≤1/100		经纬仪测量
	8	混凝土灌芯	设计要求		查灌注量

注：电焊结束后停歇时间项括号中为采用二氧化碳气体保护焊时的数值。

【例 3-11】假设案例项目 1 号教学楼基础采用预应力管桩，桩长不需要接桩，施工采用压桩机静力压桩。设计总桩数 421 根，检验批容量按总桩数确定。预制桩桩身完整性验收时按总桩数的 20% 抽检，承载力检验按总桩数的 1% 抽检，具体结合设计图纸和现场施工情况填写检验批验收记录。填写的范例见表 3-35。

GB 50202—2018　　　　　　　　　　　　　　　桂建质 010207（Ⅱ）□ □ □

单位（子单位）工程名称		1号教学楼	分部（子分部）工程名称	地基与基础（基础）	分项工程名称	钢筋混凝土预制桩基础
施工单位		××建筑工程有限公司	项目负责人	张××	检验批容量	421根
分包单位			分包单位项目负责人		检验批部位	桩基础
施工依据		深基坑专项施工方案	验收依据		《建筑地基基础工程施工质量验收标准》GB 50202—2018	

		验收项目		设计要求及规范规定	最小/实际抽样数量	检查记录	检查结果
主控项目	1	承载力		不小于设计值	静载试验、高应变法等	/	试验合格、报告编号 ZJC001	合格
	2	桩身完整性		—	低应变法	/	试验合格、报告编号 ZJC002	合格
一般项目	1	成品桩质量		表面平整、颜色均匀，掉角深度小于10mm，蜂窝面积小于总面积0.5%	用钢尺量	/	资料证明文件齐全有效，检查合格	合格
	2	桩位	带有基础梁的桩	垂直基础梁的中心线	≤100+0.01H	20/20		
				沿基础梁的中心线	≤150+0.01H	20/20		
			承台桩	桩数为1～3根桩基中的桩	≤100+0.01H	20/20	全站仪或钢尺量 / 抽查20处，全部合格	合格
				桩数大于或等于4根桩基中的桩	≤1/2桩径+0.01H或1/2边长+0.01H	20/20		
	3	电焊条质量		设计要求	产品合格证	/		
	4	焊缝质量	咬边深度	≤0.5mm	焊缝检查仪	20/20		
			加强层高度	≤2mm	焊缝检查仪	20/20		
			加强层宽度	≤3mm	焊缝检查仪	20/20		
			焊缝电焊质量外观	无气孔、焊瘤、裂缝	目测法	20/20		
			焊缝探伤检验	设计要求	超声波或射线探伤	/		
		电焊结束后停歇时间		≥6（3）min	用表计时	20/20		
		上下节平面偏差		≤10mm	用钢尺量	20/20		
		节点弯曲矢高		同桩体弯曲要求	用钢尺量	20/20		

		验收项目		设计要求及规范规定	最小/实际抽样数量	检查记录	检查结果
一般项目	5	终压标准		设计要求	用钢尺量或查沉桩记录	20/20	抽查20处，全部合格	合格
	6	桩顶标高		±50mm	水准测量	20/20	抽查20处，全部合格	合格
	7	垂直度		≤1/100	经纬仪测量	20/20	抽查20处，全部合格	合格
	8	混凝土灌芯		设计要求	查灌注量	20/20	抽查20处，全部合格	合格
施工单位检查结果		主控项目全部符合要求，一般项目满足规范要求，本检验批符合要求				专业工长：王×× 项目专业质量检查员：张×× 2018 年 7 月 15 日		
监理（建设）单位验收结论		主控项目全部合格，一般项目满足规范要求，本检验批合格				专业监理工程师：李×× （建设单位项目专业技术负责人）： 2018 年 7 月 15 日		

注：1. 电焊结束后停歇时间项括号中为采用二氧化碳气体保护焊时的数值。

2. H 为桩基施工面至设计桩顶的距离（mm）。

填写验收记录时注意：因本项目设计图纸施工时不需要接桩，每个承台下为 1~3 根桩，无"带有基础梁的桩"情形，因此涉及接桩等的一些本项目中不存在的验收项目均应用"/"删除，表示本项目无此验收项目且不需验收该项。验收项目"桩位偏差"和"桩顶标高偏差"均按现场实际测量结果数据填写。

3. 泥浆护壁成孔灌注桩（钢筋笼、桩身）分项工程

(1) 泥浆护壁成孔灌注桩施工前检验要求

施工前应检验灌注桩的原材料及桩位处的地下障碍物处理资料。

(2) 泥浆护壁成孔灌注桩施工中检验要求

施工中应对成孔、钢筋笼制作与安装、水下混凝土灌注等各项质量指标进行检查验收；嵌岩桩应对桩端的岩性和入岩深度进行检验。

对成孔的检查内容主要有孔位、孔径、孔深、孔的垂直度等。沉渣厚度应在钢筋笼放入后，混凝土浇筑前测定，成孔结束后，放钢筋笼、混凝土导管都会造成土体跌落，增加沉渣厚度，因此，沉渣厚度应是二次清孔后的结果。沉渣厚度的检查目前均用重锤，但因人为因素影响很大，故应由专人负责，用相同的重锤。有些地方用较先进的沉渣仪，这种仪器应预先做标定。

(3) 泥浆护壁成孔灌注桩施工结束后检验要求

施工后应对桩身完整性、混凝土强度及承载力进行检验。

(4) 泥浆护壁成孔灌注桩施工质量检验标准

泥浆护壁成孔灌注桩质量检验标准应符合表 3-36 的规定。

项目类型	序号	验收项目		允许值或允许偏差		检查方法
				单位	数值	
主控项目	1	承载力		不小于设计值		静载试验
	2	孔深		不小于设计值		用测绳或井径仪测量
	3	桩身完整性		—		钻芯法、低应变法、声波透射法
	4	混凝土强度		不小于设计值		28d 试块强度或钻芯法
	5	嵌岩深度		不小于设计值		取岩样或超前钻孔取样
一般项目	1	垂直度		符合表 3-31 要求		用超声波或井径仪测量
	2	孔径		符合表 3-31 要求		用超声波或井径仪测量
	3	桩位		符合表 3-31 要求		全站仪或用钢尺量开挖前量护筒，开挖后量桩中心
	4	泥浆指标	比重（黏土或砂性土中）		1.10～1.25	用比重计测，清孔后在距孔底 500mm 处取样
			含砂率	%	≤8	洗砂瓶
			黏度	s	18～28	黏度计
	5	泥浆面标高（高于地下水位）		m	0.5～1.0	目测法
	6	钢筋笼质量	主筋间距	mm	±10	用钢尺量
			长度	mm	±100	用钢尺量
			钢筋材质检验		设计要求	抽样送检
			箍筋间距	mm	±20	用钢尺量
			笼直径	mm	±10	用钢尺量
	7	沉渣厚度	端承桩	mm	≤50	用沉渣仪或重锤测
			摩擦桩	mm	≤150	
	8	混凝土坍落度		mm	180～220	坍落度仪
	9	钢筋笼安装深度		mm	+100 0	用钢尺量
	10	混凝土充盈系数			≥1.0	实际灌注量与计算灌注量的比
	11	桩顶标高		mm	+30 −50	水准测量，需扣除桩顶浮浆层及劣质桩体
	12	后注浆	注浆终止条件		注浆量不小于设计要求	查看流量表
					注浆量不小于设计要求 80%，且注浆压力达到设计值	查看流量表，检查压力表读数
			水胶比		设计值	实际用水量与水泥等胶凝材料的重量比
	13	扩底桩	扩底直径		不小于设计值	井径仪测量
			扩底高度		不小于设计值	

关于泥浆护壁成孔灌注桩检验批质量检验的说明：

1）主控项目第 2 项

摩擦型桩以设计桩长控制成孔深度；端承摩擦型桩以设计桩长控制成孔深度为主，贯入度为辅；端承桩当采用钻（冲）、挖掘成孔时，以设计桩长为主。

2）主控项目第 3 项

检查方法：采用（低应变）动测法等方法；检查数量：设计等级为甲级或地区条件复杂抽 30％且不少于 20 根，其他抽 20％且不少于 10 根；每根柱子承台下不少于 1 根。

当桩身完整性差的比例较高时，应扩大检验比例甚至 100％检验。

3）一般项目第 6 项

可随机抽查钢筋笼两端及中间，取其平均值，并和设计值比较。

主筋净距必须大于混凝土粗骨料粒径 3 倍以上，当因设计含钢量大而不能满足时，应通过设计调整钢筋直径加大主筋之间净距，以确保混凝土灌注时达到密实的要求；加劲箍宜设在主筋外侧，主筋不设弯钩，必须设变钩时，弯钩不得向内圆伸露，以免钩住灌注导管，妨碍导管正常工作；沉放钢筋笼前，在预制钢筋笼上套上或焊上主筋保护层垫块或耳环，水下浇筑混凝土桩主筋保护层偏差±20mm。

分节制作的钢筋笼，主筋接头宜用焊接，由于在灌注桩孔口进行焊接口能做单面焊，搭接长度按 10d 留足。

箍筋采用 $\phi6$～$\phi8@200$～$300mm$，宜采用螺旋式箍筋；受水平荷载较大的桩基和抗震桩基，桩顶 3～5d 范围内箍筋应适当加密；当钢筋笼长度超过 4m 时，应每隔 2m 左右设一道 $\phi12$～$\phi18$ 焊接加劲箍筋。

钢筋笼的内径应比导管接头处的外径大 100mm 以上；安放要对准孔位，避免碰撞孔壁，就位后应立即固定。

4）一般项目第 7 项

沉渣厚度应在钢筋笼放入后，混凝土浇筑前测定，成孔结束后，放钢筋笼、混凝土导管都会造成土体跌落，增加沉渣厚度，因此，沉渣厚度应是二次清孔后的结果。

5）一般项目第 10 项

检查方法：检查每根桩的实际灌注量，查施工记录。工程实践中一般混凝土的实际浇筑量大于桩体计算工程量。

【例 3-12】假设案例项目 1 号教学楼基础采用灌注桩，设计桩径 1000mm，桩长 19m，桩身混凝土 C30，桩端进入第⑦泥岩不小于 1 倍桩径，单桩承载力特征值 2050kN，总桩数 129 根。灌注桩设计不进行后注浆，也不进行扩底，混凝土灌注桩具体施工采用旋挖钻机成孔，泥浆护壁，采用商品混凝土（即预拌混凝土）施工。验收时，混凝土灌注桩检验批容量按总桩数确定。桩身完整性按总桩数的 20％抽检，承载力检验按总桩数的 1％抽检，其他验收项目按表 2-15 要求抽检 8 根，结合设计图纸和现场施工情况填写检验批验收记录。填写的范例见表 3-37。

GB 50202—2018   桂建质 010208 ⓪ ⓪ ① （一）

单位（子单位）工程名称			1号教学楼		分部（子分部）工程名称	地基与基础（基础）	分项工程名称	泥浆护壁成孔灌注桩基础
施工单位			××建筑工程有限公司		项目负责人	张××	检验批容量	129根
分包单位					分包单位项目负责人		检验批部位	桩基础
施工依据			深基坑专项施工方案		验收依据	《建筑地基基础工程施工质量验收标准》GB 50202—2018		

		验收项目		设计要求及规范规定		最小/实际抽样数量	检查记录	检查结果
主控项目	1	承载力		不小于设计值2050kN	静载试验、高应变法等	/	试验合格、报告编号GZZ001	合格
	2	孔深		不小于设计值19m	用测绳或井径仪测量	8/8	抽查8处，全部合格	合格
	3	桩身完整性		—	钻芯法，低应变法，声波透射法	/	试验合格、报告编号GZZ002	合格
	4	混凝土强度		不小于设计值C30	28d试块强度或钻芯法	/	试验合格、报告编号GZZH001	合格
	5	嵌岩深度		不小于设计值1m	取岩样或超前钻孔取样	/	符合要求	合格
一般项目	1	垂直度	D<1000mm	≤1/100	用超声波或井径仪测量	/		
			D≥1000mm			8/8	抽查8处，全部合格	合格
	2	桩径	D<1000mm	≥0	用超声波或井径仪测量孔径	/		
			D≥1000mm			8/8	抽查8处，全部合格	合格
	3	桩位	D<1000mm	≤70+0.01H	用全站仪或钢尺量，开挖前量护筒，开挖后量桩中心	/		
			D≥1000mm	≤100+0.01H		8/8	抽查8处，全部合格	合格
	4	泥浆指标	比重（黏土或砂性土中）	1.10～1.25	用比重计测，清孔后在距孔底500mm处取样	/	试验合格，报告编号GZZ004	合格
			含砂率	≤8%	洗砂瓶	/	试验合格，报告编号GZZ004	合格
			黏度	18～28s	黏度计	/	试验合格，报告编号GZZ004	合格
	5	泥浆面标高（高于地下水位）		0.5～1.0m	目测法	8/8	抽查8处，全部合格	合格

	验收项目		设计要求及规范规定		最小/实际抽样数量	检查记录	检查结果
一般项目	6	钢筋笼质量	主筋间距	±10mm	用钢尺量	8/8	抽查8处，全部合格	合格
			长度	±100mm	用钢尺量	8/8	抽查8处，全部合格	合格
			钢筋材质检验	设计要求	抽样送检	/	试验合格，报告编号GZZG001	合格
			箍筋间距	±20mm	用钢尺量	8/8	抽查8处，全部合格	合格
			笼直径	±10mm	用钢尺量	8/8	抽查8处，全部合格	合格
	7	沉渣厚度	端承桩	≤50mm	用沉渣仪或重锤测	8/8	抽查8处，全部合格	合格
			摩擦桩	≤150mm		/		
	8	混凝土坍落度		180～220mm	坍落度仪	8/8	抽查8处，全部合格	合格
	9	钢筋笼安装深度		+100mm 0	用钢尺量	8/8	抽查8处，全部合格	合格
	10	混凝土充盈系数		≥1.0	实际灌注量与计算灌注量的比	8/8	抽查8处，全部合格	合格
	11	桩顶标高		+30mm，-50mm	水准测量，需扣除桩顶浮浆层及劣质桩体	8/8	抽查8处，全部合格	合格
	12	后注浆	注浆终止条件	注浆量不小于设计要求	查看流量表	/		
				注浆量不小于设计要求80%，且注浆压力达到设计值	查看流量表，检查压力表读数	/		
			水胶比	设计值	实际用水量与水泥等胶凝材料的重量比	/		
	13	扩底桩	扩底直径	不小于设计值	井径仪测量	/		
			扩底高度	不小于设计值		/		

施工单位检查结果	主控项目全部符合要求，一般项目满足规范要求，本检验批符合要求 专业工长：王×× 项目专业质量检查员：张×× 2018 年 7 月 17 日
监理（建设）单位验收结论	主控项目全部合格，一般项目满足规范要求，本检验批合格 专业监理工程师：李×× （建设单位项目专业技术负责人）： 2018 年 7 月 17 日

验收时应注意：泥浆护壁成孔灌注桩检验批质量验收记录的各项指标实测值应按具体施工时抽查的基桩施工成果填写，每根桩完成后主要测量"孔深""桩径偏差""垂直度偏差""泥浆比重"等指标。

4. 干作业成孔灌注桩

干作业成孔灌注桩是指在灌注桩成孔时不采用泥浆护壁，孔内是无水的成孔方式，如人工挖孔桩、全套管旋挖钻机成孔等施工方式。

（1）干作业成孔灌注桩施工前检验要求

施工前应对原材料、施工组织设计中制定的施工顺序、主要成孔设备性能指标、监测仪器、监测方法、保证人员安全的措施或安全专项施工方案等进行检查验收。

（2）干作业成孔灌注桩施工中检验要求

施工中应检验钢筋笼质量、混凝土坍落度、桩位、孔深、桩顶标高等。

（3）干作业成孔灌注桩施工结束后检验要求

施工结束后应检验桩的承载力、桩身完整性及混凝土的强度。

（4）干作业成孔灌注桩施工质量检验标准

人工挖孔桩应复验孔底持力层土岩性，嵌岩桩应有桩端持力层的岩性报告。干作业成孔灌注桩的质量检验标准应符合表 3-38 的规定。

干作业成孔灌注桩质量检验标准 表 3-38

项目类型	序号	验收项目		允许值或允许偏差		检查方法
				单位	数值	
主控项目	1	承载力		不小于设计值		静载试验
	2	孔深及孔底土岩性		不小于设计值		测钻杆套管长度或用测绳、检查孔底土岩性报告
	3	桩身完整性		—		钻芯法（大直径嵌岩桩应钻至桩尖下500mm）、低应变法、声波透射法
	4	混凝土强度		不小于设计值		28d 试块强度或钻芯法
	5	桩径		符合表 3-31 要求		井径仪或超声波检测，干作业时用钢尺量，人工挖孔桩不包括护壁厚
一般项目	1	桩位		符合表 3-31 要求		用全站仪或钢尺量，基坑开挖前量护筒，开挖后量桩中心
	2	垂直度		符合表 3-31 要求		经纬仪测量或线锤测量
	3	桩顶标高		m	+30 −50	水准测量
	4	混凝土坍落度		mm	90～150	坍落度仪
	5	钢筋笼质量	主筋间距	mm	±10	用钢尺量
			长度	mm	±100	用钢尺量
			钢筋材质检验	设计要求		抽样送检
			箍筋间距	mm	±20	用钢尺量
			笼直径	mm	±10	用钢尺量

【例3-13】 假设案例项目1号教学楼基础采用灌注桩，设计桩径1000mm，桩长19m，桩身混凝土C30，桩端进入第⑦泥岩不小于1倍桩径，单桩承载力特征值2050kN，总桩数129根。灌注桩设计不进行扩底，混凝土灌注桩具体施工采用人工挖孔成桩，采用商品混凝土（即预拌混凝土）施工。验收时，混凝土灌注桩检验批容量按总桩数确定。桩身完整性按总桩数的20%抽检，承载力检验按总桩数的1%抽检，其他验收项目按表2-19要求抽检8根，结合设计图纸和现场施工情况填写检验批验收记录。填写的范例见表3-39。

干作业成孔灌注桩检验批质量验收记录

表3-39

GB 50202—2018

桂建质010209⓪⓪①

单位（子单位）工程名称	1号教学楼		分部（子分部）工程名称	地基与基础（基础）		分项工程名称	干作业成孔桩基础
施工单位	××建筑工程有限公司		项目负责人	张××		检验批容量	129根
分包单位			分包单位项目负责人			检验批部位	桩基础
施工依据	深基坑专项施工方案			验收依据	《建筑地基基础工程施工质量验收标准》GB 50202—2018		

		验收项目	设计要求及规范规定		最小/实际抽样数量	检查记录	检查结果
主控项目	1	承载力	不小于设计值2050kN	静载试验	/	检测合格，报告编号GZZ001	合格
	2	孔深及孔底土岩性	不小于设计值19m	测钻杆套管长度或用测绳、检查孔底土岩性报告	/	检测合格，报告编号GGZK001	合格
	3	桩身完整性		钻芯法（大直径嵌岩桩应钻至桩尖下500mm）、低应变法或声波透射法	/	检测合格，报告编号GZZ003	合格
	4	混凝土强度	不低于设计值C30	28d试块强度或钻芯法	/	试验合格，报告编号GZZH001	合格
	5	桩径	≥0	井径仪或超声波检测，干作业时用钢尺量，人工挖孔桩不包括护壁厚	8/8	抽查8处，全部合格	合格
一般项目	1	桩位	≤70+0.01H	用全站仪或钢尺量，基坑开挖前量护筒，开挖后量桩中心	8/8	抽查8处，全部合格	合格
	2	垂直度	≤1/100	经纬仪测量或线锤测量	8/8	抽查8处，全部合格	合格
	3	桩顶标高	+30mm −50mm	水准测量	8/8	抽查8处，全部合格	合格
	4	混凝土坍落度	90～150mm	坍落仪	8/8	抽查8处，全部合格	合格

		验收项目	设计要求及规范规定		最小/实际抽样数量	检查记录	检查结果
一般项目	5	钢筋笼质量	主筋间距	±10mm	用钢尺量	8/8	抽查8处，全部合格	合格
			长度	±100mm	用钢尺量	8/8	抽查8处，全部合格	合格
			钢筋材质检验	设计要求	抽样送检	/	试验合格，报告编号 GZZG001	合格
			箍筋间距	±20mm	用钢尺量	8/8	抽查8处，全部合格	合格
			笼直径	±10mm	用钢尺量	8/8	抽查8处，全部合格	合格

施工单位检查结果	主控项目全部符合要求，一般项目满足规范要求，本检验批符合要求 专业工长：王×× 项目专业质量检查员：张×× 2018 年 8 月 17 日
监理（建设）单位验收结论	主控项目全部合格，一般项目满足规范要求，本检验批合格 专业监理工程师：李×× （建设单位项目专业技术负责人）： 2018 年 7 月 17 日

注：H 为桩基施工面至设计桩顶的距离（mm）。

5. 长螺旋钻孔压灌桩

长螺旋钻孔压灌桩与前述灌注桩有所不同，它采用长螺旋钻成孔并利用长螺旋钻杆护壁，钻头钻至设计标高后，从钻杆内部向钻头处压入混凝土然后提升钻杆，桩身混凝土浇筑完成后，再利用插筋器将钢筋笼送入桩身混凝土中。该方法成孔与成桩一次完成，但是混凝土的浇筑与钢筋笼的置入与前述灌注桩的施工次序刚好相反。

（1）长螺旋钻孔压灌桩施工前检验要求

施工前应对放线后的桩位进行检查。

（2）长螺旋钻孔压灌桩施工中检验要求

施工中应对桩位、桩长、垂直度、钢筋笼笼顶标高等进行检查。

（3）长螺旋钻孔压灌桩施工结束后检验要求

施工结束后应对混凝土强度、桩身完整性及承载力进行检验。

（4）长螺旋钻孔压灌桩施工质量检验标准

长螺旋钻孔压灌桩的质量检验标准应符合表 3-40 的规定。

项目类型	序号	验收项目	允许值或允许偏差		检查方法
			单位	数值	
主控项目	1	承载力	不小于设计值		静载试验
	2	混凝土强度	不小于设计值		28d 试块强度或钻芯法
	3	桩长	不小于设计值		施工中测钻杆长度、施工后钻芯法或低应变法检测
	4	桩径	不小于设计值		用钢尺量
	5	桩身完整性	—		低应变法
一般项目	1	混凝土坍落度	mm	$160\sim220$	坍落度仪
	2	混凝土充盈系数	≥1.0		实际灌注量与理论灌注量的比
	3	垂直度	≤1/100		经纬仪测量或线锤测量
	4	桩位	本标准表 3-31		全站仪或用钢尺量
	5	桩顶标高	m	$+30$ -50	水准测量
	6	钢筋笼笼顶标高	m	±100	水准测量

【例 3-14】 假设案例项目 1 号教学楼基础采用长螺旋钻孔压灌桩,设计桩径 600mm,桩长 19m,桩身混凝土 C30,桩端进入第⑦泥岩不小于 1 倍桩径,单桩承载力特征值 2050kN,总桩数 247 根。灌注桩施工采用长螺旋钻成孔成桩,采用商品混凝土(即预拌混凝土)施工。验收时,混凝土灌注桩检验批容量按总桩数确定。桩身完整性按总桩数的 20%抽检,承载力检验按总桩数的 1%抽检,其他验收项目按表 2-15 要求抽检 13 根,结合设计图纸和现场施工情况填写检验批验收记录。填写的范例见表 3-41。

长螺旋钻孔压灌桩基础检验批质量验收记录   表 3-41

GB 50202—2018   桂建质 010210 ⓪ ⓪ ①

单位(子单位)工程名称		1 号教学楼	分部(子分部)工程名称	地基与基础(基础)	分项工程名称	长螺旋钻孔压灌桩基础
施工单位		××建筑工程有限公司	项目负责人	张××	检验批容量	247 根
分包单位			分包单位项目负责人		检验批部位	桩基础
施工依据		深基坑专项施工方案		验收依据	《建筑地基基础工程施工质量验收标准》GB 50202—2018	
		验收项目	设计要求及规范规定	最小/实际抽样数量	检查记录	检查结果
主控项目	1	承载力	不小于设计值 2050kN	静载试验	/	试验合格,报告编号 GGZ001	合格
	2	混凝土强度	不小于设计值 C30	28d 试块强度或钻芯法		试验合格,报告编号 GZZH001	合格

		验收项目	设计要求及规范规定		最小/实际抽样数量	检查记录	检查结果
主控项目	3	桩长	不小于设计值 19m	施工中量钻杆长度，施工后钻芯法或低应变法检测	/	试验合格，报告编号 GZZC001	合格
	4	桩径	不小于设计值 600mm	用钢尺量	13/13	抽查13处，全部合格	合格
	5	桩身完整性	—	低应变法	/	试验合格，报告编号 GZZ002	合格
一般项目	1	混凝土坍落度	160～220mm	坍落度仪	13/13	抽查13处，全部合格	合格
	2	混凝土充盈系数	≥1.0	实际灌注量与理论灌注量的比	13/13	抽查13处，全部合格	合格
	3	垂直度	≤1/100	经纬仪测量或线锤测量	13/13	抽查13处，全部合格	合格
	4	桩位 泥浆护壁钻孔桩 $D<1000$mm	≤70+0.01H (mm)	用全站仪或钢尺量	/		
		桩位 泥浆护壁钻孔桩 $D≥1000$mm	≤100+0.01H (mm)	用全站仪或钢尺量	/		
		干成孔灌注桩	≤70+0.01H (mm)	用全站仪或钢尺量	13/13	抽查13处，全部合格	合格
	5	桩顶标高	+30mm −50mm	水准测量	13/13	抽查13处，全部合格	合格
	6	钢筋笼笼顶标高	±100mm	水准测量	13/13	抽查13处，全部合格	合格

施工单位检查结果	主控项目全部符合要求，一般项目满足规范要求，本检验批符合要求 专业工长：王×× 项目专业质量检查员：张×× 2018 年 7 月 17 日
监理（建设）单位验收结论	主控项目全部合格，一般项目满足规范要求，本检验批合格 专业监理工程师：李×× （建设单位项目专业技术负责人） 2018 年 7 月 17 日

注：1. H 为桩基施工面至设计桩顶的距离（mm）；

2. D 为设计桩径（mm）。

3.7 地下防水子分部工程

地下防水工程是指对房屋建筑、防护、市政隧道、地下铁道等地下防水部位，进行防水设计、防水施工和维护管理等各项技术工作的工程实体。地下防水工程的质量验收，应按现行国家标准《地下防水工程质量验收规范》GB 50208—2011 和《建筑工程施工质量验收统一标准》GB 50300—2013 进行。

地下防水工程是地基与基础分部工程的一个子分部工程，地下防水子分部工程所包括的分项工程较多，这里介绍地下防水工程中常见的主体结构自防水、构造防水和材料防水等工程涉及的分项工程。

3.7.1 地下防水工程质量验收的基本规定

1. 地下防水工程的防水等级

地下工程的防水等级分为 4 级，各级标准应符合表 3-42 的规定。

地下工程防水等级标准 表 3-42

防水等级	防水标准
一级	不允许渗水，结构表面无湿渍
二级	不允许渗水，结构表面可有少量湿渍； 房屋建筑地下工程：总湿渍面积不应大于总防水面积（包括顶板、墙面、地面）的 1/1000；任意 100m² 防水面积上的湿渍不超过 2 处，单个湿渍的最大面积不大于 0.1m²； 其他地下工程：总湿渍面积不应大于总防水面积（包括顶板、墙面、地面）的 2/1000；任意 100m² 防水面积上的湿渍不超过 3 处，单个湿渍的最大面积不大于 0.2m²；其中，隧道工程平均渗水量不大于 0.05L/(m²·d)，任意 100m² 防水面积上的渗水量不大于 0.15L/(m²·d)
三级	有少量渗水，不得有线流和漏泥砂； 任意 100m² 防水面积上的渗水和湿渍点数不超过 7 处，单个漏水点的最大漏水量不大于 2.5L/d，单个湿渍的最大面积不大于 0.3m²
四级	有漏水点，不得有线流和漏泥砂； 整个工程平均漏水量不大于 2L/(m²·d)，任意 100m² 防水面积上的平均漏水量不大于 4L/(m²·d)

注：本表摘自《地下防水工程质量验收规范》GB 50208—2011。

根据国内工程调查资料，结合地下工程不同要求和我国地下工程实际情况，按不同渗漏水量的指标将地下工程防水划分为四个等级。

表 3-42 地下工程防水等级标准的依据：

1) 防水等级为一级的工程，按规定是不允许渗水的，但结构内表面并不是没有地下水渗透现象。由于渗水量极小，且随时可能因为正常的人工通风蒸发。当渗水量小于蒸发量时，结构表面往往不会留存湿渍，故对此不做量化指标的规定。

2) 防水等级为二级的工程，按规定是不允许有漏水，结构表面可有少量湿渍。关于地下工程渗漏水检测，在房屋建筑和其他地下工程中，对总湿渍面积占总防水面积的比例

以及任意 $100m^2$ 防水面积上的湿渍处和单个湿渍最大面积都做了量化指标的规定；考虑到国外的有关隧道等级标准，我国防水等级为二级的隧道工程已按国际惯例采用渗水量单位"$L/(m^2 \cdot d)$"，并对平均渗水量和任意 $100m^2$ 防水面积上的渗水量做出量化指标的规定。

3）防水等级为三级的工程，按规定允许有少量漏水点，但不得有线流和漏泥砂。在地下工程中，顶部或拱顶的渗漏水一般为滴水，而侧墙则多呈流挂湿渍的形式。为了便于工程验收，对任意 $100m^2$ 防水面积上的漏水或湿渍点数以及单个漏水点的最大漏水量、单个湿渍的最大面积都做了量化指标的规定。

4）防水等级为四级的工程，按规定允许有漏水点，但不得有线流或漏泥砂。根据德国 STUVA 防水等级中关于 100m 区间的渗漏水量是 10m 区间的 1/2 及 1m 区间的 1/4 的规定，我国地下工程采用任意 $100m^2$ 防水面积上的漏水量为整个工程平均漏水量的 2 倍。

2. 地下工程不同防水等级和防水部位设防要求

建筑工程的基坑工程经常采用明挖法施工，暗挖法一般用于地铁等市政公用工程比较多。所谓明挖法就是土方工程的开挖是从地面向下逐层开挖至设计标高的施工方法。这里仅讲述明挖法地下工程防水设防要求。

明挖法和暗挖法地下工程的防水设防应按表 3-43 的要求。

明挖法地下工程防水设防　　　　　　　　　　　　　表 3-43

工程部位		主体结构							施工缝						后浇带			变形缝、诱导缝						
防水措施		防水混凝土	防水卷材	防水涂料	塑料防水板	膨润土防水材料	防水砂浆	金属板	遇水膨胀止水条或止水胶	外贴式止水带	中埋式止水带	外抹防水砂浆	外涂防水涂料	水泥基渗透结晶型防水涂料	补偿收缩混凝土	预埋注浆管	外贴式止水带	遇水膨胀止水条或止水胶	中埋式止水带	外贴式止水带	可卸式止水带	防水密封材料	外贴防水卷材	外涂防水涂料
防水等级	一级	应选	应选一种至二种						应选二种						应选	应选二种		应选	应选二种					
	二级	应选	应选一种						应选一种至二种						应选	应选一种至二种		应选	应选一种至二种					
	三级	应选	宜选一种						宜选一种至二种						应选	宜选一种至二种		应选	宜选一种至二种					
	四级	宜选	—						宜选一种						宜选	宜选一种		宜选	宜选一种					

注：本表摘自《地下防水工程质量验收规范》GB 50208—2011。

表 3-43 中防水设防虽保留了原规范的基本内容，但在主体结构中增加了膨润土防水材料，在施工缝中增加了预埋注浆管和水泥基渗透结晶型防水涂料等防水设防。

地下工程的防水设防要求，主要包括主体和细部构造两个部分。目前，工程采用防水混凝土结构的自防水效果不错，而细部构造特别是在施工缝、变形缝、后浇带等处的渗漏水现象则较为普遍。明挖法地下工程的防水设防，主体结构应首先选用防水混凝土，当工程防水等级为一级时，应再增设一至两道其他防水层；当工程为二级时，应再增设一道其他防水层；对于施工缝、后浇带、变形缝，应根据不同防水等级选用不同的防水措施，防水等级越高，拟采用的措施越多。

地下工程的防水设计和施工，应符合"防、排、截、堵相结合，刚柔相济，因地制宜，综合治理"的原则。在选用地下工程防水设防时，不要按表内容生搬硬套，应根据结构特点、使用年限、材料性能、施工方法、环境条件等因素合理地使用材料。

3. 施工前应做好的准备工作

地下防水工程施工前，施工单位应进行图纸会审，掌握工程主体及细部构造的防水技术要求，施工单位应编制防水工程专项施工方案，经监理单位或建设单位审查批准后执行。

根据建设部（1991）837号文《关于提高防水工程质量的若干规定》的要求：防水工程施工前，应通过图纸会审，掌握施工图中的细部构造及有关要求。这样，各有关单位既能对防水设计质量把关，又能掌握地下工程防水构造设计的要点，避免在施工中出现差错。同时，施工前还应制定相应的施工方案或技术措施，并按程序经监理单位或建设单位审查批准后执行。

4. 工序质量控制

地下防水工程的施工，应建立各道工序的自检、交接检和专职人员检查的制度，并有完整的检查记录；工程隐蔽前，应由施工单位通知有关单位验收，并形成隐蔽验收记录；未经建设（监理）单位对上道工序的检查确认，不得进行下道工序的施工。

施工过程中建立工序质量的自检、互检和专业质量员的检查制度，即通常所说的"三检"制度，是实行施工质量过程控制的根本保证。上道工序完成后，应经完成方与后续工序的承接方共同检查并确认，方可进行下一工序的施工。地下防水工程施工工序是一个重要的施工工序，地下防水工程施工工序或分项工程的质量验收，应在操作人员自检合格的基础上，进行工序之间的交接检和专职质量人员的检查，检查结果应有完整的记录，然后由监理工程师代表建设单位进行检查和确认。

5. 专业防水资质要求

地下防水工程必须由持有资质等级证书的防水专业队伍进行施工，主要施工人员应持有省级及以上建设行政主管部门或其指定的单位颁发的执业资格证书或防水专业岗位证书。

防水作业是保证地下防水工程质量的关键，是对防水材料的一次再加工。工程实践中，很多防水工程施工人员并不完全掌握防水技术，防水工程的施工质量难以得到保证，造成工程渗漏的严重后果。建立具有相应资质的专业防水施工队伍，施工人员必须经过技术理论与实际操作的培训，并持有建设行政主管部门或其指定单位颁发的执业资格证书或上岗证。

6. 防水材料质量控制

（1）防水材料选用

地下防水工程所使用的防水材料的品种、规格、性能等必须符合现行国家或行业产品标准和设计要求。

影响建筑工程质量好坏的主要原因之一是建筑材料的质量优劣。由于建筑防水材料品种繁多，性能各异，质量参差不齐。要求地下防水工程所使用防水材料的品种、规格、性能等必须符合现行国家或行业产品标准和设计要求。对于防水材料的品种、规格、性能等要求，凡是在地下工程防水设计中有明确规定的，应按设计要求执行；凡是在地下工程防水设计中未作具体规定的，应按现行国家或行业产品标准执行。

（2）防水材料生产厂家抽检

防水材料必须经具备相应资质的检测单位进行抽样检验，并出具产品性能检测报告。

产品性能检测报告，是建筑材料是否适用于建设工程或正常在建设市场流通的合法通行证，也是工程质量预控制且符合工程设计要求的主要途径之一。为保证对产品性能检测报告的准确判别，以及避免出现误判会给建设工程质量埋下隐患或造成工程事故。对防水材料的检测应达到以下要求：

1）防水材料必须送至经过省级以上建设行政主管部门资质认可和质量技术监督部门计量认证的检测单位进行检测；

2）检查人员必须按防水材料标准中组批与抽样的规定随机取样；

3）检查项目应符合防水材料标准和工程设计的要求；

4）检测方法应符合现行防水材料标准的规定，检测结论明确；

5）检测报告应有主检、审核、批准人签章，盖有"检测单位公章"和"检测专用章"；复制报告未重新加盖"检测单位公章"和"检测专用章"无效；

6）防水材料企业提供的产品出厂检验报告是对产品生产期间的质量控制，产品型式检验的有效期宜为一年。

（3）防水材料进场检验

防水材料的进场验收应符合下列规定：

1）对材料的外观、品种、规格、包装、尺寸和数量等进行检查验收，并经监理单位或建设单位代表检查确认，形成相应验收记录；

2）对材料的质量证明文件进行检查，并经监理单位或建设单位代表检查确认，纳入工程技术档案；

3）材料进场后应按《地下防水工程质量验收规范》GB 50208—2011 附录 A 和附录 B 的规定抽样检验，检验应执行见证取样送检制度，并出具材料进场检验报告；

4）材料的物理性能检验项目全部指标达到标准规定时，即为合格；若有一项指标不符合标准规定，应在受检产品中重新取样进行该项指标复检，复检结果符合标准规定，则判定该批材料为合格。

材料进场验收是把好材料质量关的重要环节，这里给出了防水材料进场验收的具体规定。

1）上述第 1）、2）款是《建设工程监理规范》GB/T 50319—2013 第 5.2.9 条的规定，专业监理工程师应对承包单位报送的拟建进场工程材料/构配件/设备报审表及其质量证明资料进行审核，并对进场的实物按照委托监理合同约定或有关工程质量管理文件规定的比例，采用平行检验或见证取样方式进行抽检。对未经监理人员验收或验收不合格的工程材料/构配件/设备，监理人员应拒绝签认，并应签发监理工程师通知单，书面通知承包单位限期将不合格的工程材料/构配件/设备撤出现场。

2）上述第 3）款提到进场防水材料应按《地下防水工程质量验收规范》GB 50208 —2011

附录 A 和附录 B 的规定进行抽样检验，并出具材料进场检验报告。进场检验是指从材料生产企业提供的合格产品中对外观质量和主要物理性能检验，不是对不合格产品的复验。为了做到建设工程质量检查工作的科学性、公正性和正确性，材料进场检验应执行原建设部关于《房屋建筑工程和市政基础设施工程实行见证取样和送检的规定》。

3）上述第 4）款是对进场材料抽样检验的合格判定。材料的主要物理性能检验项目全部指标达到标准时，即为合格；若有一项指标不符合标准规定时，应在受检产品中重新取样进行该项指标复验，复验结果符合标准规定，则判定该批材料合格。需要说明两点：①检验中若有两项或两项以上指标达不到标准规定时，多则判该批产品为不合格；②检验中若有一项指标达不到标准规定时，允许在受检产品中重新取样进行该项指标复验。

地下工程使用的防水材料及其配套材料，应符合现行行业标准《建筑防水涂料中有害物质限量》JC 1066—2008 的规定，不得对周围环境造成污染。

7. 地下水位的控制

地下防水工程施工期间，必须保持地下水位稳定在工程底部最低高程 0.5m 以下，必要时应采取降水措施。对采用明沟排水的基坑，应保持基坑干燥。

进行防水结构或防水层施工，现场应做到无水、无泥浆，这是保证地下防水工程施工质量的一个重要条件。

排除基坑周围的地面水和基坑内的积水，以便在不带水和泥浆的基坑内进行施工。排水时应注意避免基土的流失，防止因改变基底的土层构造而导致地面沉陷。

为了确保地下防水工程的施工质量，这里明确规定地下水位要求降低至防水工程底部最低高程以下 0.5m 的位置，并应保持已降的地下水位至整个防水工程完成。对于采用明沟排水施工的基坑，可适当放宽规定，但应保持基坑干燥。

8. 环境气温条件的要求

地下防水工程的防水层，严禁在雨天、雪天和五级风及其以上时施工，其施工环境气温条件宜符合表 3-44 的规定。

防水层施工环境气温条件 表 3-44

防水材料	施工环境气温条件
高聚物改性沥青	冷粘法、自粘法不低于 5℃；热熔法不低于 −10℃
合成高分子防水卷材	冷粘法、自粘法不低于 5℃；焊接法不低于 −10℃
有机防水涂料	溶剂型 −5～35℃；反应型、水乳型 5～35℃
无机防水涂料	5～35℃
防水混凝土、防水砂浆	5～35℃
膨润土防水材料	不低于 −20℃

注：本表摘自《地下防水工程质量验收规范》GB 50208—2011。

在地下工程的防水层施工时，气候条件对其影响是很大的。雨天施工会使基层含水率增大，导致防水层粘结不牢；气温过低时铺贴卷材，易出现开卷、卷材发硬、脆裂，严重影响防水层质量；低温涂刷涂料，涂层易受冻且不成膜；五级风以上进行防水层施工操作，难以确保防水层质量和人身安全，故相关规范根据不同的材料性能及施工工艺分别规定了适于施工的环境气温。当防水层施工环境温度不符合规定而又必须施工时，须采取合理的防护措施，满足防水层施工的条件。

9. 分项工程的划分

地下防水工程是一个子分部工程，其分项工程的划分应符合表3-45的要求。

10. 地下防水工程的验收

地下防水工程应按工程设计的防水等级标准进行验收。

地下防水工程的分项工程   表3-45

子分部工程		分项工程
地下防水工程	主体结构防水	防水混凝土、水泥砂浆防水层、卷材防水层、涂料防水层、塑料防水板防水层、金属板防水层、膨润土防水材料防水层
	细部构造防水	施工缝、变形缝、后浇带、穿墙管、埋设件、预留通道接头、桩头、孔口、坑、池
	特殊施工法结构防水	锚喷支护、地下连续墙、盾构隧道、沉井、逆筑结构
	排水	渗排水、盲沟排水、隧道排水、坑道排水、塑料排水、板排水
	注浆	预注浆、后注浆、结构裂缝注浆

注：本表摘自《地下防水工程质量验收规范》GB 50208—2011。

3.7.2　主体结构防水工程

1. 防水混凝土分项工程验收的一般规定

（1）防水混凝土的适用范围

防水混凝土适用于抗渗等级不小于 P6 的地下混凝土结构。不适用环境温度高于 80℃ 的地下工程。处于侵蚀性介质中，防水混凝土的耐侵蚀性要求应符合现行国家标准《工业建筑防侵蚀设计标准》GB/T 50046—2018 和《混凝土结构耐久性设计标准》GB/T 50476—2019 的有关规定。

防水混凝土是主体结构或衬砌结构的一道重要防线。

防水混凝土在常温下具有较高抗渗性，但抗渗性将会随着环境温度的提高而降低。当温度为 100℃ 时，混凝土抗渗性约降低 40％，200℃ 时约降低 60 ％以上；当温度超过 250℃ 时，混凝土几乎失去抗渗能力，而抗拉强度也随之下降为原强度的 66％。因此，这里规定了防水混凝土的最高使用温度不得超过 80℃。

地下工程的侵蚀性介质一般有 CO_3^{2-}、HCO_3^-、SO_4^{2-}、OH^- 等。

（2）防水混凝土原材料质量控制

防水混凝土所用的材料应符合下列规定：

1）水泥的选择

水泥的选择应符合下列规定：

① 宜采用普通硅酸盐水泥或硅酸盐水泥，采用其他品种水泥时应经试验确定；

② 在侵蚀性介质作用时，应按介质的性质选用相应的水泥品种；

③ 不得使用过期或受潮结块的水泥，并不得将不同品种或强度等级的水泥混合使用。

关于防水混凝土对水泥品种的选用，按《通用硅酸盐水泥》GB 175—2007 的规定，所谓通用硅酸盐水泥是指以硅酸盐水泥熟料和适量的石膏及规定的混合材料制成的水硬性胶凝材料。其中混合材料应包括粒化高炉矿渣、粒化高炉矿渣粉、粉煤灰、火山灰质混合材料。从《通用硅酸盐水泥》GB 175—2007 中可以看到：硅酸盐水泥掺有混合材料不足5%，普通硅酸盐水泥掺有混合材料为 5%～20%，而矿渣硅酸盐水泥允许掺有 20%～70% 的粒化高炉矿渣粉；火山灰质硅酸盐水泥允许掺有 20%～40% 的火山灰质混合材料；粉煤灰硅酸盐水泥允许掺有 20%～40% 的粉煤灰。同时，随着混凝土技术的发展，目前将用于配制混凝土的硅酸盐水泥及粉煤灰、磨细矿渣、硅粉等矿物掺合料总称为胶凝材料。为了简化混凝土配合比设计，这里规定了"水泥宜采用普通硅酸盐水泥或硅酸盐水泥，采用其他品种水泥时应经试验确定"。也就是说，通过试验确定其配合比，以确保防水混凝土的质量。

在受侵蚀性介质作用时，可以根据侵蚀介质的不同，选择相应的水泥品种或矿物掺合料。

2）砂石选择

砂、石的选择应符合下列规定：

① 砂宜用中砂，含泥量不得大于 3.0%，泥块含量不得大于 1.0%；

② 不宜使用海砂；在没有使用河砂的条件时，应对海砂进行处理后才能使用，宜控制氯离子含量不得大于 0.06%；

③ 碎石或卵石的粒径宜为 5～40mm，含泥量不得大于 1.0%，泥块含量不得大于 0.5%；

④ 对长期处于潮湿环境的重要结构混凝土用砂、石，应进行碱活性检验。

砂石是混凝土中非常重要的结构骨料，其与水泥石之间相互结合以及能否与水泥或水泥石不发生有害的反应，至关重要。

① 砂、石含泥量多少，直接影响混凝土的质量，同时对混凝土抗渗性能影响很大。特别是泥块的体积不稳定，干燥时收缩、潮湿时膨胀，对混凝土有较大的破坏作用。因此防水混凝土施工时，对骨料含泥量和泥块含量均应严格控制。

② 海砂中含有氯离子，会引起混凝土中钢筋锈蚀，会对混凝土结构产生破坏。在没有河砂时，应对海砂进行处理后才能使用，如使用前用淡水对海砂进行冲洗。依据《普通混凝土用砂、石质量及检验方法标准》JGJ 52—2006，采用海砂配置混凝土时，其氯离子含量不应大于 0.06%，以干砂的质量百分率计。

③ 地下工程长期受地下水、地表水的侵蚀，且水泥和外加剂中将难以避免具有一定的含碱量。若混凝土的粗细骨料具有碱活性，容易引起碱骨料反应，影响结构的耐久性，因此这里还增加了"对长期处于潮湿环境的重要结构混凝土用砂、石，应进行碱活性检验"的规定。

3）矿物掺合料的选择

矿物掺合料的选择应符合下列规定：

① 粉煤灰的级别不应低于二级，烧失量不应大于 5%；

② 硅灰的比表面积不应小于 $15000m^2/kg$，SiO_2 含量不应小于 85%；

③ 粒化高炉矿渣粉的品质要求应符合现行国家标准《用于水泥、砂浆和混凝土中的

粒化高炉矿渣粉》GB/T 18046—2017 的有关规定。

粉煤灰的质量要求应符合现行国家标准《用于水泥和混凝土中的粉煤灰》GB/T 1596—2017 的有关规定；硅粉的质量要求应符合现行国家标准《高强高性能混凝土用矿物外加剂》GB/T 18736—2017 的有关规定。

4）拌制用水选择

混凝土拌合用水，应符合现行行业标准《混凝土用水标准》JGJ 63—2006 的有关规定。

5）外加剂选择

外加剂的选择应符合下列规定：

① 外加剂的品种和用量应经试验确定，所用外加剂应符合现行国家标准《混凝土外加剂应用技术规范》GB 50119—2013 的质量规定；

② 掺加引气剂或引气型减水剂的混凝土，其含气量宜控制在 3%～5%；

③ 考虑外加剂对硬化混凝土收缩性的影响；

④ 严禁使用对人体产生危害、对环境产生污染的外加剂。

外加剂是提高防水混凝土的密实性的手段之一。现在国内外加剂种类很多，只对其质量标准作出规定很难保证工程质量。选用外加剂时，其品种、掺量应根据混凝土所用胶凝材料经试验确定。对于耐久性要求较高或寒冷地区的地下工程混凝土，宜采用引气剂或引气型减水剂，以改善混凝土拌合物的和易性，增加黏滞性，减少分层离析和沉降泌水，提高混凝土的抗渗、抗冻融循环、抗侵蚀能力等耐久性能。绝大部分减水剂，有增大混凝土收缩的副作用，这对混凝土抗裂防水显然不利，因此应考虑外加剂对硬化混凝土收缩性能的影响，选用收缩率更低的外加剂。

外加剂材料组成中有的是工业产品、废料，有的可能是有毒的，有的会污染环境。因此，规定外加剂在混凝土生产和使用过程中，不能损害人体健康和污染环境。

（3）防水混凝土配合比质量控制

防水混凝土的配合比应试验确定，并应符合下列规定：

1）试配要求的抗渗水压值应比设计值提高 0.2MPa；

2）混凝土胶凝材料总量不宜小于 320kg/m³，其中水泥用量不宜小于 260kg/m³，粉煤灰掺量宜为胶凝材料总量的 20%～30%，硅灰的掺量宜为胶凝材料总量的 2%～5%；

3）水胶比不得大于 0.50，有侵蚀性介质时水胶比不宜大于 0.45；

4）砂率宜为 35%～45%，泵送时可增至 45%；

5）灰砂比宜为 1:1.5～1:2.5；

6）混凝土拌合物的氯离子含量不应超过胶凝材料总量的 0.1%；混凝土各类材料的总碱量即 Na_2O 当量不得大于 3kg/m³。

防水混凝土配合比设计应符合现行行业标准《普通混凝土配合比设计规程》JGJ 55—2011 的有关规定，同时应满足以下要求：

1）考虑到施工现场与试验室条件的差别，试配要求的抗渗水压力值应比设计抗渗等级的规定压力值提高 0.2MPa，以保证防水混凝土所确定的配合比在验收时有足够的保证率。试配时，应采用水灰比最大的配合比作抗渗试验，其试验结果应符合式（3-1）的规定。

$$P_t \geqslant \frac{P}{10} + 0.2 \qquad\qquad (3\text{-}1)$$

式中　　P_t——6 个试件中 4 个未出现渗水时的最大水压值（MPa）；

　　　　P——设计规定的抗渗等级。

2）随着混凝土技术的发展，现代混凝土的设计理念也在更新。尽可能减少硅酸盐水泥用量，而以一定数量的粉煤灰、粒化高炉矿渣粉、硅粉等矿物活性掺合料代替。它们的加入可改善砂的级配，补充天然砂中部分小于 0.15mm 的颗粒，填充混凝土部分孔隙，使混凝土在获得所需的抗压强度的同时，提高混凝土的密实性和抗渗性。

掺入粉煤灰等活性掺合料，还可以减少水泥用量，降低水化热，减少和防止混凝土裂缝的产生，使混凝土获得良好的耐久性、抗渗性、抗化学侵蚀及抗裂性能。但是随着上述细粉料的增加，混凝土强度随之下降。因此，对其品种和掺量必须严格控制，并应通过试验确定。

3）除水泥外，粉煤灰等其他胶凝材料也具有不同程度的活性，其活性的激发，同样依赖于足够的水。因此，以胶凝材料的用量取代了传统的水泥用量，并以水胶比取代传统的水灰比。拌合物的水胶比对硬化混凝土孔隙率大小和数量起决定性作用，直接影响混凝土结构的密实性。水胶比越大，混凝土中多余水分蒸发后，形成孔径为 $50\sim150\mu m$ 的毛细孔等开放性的孔隙也就越多，这些孔隙是造成混凝土抗渗性降低的主要原因。

随着外加剂技术的发展，减水剂已成为混凝土不可缺少的组分之一，掺入减水剂后可适量降低混凝土的水胶比，而防水功能并不降低。当有侵蚀性介质或矿物掺合料掺量较大时，水胶比不宜大于 0.45，以使得粉煤灰等矿物掺合料的作用较为充分发挥，提高防水混凝土密实性，以确保防水混凝土的耐侵蚀性和抗渗性能。

4）砂率和灰砂比均对抗渗性有明显的影响。砂率偏低和灰砂比为 $1:1\sim1:1.5$ 时，由于砂数量不足而水泥和水的含量高，混凝土往往出现不均匀及收缩大的现象，抗渗性较差；而砂率偏高和灰砂比为 $1:3$ 时，由于砂过多，拌合物干涩而缺乏粘结能力，混凝土密实性差，抗渗能力下降。实践证明，砂率为 $35\%\sim45\%$ 和灰砂比为 $1:2\sim1:2.5$ 时最为适宜。

5）氯离子含量高会导致混凝土的钢筋锈蚀，是影响混凝土结构耐久性的主要危害因素之一，应引起足够的重视。根据国内资料和标准规范规定，氯离子含量不超过胶凝材料总量的 0.1％时，不会导致钢筋锈蚀。

（4）防水混凝土坍落度控制

防水混凝土采用预拌混凝土时，入泵坍落度宜控制在 $120\sim160$mm，坍落度每小时损失不应大于 20mm，坍落度总损失值不应大于 40mm。

考虑到目前在地下工程中大量采用预拌混凝土泵送施工的需要，对预拌混凝土的坍落度作出具体规定。工程实践中，泵送混凝土的坍落度是按《混凝土泵送技术规程》JGJ/T 10—2011 表 3.2.4-1 规定了不同泵送高度入泵时混凝土坍落度选用值，对地下工程来说坍落度偏高并没有必要。施工时，为了达到较高的坍落度，往往采用掺加外加剂或提高水灰比的方法，前者会增加工程造价，后者可能降低混凝土的防水性能。

（5）防水混凝土拌制和浇筑质量控制

混凝土拌制和浇筑过程控制应符合下列规定：

1）原材料加入时质量控制

拌制混凝土所用材料的品种、规格和用量，每工作班检查不应少于两次。每盘混凝土各组成材料计量结果的偏差应符合表 3-46 的规定。

混凝土组成材料计量结果的允许偏差（%）　　　　　　　　　　表 3-46

混凝土组成材料	每盘计量	累计计量
水泥、掺合料	±2	±1
粗、细骨料	±3	±2
水、外加剂	±2	±1

注：累计计量仅适用于计算机控制计量的搅拌站。

表 3-46 规定了各种原材料的计量标准，避免由于计量不准确或偏差过大而影响混凝土配合比的准确性，确保混凝土的匀质性、抗渗性和强度等技术性能。

2）混凝土在浇筑点坍落度要求

混凝土在浇筑地点的坍落度，每工作班至少检查两次。混凝土的坍落度试验应符合现行《普通混凝土拌合物性能试验方法标准》GB/T 50080—2016 的有关规定。混凝土实测的坍落度与要求坍落度之间的偏差应符合表 3-47 的规定。

混凝土坍落度允许偏差（mm）　　　　　　　　　　表 3-47

规定坍落度	允许偏差
≤40	±10
50～90	±15
＞90	±20

拌合物坍落度的大小，对拌合物施工性及硬化后混凝土的抗渗性和强度有直接影响，因此，加强坍落度的检测和控制是十分必要的。由于混凝土输送条件和运距不同，掺入外加剂后引起混凝土的坍落度损失也会不同。表 3-47 规定了坍落度允许偏差，减少和消除上述各种不利因素影响，保证混凝土具有良好的施工性。如设计要求混凝土入模的坍落度为 120mm，则浇筑现场实测的坍落度应在 100～140mm。

3）泵送混凝土交货点坍落度要求

泵送混凝土在交货地点的入泵坍落度，每工作班至少检查两次，混凝土入泵时的坍落度允许偏差应符合表 3-48 的规定：

混凝土入泵时的坍落度允许偏差（mm）　　　　　　　　　　表 3-48

所需坍落度	允许偏差
≤100	±20
＞100	±30

这里的坍落度检查特指泵送混凝土，对于非泵送混凝土，可以按第 2）款的坍落度要

求进行控制和检查。

混凝土入泵时的坍落度允许偏差是泵送混凝土质量控制的重要内容，并规定了混凝土入泵坍落度在交货地点按每工作班至少检查两次。表3-48是根据现行国家标准以及我国泵送施工经验确定的。

4）混凝土出现离析和坍落度损失较大时的处理

当防水混凝土拌合物在运输后出现离析，必须进行二次搅拌。当坍落度损失后不能满足施工要求时，应加入原水胶比的水泥浆或掺加同品种的减水剂进行搅拌，严禁直接加水。

针对施工中遇到坍落度不满足规定时随意加水的现象，做了严禁直接加水的规定。随意加水将改变原有规定的水灰比，水灰比的增大不仅影响混凝土的强度，而且对混凝土的抗渗性能影响极大，将会引起渗漏水的隐患。虽然我国相关规范中规定不允许直接加水，但是间接加水是允许的，如"加入原水胶比的水泥浆"就是一种间接加水。

（6）防水混凝土抗压强度试块留置

防水混凝土抗压强度试块，应在混凝土浇筑地点随机取样后制作，并应符合下列规定：

1）同一工程、同一配合比的混凝土，取样频率与试件留置组数应符合现行国家标准《混凝土结构工程施工质量验收规范》GB 50204—2015的有关规定；

2）抗压强度试验应符合现行国家标准《混凝土物理力学性能试验方法标准》GB/T 50081—2019的有关规定；

3）结构构件的混凝土强度评定应符合现行国家标准《混凝土强度检验评定标准》GB/T 50107—2010的有关规定。

（7）防水混凝土抗渗强度试块留置

防水混凝土抗渗性能应采用标准条件下养护混凝土抗渗试件的试验结果评定。试件应在混凝土浇筑地点随机取样后制作，并应符合下列规定：

1）连续浇筑混凝土每500m³应留置一组6个抗渗试件，且每项工程不得少于两组。采用预拌混凝土的抗渗试件，留置组数应视结构的规模和要求而定。

2）抗渗性能试验应符合现行国家标准《普通混凝土长期性能和耐久性能试验方法标准》GB/T 50082—2009的有关规定。

防水混凝土不宜采用蒸汽养护。采用蒸汽养护会使毛细管因经受蒸汽压力而扩张，造成混凝土的抗渗性急剧下降，故防水混凝土的抗渗性能必须以标准条件下养护的抗渗试件作为依据。随着地下工程规模的日益扩大，混凝土浇筑量大大增加。为了比较真实地反映防水工程混凝土质量情况，规定每500m³留置一组抗渗试件，且每项工程不得少于两组。按《普通混凝土长期性能和耐久性能试验方法标准》GB/T 50082—2009的规定，混凝土抗水渗透性能是通过逐级施加压力来测定混凝土抗渗等级的。混凝土抗渗等级应以每组6个试件中有4个试件未出现渗水时的最大水压力乘以10来确定，并应按式（3-2）计算。

$$P = 10 H - 1 \tag{3-2}$$

式中　P——混凝土抗渗等级；

H——6 个试件中有 3 个试件渗水时的水压力（MPa）。

（8）大体积防水混凝土的质量控制

大体积防水混凝土的施工应采取材料选择、温度控制、保温保湿等技术措施。在设计许可的情况下，掺加粉煤灰混凝土设计强度等级的龄期宜为 60d 或 90d。

大体积防水混凝土内部的热量不如表面热量散失得快，容易造成内外温差过大，所产生的温度应力使混凝土开裂，即"温差裂缝"。一般混凝土的水泥水化热引起的混凝土温度升值与环境温度差值大于 25℃时，所产生的温度应力有可能大于混凝土本身的抗拉强度，造成混凝土的开裂。大体积混凝土施工时，除精心做好配合比设计、原材料选择外，一定要重视现场施工组织、现场检测等工作。加强温度监测，随时控制混凝土内部的温度变化，将混凝土中心温度与表面温度的差值控制在 25℃以内，使表面温度与大气温度差不超过 20℃，并及时进行保温保湿养护，使混凝土硬化过程中产生的温差应力小于混凝土本身的抗拉强度，避免混凝土产生贯穿性的有害裂缝。

大体积防水混凝土施工时，为了减少水泥水化热，推迟放热高峰出现的时间，往往掺加部分粉煤灰等胶凝材料替代水泥。由于粉煤灰的水化反应慢，加入粉煤灰的混凝土强度早期上升较普通混凝土慢，其早期强度低，但后期的强度会逐渐提高。为节约资源，设计时可采用混凝土的后期强度作为设计强度。因此，在征得设计单位同意后，可将大体积混凝土 60d 或 90d 的强度作为验收指标。

（9）防水混凝土检验批抽样数量

防水混凝土分项工程检验批的抽样检验数量，应按混凝土外露面积每 $100m^2$ 抽查 1 处，每处 $10m^2$，且不得少于 3 处。

2. 防水混凝土分项工程检验批的质量检验

防水混凝土分项工程检验批的划分，可以按照地下层以及施工段划分。

对于每一个防水混凝土分项工程检验批的质量检验和检验方法均应符合表 3-49 的规定。

防水混凝土分项工程检验批的质量检验标准　　　　　　　　表 3-49

项目类型	序号	验收项目	合格质量标准	检验方法	检验数量
主控项目	1	原材料、配合比及坍落度	防水混凝土的原材料、配合比及坍落度必须符合设计要求	检查产品合格证、产品性能检测报告、计量措施和材料进场检验报告	按混凝土外露面积每 $100m^2$ 抽查 1 处，每处 $10m^2$，且不得少于 3 处
	2	抗压强度及抗渗性能	防水混凝土的抗压强度和抗渗性能必须符合设计要求（注：不再列为强标）	检查混凝土抗压、抗渗试验报告	按混凝土外露面积每 $100m^2$ 抽查 1 处，每处 $10m^2$，且不得少于 3 处
	3	细部做法	防水混凝土的施工缝、变形缝、后浇带、穿墙管、埋设件等设置和构造必须符合设计要求	观察检查和检查隐蔽工程验收记录	全数检查

项目类型	序号	验收项目	合格质量标准	检验方法	检验数量
一般项目	1	表观质量	防水混凝土结构表面应坚实、平整，不得有露筋、蜂窝等缺陷；埋设件位置应准确	观察检查	按混凝土外露面积每100m²抽查1处，每处10m²，且不得少于3处
	2	裂缝宽度	防水混凝土结构表面的裂缝宽度应不大于0.2mm，并不得贯通	用刻度放大镜检查	全数检查
	3	防水混凝土结构厚度及迎水面钢筋保护层厚度	防水混凝土结构厚度不应小于250mm，其允许偏差为＋8mm、－5mm；主体结构迎水面钢筋保护层厚度不应小于50mm，其允许偏差为±5mm	尺量检查和检查隐蔽工程验收记录	按混凝土外露面积每100m²抽查1处，每处10m²，且不得少于3处

关于防水混凝土分项工程检验批质量检验的说明：

建筑工程的质量主要由两个方面因素影响：①受材料、构配件、设备等质量的影响；②受施工质量的影响。因此，对分项工程检验批的检验项目，主要是检查材料、构配件和设备等的质量，以及施工质量。检验方法主要有资料检查、现场实体检查，实体检查的方法主要有"目测法""实测法"和"实验法"等。

1）主控项目第1项

防水混凝土所用的水泥、砂、石、水、外加剂及掺合料等原材料的品质，配合比的正确与否及坍落度大小，都直接影响防水混凝土的密实性、抗渗性。因此，必须严格控制，以符合设计要求。在施工过程中，应检查产品合格证书、产品性能检测报告，计量措施和材料进场检验报告。

2）主控项目第2项

防水混凝土与普通混凝土配制原则不同，普通混凝土是根据所需强度要求进行配制，而防水混凝土则是根据工程设计所需抗渗等级要求进行配制。通过调整配合比，使水泥砂浆除满足填充和粘结石子骨架作用外，还在粗骨料周围形成一定数量良好的砂浆包裹层，从而提高混凝土抗渗性。

作为防水混凝土应首先满足设计的抗渗等级要求，同时适应强度要求。一般能满足抗渗要求的混凝土，其抗压强度往往会超过设计要求。

在检查时，既要检查混凝土抗压强度，也要检查混凝土的抗渗试验。

3）主控项目第3项（本条为强制性条文）

① 防水混凝土应连续浇筑，宜少留施工缝，以减少渗水隐患。墙体上的垂直施工缝宜与变形缝相结合。墙体最低水平施工缝应高出底板表面不小于300mm，距墙孔洞边缘不应小于300mm，并避免设在墙体承受剪力最大的部位。

② 变形缝应考虑工程结构的沉降、伸缩的可变性，并保证其在变化中的密闭性，不产生渗漏水现象。变形缝处混凝土结构厚度不应小于300mm，变形缝的宽度宜为20～30mm。全埋式地下防水工程的变形缝应为环状；半地下防水工程的变形缝应为U字形，U字形变形缝的设计高度应超出室外地坪500mm以上。

③ 后浇带采用补偿收缩混凝土、遇水膨胀止水条或止水胶等防水措施，补偿收缩混凝土的抗压强度和抗渗等级均不得低于两侧混凝土。

④ 穿墙管道应在浇筑混凝土前预埋。当结构变形或管道伸缩量较小时，穿墙管可采用主管直接埋入混凝土内的固定式防水法；当结构变形或管道伸缩量较大或有更换要求时，应采用套管式防水法。穿墙管线较多时宜相对集中，采用封口钢板式防水法。

⑤ 埋设件端部或预留孔（槽）底部的混凝土厚度不得小于 250mm；当厚度小于 250mm 时，应采取局部加厚或加焊止水钢板的防水措施。

4) 一般项目第 1 项

地下防水工程除主体采用防水混凝土结构自防水外，往往在其结构表面采用卷材、涂料防水层，因此，要求结构表面应做到坚实和平整。防水混凝土结构内的钢筋或绑扎钢丝不得触及模板，固定模板的螺栓穿墙结构时必须采取防水措施，避免在混凝土结构内留下渗漏水通路。

防水混凝土结构上埋设件应准确，其允许偏差：预埋螺栓中心线位置为 2mm，外露长度为＋10mm，0；预留孔、槽中心线位置为 10mm，截面内部尺寸为＋10mm，0。拆模后结构尺寸允许偏差：预埋件中心线位置为 10mm，预埋螺栓和预埋管为 5mm；预留孔、槽中心线位置为 15mm。上述要求均按照现行国家标准《混凝土结构工程施工质量验收规范》GB 50204—2015 的有关规定执行。

5) 一般项目第 2 项

工程渗漏水的轻重程度主要取决于裂缝宽度和水头压力。当裂缝宽度在 0.1～0.2mm 左右、水头压力小于 15～20m 时，一般混凝土裂缝可以自愈。所谓"自愈"现象是当混凝土产生微细裂缝时，体内一部分的游离氢氧化钙被溶出且浓度不断增大，转变成白色氢氧化钙结晶，氢氧化钙和空气中的 CO_2 发生碳化作用，形成白色碳酸钙结晶沉积在裂缝的内部和表面，最后裂缝全部愈合，使渗漏水现象消失。基于混凝土这一特性，确定地下工程防水混凝土结构裂缝宽度不得大于 0.2mm，并不得贯通。

6) 一般项目第 3 项

①防水混凝土除了要求密实性好、开放孔隙少、孔隙率小以外，还必须具有一定厚度，从而可以延长混凝土的透水通路，加大混凝土的阻水截面，使得混凝土不发生渗漏。综合考虑现场施工的不利条件及钢筋的引水作用等诸因素，防水混凝土结构的最小厚度应不小于 250mm，其允许偏差为＋8mm、－5mm。

②钢筋保护层通常是指主筋的保护层厚度（《混凝土结构设计规范》GB 50010—2010 规定不再以纵向受力钢筋的外缘，而以最外层钢筋（包括箍筋、构造筋、分布筋等）的外缘计算混凝土保护层厚度）。由于地下工程结构的主筋外面还有箍筋，箍筋处的保护层厚度较薄，加之水泥固有收缩的弱点以及使用过程中受到各种因素的影响，保护层处混凝土极易开裂，地下水沿钢筋渗入结构内部，故迎水面钢筋保护层必须具有足够的厚度。

钢筋保护层的厚度，对提高混凝土结构的耐久性、抗渗性极为重要。据有关资料介绍，当保护层厚度分别为 40mm、30mm、20mm 时，钢筋产生移位或保护层厚度发生负偏差时，5mm 的误差就能使钢筋锈蚀的时间分别缩短 24%、30%、44%，可见，保护层越薄其受到的损害越大。因此，规范规定："主体结构迎水面钢筋保护层厚度不应小于 50mm"，其允许偏差应为±5mm，以确保负偏差时保护层的厚度。

【例3-15】假设案例项目1号教学楼地下工程采用防水混凝土，混凝土强度C30，抗渗等级P6，底板及外墙外表面积为635m²，检验批容量按外表面积确定。施工采用预拌混凝土，则涉及"配合比"不需要验收，验收项目"原材料合格证""坍落度""抗压强度""抗渗性能"则按检验报告的编号填入验收记录表中。验收项目除全检外其他验收项目验收时按检验批容量的10%抽检。填写的范例见表3-50。

防水混凝土检验批质量验收记录　　　　　　　　　表3-50

GB 50208—2011　　　　　　　　　　　　　　　　桂建质 010701(Ⅰ) ⎡0⎤⎡0⎤⎡1⎤（一）

单位（子单位）工程名称		1号教学楼	分部（子分部）工程名称	地基与基础（地下防水）	分项工程名称	主体结构防水
施工单位		××建筑工程有限公司	项目负责人	张××	检验批容量	635m²
分包单位			分包单位项目负责人		检验批部位	①~⑩×Ⓐ~Ⓓ
施工依据		《地下工程防水技术规范》GB 50108—2008	验收依据		《地下防水工程质量验收规范》GB 50208—2011	

	验收项目	设计要求及规范规定			最小/实际抽样数量	检查记录	检查结果
主控项目	1 原材料	符合设计的要求			/	检查产品合格证、产品性能检测报告和材料进场检验报告	试验合格，报告编号	合格
	2 配合比	(1) 符合设计的要求			/	检查计量措施并现场检查，每工作班检查不少于2次（累计计量仅适用于计算机控制计量的搅拌站）	/
		(2) 组成材料计量结果允许偏差（%）					
		组成材料	每盘计量	累计计量			
		水泥、掺合料	±2	±1			
		粗、细骨料	±3	±2			
		水、外加剂	±2	±1			
	3 坍落度	(1) 符合设计要求			/	现场抽样试验，试验符合现行《普通混凝土拌合物性能试验方法标准》。每工作班至少检查2次	试验合格，报告编号	合格
		(2) 坍落度允许偏差					
		要求坍落度(mm)	允许偏差(mm)				
		≤40	±10				
		50~90	±15				
		>90	±20				
	4 抗压强度	设计要求	C30		/	检查混凝土抗压试验报告	试验合格，报告编号	合格
	5 抗渗性能		P6		/	检查混凝土报告	试验合格，报告编号	合格
	6	施工缝、变形缝、后浇带、穿墙管、埋设件等设置和构造必须符合设计要求			/	观察检查和检查隐蔽工程验收记录，全数检查	检查合格，详见隐蔽验收记录	合格

	验收项目	设计要求及规范规定		最小/实际抽样数量	检查记录	检查结果
一般项目	1 表面质量	防水混凝土结构表面应坚实、平整，不得有露筋、蜂窝等缺陷	观察和尺量检查	7/7	抽查7处，全部合格	合格
	2 埋设件	位置正确	尺量检查	7/7	抽查7处，全部合格	合格
	3 裂缝宽度	≤0.2mm 并不得贯通	用刻度放大镜检查	7/7	抽查7处，全部合格	合格
	4 防水混凝土结构厚度	设计要求 300mm	尺量检查，检查隐蔽工程验收记录	7/7	抽查7处，全部合格	合格
		≥250mm			抽查7处，全部合格	合格
		允许偏差：+8mm、−5mm			抽查7处，全部合格	合格
	5 迎水面钢筋保护层厚度	≥50mm		7/7	抽查7处，全部合格	合格
		允许偏差：±5mm				
施工单位检查结果	主控项目全部符合要求，一般项目满足规范要求，本检验批符合要求 专业工长：王×× 项目专业质量检查员：张×× 2018 年 8 月 27 日			监理（建设）单位验收结论	主控项目全部合格，一般项目满足规范要求，本检验批合格 专业监理工程师：李×× （建设单位项目专业技术负责人）： 2018 年 8 月 27 日	

3.7.3　地下卷材防水层分项工程

1. 一般规定

（1）卷材防水层适用范围

卷材防水层适用于受侵蚀性介质作用或受振动作用的地下工程；卷材防水层应铺设在主体结构的迎水面。

本条提出卷材防水层应铺设在主体结构的迎水面，其作用是：

1）保护结构不受侵蚀性介质侵蚀；

2）防止外部压力水渗入结构内部引起钢筋锈蚀和"碱-骨料"反应；

3）克服卷材与混凝土基面的粘结力小的缺点。

一般卷材铺贴采用外防外贴和外防内贴两种施工方法。由于外防外贴法的防水效果优于外防内贴法，所以在施工场地和条件不受限制时一般均采用外防外贴法。

（2）防水卷材及配套材料选择

卷材防水层应采用高聚物改性沥青防水卷材及合成高分子防水卷材。所选用的基层处理剂、胶粘剂、密封材料等均应与铺贴的卷材相匹配。

目前国内外使用的主要卷材品种：高聚物改性沥青防水卷材有 SBS、APP 等防水卷材；合成高分子防水卷材有三元乙丙、氯化聚乙烯、聚氯乙烯等防水卷材。该类材料具有延伸率较大、对基层伸缩或开裂变形适应性较强的特点，适用于地下防水施工。

我国化学建材行业发展较快，卷材种类繁多、性能各异，各类不同的卷材都应有与其配套或相容的基层处理剂、胶粘剂和密封材料。基层处理剂是涂刷在防水层的基层表面，增加防水层与基面粘结强度的涂料，改性沥青防水卷材可采用沥青冷底子油，合成高分子防水卷材一般采用配套的基层处理剂；卷材的胶粘剂种类很多，胶粘剂应与铺贴的卷材相容。卷材的粘结质量是保证卷材防水层不产生渗漏的关键之一，《地下工程防水技术规范》GB 50108—2008 对不同品种卷材粘结质量提出了具体的规定；卷材搭接缝施工质量又是影响防水层质量的关键，合成高分子防水卷材的搭接缝应采用卷材生产厂家配套的专用接缝胶粘剂粘结，并在卷材收头处用相容的密封材料封严。

（3）卷材防水层基层要求

1）铺贴防水卷材前，应将找平层清扫干净，在基面上涂刷基层处理剂；当基面较潮湿时，应涂刷湿固化型胶粘剂或潮湿界面隔离剂。

为了保证卷材与基层的粘结质量，铺贴卷材前应在基层上涂刷或喷涂基层处理剂，基层处理剂应与卷材及其粘结材料相容；基层处理剂施工时应做到均匀一致、不露底，待表面干燥后方可铺贴卷材；当基面潮湿时，为保证防水卷材在较潮湿基面上的粘结质量，可采用目前一些新型的湿铺反应型或压敏反应型合成高分子防水卷材，或涂刷湿固化型胶粘剂或潮湿界面隔离剂。

2）基层阴阳角应做成圆弧或45℃坡角，其尺寸应根据卷材品种确定；在转角处、变形缝、施工缝、穿墙管等部位应铺贴卷材加强层，加强层宽度不应小于500mm。

在基层阴阳角做成圆弧或45°坡角，其目的是为了保证卷材与基层之间粘贴更牢固，保证卷材阴阳角位置顺利过渡，延长卷材使用寿命。转角处、变形缝、施工缝和穿墙管等部位是地下工程防水施工中的薄弱部位，为保证防水工程质量，规定在这些部位增铺卷材加强层，并规定加强层宽度宜为300～500mm。

（4）卷材搭接处施工质量要求

防水卷材的搭接宽度应符合表3-51的要求。铺贴双层卷材时，上下两层和相邻两幅卷材的接缝应错开1/3～1/2幅宽，且两层卷材不得相互垂直铺贴。

防水卷材的搭接宽度 表 3-51

卷材品种	搭接宽度（mm）
弹性体改性沥青防水卷材	100
改性沥青聚乙烯胎防水卷材	100
自粘聚合物改性沥青防水卷材	80
三元乙丙橡胶防水卷材	100/60（胶粘剂/胶粘带）
聚氯乙烯防水卷材	60/80（单面焊/双面焊）
	100（胶粘剂）
聚乙烯丙纶复合防水卷材	100（粘结料）
高分子自粘胶膜防水卷材	70/80（自粘胶/胶粘带）

卷材连接位置处是卷材防水的一个薄弱点，我国对卷材与卷材的连接要求采用搭接的

方式，为了保证防水卷材接缝的粘结质量，要求铺贴各种卷材搭接宽度应符合要求，上下两层和相邻两幅卷材的接缝应错开 1/3～1/2 幅宽，且两层卷材不得相互垂直铺贴的内容。

采用多层卷材时，上下两层和相邻两幅卷材的搭接缝应错开 1/3～1/2 幅宽，且两层卷材不得相互垂直铺贴。这是为防止在同一处形成透水通路，导致防水层渗漏水。

2. 防水卷材不同施工方法质量控制

（1）冷粘法施工质量要求

冷粘法铺贴卷材应符合下列规定：

1）胶粘剂涂刷应均匀，不露底，不堆积；

2）根据胶粘剂的性能，应控制胶粘剂涂刷与卷材铺贴的间隔时间；

3）铺贴卷材不得用力拉伸卷材，排除卷材下面的空气，辊压粘结牢固；

4）铺贴卷材应平整、顺直，搭接尺寸正确，不得有扭曲、皱折；

5）卷材接缝部位应采用专用胶粘剂或胶粘带满粘，接缝口应用密封材料封严，其宽度不应小于 10mm。

采用冷粘法铺贴高分子防水卷材时，胶粘剂的涂刷质量对卷材防水层施工质量的影响极大，涂刷不均匀、有堆积或漏涂现象，不但影响卷材的粘结力，还会造成材料的浪费。

对于涂刷胶粘剂后铺贴的间隔时间，不同胶粘剂的性能和施工规定不同，有的可以在涂刷后立即粘贴，有的要待溶剂挥发后粘贴，这些都与气温、湿度、风力等施工环境因素有关。

卷材搭接缝的粘结质量，关键是搭接宽度和粘结密封性能。卷材接缝部位可采用专用胶粘剂或胶粘带满粘，卷材接缝粘结完成后，规定卷材接缝处用 10mm 宽的密封材料封严，以提高防水层的密封防水性能。

（2）热熔法施工质量要求

热熔法铺贴卷材应符合下列规定：

1）火焰加热器加热卷材应均匀，不得过分加热或烧穿卷材；

2）卷材表面热熔后应立即滚铺卷材，排出卷材下面的空气，并辊压粘结牢固；

3）铺贴后的卷材应平整、顺直，搭接尺寸正确，不得有扭曲；

4）接缝部位应溢出热熔的改性沥青胶，并粘贴牢固，封闭严密。

用热熔法铺贴高聚物改性沥青防水卷材时，用火焰加热器加热卷材必须均匀一致，喷嘴与卷材应保持适当的距离，加热至卷材表面有黑色光亮时方可以粘合。加热时间或温度不够，卷材胶料未完全熔融，会影响卷材接缝的粘结强度和密封性能；加热时间过长或温度过高，会使卷材胶料烧焦或烧穿卷材，从而导致卷材材性下降，防水层质量难以保证。

铺贴卷材时应将空气排出，才能粘贴牢固；滚铺卷材时缝边必须溢出热熔的改性沥青胶料，使接缝粘贴牢固、封闭严密。

另外，卷材表面层所涂覆的改性沥青热熔胶，采用热熔法施工时容易把胎体增强材料烧坏，严重影响防水卷材的质量。一般情况下对厚度小于 3mm 的高聚物改性沥青防水卷材，严禁采用热熔法施工。

（3）自粘法施工质量要求

自粘法铺贴卷材应符合下列规定：

1）铺贴卷材时，应将有黏性的一面朝向主体结构；

2）外墙、顶板铺贴时，排出卷材下面的空气，辊压粘贴牢固；

3）铺贴卷材应平整、顺直，搭接尺寸准确，不得扭曲、皱折和起泡；

4）立面卷材铺贴完成后，应将卷材端头固定，并应用密封材料封严；

5）低温施工时，宜对卷材和基面采用热风适当加热，然后铺贴卷材。

采用自粘法铺贴卷材时，首先应将隔离层全部撕净，否则不能实现完全粘贴。为了保证卷材与基面以及卷材接缝粘结性能，在温度较低时宜对卷材和基面采用热风加热施工。

采用这种铺贴工艺，考虑到施工的可靠度、防水层的收缩，以及外力使缝口翘边开缝的可能，规定卷材接缝口用密封材料封严，以提高防水层的密封防水性能。

（4）预铺反粘法施工质量要求

高分子自粘胶膜防水卷材宜采用预铺反粘法施工，并应符合下列规定：

1）卷材宜单层铺设；

2）在潮湿基面铺设时，基面应平整坚固、无明水；

3）卷材长边应采用自粘边搭接，短边应采用胶粘带搭接，卷材端部搭接区应相互错开；

4）立面施工时，在自粘边位置距离卷材边缘 10～20mm 内，每隔 400～600mm 应进行机械固定，并应保证固定位置被卷材完全覆盖；

5）浇筑混凝土时不得损伤防水层。

高分子自粘胶膜防水卷材是在一定厚度的高密度聚乙烯膜面上涂覆一层高分子自粘胶料制成的复合高分子防水卷材，归类于高分子防水卷材复合片树脂类品种 FS_2，其特点是具有较高的断裂拉伸强度和撕裂强度，胶膜的耐水性好，一、二级的地下防水工程单层使用时也能达到防水规定的要求。

高分子自粘胶膜防水卷材宜采用预铺反粘法施工。施工时将卷材的高分子胶膜层朝向主体结构空铺在基面上，然后浇筑结构混凝土，使混凝土浆料与卷材胶膜层紧密地结合，防水层与主体结构结合成为一体，从而达到不窜水的效果。卷材的长边采用自粘法搭接，短边采用胶粘带搭接，所用粘结材料必须与卷材相配套。

为保证防水工程质量，应选择具有高分子自粘膜防水卷材施工经验的单位，并按照该卷材应用技术规程或工法的规定施工。

3. 不同部位保护层选材及厚度要求

卷材防水层完工并经验收合格后应及时做保护层。保护层应符合下列规定：

1）顶板的细石混凝土保护层与防水层之间宜设置隔离层。细石混凝土保护层厚度：机械回填时不宜小于 70mm，人工回填时不宜小于 50mm。

2）底板的细石混凝土保护层厚度应大于 50mm。

3）侧墙宜采用软质保护材料和铺抹 20mm 厚 1：2.5 水泥砂浆。

卷材防水层铺贴完成后应立即做保护层，防止后续施工将其损坏。

顶板防水层上应采用细石混凝土保护层。机械回填碾压时，保护层厚度不宜小于 70mm；人工回填土时，保护层厚度不宜小于 50mm。条文中规定细石混凝土保护层与防水层之间宜设置隔离层，目的是防止保护层伸缩变形而破坏防水层。底板防水层上要进行扎筋、支模、浇筑混凝土等工作，因此，底板防水层上应采用厚度不小于 50mm 的细石混凝土保护层。侧墙防水层的保护层可采用聚苯乙烯泡沫塑料板、发泡聚乙烯、塑料排水板等软质保护层，也可采用铺抹 30mm 厚 1：2.5 水泥砂浆保护层。高分子自粘胶膜防水卷材采用预铺反粘法施工时，可不做保护层。

4. 卷材防水层检验批抽样要求

卷材防水层分项工程检验批的抽样检验数量，应按铺贴面积每 $100m^2$ 抽查 1 处，每处 $10m^2$，且不得少于 3 处。

5. 卷材防水层分项工程检验批的质量检验

卷材防水层分项工程检验批可根据建筑物地下室的部位（如底板、侧墙和顶板）和分段施工的要求划分。对于形成的每一个卷材防水层分项工程检验批，其质量检验标准和检验方法应符合表 3-52 的规定。

卷材防水层分项工程检验批的质量检验标准 表 3-52

项目类型	序号	验收项目	合格质量标准	检验方法	检验数量
主控项目	1	材料质量	卷材防水层所用卷材及其配套材料必须符合设计要求	检查产品合格证、产品性能检测报告和材料进场检验报告	按铺贴面积每 $100m^2$ 抽查 1 处，每处 $10m^2$，且不得少于 3 处
	2	细部构造	卷材防水层及其转角处、变形缝、施工缝、穿墙管道等部位做法必须符合设计要求	观察检查和检查隐蔽工程验收记录	
一般项目	1	搭接缝	卷材防水层的搭接缝应粘贴或焊接牢固，密封严密，不得有扭曲、折皱、翘边和起泡等缺陷	观察检查和检查隐蔽工程验收记录	按混凝土外露面积每 $100m^2$ 抽查 1 处，每处 $10m^2$，且不得少于 3 处
	2	立面卷材接槎搭接宽度	采用外防外贴法铺贴卷材时，立面卷材接槎搭接宽度，高聚物改性沥青卷材应为 150mm，合成高分子类卷材应为 100mm，且上层卷材应盖过下层卷材	观察和尺量检查	
	3	保护层与防水层结合及保护层厚度	侧墙卷材防水层的保护层与防水层应结合紧密，保护层厚度应符合设计要求	观察和尺量检查	
	4	搭接宽度允许偏差	卷材搭接宽度的允许偏差应为 −10mm	观察和尺量检查	

关于卷材防水层分项工程检验批质量检验的说明：

1）主控项目第 1 项

由于考虑到地下工程具有使用年限长，质量要求高，工程渗漏维修无法更换材料等特点，而防水卷材产品标准中的某些技术指标又不能满足地下工程的需要，故《地下防水工程质量验收规范》GB 50208—2011 规范附录第 A.1 节中列出了防水卷材及其配套材料的主要物理性能。

2）主控项目第 2 项

转角处、变形缝、施工缝、穿墙管等部位是防水层的薄弱环节，由于基层后期产生裂缝会导致卷材或涂膜防水层的破坏，因此《地下防水工程质量验收规范》GB 50208—2011 规定："基层阴阳角应做成圆弧，卷材或涂料防水层在转角处、变形缝、施工缝、穿墙管等部位，应增设卷材或涂料加强层。为保证防水的整体效果，对上述细部构造节点必须精心施工和严格检查，除观察检查外还应检查隐蔽工程验收记录。"

3）一般项目第 1 项

实践证明，只有基层牢固和基层面干燥、清洁、平整，方能使卷材与基层面紧密粘贴，保证卷材的铺贴质量。

基层的阴阳角是防水层应力集中的部位，铺贴高聚物改性沥青防水卷材时圆弧半径不应小于 50mm，铺贴合成高分子防水卷材时圆弧半径不应小于 20mm。

冷粘法铺贴卷材时，卷材接缝口应用与卷材相容的密封材料封严，其宽度不应小于 10mm。热熔法铺贴卷材时，接缝部位的热熔胶料必须溢出，并应随即刮封接口使接缝粘结严密。热塑性卷材接缝焊接时，单焊缝搭接宽度应为 60mm，有效焊缝宽度不应小于 30mm；双焊缝搭接宽度应为 80mm，中间应留设 10～20mm 的空腔，每条焊缝有效焊缝宽度不宜小于 10mm。

4）一般项目第 2 项

采用外防外贴法铺贴卷材时，应先铺平面，后铺立面，平面卷材应铺贴至立面主体结构施工缝处，交接处应交叉搭接，这个立面交接部位称为接槎（图 3-6）。

混凝土结构完成后，铺贴立面卷材时应先将接槎部位的各层卷材揭开，并将其表面清理干净，如卷材有局部损伤，应及时进行修补。卷材接槎的搭接宽度：高聚物改性沥青类卷材应为 150mm，合成高分子类卷材应为 100mm，且上层卷材应盖过下层卷材。

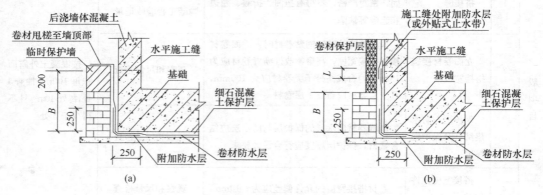

图 3-6 外防外贴法卷材防水层甩槎、接槎构造
（a）甩槎；（b）接槎
注：B 为基础底板厚；L 为卷材接槎搭接宽度

5）一般项目第 3 项

本条规定卷材保护层与防水层应结合紧密、厚度均匀一致，是针对主体结构侧墙采用软质保护层和铺抹水泥砂浆保护层时提出来的。

6）一般项目第 4 项

卷材铺贴前，施工单位应根据卷材搭接宽度和允许偏差，在现场弹线作为标准去控制施工质量。

【例 3-16】假设案例项目 1 号教学楼地下工程采用 SBS 高聚物改性沥青防水卷材，底板及外墙外表面积为 635m²，检验批容量按外表面积确定。验收项目"防水卷材""主要配套材料"的报告编号则按抽样复验实验室检验报告的编号填入验收记录表中。验收项目除全检外其他验收项目验收时按检验批容量的 10% 抽检。填写的范例见表 3-53。

卷材防水层检验批质量验收记录 表 3-53

GB 50208—2011 桂建质 010701（Ⅲ） 0 01

单位（子单位）工程名称	1 号教学楼		分部（子分部）工程名称	地基与基础（地下防水）	分项工程名称	主体结构防水
施工单位	××建筑工程有限公司		项目负责人	张××	检验批容量	635m²
分包单位			分包单位项目负责人		检验批部位	①～⑩×Ⓐ～Ⓓ
施工依据	《地下工程防水技术规范》GB 50108—2008			验收依据	《地下防水工程质量验收规范》GB 50208—2011	

		验收项目		设计要求及规范规定	最小/实际抽样数量	检查记录	检查结果
主控项目	1	卷材		SBS 改性沥青防水卷材	/	质量证明文件齐全，检查合格	合格
	2	主要配套材料	基层处理剂	厂家配套材料	材性符合设计要求 检查产品合格证、产品性能检测报告和材料进场检验报告 /	质量证明文件齐全，检查合格	合格
			胶粘剂	厂家配套材料	/	质量证明文件齐全，检查合格	合格
			密封材料	高聚物改性沥青密封油膏	/	质量证明文件齐全，检查合格	合格
	3	细部做法		卷材防水层及其转角处、变形缝、施工缝、穿墙管道等细部做法符合设计要求	观察检查、检查隐蔽工程验收记录 /	检查合格，详见隐蔽验收记录	合格
一般项目	1	搭接缝		粘贴或焊接牢固，密封严密，不得有扭曲、折皱、翘边和起泡等缺陷；铺贴双层卷材的上下两层和相邻两幅卷材的接缝错开 1/3～1/2 幅宽，且两层卷材不得相互垂直铺贴；采用冷粘法时接缝口应用密封材料封严，其宽度不小于 10mm	观察和尺量检查 7/7	抽查 7 处，全部合格	合格
	2	外防外贴法铺贴卷材防水层时，立面卷材接槎搭接宽度		高聚物改性沥青类卷材应为 150mm	7/7	抽查 7 处，全部合格	合格
				合成高分子类卷材为 100mm，且上层卷材盖过下层卷材	观察和尺量检查 7/7	抽查 7 处，全部合格	合格

		验收项目	设计要求及规范规定	最小/实际抽样数量	检查记录	检查结果
一般项目	3	保护层	侧墙卷材防水层的保护层与防水层粘结紧密，保护层厚度符合设计要求	观察和尺量检查	7/7	抽查7处，全部合格	合格
	4	搭接宽度	符合 GB 50208—2011 表4.3.6防水卷材的搭接宽度的要求	观察和尺量检查	7/7	抽查7处，全部合格	合格
			允许偏差 —10mm			抽查7处，全部合格	合格

施工单位检查结果	主控项目全部符合要求，一般项目满足规范要求，本检验批符合要求 专业工长：王×× 项目专业质量检查员：张××	2018 年 8 月 27 日
监理（建设）单位验收结论	主控项目全部合格，一般项目满足规范要求，本检验批合格 专业监理工程师：李×× （建设单位项目专业技术负责人）：	2018 年 8 月 27 日

注：1. 本验收记录适用于在受侵蚀性介质或振动作用的地下工程主体迎水面铺贴的卷材防水层。

2. 检查数量：每100m² 防水层抽查1处，每处10m²，不少于3处。

3. 主控项目 1～2 项中，应将设计的要求填入"质量要求"栏中。

3.7.4 地下防水细部构造

地下工程的细部主要有施工缝、变形缝、后浇带、穿墙管道、埋设件、桩头等部位，这些部位均存在连接点，而连接点均是工程质量的薄弱点，容易渗透水，因此要特别进行加强处理。细部的具体做法设计一般均会提供设计详图或具体做法。

1. 施工缝

施工缝的常见做法有：在施工缝中间采用中埋式止水带、设置中埋式橡胶腻子遇水膨胀止水条、设置中埋式遇水膨胀止水胶以及预埋注浆管等。地下工程施工缝分项工程检验批的质量检验按表3-54进行。

施工缝分项工程检验批的质量检验标准 表3-54

项目类型	序号	验收项目	合格质量标准	检验方法	检验数量
主控项目	1	防水材料质量	施工缝用止水带、遇水膨胀止水条或止水胶、水泥基渗透结晶型防水涂料和预埋注浆管必须符合设计要求	检查产品合格证、产品性能检测报告和材料进场复验报告	全数检查
	2	施工缝防水构造	施工缝防水构造必须符合设计要求	观察检查和检查隐蔽工程验收记录	

项目类型	序号	验收项目	合格质量标准	检验方法	检验数量
一般项目	1	水平施工缝及垂直施工缝留设位置	墙体水平施工缝应留设在高出底板表面不小于300mm墙体上。拱、板与墙结合的水平施工缝宜留在拱与墙交接处以下150～300mm处；垂直施工缝应避开地下水和裂隙水较多地段，并宜与变形缝相结合	观察检查和检查隐蔽工程验收记录	全数检查
	2	施工缝浇筑混凝土时混凝土的强度要求	在施工缝继续浇筑混凝土时，已浇筑的混凝土抗压强度不应小于1.2MPa		
	3	施工缝基层清理	水平施工缝浇筑混凝土前，应将其表面浮浆和杂物清除，然后铺设净浆、涂刷混凝土界面处理剂或水泥基渗透结晶型防水涂料，再铺30～50mm厚的1:1水泥砂浆，并及时浇筑混凝土		
	4	垂直施工缝基层清理	垂直施工缝浇筑混凝土前，应将其表面清理干净，再涂刷混凝土界面处理剂或水泥基渗透结晶型防水涂料，并及时浇筑混凝土		
	5	止水带埋设质量	中埋式止水带及外贴式止水带埋设位置应准确，固定应牢靠		
	6	遇水膨胀止水条安装质量	遇水膨胀止水条应具有缓膨胀性能；止水条与施工缝基面应密贴，中间不得有空鼓、脱离等现象；止水条应牢固地安装在缝表面或预留凹槽内；止水条采用搭接连接时，搭接宽度不得小于30mm		
	7	遇水膨胀止水胶施工质量	遇水膨胀止水胶应采用专用注胶器挤出粘结在施工缝表面，并做到连续、均匀、饱满，无气泡和孔洞，挤出宽度及厚度应符合设计要求；止水胶挤出成形后，固化期内应采取临时保护措施；止水胶固化前不得浇筑混凝土		
	8	预埋注浆管设置质量	预埋注浆管应设置在施工缝断面中部，注浆管与施工缝基面应密贴并固定牢靠，固定间距宜为200～300mm；注浆导管与注浆管的连接应牢固、严密，导管埋入混凝土内的部分应与结构钢筋绑扎牢固，导管的末端应临时封堵严密		

关于施工缝分项工程检验批质量检验的说明：

1) 主控项目第2项

施工缝始终是防水薄弱部位，常因处理不当而在该部位产生渗漏，因此将防水效果较好的施工缝防水构造列入现行国家标准《地下工程防水技术规范》GB 50108—2008 中。按设计要求采用止水带、遇水膨胀止水条或止水胶、水泥基渗透结晶型防水涂料和预埋注浆管等防水设防，具体选用哪一种由设计确定，使施工缝处不产生渗漏。

2) 一般项目第1项

根据混凝土设计及施工验收相关规范的规定，施工缝应留设在剪力或弯矩较小及施工方便的部位。故本条规定了墙体水平施工缝距底板面应不小于300mm（图3-7a），拱、板墙交接处若需要留设水平施工缝，宜留在拱、板墙接缝线以下150～300mm处，并避免设在墙板承受弯矩或剪力最大的部位。

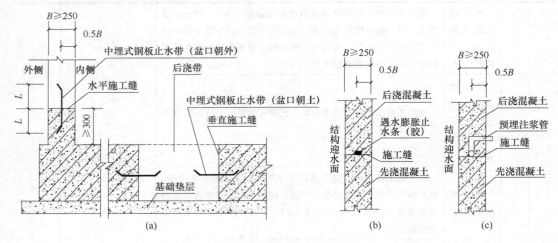

图3-7　施工缝防水构造

(a) 施工缝位置及止水带埋设；(b) 遇水膨胀止水条；(c) 注浆管

3）一般项目第2项

根据混凝土施工验收相关规范，在已硬化的混凝土表面上继续浇筑混凝土前，先浇混凝土强度应达到1.2MPa，确保再施工时不损坏先浇部分的混凝土。从施工缝处开始继续浇筑时，机械振捣宜向施工缝处逐渐推进，并距80～100mm处停止振捣，但应加强对施工缝接缝的捣实，使其紧密结合。

4）一般项目第3、第4项

由于先浇混凝土施工完后需养护一段时间再进行下道工序施工，在此过程中施工缝表面可能留浮尘等。因此，水平施工缝浇筑混凝土前，应将其表面浮浆和杂物清除，目的是为了使新老混凝土能很好地粘结。尽管涂刷混凝土界面处理剂或涂刷水泥基渗透结晶型防水涂料的防水机理不同，前者增强粘合力，后者使收缩裂缝被渗入涂料形成结晶闭合，但功效均是加强施工缝防水，故两者取其一。垂直施工缝规定应同水平施工缝。

5）一般项目第5～第7项

传统的处理方法是将混凝土施工缝做成凹凸型接缝和阶梯接缝，实践证明这两种方法清理困难，不便施工，效果并不理想，故采用留平缝加设遇水膨胀止水条或止水胶、预留注浆管或中埋止水带等方法（图3-7b、图3-7c）。

施工缝处采用遇水膨胀止水条时，一是应在表面涂缓膨胀剂，防止由于降雨或施工用水等使止水条过早膨胀；二是止水条应牢固地安装在缝表面或预留凹槽内，保证止水条与施工缝基面密贴。

施工缝采用遇水膨胀止水胶时，一是涂胶宽度及厚度应符合设计要求；二是止水胶固化期内应采取临时保护措施；三是止水胶固化前不得浇筑混凝土。

6）一般项目第8项施工缝采用预埋注浆管时，注浆导管与注浆管的连接必须牢固、严密。根据经验，预埋注浆管的间距宜为200～300mm，注浆导管设置间距宜为3.0～

5.0m，在注浆之前应对注浆导管末端进行封闭，以免杂物进入导管产生堵塞，影响注浆工作（图3-7c）。

【例3-17】假设案例项目1号教学楼地下工程施工缝采用中埋式钢板止水带，水平和垂直施工缝共有5处，检验批容量按施工缝数量确定。验收记录中涉及材料合格证、材料性能检测报告、材料复验检验报告确定的验收项目一般不需要填写具体抽样检验数量（"最小/实际抽样数量"），由于施工缝是地下工程的细部，因此规范规定要求全检。因施工缝采用中埋式钢板止水带，没有采用"遇水膨胀止水条""遇水膨胀止水胶"和"预埋注浆管"，实际验收时这些项目不需要验收，应用"/"删除。则填写的范例见表3-55。

施工缝检验批质量验收记录

表3-55

GB 50208—2011

桂建质010702（Ⅰ）⓪⓪①（一）

单位（子单位）工程名称		1号教学楼	分部（子分部）工程名称		地基与基础（地下防水）	分项工程名称	细部构造防水
施工单位		××建筑工程有限公司	项目负责人		张××	检验批容量	5处
分包单位			分包单位项目负责人			检验批部位	①～⑩×Ⓐ～Ⓓ
施工依据		《地下工程防水技术规范》GB 50108—2008		验收依据		《地下防水工程质量验收规范》GB 50208—2011	

		验收项目	设计要求及规范规定		最小/实际抽样数量	检查记录	检查结果
主控项目	1	材料质量	符合设计要求	钢板止水带	/	检查产品合格证、产品性能检测报告和材料进场检验报告	质量证明文件齐全，检查合格	合格
	2	防水构造		留平缝，混凝土浇筑前涂刷界面处理剂	全/	观察检查和检查隐蔽工程验收记录	抽查5处，全部合格	合格
一般项目	1	施工缝位置	水平	墙体留设在高出底板表面不小于300mm的墙体上；拱、板与墙结合的施工缝宜留在拱、板与墙交接处以下150～300mm处	全/	观察检查和检查隐蔽工程验收记录	抽查5处，全部合格	合格
			垂直	应避开地下水和裂隙水较多的地段，宜与变形缝相结合	全/		抽查5处，全部合格	合格
	2	已浇筑混凝土的抗压强度		施工缝处继续浇混凝土时≥1.2MPa	/	观察检查和检查隐蔽工程验收记录	检查合格，报告编号001	合格
	3	水平施工缝浇筑混凝土		清除浮浆和杂物，铺设净浆、涂刷混凝土界面处理剂或水泥基渗透结晶型防水涂料，再铺30～50mm厚的1:1水泥砂浆，并及时浇筑混凝土	全/	观察检查和检查隐蔽工程验收记录	抽查5处，全部合格	合格

续表

验收项目			设计要求及规范规定		最小/实际抽样数量	检查记录	检查结果
一般项目	4	垂直施工缝浇筑混凝土	表面清理干净，涂刷混凝土界面处理剂或水泥基渗透结晶型防水涂料，并及时浇筑混凝土	观察检查和检查隐蔽工程验收记录	全/	抽查5处，全部合格	合格
	5	止水带埋设位置	位置应准确，固定应牢靠	观察检查和检查隐蔽工程验收记录	全/	抽查5处，全部合格	合格
	6	遇水膨胀止水条	具有缓膨胀性能，与施工缝基面应密贴，中间不得有空鼓、脱离现象；应牢固安装在缝表面或预留凹槽内；采用搭接连接时，搭接宽度不得小于30mm	观察检查和检查隐蔽工程验收记录	/		
	7	遇水膨胀止水胶	采用专用注胶器挤出粘结在施工缝表面，做到连续、均匀、饱满，无气泡和孔洞，挤出宽度及厚度符合设计要求；胶固化期内应采取临时保护措施，固化前不得浇筑混凝土	观察检查和检查隐蔽工程验收记录	/		
	8	预埋注浆管	设置在施工缝断面中部，与缝基面应密贴并固定牢靠，间距宜为200～300mm；注浆导管与注浆管的连接应牢固、严密，导管埋入混凝土内部的部分应与结构钢筋绑扎牢固，导管的末端应临时封堵严密	观察检查和检查隐蔽工程验收记录	/		
施工单位检查结果	主控项目全部符合要求，一般项目满足规范要求，本检验批符合要求 专业工长：王×× 项目专业质量检查员：张××　　2018年8月27日						
监理（建设）单位验收结论	主控项目全部合格，一般项目满足规范要求，本检验批合格 专业监理工程师：李×× （建设单位项目专业技术负责人）：　　2018年8月27日						

2. 变形缝

常见的变形缝主要有伸缩缝、沉降缝和抗震缝等，变形缝是永久缝隙，对地下工程的后期使用会有一定影响，为确保变形缝在后期使用过程中不出现渗漏水，需要对变形缝进行防水处理。变形缝最常采用的防水处理方式是设置中埋式止水带，但中埋式止水带仅是一道防水，而变形缝常需设置两道及以上防水，因此会在迎水面或背水面加设一道或两道防水措施。

变形缝分项工程检验批的质量验收见表 3-56。

变形缝分项工程检验批的质量检验标准 表 3-56

项目类型	序号	验收项目	合格质量标准	检验方法	检验数量
主控项目	1	变形缝材料要求	变形缝用止水带、填缝材料和密封材料必须符合设计要求	检查产品合格证、产品性能检测报告和材料进场检验报告	全数检查
	2	变形缝防水构造	变形缝防水构造必须符合设计要求	观察检查和检查隐蔽工程验收记录	
	3	中埋式止水带埋设质量	中埋式止水带埋设位置应准确，其中间空心圆环与变形缝的中心线应重合		
一般项目	1	中埋式止水带的接缝质量	中埋式止水带的接缝应设在边墙较高位置上，不得设在结构转角处；接头宜采用热压焊接，接缝应平整、牢固，不得有裂口和脱胶现象	观察检查和检查隐蔽工程验收记录	全数检查
	2	中埋式止水带在转弯处、顶板、底板处的处理	中埋式止水带在转弯处应做成圆弧形；顶板、底板内止水带应安装成盆状，并宜采用专用钢筋套或扁钢固定		
	3	外贴式止水带施工质量	外贴式止水带在变形缝与施工缝相交部位宜采用十字配件；外贴式止水带在变形缝转角部位宜采用直角配件。止水带埋设位置应准确，固定应牢靠，与固定止水带的基层密贴，不得出现空鼓、翘边等现象		
	4	可卸式止水带施工质量	安设于结构内侧的可卸式止水带所需配件应一次配齐，转角处应做成45°坡角，并增加紧固件的数量		
	5	嵌缝密封材料施工	嵌缝密封材料的缝内两侧基面应平整、洁净、干燥，并应涂刷基层处理剂；嵌缝底部应设置背衬材料；密封材料嵌填应严密、连续、饱满，粘结牢固		
	6	变形缝处表面处理	变形缝处表面粘贴卷材或涂刷涂料前，应在缝上设置隔离层和加强层		

关于变形缝分项工程检验批质量检验的说明：

1）主控项目第 2 项

变形缝应考虑工程结构的沉降、伸缩的可变性，并保证其在变化中的密闭性，不产生渗漏水现象。变形缝处混凝土结构的厚度不应小于 300mm，变形缝的宽度宜为 20～30mm。全埋式地下防水工程的变形缝应为环状；半地下防水工程的变形缝应为 U 字形，U 字形变形缝的高度应超出室外地坪 500mm 以上。

2）主控项目第 3 项、一般项目第 1、第 2 项

变形缝的渗漏水除设计不合理的原因之外，施工质量也是一个重要的原因。

中埋式止水带施工时常存在以下问题（图 3-8～图 3-11）：①埋设位置不准，严重时止水带一侧往往折至缝边，根本起不到止水的作用。过去常用铁丝固定止水带，铁丝在振捣力的作用下会变形甚至振断，其效果不佳，目前推荐使用专用钢筋套或扁钢固定。②顶、底板止水带下部的混凝土不易振捣密实，气泡也不易排出，且混凝土凝固时产生的收缩易使止水带与下面的混凝土产生缝隙，从而导致变形缝漏水。根据这种情况，条文中规定顶、底板中的止水带安装成盆形，有助于消除上述弊端。③中埋式止水带的安装，在先浇一侧混凝土时，此时端模被止水带分为两块，这给模板固定造成困难，施工时由于端模支撑不牢，不仅造成漏浆，而且也无法按规定进行振捣，致使变形缝处的混凝土密实性较差，从而导致渗漏水。④止水带的接缝是止水带本身的防水薄弱处，因此接缝越少越好，考虑到工程规模不同，缝的长度不一，对接缝数量未作严格的限定。⑤转角处止水带不能折成直角，条文规定转角处应做成圆弧形，以便于止水带的安设。

3）一般项目第 3 项

当采用外贴式止水带时（图 3-8），在变形缝与施工缝相交处，由于止水带的形式不同，现场进行热压接头有一定困难；在转角部位，由于过大的弯曲半径会造成齿牙不同的绕曲和扭转，同时减少了转角部位钢筋的混凝土保护层厚度。故本条规定变形缝与施工缝的相交部位宜采用十字配件，变形缝的转角部位宜采用直角配件。

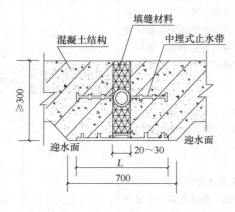

图 3-8　中埋式止水带与外贴
防水层复合使用

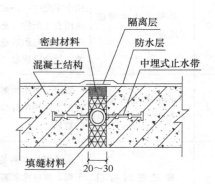

图 3-9　中埋式止水带与嵌缝
材料复合使用

4）一般项目第 4 项

可卸式止水带全靠其配件压紧橡胶止水带止水（图 3-10），配件质量是保证防水的一

个重要因素，因此要求配件一次配齐，特别是在两侧混凝土浇筑时间有一定间隔时，更要确保配件质量。金属配件的防腐蚀很重要，是保证配件可拆卸的关键。

另外，由于止水带厚，势必在转角处形成圆角，存在不易密贴的问题，故在转角处应做成45°折角，并增加紧固件的数量，以确保此处的防水施工质量。

5）一般项目第5项

要使嵌填的密封材料具有良好的防水性能（图3-9），变形缝两侧的基面处理十分重要，否则密封材料与基面粘结不紧密，就起不到防水作用。另外，嵌缝材料下面的背衬材料不可忽视，否则会使密封材料三向受力，对密封材料的耐久性和防水性都有不利影响。

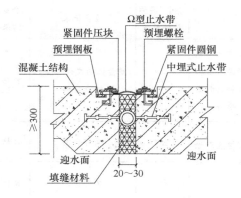

图 3-10　中埋式止水带与可卸式止水带
复合使用

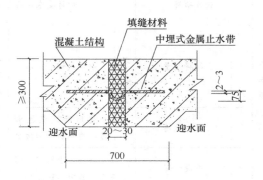

图 3-11　中埋式金属止水带

6）一般项目第6项

卷材或涂料防水层应在地下工程的混凝土主体结构迎水面形成封闭的防水层，本条对变形缝处卷材或涂料防水层的构造做法提出了具体的规定。为了使卷材或涂料防水层能适应变形缝处的结构伸缩变形和沉降，规定防水层施工前应先将底板垫层在变形缝处断开，并抹带有圆弧的找平层，再铺设宽度为600mm的卷材加强层；变形缝处的卷材或涂料防水层应连成整体，并应在防水层上放置 $\phi40mm\sim\phi60mm$ 聚乙烯泡沫棒，防水层与变形缝之间形成隔离层。侧墙和顶板变形缝处卷材或涂料防水层的构造做法与底板相同。

【例 3-18】假设案例项目1号教学楼地下工程变形缝采用中埋式钢板止水带和可卸式外贴止水带，防水构造设计采用变形缝处局部加厚和增设2道附加防水层，变形缝共有2处，检验批容量按变形缝数量确定。验收记录中涉及由材料合格证、材料性能检测报告、材料复验检验报告确定的验收项目一般不需要填写具体抽样检验数量（"最小/实际抽样数量"），由于变形缝是地下工程的细部，因此验收规范规定要求全检。填写的范例见表3-57。

GB 50208—2011　　　　　　　　　　　　　　　　　　桂建质 010702(Ⅱ) ⓪ ⓪⓵

单位（子单位）工程名称		1 号教学楼		分部（子分部）工程名称	地基与基础（地下防水）	分项工程名称	细部构造防水
施工单位		××建筑工程有限公司		项目负责人	张××	检验批容量	2 处
分包单位				分包单位项目负责人		检验批部位	①～⑩×Ⓐ～Ⓓ
施工依据		《地下工程防水技术规范》GB 50108—2008		验收依据	《地下防水工程质量验收规范》GB 50208—2011		

		验收项目	设计要求及规范规定		最小/实际抽样数量	检查记录	检查结果
主控项目	1	材料质量	符合设计要求	中埋式钢板止水带	检查产品合格证、产品性能检测报告和材料进场检验报告	质量证明文件齐全，检查合格	合格
	2	防水构造		变形缝处底板加厚，增两层附加防水	观察检查和检查隐蔽工程验收记录	全部合格	合格
	3	埋设位置		位置准确，中间空心圆环与变形缝中心线重合	全/	全部合格	合格
一般项目	1	止水带接缝和接头		中埋式止水带的接缝应设在边墙较高位置上，不得设在结构转角处；接头宜采用热压焊接，接缝应平整、牢固，不得有裂口和脱胶现象	全/	全部合格	合格
	2	止水带的安装和固定		转弯处做成圆弧形；顶板、底板内止水带安装成盆状，采用专用钢筋套或扁钢固定	观察检查和检查隐蔽工程验收记录	全/	全部合格	合格
	3	外贴式止水带的设置		变形缝与施工缝相交部位十字配件，转角部位采用直角配件；埋设位置准确，固定牢靠，与基层密贴，不得出现空鼓、翘边现象	全/	全部合格	合格
	4	可卸式止水带		所需配件应一次配齐，转角处做成 45°坡角，增加紧固件数量	全/	全部合格	合格

124

		验收项目	设计要求及规范规定		最小/实际抽样数量	检查记录	检查结果
一般项目	5	嵌填密封材料	缝内两侧基面应平整、洁净、干燥，并涂刷基层处理剂；嵌缝底部设置背衬材料；填嵌严密、连续、饱满、粘结牢固	观察检查和检查隐蔽工程验收记录	全/	全部合格	合格
	6	变形缝表面	粘贴卷材或涂刷涂料前，在缝上设置隔离层和加强层	观察检查和检查隐蔽工程验收记录	全/	全部合格	合格
施工单位检查结果	主控项目全部符合要求，一般项目满足规范要求，本检验批符合要求 专业工长：王×× 项目专业质量检查员：张×× 2018 年 8 月 27 日						
监理（建设）单位验收结论	专业监理工程师：李×× （建设单位项目专业技术负责人） 2018 年 8 月 27 日						

3. 后浇带

后浇带是一条在其两侧混凝土浇筑完成一定时间后再行浇筑混凝土的"带"，这一条带上下剖切到的部位均断开来，是一条环形的"带"。后浇带按其作用有伸缩后浇带，适用于竖向空间体量变化不大，但水平纵横向体量较大的建筑；还有一种是沉降后浇带，适用于水平空间体量大且竖向空间体量变化较大的建筑。由于在地下工程采用变形缝对后期使用影响较大，因此，后浇带也常常用来取代变形缝用于地下工程。

后浇带质量主要由后浇带的混凝土强度、抗渗等级、凝结后的收缩控制情况，以及后浇带的止水设置等决定。后浇带质量的验收见表 3-58。

项目类型	序号	验收项目	合格质量标准	检验方法	检验数量
主控项目	1	后浇带用遇水膨胀止水条或止水胶、预埋注浆管、外贴式止水带质量	后浇带用遇水膨胀止水条或止水胶、预埋注浆管、外贴式止水带必须符合设计要求	检查产品合格证、产品性能检测报告和材料进场检验报告	全数检查
	2	补偿收缩混凝土的原材料及配合比	补偿收缩混凝土的原材料及配合比必须符合设计要求	检查产品合格证、产品性能检测报告、计量措施和材料进场检验报告	
	3	后浇带防水构造	后浇带防水构造必须符合设计要求	观察检查和检查隐蔽工程验收记录	
	4	补偿收缩混凝土的抗压强度、抗渗性能和限制膨胀率	采用掺膨胀剂的补偿收缩混凝土，其抗压强度、抗渗性能和限制膨胀率必须符合设计要求	检查混凝土抗压强度、抗渗性能和水中养护 14d 后的限制膨胀率检验报告	
一般项目	1	补偿收缩混凝土浇筑前，后浇带部位和外贴式止水带的保护措施设置	补偿收缩混凝土浇筑前，后浇带部位和外贴式止水带应采取保护措施	观察检查	全数检查
	2	后浇带两侧的接缝表面处理	后浇带两侧的接缝表面应先清理干净，再涂刷混凝土界面处理剂或水泥基渗透结晶型防水涂料；后浇混凝土的浇筑时间应符合设计要求	观察检查和检查隐蔽工程验收记录	
	3	遇水膨胀止水条的施工及预埋注浆管的施工质量要求	遇水膨胀止水条的施工应符合本规范施工缝对此的规定；遇水膨胀止水胶的施工应符合本规范施工缝对此的规定；预埋注浆管的施工应符合本规范施工缝对此的规定；外贴式止水带的施工应符合本规范变形缝对此的规定		
	4	后浇带混凝土浇筑及养护要求	后浇带混凝土应一次浇筑，不得留设施工缝；混凝土浇筑后应及时养护，养护时间不得少于 28d		

关于后浇带分项工程检验批质量检验的说明：

1）主控项目第 2 项

补偿收缩混凝土是在混凝土中加入一定量的膨胀剂，使混凝土产生微膨胀，在有配筋的情况下，能够补偿混凝土的收缩，提高混凝土的抗裂性和抗渗性。补偿收缩混凝土配合比设计，应符合国家现行行业标准《普通混凝土配合比设计规程》JGJ 55—2011 和国家标准《混凝土外加剂应用技术规范》GB 50119—2013 的有关规定，且混凝土的抗压强度和抗渗等级均不应低于两侧混凝土。

补偿收缩混凝土中膨胀剂的掺量宜为 6%～12%，实际配合比中的掺量应根据限制膨胀率的设定值经试验确定。

2）主控项目第 3 项

后浇带应设在受力和变形较小的部位，其间距和位置应按结构设计要求确定，宽度宜为 700～1000mm；后浇带可做成平直缝或阶梯缝。后浇带两侧的接缝处理应符合本规范施工缝的规定。后浇带需超前止水时，后浇带部位的混凝土应局部加厚，并应增设外贴式或中埋式止水带。

3）主控项目第 4 项

后浇带应采用补偿收缩混凝土浇筑，其抗压强度和抗渗等级均不应低于两侧混凝土。采用掺膨胀剂的补偿收缩混凝土，应根据设计的限制膨胀率要求，经试验确定膨胀剂的最佳掺量，只有这样才能达到控制结构裂缝的效果。

4）一般项目第 1 项

为了保证后浇带部位的防水质量，必须做到带内的清洁，同时也应对预设的防水设防进行有效保护。

5）一般项目第 2 项

后浇带两侧混凝土的接缝处理，参见关于施工缝一般项目第 3）和第 4）条说明。后浇带应在两侧混凝土干缩变形基本稳定后施工，混凝土收缩变形一般在龄期为 6 周后才能基本稳定，即对于伸缩后浇带，其混凝土浇筑可在两侧混凝土施工完 6 周后开始浇筑。高层建筑沉降后浇带的施工，应符合现行行业标准《高层建筑混凝土结构技术规程》JGJ 3—2010 的规定，对高层建筑后浇带的施工应按规定时间进行。这里所指按规定时间，应通过地基变形计算和建筑物沉降观测，并在地基变形基本稳定的情况下才可以确定。

6）一般项目第 4 项

后浇带采用补偿收缩混凝土，可以提高混凝土的抗裂性和抗渗性，如果后浇带施工留设施工缝，就会大大降低后浇带的抗渗性，因此本条强调后浇带混凝土应一次浇筑。

混凝土养护时间对混凝土的抗渗性尤为重要，混凝土早期脱水或养护过程中缺少必要的水分和温度，则抗渗性将大幅度降低甚至完全消失。因此，当混凝土进入终凝以后即应开始浇水养护，使混凝土外露表面始终保持湿润状态。后浇带混凝土必须充分湿润地养护 4 周，以避免后浇带混凝土的收缩，使混凝土接缝更严密。

【例 3-19】假设案例项目 1 号教学楼地下工程后浇带采用中埋式钢板止水带，防水构造设计采用后浇带处采用补偿收缩混凝土，强度等级比两侧混凝土高一级，即采用 C35，后浇带共有 1 处，检验批容量按后浇带数量确定。验收记录中涉及是由材料合格证、材料性能检测报告、材料复验检验报告确定的验收项目一般不需要填写具体抽样检验数量（"最小/实际抽样数量"），由于后浇带是地下工程的细部，因此验收规范规定要求全检。填写的范例见表 3-59。

GB 50208—2011

桂建质 010702(Ⅲ) ⓪ ⓪①

单位（子单位） 工程名称		1号教学楼	分部（子分部） 工程名称	地基与基础 （地下防水）	分项工程 名称	细部构造防水
施工单位		××建筑工程有限公司	项目负责人	张××	检验批容量	1 处
分包单位			分包单位项目 负责人		检验批部位	①～⑩×Ⓐ～Ⓓ
施工依据		《地下工程防水技术规范》GB 50108—2008		验收依据	《地下防水工程质量验收规范》 GB 50208—2011	

		验收项目	设计要求及规范规定	最小/实际 抽样数量	检查记录	检查 结果
主控项目	1	中埋式钢板止水 带等材料		检查产品合格 证、产品性能检 测报告和材料进 场检验报告	/	质量证明文件齐全， 检验合格	合格
	2	补偿收缩混凝土 原材料	符合设计要求	检查产品合格 证、产品性能检 测报告、计量措 施和材料进场检 验报告	/	质量证明文件齐全， 检查合格	合格
		混凝土配合比			/	试验合格	合格
	3	防水构造		观察检查和检 查隐蔽工程验收 记录	/	检查合格，详见隐蔽 验收记录	合格
	4	掺膨胀剂的混 凝土	抗压强度、抗渗性能和 限制膨胀率符合设计要求	检查混凝土抗 压强度、抗渗性 能和水中养护 14d 后的限制膨 胀率检验报告	/	抗压强度、抗渗性能 和限制膨胀率符合设 计要求，试验合格	合格
一般项目	1	混凝土浇筑前采 取保护措施	后浇带部位和外贴式止 水带应采取保护措施	观察检查	全/	全部合格	合格
	2	接缝和浇筑时间	表面清理干净，再涂刷 混凝土界面处理剂或水泥 基渗透结晶型防水涂料； 浇筑时间应符合设计要求	观察检查和检 查隐蔽工程验收 记录	全/	全部合格	合格
	3	钢板止水带、遇 水膨胀止水条 （胶）、预埋式注浆 管、外贴式止水带 的施工	符合 GB 50208—2011 规范 5.1.8～5.1.10 条及 5.2.6 条规定	观察检查	全/	全部合格	合格
	4	混凝土浇筑	一次完成，不得留设施 工缝；浇筑后应及时养 护，养护时间不得少 于 28d		/	检查合格，详见混 凝土施工记录	合格
施工单位 检查结果		主控项目全部符合要求，一般项目满足规范要求，本检验批符合要求 专业工长：王×× 项目专业质量检查员：张××				2018 年 8 月 27 日
监理（建设） 单位验收结论		主控项目全部符合要求，一般项目满足规范要求，本检验批合格 专业监理工程师：李×× （建设单位项目专业技术负责人）：				2018 年 8 月 27 日

4. 穿墙管

穿墙管主要是指一些进出地下工程的给排水管或套管，电气管线或套管等，其质量验收见表3-60。

穿墙管分项工程检验批的质量检验标准   表 3-60

项目类型	序号	验收项目	合格质量标准	检验方法	检验数量
主控项目	1	穿墙管用遇水膨胀止水条和密封材料质量	穿墙管用遇水膨胀止水条和密封材料必须符合设计要求	检查产品合格证、产品性能检测报告和材料进场检验报告	全数检查
	2	穿墙管防水构造	穿墙管防水构造必须符合设计要求	观察检查和检查隐蔽工程验收记录	
一般项目	1	固定式穿墙管加工及安装质量	固定式穿墙管应加焊止水环或环绕遇水膨胀止水圈，并做好防腐处理；穿墙管应在主体结构迎水面预留凹槽，槽内应用密封材料嵌填密实	观察检查和检查隐蔽工程验收记录	全数检查
	2	套管式穿墙管的套管与止水环及翼环处理	套管式穿墙管的套管与止水环及翼环应连续满焊，并做好防腐处理；套管内表面应清理干净，穿墙管与套管之间应用密封材料和橡胶密封圈进行密封处理，并采用法兰盘及螺栓进行固定		
	3	穿墙盒的封口钢板与混凝土结构墙的接头处理	穿墙盒的封口钢板与混凝土结构墙上预埋的角钢应焊严，并从钢板上的预留浇注孔注入改性沥青密封材料或细石混凝土，封填后将浇注孔口用钢板焊接封闭		
	4	防水层与穿墙管连接处处理	当主体结构迎水面有柔性防水层时，防水层与穿墙管连接处应增设加强层		
	5	密封材料嵌填质量	密封材料嵌填应密实、连续、饱满，粘结牢固		

关于穿墙管分项工程检验批质量检验的说明：

1）主控项目第2项

结构变形或管道伸缩量较小时，穿墙管可采用固定式防水构造（图 3-12）；结构变形或管道伸缩量较大或有更换要求时，应采用套管式防水构造（图 3-13）；穿墙管线较多时，宜相对集中，并应采用穿墙盒防水构造（图 3-14）。

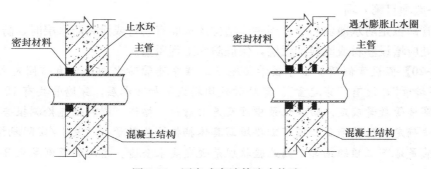

图 3-12 固定式穿墙管防水构造

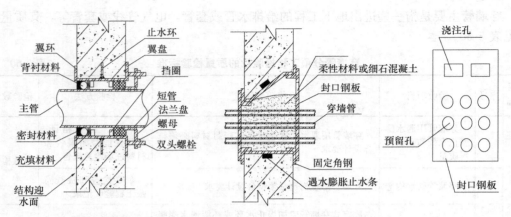

图 3-13　套管式穿墙管防水构造　　　　图 3-14　穿墙群管防水构造

2）一般项目第 1、第 2 项

止水环的作用是改变地下水的渗透路径，延长渗透路线。如果止水环与管不满焊或焊接不密实，则止水环与管接触处仍是防水薄弱环节，故止水环与管一定要满焊密实。

穿墙管外壁与混凝土交界处是防水薄弱环节，穿墙管中部加焊止水环可改变水的渗透路径，延长水的渗透路线，环绕遇水膨胀止水圈则可堵塞渗水通道，从而达到防水目的。针对目前穿墙管部位渗漏水较多的情况，穿墙管在混凝土迎水面相接触的周围应预留宽和深各 15mm 左右的凹槽，凹槽内嵌填密封材料，以确保穿墙管部位的防水性能。

采用套管式穿墙管时，套管内壁表面应清理干净。套管内的管道安装完毕后，应在两管间嵌入内衬填料，端部还需采用其他防水措施。

穿墙管部位不仅是防水薄弱环节，也是防护薄弱环节，因此穿墙管应做好防腐处理，防止穿墙管锈蚀和电腐蚀。

3）一般项目第 3 项

穿墙管线较多采用穿墙盒时，由于空间较小，容易产生渗漏现象，因此应从封口钢板上预留浇注孔注入改性沥青材料或细石混凝土加以密封，并对浇注孔口用钢板焊接密封。

4）一般项目第 4 项

穿墙管部位是防水薄弱环节，当主体结构迎水面有卷材或涂料防水层时，防水层与穿墙管连接处应增设卷材或涂料加强层，保证防水工程质量。

【例 3-20】假设案例项目 1 号教学楼地下工程穿墙管防水图纸中有"固定式穿墙管""套管式穿墙管"，没有"穿墙盒"。穿墙管处均增设附加防水层，穿墙管共有 12 处，检验批容量按穿墙管数量确定。验收记录中涉及是由材料合格证、材料性能检测报告、材料复验检验报告确定的验收项目一般不需要填写具体抽样检验数量（"最小/实际抽样数量"），由于穿墙管是地下工程的细部，因此验收规范规定要求全检。填写的范例见表 3-61。

GB 50208—2011　　　　　　　　　　　　　　　　　桂建质 010702（Ⅳ）　　 0 0 1

单位(子单位) 工程名称	1号教学楼		分部(子分部) 工程名称	地基与基础 (地下防水)	分项工程 名称	细部构造防水
施工单位	××建筑工程有限公司		项目负责人	张××	检验批容量	12 处
分包单位			分包单位项目 负责人		检验批部位	①～⑩×Ⓐ～Ⓓ
施工依据	《地下工程防水技术规范》GB 50108—2008			验收依据	《地下防水工程质量验收规范》 GB 50208—2011	

		验收项目	设计要求及规范规定	最小/实际 抽样数量	检查记录	检查结果
主控项目	1	材料质量	符合设计要求	/	质量证明文件齐全， 检查合格	合格
	2	防水构造		观察检查和 检查隐蔽工程 验收记录	全/	全检，全部合格	合格
一般项目	1	固定式穿 墙管	加焊止水环或环绕遇水 膨胀止水圈，并作好防腐 处理；穿墙管在主体结构 迎水面预留凹槽，槽内应 用密封材料嵌填密实	全/	全检，全部合格	合格
	2	套管式穿 墙管	套管与止水环及翼环应 连续满焊，并做好防腐处 理；套管内表面应清理干 净，穿墙管与套管之间应 用密封材料和橡胶密封圈 进行密封处理，并采用法 兰盘及螺栓进行固定	观察检查和 检查隐蔽工程 验收记录	全/	全检，全部合格	合格
	3	穿墙盒	封口钢板与混凝土结构 墙上预埋的角钢应焊严， 并从钢板上的预留浇注孔 注入改性沥青密封材料或 细石混凝土，封填后将浇 注孔口用钢板焊接封闭		/		
	4	加强层设置	主体结构迎水面有柔性 防水层时，防水层与穿墙 管连续处应增设加强层	全/	全检，全部合格	合格
	5	密封材料	嵌填密实、连续、饱满， 粘结牢固	全/	全检，全部合格	合格

施工单位 检查结果	主控项目全部符合要求，一般项目满足规范要求，本检验批符合要求 　　　　　专业工长：王×× 　　　项目专业质量检查员：张×× 　　　　　　　　　　　　　2018 年 8 月 27 日

监理(建设)单位 验收结论	主控项目全部合格，一般项目满足规范要求，本检验批合格 　　　　　　　专业监理工程师：李×× 　(建设单位项目专业技术负责人)： 　　　　　　　　　　　2018 年 8 月 27 日

131

3.8 分部（子分部）工程质量验收

分部工程的验收是在检验批、分项工程及子分部工程验收合格的基础上进行的，下面以地下防水子分部工程为例讲述子分部工程施工质量验收要求。

3.8.1 地下防水子分部工程

子分部工程也是分部工程，其验收合格标准应符合分部工程质量验收规定。

1. 验收要求

（1）子分部所含的分项工程均应验收合格

地下防水工程施工应按分项工程进行验收，构成分项工程的各检验批应符合相应质量标准的规定，不同的工程子分部工程含有那些分项工程要结合设计图纸和施工质量验收规范确定。以案例中1号教学楼为例，该工程地下防水子分部工程含有2个分项工程，即地下工程的"主体结构防水分项工程"和"细部构造防水分项工程"，该工程的地下防水子分部工程验收是在这2个分项工程验收合格的基础上进行。

分项工程质量验收是在各检验批质量验收的基础上验收的，分项工程质量验收记录可按表3-62填写，其合格条件为：

1）分项工程所含检验批均应符合合格质量规定。验收这一项时，主要检查分项工程所含的检验批是否齐全，没有遗漏则即可判定该项目是合格。对于"主体结构防水分项工程"，其包括主体结构"防水混凝土"和材料防水"卷材防水层"2个检验批，如果这2个检验批已验收合格且不存遗漏，则分项工程第一个检查验收项是合格的。

2）分项工程所含检验批质量记录应完整。判定这一项合格的要求是：检验批的主控项目和一般项目的检查项组成中在验收时，如果应该验收的项目均已验收，且相应的原始验收记录及事后检测结果（如果有）完整，则分项工程第二个检查验收项是合格的。

【例3-21】假设案例项目1号教学楼地下防水工程子分部包括"主体结构防水""细部构造防水"2个分项工程，2个分项工程所含的检验批均无遗漏且检验批的验收记录完整，则分项工程质量验收记录填写的范例见表3-62、表3-63。地下防水工程子分部所含的分项工程均应合格。

主体结构防水分项工程质量验收记录　　　　　　　　　　表3-62

桂建质（分项A类）

单位（子单位）工程名称	1号教学楼	分部（子分部）工程名称	地基与基础(地下防水)		
检验批数量	2	分项工程专业质量检查员			
施工单位	××建筑工程有限公司	项目负责人	张××	项目技术负责人	魏××
分包单位		分包单位项目负责人		分包内容	

132

序号	检验批名称	检验批容量	部位/区段	施工单位检查结果	监理（建设）单位验收意见
1	防水混凝土	635m²	①～⑩×Ⓐ～Ⓓ	合格	
2	卷材防水层	635m²	①～⑩×Ⓐ～Ⓓ	合格	
					所含检验批无遗漏，各检验批所覆盖的区段和所含内容无遗漏，所查检验批全部合格

说明：

检验批质量验收记录资料完整

施工单位 检查结果	所含检验批无遗漏，各检验批所覆盖的区段和所含内容无遗漏，全部符合要求，本分项符合要求 项目专业技术负责人：魏×× 2018 年 9 月 25 日
监理（建设）单位 验收结论	本分项合格 专业监理工程师：李×× （建设单位项目专业技术负责人）： 2018 年 9 月 25 日

注：本表（分项 A 类）适用于不涉及全高垂直度检查、无特殊要求的分项工程。混凝土现浇结构、混凝土装配结构、砖砌体、混凝土小型空心砌块砌体、石砌体分项工程质量验收记录使用分项 B 类表格。

细部构造防水分项工程质量验收记录

表 3-63

桂建质（分项 A 类）

单位(子单位) 工程名称	1号教学楼		分部(子分部) 工程名称	地基与基础(地下防水)		
检验批数量	4		分项工程专业 质量检查员			
施工单位	××建筑工程有限公司		项目负责人	张××	项目技术 负责人	魏××
分包单位			分包单位项目 负责人		分包内容	

序号	检验批名称	检验批容量	部位/区段	施工单位检查结果	监理(建设)单位验收意见
1	施工缝	5 处	①~⑩×Ⓐ~Ⓓ	合格	
2	变形缝	2 处	①~⑩×Ⓐ~Ⓓ	合格	
3	后浇带	1 处	①~⑩×Ⓐ~Ⓓ	合格	
4	穿墙管	12 处	①~⑩×Ⓐ~Ⓓ	合格	
					所含检验批无遗漏，各检验批所覆盖的区段和所含内容无遗漏，所查检验批全部合格

说明：

检验批质量验收记录资料完整

施工单位 检查结果	所含检验批无遗漏，各检验批所覆盖的区段和所含内容无遗漏，全部符合要求，本分项符合要求 项目专业技术负责人：魏×× 2018 年 9 月 25 日
监理(建设)单位 验收结论	本分项合格 专业监理工程师：李×× (建设单位项目专业技术负责人)： 2018 年 9 月 25 日

注：本表（分项 A 类）适用于不涉及全高垂直度检查、无特殊要求的分项工程。混凝土现浇结构、混凝土装配结构、砖砌体、混凝土小型空心砌块砌体、石砌体分项工程质量验收记录使用分项 B 类表格。

（2）子分部工程所含的质量控制资料应完整

地下防水工程的质量控制资料主要包括表 3-64 中的验收文件和记录。不同的工程具体包括哪些验收文件和记录，要结合实际工程的设计图纸和施工情况确定，不能一概而论，如案例 1 号教学楼地下工程主体结构采用防水混凝土，材料防水采用卷材防水，没有使用防水砂浆，则"验收文件和记录"就不包括"砂浆粘结强度"，再假设案例工程地下防水施工质量良好，没有出现质量事故，则不存在"事故处理报告"这一文件和记录。填写范例详见表 3-68"地下防水子分部工程资料检查表"。

地下防水工程验收的文件和记录　　　　　　　　　　表 3-64

序号	项目	竣工和记录资料
1	防水设计	施工图、设计交底记录图纸会审记录、设计变更通知单和材料代用核定单
2	资质、资格证明	施工单位资质及施工人员上岗证复印证件
3	施工方案	施工方法、技术措施、质量保证措施
4	技术交底	施工操作要求及安全等注意事项
5	材料质量证明	产品合格证、产品性能检测报告、材料进场检验报告
6	混凝土、砂浆质量证明	试配及施工配合比，混凝土抗压强度、抗渗性能检验报告、砂浆粘结强度
7	中间检查记录	施工质量验收记录、隐蔽工程验收记录、施工检查记录
8	检验记录	渗漏水检测记录、观感质量检查记录
9	施工日志	逐日施工情况
10	其他资料	事故处理报告、技术总结

（3）有关安全、节能、环境保护和主要使用功能的抽样检验结果应符合相应规定

地下防水工程有关安全、节能、环境保护和主要使用功能的项目主要涉及一些环境保护和主要使用功能的验收项目，归纳起来有以下隐蔽工程部位，验收时作好以下隐蔽工程验收记录：

1）防水层的基层；
2）防水混凝土结构和防水层被掩盖的部位；
3）施工缝、变形缝、后浇带等防水构造做法；
4）管道穿过防水层的封固部位；
5）渗排水层、盲沟和坑槽；
6）结构裂缝注浆处理部位；
7）衬砌前围岩渗漏水处理部位；
8）基坑的超挖和回填。

【例 3-22】1 号教学楼防水混凝土被隐蔽验收记录见表 3-65。

桂建质（附）⑥ ⓪ ⓪ ⓪ ⑥ ⑤

工程名称	1号教学楼	被隐蔽工程所属检验批名称	防水混凝土
		覆盖物所属检验批名称	卷材防水层
隐蔽部位	①～⑩×Ⓐ～Ⓓ	施工时间	自　2018 年 8 月 20 日 至　2018 年 8 月 22 日
隐蔽内容及要求	卷材防水层(隐蔽)使用的材料有合格证及试验报告，地下主体结构防水混凝土隐蔽依据 1 号教学楼地下工程施工图进行施工，地下工程外观检查情况详看检验批外观检查内容，经现场检查验收符合设计及施工规范要求 　　　　　　　　　　　　　　　（隐蔽什么，是否符合设计及规范要求）		
隐蔽原因	地下工程主体结构防水混凝土被卷材防水层覆盖 　　　　　　　　　　　　　　　　　（隐蔽内容被什么覆盖）		
施工单位检查评定结果	符合设计及施工规范要求 项目专业质量检查员：张×× 2018 年 8 月 23 日	监理（建设）单位验收结论	同意隐蔽，进行下道工序施工 监理工程师 （建设单位项目专业技术负责人）：李×× 2018 年 8 月 23 日

注：1. 检验批质量验收中未含隐蔽验收的（如电线导管在被混凝土或砂浆覆盖前的隐蔽验收）可用此表做被隐蔽工程检验批质量验收记录的附表；检验批质量验收中已含隐蔽验收的（如钢筋安装）可不用此表。
　　2. "桂建质（附）"后的小方格"□"内填写被隐蔽工程所属检验批的编号。

（4）观感质量应符合要求

地下防水工程的观感质量检查应符合下列规定：

1）防水混凝土应密实，表面应平整，不得有露筋、蜂窝等缺陷；裂缝宽度不得大于 0.2mm，并不得贯通；

2）水泥砂浆防水层应密实、平整，粘结牢固，不得有空鼓、裂纹、起砂、麻面等缺陷；

3）卷材防水层接缝应粘贴牢固，封闭严密，防水层不得有损伤、空鼓、折皱等缺陷；

4）涂料防水层应与基层粘结牢固，不得有脱皮、流淌、鼓泡、露胎、折皱等缺陷；

5）塑料防水板防水层应铺设牢固、平整，搭接焊缝严密，不得有下垂、绷紧破损现象；

6）金属板防水层焊缝不得有裂纹、未熔合、夹渣、焊瘤、咬边、烧穿、弧坑、针状气孔等缺陷；

7）施工缝、变形缝、后浇带、穿墙管、埋设件、预留通道接头、桩头、孔口、坑、池等防水构造应符合设计要求；

8）锚喷支护、地下连续墙、盾构隧道、沉井、逆筑结构等防水构造应符合设计要求；

9）排水系统不淤积、不堵塞，确保排水畅通；

10）结构裂缝的注浆效果应符合设计要求。

（5）地下工程出现渗漏水时，应及时进行治理，符合设计的防水等级标准要求后方可验收。

（6）地下防水工程验收后，应填写子分部工程质量验收记录，随同工程验收资料分别由建设单位和施工单位存档。

2. 子分部工程验收

子分部工程验收程序、合格条件和验收记录可按第一篇有关内容填写。

（1）质量控制资料

按上述"验收要求第（2）条表 3-64、第（3）条"检查。

（2）功能检测报告

按国家标准《建筑工程施工质量验收统一标准》GB 50300—2013 的规定，建筑工程施工质量验收时，对涉及结构安全和使用功能的重要分部（子分部）工程应进行抽样检测。因此，地下防水工程验收时，应检查地下工程有无渗漏现象。检验后应填写安全和使用功能检验（检测）报告，作为地下防水工程验收的文件和记录之一。

【例 3-23】1 号教学楼防水效果的外观质量验收记录见表 3-66。

地下室防水效果检查记录   表 3-66

工程名称		1 号教学楼	试验日期	2018 年 10 月 7 日
试验范围及情况	设计要求与检查范围	地下室设计防水等级为 2 级，混凝土抗渗等级为 P6 级。防水做法为：☑结构自防水、☑卷材防水、涂膜防水、□其他防水为： 本次检验范围为：地下室外墙 背水面展开面积为：635m²		
	裂缝情况	☑1. 未发现渗漏； □2. 出现贯穿性裂缝＿＿＿条，未贯穿裂缝＿＿＿条，已处理裂缝＿＿＿条		
	渗漏水情况	☑（1）未出现渗漏水，结构表面无湿渍； □（2）未出现漏水，湿渍总面积＿＿＿ m²，单个湿渍面积为＿＿＿ m²，任意 100m² 防水面积上出现＿＿＿处； □（3）有少量漏水点，存在线流、漏泥沙； □（4）有少量漏水点，但无线流、漏泥沙；单个湿渍面积为＿＿＿ m²，单个漏水点的漏水量为＿＿＿L/d，任意 100m² 防水面积上出现＿＿＿处； □（5）有漏水点，存在线流、漏泥沙； □（6）有漏水点，但无线流、无漏泥沙，整个工程平均漏水量为＿＿＿L/m²·d，任意 100m² 防水面积的平均漏水量为＿＿＿L/m²·d		
处理意见		无		
结论		地下室背水内表面的混凝土墙体无湿渍无渗水现象，观感质量合格，符合设计和规范要求		
施工单位	专职质检员：张××		监理（建设）单位	监理工程师：李××
	试验员：张×× 2018 年 10 月 7 日			（建设单位项目负责人）： 2018 年 10 月 7 日

注：存在裂缝和渗漏时，应附裂缝和渗漏的详细资料。

（3）观感质量验收

按"验收要求中第（4）条"相关内容执行。

规定地下建筑防水等工程施工质量的基本要求，主要用于子分部工程验收时进行的观感质量验收。工程观感质量由验收人员通过现场检查，并应共同确认。

【例 3-24】1 号教学楼地下防水工程子分部工程的质量验收记录见表 3-67、表 3-68。

GB 50208—2011　　　　　　　　　　　　　　　　　　　　　桂建质 0107（一）

单位(子单位)工程名称	1号教学楼		分部工程名称	地基与基础	分项工程数量	2
施工单位	××建筑工程有限公司		项目负责人	张××	技术(质量)负责人	刘××
分包单位			分包单位负责人		分包内容	

序号	分项工程名称		检验批数	施工单位检查结果	监理(建设)单位验收意见
1	主体结构防水	防水混凝土	1	合格	（验收意见、合格或不合格的结论、是否同意验收）
		水泥砂浆防水层			
		卷材防水层	1	合格	
		涂料防水层			
		塑料防水板防水层			
		金属板防水层			
		膨润土防水材料防水层			
2	细部构造防水	施工缝	1	合格	
		变形缝	1	合格	
		后浇带	1	合格	
		穿墙管	1	合格	
		埋设件			
		预留通道接头			
		桩头			
		孔口			
		坑、池			
3	特殊施工法结构防水	锚喷支护			所含分项无遗漏并全部合格，本子分部合格，同意验收
		地下连续墙			
		盾构隧道			
		沉井			
		逆筑结构			
4	排水	渗排水、盲沟排水			
		隧道排水、坑道排水			
		塑料排水板排水			
5	注浆	预注浆、后注浆			
		结构裂缝注浆			

质量控制资料检查结论	（按附表第1～21项检查）共9项，经查符合要求9项，经核定符合规范要求0项	安全和功能检验(检测)报告检查结论	（按附表第22～25项检查）共核查2项，符合要求2项，经返工处理符合要求0项
观感验收记录	1.共抽查7项，符合要求7项，不符合要求0项；2.观感质量评价	验收组验收结论	（合格或不合格、是否同意验收的结论）合格，同意验收

勘察单位项目负责人：	设计单位项目负责人：	分包单位项目负责人：　　　　　　年　月　日	监理(建设)单位项目负责人：
章××	陆××	施工单位项目负责人：张××	王××
2018 年 10 月 13 日	2018 年 10 月 13 日	2018 年 10 月 13 日	2018 年 10 月 13 日

注："经核定符合规范要求××项"是指初验未通过的项目，按《建筑工程施工质量验收统一标准》GB 50300—2013 第 5.0.6 条处理的情况。

GB 50208—2011　　　　　　　　　　　　　　　　　　　　　　　桂建质 0107　附表

序号	检查内容	份数	监理(建设)单位检查意见
1	设计图纸/设计交底记录/图纸会审记录	3/1/1	✓
2	设计变更通知单/材料代用核定单	/	
3	施工单位资质及施工人员上岗证复印证件	1/13	✓
4	施工方案(施工方法、技术措施、质量保证措施)	2	✓
5	技术交底(施工操作要求及安全等注意事项)	5	✓
6	水泥合格证/检验报告	/	
7	砂、石检验单(报告)		
8	防水材料合格证/检验报告	1/1	✓
9	混凝土外加剂、掺合料合格证/检验报告	/	
10	其他材料合格证/检验报告	/	
11	混凝土试配及施工配合比报告/注浆浆液配合比报告	/	
12	砂浆配合比报告		
13	商品混凝土合格证	12	✓
14	混凝土开盘鉴定记录—桂建质(附)0201(0106)-03		
15	隐蔽工程检查验收记录—桂建质(附)		
16	施工质量验收记录/施工检查记录	3/3	✓
17	渗漏水检测记录/观感质量检查记录	/	
18	重大质量问题处理方案/验收记录	/	
19	分项工程质量验收记录—桂建质(分项 A 类)	6	✓
20	施工日志	1	✓
21	事故处理报告/技术总结	/	
22	混凝土抗压强度/抗渗性能检验报告	7/3	✓
23	砂浆粘结强度/抗渗性能检验报告	/	
24	混凝土检验批验收记录—桂建质(附)0201(0106)-04	1	✓
25	锚杆抗拔力试验报告		

检查人：李××

经检查，符合设计和验收规范要求

2018 年 10 月 13 日

注：1. 检查意见分两种：合格打"√"，不合格打"×"。

　　2. 验收时，若混凝土试块未达龄期，各方可先验收除混凝土强度和抗渗之外的其他内容。待试块试验数据得
　　　出后，达到设计要求则验收有效；达不到要求，处理后重新验收。

3.8.2 地基基础分部工程

1. 地基基础分部工程涵盖的子分部工程

地基与基础分部工程包括无支护土方、有支护土方、地基及基础处理桩基、地下防水、混凝土基础、砌体基础、劲钢（管）混凝土、钢结构基础等子分部工程。这些子分部工程及其分项工程的质量验收标准应符合本章及"主体结构"部分相应项规定。子分部工程的验收记录可参照地下防水工程子分部的验收进行。

2. 分部工程验收程序和验收组织

质量验收的程序与组织应按现行国家标准《建筑工程施工质量验收统一标准》GB 50300—2013 的规定执行，详见第 2 章。

分项工程、分部（子分部）工程质量的验收，均应在施工单位自检合格的基础上进行。施工单位确认自检合格后提出工程验收申请，工程验收时应提供下列技术文件和记录：

(1) 原材料的质量合格证和质量鉴定文件；

(2) 半成品如预制桩、钢桩、钢筋笼等产品合格证书；

(3) 施工记录及隐蔽工程验收文件；

(4) 检测试验及见证取样文件；

(5) 其他必须提供的文件或记录。

3. 检验批验收要求

地基与基础分部所含分项工程检验批合格标准：主控项目应全部合格，一般项目合格数应不低于 80%。发现问题应立即处理直至符合要求。试件强度评定不合格或对试件的代表性有怀疑时，应采用钻芯取样进行判定，注意混凝土结构工程中结构验收的有关规定。

4. 地基与基础工程检验项目和检验方法

验收前应按表 3-69 的项目进行检验：

地基与基础工程须检测项目和检测方法   表 3-69

项目	方法	备注
基槽检验	触探或野外鉴别	隐蔽验收
土的干密度及含水量	环刀取样等	$50 \sim 100 \text{m}^2$ 一个点
复合地基竖向增强体及周边土密实度	触探、贯入等及水泥土试块试压	
复合地基承载力	载荷板	
预制打（压）入桩偏差	现场实测	隐蔽验收
灌注桩原材料力学性能、混凝土强度	试验室（力学）试验	原材料含水泥、钢材等。钢筋笼应隐蔽验收
人工挖孔桩桩端持力层	现场静压或取立方体芯样试压	可查 $3D$ 和 5m 深范围内不良地质
工程桩桩身质量检验	钻孔抽芯或声波透射法	不少于总桩 10%
工程桩竖向承载力	静载荷试验或大应变检测	详见各分项规定
地下连续墙墙身质量	钻孔抽芯或声波透射	不少于 20% 槽段数
抗浮锚杆抗拔力	现场拉力试验	不少于 3%，且不得少于 6 根

5. 地基与基础监测项目

地基与基础须监测项目见表3-70。

地基与基础检测项目一览表　　　　　　　　　　　　　表 3-70

项目	监测内容	备注
大面积填方(海)等地基处理工程	地面沉降	长期
	土体变形、孔隙水压力	施工中
降水	地下水位变化及对周围环境影响(变形)	施工期间
锚杆	锁定的预应力	不少于10%且不少于6根
基坑开挖	设计要求监测内容(包括支护、坑底、周围环境变形等)，参见表3-71	动态设计信息化施工
爆破开挖	对周围环境的影响	
土石方工程完成后的边坡	水平和竖向位移	变形稳定为止，不少于三年
打(压)入桩	垂直度、贯入度(压力)	施工中
挤土桩	土体隆起和位移，邻桩位移及孔隙水压力	施工中
下列建筑物： 1. 地基设计等级为甲级； 2. 复合地基或软弱地基上的乙级地基； 3. 增层、扩建； 4. 受邻近深基坑开挖影响或受地下水等环境影响的； 5. 需要积累经验或进行设计反分析的	变形观测	施工期间及使用期间

基坑监测项目按表3-71选择。

基坑监测项目选择表　　　　　　　　　　　　　表 3-71

监测项目		支护结构水平位移	监控范围内建(构)筑物沉降与地下管线变形	土方分层开挖标高	地下水位	锚杆拉力	支撑轴力或变形	立柱变形	桩墙内力	基坑底隆起	土体侧向变形	孔隙水压力	土压力
地基基础设计等级	甲级	√	√	√	√	√	√	√	√	√	√	△	△
	乙级	√	√	△	△	△	△	△	△	△	△	△	△

注："√"为必测项目；"△"为宜测项目。

【例 3-25】假设1号教学楼采用桩筏板基础，且地基与基础分部工程存在本章已举例的子分部工程，则1号教学楼地基与基础分部工程有4个子分部工程，其中基础子分部有"预制桩""泥浆护壁成孔灌注桩""筏板基础"3个分项工程；基坑支护子分部有"土钉支护"1个分项工程；土方子分部有"土方开挖"和"土方回填"2个分项工程；地下防水子分部有"主体结构防水"和"细部构造防水"2个分项工程，则地基与基础分部工程的质量验收记录见表3-72。

验收时应注意：表3-72中"质量控制资料"的项数在地基与基础分部工程所含的各子分部工程"质量控制资料"的统计数字，"质量控制资料"中"经核定符合规范要求"的项数是指验收项目中验收单元验收时出现不合格，是经过专业机构检测鉴定或设计单位验算或加固处理后才予以验收的项目数，如果项目没有此类情形，该项应该填写数据为"0"。"安全和功能检验（检测）报告"数据也是如此。

<h3 style="text-align:center">地基与基础分部工程质量验收记录　　　　　　表 3-72</h3>

GB 50300—2013　　　　　　　　　　　　　　　　　　　　　　　　　　桂建质 01

单位(子单位) 工程名称	1号教学楼		子分部工程 数量	4	分项工程 数量	8
施工单位	××建筑工程有限公司		项目负责人	张××	技术(质量) 负责人	刘××
分包单位			分包单位 负责人		分包内容	

序号	子分部工程名称	分项工程数	施工单位检查结果	验收组验收结论
1	地基			（验收意见、合格或不合格的结论、是否同意验收） 合格，同意验收
2	基础	3	合格	
3	基坑支护	1	合格	
4	地下水控制			
5	土方	2	合格	
6	边坡			
7	地下防水	2	合格	

质量控制 资料检查 结论	共33项，经查符合要求33项，经核定符合规范要求0项	安全和功能 检验(检测) 报告检查 结论	共核查7项，符合要求7项，经返工处理符合要求0项

观感质量 验收结论	1. 共抽查21项，符合要求21项，不符合要求0项； 2. 观感质量评价(好、一般、差)： 　　　　　　　　好

施工单位	设计单位	监理(建设)单位	勘察单位
项目负责人： 张×× (公章) 2018年11月1日	项目负责人： 陆×× (公章) 2018年11月1日	项目负责人： 王×× (公章) 2018年11月1日	项目负责人： 章×× (公章) 2018年11月1日

注：1. 质量控制资料、安全和功能检验（检测）报告检查情况可查阅有关的子分部工程质量验收记录或直接查阅原件，统计整理后填入本表。
　　2. 本验收记录尚应有各有关子分部工程质量验收记录做附件。
　　3. 观感质量验收由总监理工程师或建设单位项目专业负责人组织并以其为主，听取参验人员意见后作出评价，如评为"差"时，能修的尽量修，若不能修，只要不影响结构安全和使用功能，可协商接收，并在"验收组验收意见"栏中注明。

本 章 小 结

本章主要涉及地基与基础工程的质量验收，这一个分部工程所涵盖的内容和施工工艺非常多，首先有土方开挖，土方开挖就涉及基坑支护，基坑开挖面低于地下水位时就需要降水或隔水；作为基础的承载体——地基，涉及地基验槽，如果天然地基不能满足基础承载力和变形要求时，需要对地基进行处理或改变基础的形式，如将扩展基础或筏板基础再增设桩基础；另外施工地下工程时，还需要对地下工程进行防水设计，防水的方式包括主体结构防水、防水材料防水及构造防水。上述每一个工序或构件都有多种施工工艺可供选择，本章主要选择了土方工程、基坑支护工程、地基工程、基础工程、地下防水工程等中比较常见的施工工艺，并对这些施工质量和施工质量验收的编制进行讲解。因此，完成了本章的学习，学习者基本能胜任大部分建筑工程地基基础工程的施工质量验收工作。另外，本章也选取地基基础中分项工程、子分部工程及地基基础分部工程本身的施工质量验收资料的编制进行讲解，后续的其他分部工程及其所涵盖的分项工程施工质量验收资料的编制均可参照此进行。

本 章 习 题

1. 基础标准试块强度检测不合格时如何处理？
2. 土石方开挖的基本原则是什么？
3. 灌注桩排桩的质量检测内容有哪些？检测方式有哪些？检测数量分别是多少？如果检测评定Ⅲ类桩或Ⅳ类桩，应如何处理？
4. 土钉墙施工完成后，其质量检测的内容是什么？检测数量是多少？
5. 锚杆施工完成后，其质量检测的内容是什么？检测数量是多少？
6. 天然地基验槽主要验收哪些内容？其验收方法有哪些？
7. 在施工过程中，混凝土灌注桩试块怎样留置？
8. 混凝土灌注桩基础施工完成后，桩基础检测的项目有哪些？其抽取检测的数量分别是多少？
9. 防水混凝土的适用范围是什么？
10. 防水混凝土原材料质量控制有哪些特殊要求？
11. 卷材防水层的适用范围是什么？

4 主体结构分部工程

本章要点：

本章知识点：混凝土结构工程子分部工程验收的基本规定；模板分项工程检验批质量的验收；钢筋隐蔽工程验收内容；钢筋原材料、加工、连接和安装等检验批质量的验收；混凝土原材料、拌合物和施工等检验批质量的验收；混凝土现浇结构的外观质量、尺寸偏差等检验批质量的验收；混凝土结构实体检验；砌体结构工程子分部工程质量验收的一般规定、砖砌体工程、混凝土小型空心砌块砌体工程、填充墙砌体工程等分项工程检验批质量的验收。

本章技能点：能对模板分项工程检验批质量进行验收并编制相应验收记录资料；能对钢筋隐蔽工程进行验收；能对钢筋原材料、加工、连接和安装等检验批质量进行验收并编制相应验收记录资料；能对混凝土原材料、拌合物和施工等检验批质量进行验收并编制相应验收记录资料；能对混凝土现浇结构的外观质量、尺寸偏差等检验批质量进行验收并编制相应验收记录资料；能对混凝土现浇结构的外观质量、尺寸偏差等检验批质量进行验收并编制相应验收记录资料；具备参与混凝土结构实体检验的能力；能对砖砌体工程、混凝土小型空心砌块砌体工程、填充墙砌体工程等分项工程检验批质量进行验收并编制相应验收记录资料。

主体结构分部工程是涉及建筑工程结构安全最重要的分部工程之一，它由柱、墙、梁、板等结构构件组成。按主体结构所使用的建筑材料不同，主体结构分部工程可以划分为：混凝土结构、砌体结构、钢结构、钢管混凝土结构、型钢混凝土结构、铝合金结构、木结构等子分部工程。在实际工程中，主体结构分部工程可能包括上述两个或以上子分部工程。

主体结构分部工程的子分部工程、分项工程的划分见表 4-1。

主体结构分部工程、子分部工程、分项工程的划分　　　　表 4-1

分部工程	子分部工程	分项工程
主体结构	混凝土结构	模板、钢筋、混凝土、预应力、现浇结构、装配式结构
	砌体结构	砖砌体、混凝土小型空心砌块砌体、石砌体、配筋砌体、填充墙砌体
	钢结构	钢结构焊接，紧固件连接、钢零部件加工、钢构件组装及预拼装、单层钢结构安装、多层及高层钢结构安装、钢管结构安装、预应力钢索和膜结构、压型金属板、防腐涂料涂装、防火涂料涂装
	钢管混凝土	构件现场拼装，构件安装，钢管焊接，构件连接，钢管内钢筋骨架，混凝土
	型钢混凝土结构	型钢焊接，紧固件连接，型钢与钢筋连接，型钢构件组装及预拼装，型钢安装，模板，混凝土
	铝合金结构	铝合金焊接，紧固件连接，铝合金零部件加工，铝合金构件组装，铝合金构件预拼装，铝合金框架结构安装，铝合金空间网格结构安装，铝合金面板，铝合金幕墙结构安装，防腐处理
	木结构	方木和原木结构、胶合木结构、轻型木结构、木构件防护

本章内容主要涉及《建筑工程施工质量验收统一标准》GB 50300—2013、《砌体结构工程施工质量验收规范》GB 50203—2011、《混凝土结构工程施工质量验收规范》GB 50204—2015、《钢结构工程施工质量验收标准》GB 50205—2020、《木结构工程施工质量验收规范》GB 50206—2012、《钢管混凝土工程施工质量验收规范》GB 50628—2010 等有关专业规范、标准。

主体结构分部工程的质量验收，应根据上述标准、涉及的各专业验收规范和设计图纸的要求，按照"分项工程检验批验收→分项工程验收→子分部工程验收→分部工程验收"次序逐项递进式验收。

4.1　混凝土结构子分部工程

混凝土结构是以混凝土为主制成的结构，包括素混凝土结构、钢筋混凝土结构和预应力混凝土结构，按施工方法可分为现浇混凝土结构和装配式混凝土结构。混凝土结构工程的验收必须符合《混凝土结构工程施工质量验收规范》GB 50204—2015 和《建筑工程施工质量验收统一标准》GB 50300—2013 的要求。

混凝土结构工程是一个子分部工程，包括模板工程、钢筋工程、预应力工程、混凝土工程、现浇结构工程和装配式结构工程等六个分项工程。本节主要介绍模板工程、钢筋工程、混凝土工程、现浇结构工程等 4 个常见的分项工程，预应力工程和装配式结构工程 2 个分项工程的有关内容不作为重点。

4.1.1　基本规定

1. 混凝土结构子分部工程、分项工程的分类

混凝土结构子分部工程可划分为模板、钢筋、预应力、混凝土、现浇结构和装配式结构等分项工程。各分项工程可根据与生产和施工方式相一致且便于控制施工质量的原则，按进场批次、工作班、楼层、结构缝或施工段划分为若干检验批。

这是在与国家标准《建筑工程施工质量验收统一标准》GB 50300—2013 进行协调的基础上统一为混凝土结构子分部工程。本条列出了混凝土结构工程可能包括的分项工程和各分项工程划分为检验批的原则，工程验收时可根据工程实际情况确定混凝土结构子分部工程包括的分项工程。例如，通常的钢筋混凝土结构子分部工程包括模板、钢筋、混凝土、现浇结构等 4 个分项工程。新版规范删除了预应力混凝土结构子分部工程和装配式混凝土结构子分部工程，将预应力和装配式结构作为一个分项工程并入混凝土结构子分部。

检验批是工程质量验收的基本单元。检验批通常按下列原则划分：

1）检验批内在质量均匀一致，抽样应符合随机性和真实性的原则；

2）贯彻过程控制的原则，按施工次序、便于质量验收和控制关键工序质量的需要划分检验批。

例如：钢筋原材料检验批是按进场批次划分，钢筋加工检验批是按工作班划分，而钢筋连接和安装检验批则是按楼层（结构构件数量）划分检验批。

2. 关于混凝土结构子分部工程的质量验收

混凝土结构子分部工程的质量验收，应在钢筋、预应力、混凝土、现浇结构和装配式

结构等相关分项工程验收合格的基础上，进行质量控制资料检查、观感质量验收及混凝土结构子分部工程验收规定的结构实体检验。

混凝土结构子分部工程质量验收内容没有包括模板分项工程。模板工程仅作为或只在分项工程验收时验收，主要目的是确保模板工程的质量，模板是确保混凝土按设计要求成型的模型板，同时模板又是一项危大工程，模板支撑失效极易造成重大质量和安全问题。

3. 分项工程的质量验收

分项工程的质量验收应在所含检验批验收合格的基础上，进行质量验收记录检查。

4. 检验批的质量验收合格条件

检验批的质量验收应包括实物检查和资料检查，并应符合下列规定：

1）主控项目的质量经抽样检验均应合格。

2）一般项目的质量经抽样检验应合格；一般项目当采用计数抽样检验时，除本规范各章有专门规定外，其合格点率应达到 80％及以上，且不得有严重缺陷。

3）应具有完整的质量检验记录，重要工序应具有完整的施工操作记录。

主控项目是对检验批的基本质量起决定性影响的检验项目，这种项目的检验结果具有否决权。

对采用计数检验的一般项目，本规范要求其合格点率为 80％及以上，且在允许存在的 20％以下的不合格点中不得有严重缺陷。《混凝土结构工程施工质量验收规范》GB 50204—2015 中有少量采用计数检验的一般项目，合格点率要求为 90％及以上，如钢筋保护层厚度的合格点率，同时规定不得有严重缺陷。

计数检验的偏差项目规定为一般项目，并不意味着偏差项目不重要，这些偏差项目同样也影响结构安全性和耐久性，以及后续的安装或使用功能。严重缺陷是指对结构构件的受力性能、耐久性能或安装要求、使用功能有决定性影响的缺陷。具体的缺陷严重程度一般很难量化确定，通常需要现场监理、施工单位根据专业知识和经验分析判断。

资料检查应包括材料、构配件、器具及半成品等的进场验收资料、重要工序施工记录、抽样检验报告、隐蔽工程验收记录等。

资料检查中，重要工序施工记录是过程质量控制的有效依据。这里所指的重要工序，由施工单位根据项目特点，在施工组织设计或施工方案中明确，并经监理单位核准。如预应力筋张拉记录、混凝土养护记录等。对于一般工序则不再强调具有完整的施工操作记录。

5. 检验批抽样要求

检验批抽样样本应随机抽取，并应满足分布均匀、具有代表性的要求。

这里规定了检验批的抽样要求。随机抽取，是指检验批中的每个样本都具有相同的被抽取到的概率；分布均匀，是指被抽取的样本在总体样本中的分布应大致均匀，这种均匀要求在时间、部位方面均得到体现；具有代表性，是指被抽取的样本质量能够代表大多数样本的总体质量状况，如混凝土强度试块取样时，个别施工单位取样员一次性将整次浇筑混凝土的试块做完，这种试块压出来的强度就不具有代表性。另外，检验批抽样应具有真实性、规范性、抽样数量满足规范要求。

获得认证的产品或来源稳定且连续三批均一次检验合格的产品，进场验收时检验批的容量可扩大一倍，且检验批容量仅可扩大一倍。扩大检验批后的检验中，出现不合格情况时，应按扩大前的检验批容量重新验收，且该产品不得再次扩大检验批容量。

产品进场检验是在出厂合格的前提下进行的抽检工作。规范规定采用调整型抽样的目的是降低质量控制的社会成本，并鼓励优质产品进入工程现场。获得认证的产品，意味着其产品的生产设备、人员配备、质量管理等环节对质量控制的有效性，产品质量是稳定且有保证的，产品认证不等同于质量体系认证；连续三批均一次检验合格，同样体现了产品的质量稳定性，"一次检验合格"不包括二次抽样复检合格的情况。满足上述两个条件之一时，其检验批容量可按本规范的有关规定扩大一倍；同时满足两个条件时，检验批容量也仅扩大一倍。检验批容量扩大一倍后，抽样比例及抽样最小数量仍按未扩大前的规定执行。工程实践中需要注意的是：扩大检验批容量后，若出现检验不合格的情况，则应恢复到扩大前的检验批容量，且该产品在此工程应用中不得再次按本条规定扩大检验批容量。

混凝土结构工程采用的材料、构配件、器具及半成品应按进场批次进行检验。属于同一工程项目且同期施工的多个单位工程，对同一厂家生产的同批材料、构配件、器具及半成品，可统一划分检验批进行验收。

本条规定的目的是解决同一施工单位施工的工程中，同批进场材料可能用于多个单位工程的情况，避免由于单位工程规模较小、数量多或材料用量较少，出现针对同批材料多次重复验收的情况。同期施工是指同一时期，并不强调某个具体的时间点和施工部位的相同。

6. 检验批的质量不合格的处理规定

不合格检验批的处理应符合下列规定：

1）材料、构配件、器具及半成品检验批不合格时不得使用；

2）混凝土浇筑前施工质量不合格的检验批，应返工、返修，并应重新验收；

3）混凝土浇筑后施工质量不合格的检验批，应按本规范有关规定进行处理。

对不合格检验批的处理原则，在《建筑工程施工质量验收统一标准》GB 50300—2013中有明确规定，这里据此明确细化了对象、时间点。进场验收不合格的材料、构配件、器具及半成品不得用于工程中。

对混凝土浇筑前出现的施工质量不合格的检验批，具备返工或返修条件，允许返工、返修后重新验收。

对混凝土浇筑后出现的施工质量不合格的检验批，通常不易直接进行返工处理，因此在相关章中做出处理的规定。

4.1.2 模板分项工程

模板分项工程是混凝土浇筑成型用的模板及其支架的设计、安装、拆除等一系列技术工作和完成实体的总称。模板工程是混凝土结构工程施工过程中的辅助设施。由于模板及支架的材料、配件可以周转重复使用，故模板及支架验收时的检验批划分可根据模板及支架的数量或混凝土结构（构件）的数量确定。

混凝土施工完成并拆除模板后，裸露在外的混凝土现浇结构的外观质量和尺寸偏差就是模板施工质量好坏的最直接反映，同时模板也是施工现场最容易发生重大安全事故的部位之一，在施工安全管理中是被要求重点管理的部位之一。

我国现行国家标准《混凝土结构工程施工规范》GB 50666—2011已经包含有模板拆

除的规定，本着"控制关键工序、淡化一般过程控制"的原则，新修订的验收规范中不再设置验收模板拆除的内容。

1. 模板分项工程验收的一般规定

（1）模板工程应编制施工方案。爬升式模板工程、工具式模板工程及高大模板支架工程的施工方案，应按有关规定进行技术论证。

根据住房和城乡建设部《危险性较大的分部分项工程安全管理办法》（建质〔2009〕87号）（《危险性较大的分部分项工程安全管理规定》（2018年住房和城乡建设部令第37号）同样如此要求）的要求和多项现行国家标准的规定，编制、审查并认真实施施工方案是施工单位控制模板工程质量和安全的基本措施之一。因此，规范要求所有类型的模板均需按照相关规定编制施工方案，对于一些比较特殊的模板工程如爬升式模板工程、工具式模板工程及高大模板支架工程，除需编制施工方案外还要进行技术论证。

上述所称爬升式模板是指滑模、爬模等施工工艺所采用的模板体系。上述所称工具式模板是指台模等整体装拆、重复周转使用的模板。上述所称高大模板支架是指具备下列四个条件之一的模板支架工程：支模高度超过8m，或构件跨度超过18m，或施工总荷载超过15kN/m²，或施工线荷载超过20kN/m。国外相关规范也有区分基本模板工程、特殊模板工程的类似规定。

模板工程施工方案一般宜包括下列内容：模板及支架的类型；模板及支架的材料要求；模板及支架的计算书和施工图；模板及支架安装、拆除相关技术措施；施工安全和应急措施（预案）、文明施工、环境保护等技术要求。

（2）模板及支架应根据安装、使用和拆除工况进行设计，并应满足承载力、刚度和整体稳固性要求。

这些要求是模板及支架设计的基本要求，即承载力、刚度和稳固性必须满足规定要求，且计算时应考虑各种不同的工况。

模板及支架虽然是施工过程中的临时结构，但其受力情况特别复杂，在施工过程中可能遇到多种不同的荷载及其组合，其中某些荷载还具有不确定性。因此，模板设计既要符合建筑结构设计的基本要求，考虑结构形式、荷载大小等，又要结合施工过程的安装、使用和拆除等各种主要工况进行设计，以保证其安全可靠，在任何一种可能遇到的工况下仍具有足够的承载力、刚度和稳固性。各种工况可以理解为各种可能遇到的荷载及其组合。

现行国家标准《工程结构可靠性设计统一标准》GB 50153—2008规定：结构的整体稳固性系指结构在遭遇偶然事件时，仅产生局部损坏而不致出现与起因不相称的整体性破坏。模板及支架的整体稳固性系指在遭遇不利施工荷载工况时，不因构造不合理或局部支撑杆件缺失造成整体坍塌。模板出现安全问题一般是在整体稳定性方面出问题，但模板的整体稳固性在结构计算时很难以验算，工程实践中一般通过设置构造措施予以保证。如广西壮族自治区住建厅以及国内其他一些省住建厅要求施工层的主体结构墙柱混凝土与梁板混凝土分开浇筑，其目的就是墙柱混凝土先浇筑，以便在之后梁板混凝土浇筑时，让梁板模板支撑与先浇筑的结构墙柱一起，增大模板支撑的整体稳固性。

这条规定直接影响模板及支架的安全，并与混凝土结构施工质量密切相关，故列为新修订的《混凝土结构工程施工质量验收规范》GB 50204—2015的强制性条文，必须严格执行。

（3）模板及支架的拆除应符合现行国家标准《混凝土结构工程施工规范》GB 50666—2011 的规定和施工方案的要求。

混凝土结构工程施工质量验收规范未将模板及支架拆除列为验收内容。对模板及支架拆除要严格执行国家标准《混凝土结构工程施工规范》GB 50666—2011 第 4.5 节给出的模板及支架拆除与维护的基本要求，更详细的拆除要求还应在施工方案中列明。

2. 模板分项工程检验批的质量检验

（1）模板安装分项工程检验批的检验标准

模板安装分项工程检验批的检验标准和检验方法见表 4-2。

模板安装分项工程检验批的质量检验标准 表 4-2

项目类型	序号	验收项目	合格质量标准	检验方法	检验数量
主控项目	1	模板及支架用材料的技术指标	模板及支架用材料的技术指标应符合国家现行有关标准的规定。进场时应抽样检验模板和支架材料的外观、规格和尺寸	检查质量证明文件；观察，尺量	按国家现行有关标准的规定确定
	2	现浇混凝土结构模板及支架的安装质量	现浇混凝土结构模板及支架的安装质量，应符合国家现行有关标准的规定和施工方案的要求	按国家现行有关标准的规定执行	按国家现行有关标准的规定确定
	3	后浇带处的模板及支架	后浇带处的模板及支架应独立设置	观察	全数检查
	4	在土层上安装支架竖杆或竖向模板的质量要求	支架竖杆或竖向模板安装在土层上时，应符合下列规定： 1) 土层应坚实、平整，其承载力或密实度应符合施工方案的要求； 2) 应有防水、排水措施；对冻胀性土，应有预防冻融措施； 3) 支架竖杆下应有底座或垫板	观察；检查土层密实度检测报告、土层承载力验算或现场检测报告	全数检查
一般项目	1	模板安装要求	模板安装应符合下列规定： 1) 模板的接缝应严密； 2) 模板内不应有杂物、积水或冰雪等； 3) 模板与混凝土的接触面应平整、清洁； 4) 用作模板的地坪、胎模等应平整、清洁，不应有影响构件质量的下沉、裂缝、起砂或起鼓； 5) 对清水混凝土及装饰混凝土构件，应使用能达到设计效果的模板	观察	全数检查

项目类型	序号	验收项目	合格质量标准	检验方法	检验数量
一般项目	2	隔离剂的品种和涂刷方法	隔离剂的品种和涂刷方法应符合施工方案的要求。隔离剂不得影响结构性能及装饰施工；不得沾污钢筋、预应力筋、预埋件和混凝土接槎处；不得对环境造成污染	检查质量证明文件；观察	全数检查
	3	模板起拱	模板的起拱应符合现行国家标准《混凝土结构工程施工规范》GB 50666—2011 的规定，并应符合设计及施工方案的要求	水准仪或尺量	在同一检验批内，对梁，跨度大于 18m 时应全数检查，跨度不大于 18m 时应抽查构件数量的 10%，且不应少于 3 件；对板，应按有代表性的自然间抽查 10%，且不应少于 3 间；对大空间结构，板可按纵、横轴线划分检查面，抽查 10 %，且不应少于 3 面
	4	多层连续支模质量	现浇混凝土结构多层连续支模应符合施工方案的规定。上下层模板支架的竖杆宜对准。竖杆下垫板的设置应符合施工方案的要求	观察	全数检查
	5	模板上的预埋件和预留孔洞	固定在模板上的预埋件和预留孔洞不得遗漏，且应安装牢固。有抗渗要求的混凝土结构中的预埋件，应按设计及施工方案的要求采取防渗措施。预埋件和预留孔洞的位置应满足设计和施工方案的要求。当设计无具体要求时，其位置偏差应符合表 4-3 的规定	观察，尺量	在同一检验批内，对梁、柱和独立基础，应抽查构件数量的 10%，且不应少于 3 件；对墙和板，应按有代表性的自然间抽查 10%，且不应少于 3 间；对大空间结构，墙可按相邻轴线间高度 5m 左右划分检查面，板可按纵、横轴线划分检查面，抽查 10%，且均不应少于 3 面
	6	现浇结构模板安装的偏差及检验方法	现浇结构模板安装的偏差及检验方法应符合表 4-4 的规定	具体见表 4-4	
	7	预制构件模板安装允许偏差及检验方法	预制构件模板安装的偏差及检验方法应符合表 4-5 的规定	具体见表 4-5	首次使用及大修后的模板应全数检查；使用中的模板应抽查 10%，且不应少于 5 件，不足 5 件时应全数检查

（2）关于模板安装分项工程检验批质量检验的说明

1）主控项目第 1 项

本条对模板及支架材料的技术指标提出要求，主要指标为模板、支架及配件的材质、规格、尺寸及力学性能等。目前常用的模板及支架材料种类繁多，其规格尺寸、材质和力学性能等各异，且多为周转重复使用，其质量差异较大。部分材料、配件的材质、规格尺寸、力学性能等如果不符合要求，将给模板及支架的质量、安全留下隐患，甚至可能酿成事故。因此，将模板及支架材料的技术指标作为主控项目列为进场验收内容。

考虑到现场条件以及现实中模板及支架材料的租赁、周转等情况比较复杂，正常情况下的主要检验方法是核查质量证明文件，并对实物的外观、规格、尺寸进行观察和必要的尺量检查。当实物的质量差异较大时，宜在检查前进行必要的分类筛选。本条的尺寸检查包括模板的厚度、平整度等；支架杆件的直径、壁厚、外观等；连接件的规格、尺寸、重量、外观等；实施时可根据检验对象进行补充或调整。

2）主控项目第 2 项

本条要求对安装完成后的模板及支架进行验收。现浇混凝土结构的模板及支架类型众多，验收检查的项目和重点也不相同，主要类型模板已有相应的国家或行业标准，故要求应按照有关标准进行验收。国家有关标准通常给出的是对模板及支架安装的基本和通用要求，安装的详细要求往往由施工方案根据工程的具体情况规定，如支架杆件的间距、各种支撑的设置数量、位置等，故本条规定验收时除了应符合有关标准以外，还应符合施工方案的要求，主要检验方法由有关标准规定。

3）主控项目第 3 项

后浇带模板及支架由于施工中留置时间较长，不能与相邻的混凝土模板及支架同时拆除，且不宜拆除后二次支撑，因此，要求施工单位在制定施工方案时应考虑独立设置，使其装拆方便，且不影响相邻混凝土结构的质量。

4）主控项目第 4 项

在土层上直接安装支架竖杆或竖向模板，原则上应按照地基基础设计规范的要求进行设计计算，但施工中有时被忽视，个别施工单位甚至将模板竖杆直接支撑在未经处理的普通场地土上。为此，本条除了要求基土应坚实、平整并应有防水、排水、预防冻融等措施外，还明确要求基土承载力或密实度应符合施工方案的要求。施工方案可根据具体情况对基土提出密实度（压实系数）的要求。验收时应检查土层密实度检测报告、土层承载力验算或现场检测报告。这一项主要是针对底层模板支撑的要求，二层以上一般是支撑在楼板上，不存在支撑在土层上的情况。因此，二层以上的模板安装一般不用验收此项。

基土上支模时应采取防水、排水措施，对于湿陷性黄土、膨胀性土和冻胀性土，由于其对水浸或冻融十分敏感，尤其应该注意。

土层上支模时竖杆下应设置垫板，是国家标准《混凝土结构工程施工规范》GB 50666—2011 规定的重要构造措施，应明确列入施工方案并加以具体化。对垫板的检查内容主要包括：是否按照施工方案的要求设置，垫板的面积是否足够分散竖杆压力，垫板是否中心承载，竖杆与垫板是否顶紧，支撑在通长垫板上的竖杆受力是否均匀等。

5）一般项目第 1 项

无论采用何种材料制作的模板，其接缝都应严密，避免漏浆，但木模板需考虑浇水湿润时的木材膨胀情况。模板内部及与混凝土的接触面应清理干净，以避免出现麻面、夹渣等缺陷。对清水混凝土及装饰混凝土，为了使浇筑后的混凝土表面满足设计效果，宜事先对所使用的模板和浇筑工艺制作样板或进行试验。

6）一般项目第 2 项

隔离剂主要功能为帮助模板顺利脱模，此外还具有保护混凝土结构的表面质量，增加模板的周转使用次数，降低工程成本等功能。隔离剂一般在金属（铝、钢）模板上采用较多，木模板很少采用。

隔离剂的品种、性能和涂刷方法应在施工方案中加以规定。选择隔离剂时，应避免使用可能会对混凝土结构受力性能和耐久性造成不利影响（如对混凝土中钢筋具有腐蚀性、污染性）的隔离剂，或影响混凝土表面后期装修（如使用废机油等）的隔离剂。

工程实践中，当有条件时，隔离剂宜在支模前涂刷，当受施工条件限制或支模工艺不同时，也可现场涂刷。现场涂刷隔离剂容易沾污钢筋、预埋件和混凝土接槎处，可能会对混凝土结构受力性能造成不利影响，故应采取适当措施加以避免。

本条验收内容为两项，即：隔离剂的品种、性能和隔离剂的涂刷质量。前者主要检查隔离剂质量证明文件以判定其品种、性能等是否符合要求，是否可能影响结构性能及装饰施工，是否会对环境造成污染；后者主要是观察涂刷质量，并可对施工记录进行检查。

对于长效隔离剂，宜对其周转使用的实际效果进行检验或试验。

7）一般项目第 3 项

对跨度较大的现浇混凝土梁、板的模板，由于其施工阶段新浇混凝土和模板支撑自重作用，竖向支撑出现变形和下沉，如果不起拱可能造成跨间明显变形，严重时可能影响装饰和美观，故模板在安装时适度起拱可以抵消竖向支撑下沉变形的不利影响，有利于保证构件的形状和尺寸。

起拱高度可执行国家标准《混凝土结构工程施工规范》GB 50666—2011 给出的规定，通常跨度不小于 4m 时宜起拱，起拱高度宜为梁、板跨度的 1/1000～3/1000，应根据具体工程情况并结合施工经验选择，对刚度较大的钢模板钢管支架等可采用较小值，对刚度较小的木模板木支架等可采用较大值。需注意国家标准《混凝土结构工程施工规范》GB 50666—2011 给出的起拱值未包括设计为了抵消构件在外荷载下出现的过大挠度所给出的要求。

对梁、板起拱的检查验收应注意起拱后的构件截面高度问题。少数施工单位对起拱的机理、作用理解不准确，在模板起拱的同时将梁的高度或板的厚度减少，使构件截面高度受到影响，故国家标准《混凝土结构工程施工规范》GB 50666—2011 规定"起拱不得减少构件截面高度"，工程实践中应注意检查梁板在跨中部位侧模的高度。

8）一般项目第 4 项

多层连续支模的情况比较复杂，故基本要求是应符合施工方案的规定。执行本条规定，编制严谨全面、符合要求的施工方案是重要前提。

上、下层模板支架的竖杆对准，利于混凝土结构自重及施工荷载的连续直接传递，减少楼板的附加应力，属于保证施工安全和结构质量的措施之一。实际施工中，楼层和模板支架的情况可能有很大差别，竖杆对准的要求是指大致对准，模板安装前应进行放线，检查方法通常采用目测观察即可。

当混凝土结构设置后浇带时，后浇带及相邻部位由于模板及支架的拆除时间、受力状况与其他部位不同，故对于竖杆对准更应严格要求。在使用铝合金模板时上下层模板支撑竖杆对准效果比较好。

对于多层连续支模，本条要求除上、下层模板支架的竖杆应对准外，上层支模时尚应按照施工方案的要求，通过计算确定保持其下层竖杆的层数。为安全计，根据施工经验，最少应为 2 层，冬期施工时应增加支撑层数。

在土层上支模时竖杆下应设置垫板，这在现行国家标准《混凝土结构工程施工规范》GB 50666—2011 和主控项目第 4）项有明确规定。当模板支架的竖杆支承于混凝土楼面上时，是否需要设置垫板应由施工方案根据工程的具体情况确定。当支撑面的混凝土实际强度较低时，为防止楼面混凝土破损，亦应设置垫板。

9）一般项目第 5 项

本条适用于对固定在模板上的预埋件和预留孔、洞内置模板的检查验收。主要包括数量、位置、尺寸的检查，安装牢固程度的检查、防渗措施的检查和对预埋螺栓外露长度的检查。

检查的基本依据为设计和施工方案的要求。

预埋件的外露长度只允许有正偏差，不允许有负偏差；对预留洞内部尺寸，只允许大，不允许小。在允许偏差表中，不允许有负偏差的项目以"0"表示。本条对尺寸偏差的检查，除可采用条文中给出的方法外，也可采用其他方法和相应的检测工具（表 4-3）。

本条对安装牢固的检查，可以检查预埋件在模板上的固定方式、预留孔、洞的内置模板固定等措施对其牢固程度加以判断；也可用力扳动，模拟混凝土浇筑时受到冲击、挤压会否移位等。

预埋件和预留孔洞的安装允许偏差　　　　　　　　表 4-3

项目		允许偏差（mm）
预埋板中心线位置		3
预埋管、预留孔中心线位置		3
插筋	中心线位置	5
	外露长度	+10，0
预埋螺栓	中心线位置	2
	外露长度	+10，0
预留洞	中心线位置	10
	尺寸	+10，0

注：检查中心线位置时，沿纵、横两个方向量测，并取其中偏差的较大值。

10）一般项目第 6、第 7 项

该两条给出了现浇结构和预制构件模板安装的尺寸允许偏差及检验方法，其中预制构件模板安装的允许偏差除了适用于预制构件厂外，也适用于现场制作的预制构件。由于模板验收时尚未浇筑混凝土，发现过大偏差时应当在浇筑之前修整。过大偏差可按照允许偏差的 1.5 倍取值，也可由施工方案根据工程具体情况确定（表 4-4、表 4-5）。

与原规范相比，现浇结构模板的允许偏差增加了现浇楼梯模板相邻踏步高度的允许偏差，调整了现浇混凝土结构模板层高垂直度的允许偏差，并对预制构件模板的抽样数量和检验方法进行了调整，删去了原规范中对使用中的预制构件模板应"定期检查"并"根据使用情况不定期抽查"的模糊规定，明确规定了抽查数量，并修改了原规范中部分检验方法。

现浇结构模板安装的允许偏差及检验方法 表 4-4

项目		允许偏差(mm)	检验方法
轴线位置		5	尺量
底模上表面标高		±5	水准仪或拉线、尺量
模板内部尺寸	基础	±10	尺量
	柱、墙、梁	±5	尺量
	楼梯相邻踏步高差	5	尺量
墙、柱垂直度	层高≤6m	8	经纬仪或拉线、尺量
	层高>6m	10	经纬仪或拉线、尺量
相邻模板表面高差		2	尺量
表面平整度		5	2m靠尺或塞尺量测

注：检查轴线位置，当有纵横两个方向时，沿纵、横两个方向量测，并取其中偏差的较大值。

预制构件模板安装的允许偏差及检验方法 表 4-5

项目		允许偏差(mm)	检验方法
长度	梁、板	±4	尺量两侧边，取其中较大值
	薄腹梁、桁架	±8	
	柱	0，−10	
	墙板	0，−5	
宽度	板、墙板	0，−5	尺量两侧端及中部，取其中较大值
	梁、薄腹梁、桁架	+2，−5	
高(厚)度	板	+2，−3	尺量两侧端及中部，取其中较大值
	墙板	0，−5	
	梁、薄腹梁、桁架、柱	+2，−5	
侧向弯曲	梁、板、柱	$L/1000$ 且≤15	拉线、尺量最大弯曲处
	墙板、薄腹梁、桁架	$L/1500$ 且≤15	
板的表面平整度		3	2m靠尺或塞尺量测
相邻模板表面高度		1	尺量
对角线差	板	7	尺量两对角线
	墙板	5	
翘曲	板、墙板	$L/1500$	水平尺在两端量测
设计起拱	梁、薄腹梁、桁架	±3	拉线、尺量跨中

注：表中 L 为构件长度(mm)。

154

【例4-1】假设案例项目1号教学楼采用框架结构,设计有24根框架柱,框架梁11根,楼板14块,层高3.6m。模板采用木胶合板模板,支撑采用扣件式钢管。模板安装的检验批容量按构件总数确定,柱、梁验收时按构件总数的10%抽检,板验收时按自然间总数的10%抽检,工程实践中具体按设计图纸填写。具体填写示例见表4-6。

验收时应注意:1)主控项目3"模板及支架设置"验收后浇带处模板,如果项目设计没有设置后浇带,则不需验收此项;

2)1号教学楼的一层模板不存在用地坪作模板,用地坪作模板较多部位是在基础;该教学楼也不是采用清水混凝土(表面不做任何装饰的混凝土)。因此,一般项目1中"用作模板的地坪……"和"对清水混凝土及装饰混凝土……"不验收。

现浇结构模板安装检验批质量验收记录

表4-6

GB 50204—2015

桂建质 020101（Ⅰ）□ 0 □ 0 □ 1（一）

单位(子单位)工程名称		1号教学楼		分部(子分部)工程名称	主体结构(混凝土结构)	分项工程名称	模板
施工单位		××建筑工程有限公司		项目负责人	张××	检验批容量	柱24件;梁、板25件
分包单位				分包单位项目负责人		检验批部位	一层
施工依据		《混凝土结构工程施工规范》GB 50666—2011			验收依据	《混凝土结构工程施工质量验收规范》GB 50204—2015	
	验收项目	设计要求及规范规定		样本总数	最小/实际抽样数量	检查记录	检查结果
主控项目	1 模板材料质量	模板及支架用材料的技术指标应符合国家现行有关标准的规定。进场时应抽样检验模板和支架材料的外观、规格和尺寸	检查质量证明文件;观察、尺量	49	/	质量证明文件齐全,符合要求	合格
			按国家现行有关标准的规定确定				
	2 模板安装质量	现浇混凝土结构模板及支架的安装质量,应符合国家现行有关标准的规定和施工方案的要求	按国家现行有关标准的规定确定、执行	49	/	符合国家标准规定和施工方案要求	合格
	3 模板及支架设置	后浇带处的模板及支架应独立设置	观察	全数检查	/		

	验收项目		设计要求及规范规定		样本总数	最小/实际抽样数量	检查记录	检查结果
主控项目	4	模板安装要求	土层应坚实、平整，其承载力或密实度应符合施工方案要求	观察；检查土层密实度检测报告、土层承载力验算或现场检测报告	49	/	检测合格，报告编号001~003	合格
			应有防水、排水措施；对冻胀性土，应有预防冻融措施		49	49/49	全部合格	合格
			支架竖杆下应有底座或垫板		49	49/49	全部合格	合格
一般项目	1	模板安装	模板的接缝应严密	观察	49	49/49	全部合格	合格
			模板内不应有杂物、积水或冰雪等		49	49/49	全部合格	合格
			模板与混凝土的接触面应平整、清洁		49	49/49	全部合格	合格
			用作模板的地坪、胎模等应平整、清洁，不应有影响构件质量的下沉、裂缝、起砂或起鼓		全数检查	/		
			对清水混凝土及装饰混凝土构件，应使用能达到设计效果的模板			/		
	2	隔离剂的质量	隔离剂的品种和涂刷方法应符合施工方案的要求。隔离剂不得影响结构性能及装饰施工；不能沾污钢筋、预应力筋、预埋件和混凝土接槎处；不得对环境造成污染	检查质量证明文件；观察	全数检查			

156

	验收项目	设计要求及规范规定		样本总数	最小/实际抽样数量	检查记录	检查结果
	3 模板起拱高度	模板的起拱应符合现行国家标准《混凝土结构工程施工规范》GB 50666—2011 的规定，并应符合设计及施工方案的要求	按国家现行有关标准的规定确定、执行	在同一检验批内，对梁，跨度大于18m 时应全数检查，跨度不大于18m 时应抽查构件数量的10%且不少于3件；对板，应按有代表性的自然间抽查10%，且应不少于3间；对大空间结构，板可按纵横轴线划分检查面，抽查10%，且均不少于3面	11	3/3	抽查3处，全部合格	合格
一般项目	4 支模、支架要求	现浇混凝土结构多层连续支模应符合施工方案的规定。上下层模板支架的竖杆宜对准。竖杆下垫板的设置应符合施工方案的要求	观察	全数检查	49	49/49	全部合格	合格
	5 预埋件和预留孔洞	固定在模板上的预埋件和预留孔洞不得遗漏，且应安装牢固。有抗渗要求的混凝土结构中的预埋件，应按设计及施工方案的要求采取防渗措施。预埋件和预留孔洞的位置应满足设计和施工方案的要求。当设计无具体要求时，其位置偏差应符合表4.2.9的规定	观察，尺量	在同一检验批内，对梁、柱和独立基础，应抽查10%且不少于3件；对墙和板，应按有代表性的自然间抽查10%，且应不少于3间；对大空间结构，墙可按相邻轴线高度5m左右划分检查面，板可按纵横轴线划分检查面，抽查10%，且均不少于3面	49	5/5	抽查5处，全部合格	合格

	验收项目	设计要求及规范规定				样本总数	最小/实际抽样数量	检查记录	检查结果
一般项目	6 预埋件预留孔洞的安装允许偏差(mm)	预埋钢板中心线位置		3	尺量	在同一检验批内,对梁、柱和独立基础,应抽查10%且不少于3件;对墙和板,应按有代表性的自然间抽查10%,且应不少于3间;对大空间结构,墙可按相邻轴线高度5m左右划分检查面,板可按纵横轴线划分检查面,抽查10%,且均不少于3面	49	5/5	抽查5处,全部合格	合格
		预埋管、预留孔中心线位置		3						
		插筋	中心线位置	5						
			外露长度	+10,0						
		预埋螺栓	中心线位置	2						
			外露长度	+10,0						
		预留洞	中心线位置	10			2	2/2	抽查2处,全部合格	合格
			尺寸	+10,0			2	2/2	抽查2处,全部合格	合格
	7 现浇结构模板安装的允许偏差(mm)	轴线位置		5	尺量	在同一检验批内,对梁、柱和独立基础,应抽查10%且不少于3件;对墙和板,应按有代表性的自然间抽查10%,且应不少于3间;对大空间结构,墙可按相邻轴线高度5m左右划分检查面,板可按纵横轴线划分检查面,抽查10%,且均不少于3面	49	5/5	抽查5处,全部合格	合格
		底模上表面标高		±5	水准仪或拉线、尺量		25	3/3	抽查3处,全部合格	合格
		模板内部尺寸	基础	±10	尺量					
			柱、墙、梁	±5	尺量		35	4/4	抽查4处,全部合格	合格
			楼梯相邻踏步高差	5	尺量		2	2/2	抽查2处,全部合格	合格
		柱、墙垂直度	≤6	8	经纬仪或吊线、尺量		24	3/3	抽查3处,全部合格	合格
			>6m	10						
		相邻模板表面高低差		2	尺量		14	3/3	抽查3处,全部合格	合格
		表面平整度		5	2m靠尺和塞尺量测		14	3/3	抽查3处,全部合格	合格

施工单位检查结果	主控项目全部符合要求,一般项目满足规范要求,本检验批符合要求 专业工长:王×× 项目专业质量检查员:张×× 2018 年 10 月 17 日
监理(建设)单位验收结论	主控项目全部合格,一般项目满足规范要求,本检验批合格 专业监理工程师:李×× (建设单位项目专业技术负责人): 2018 年 10 月 17 日

3）木模板一般不刷隔离剂，预埋钢板和预埋螺栓一般用于与钢结构构件的连接，因此对一般项目 2 和一般项目 6 中部分项不验收；

4）超过 4m 跨度的梁构件会存在"模板起拱"，梁板构件模板才存在底模，因此"模板起拱高度""预留洞口""底模上表面标高""楼梯相邻踏步高差"等验收项目的样本总数按实际构件数量确定。

（3）模板拆除要求

新修订的《混凝土结构工程施工质量验收规范》GB 50204—2015 不再将模板拆除作为检验批验收，但模板拆除时容易产生安全事故，因此模板拆除应严格遵循混凝土结构工程的施工规范，采取"先支后拆，后支先拆，先拆沉重模板，后拆承重模板"的顺序，并应从上而下进行拆除。底模及其支架拆除时的混凝土强度应符合设计要求；当设计无具体要求时，混凝土强度应符合表 4-7 的规定。侧模拆除时的混凝土强度应能保证其表面及棱角不受损伤。

底模拆除时的混凝土强度要求　　　　　　　　　　　　表 4-7

构件类型	构件跨度（m）	达到设计的混凝土立方体抗压强度标准值的百分率（%）
板	≤2	≥50
	>2，≤8	≥75
	>8	≥100
梁、拱、壳	≤8	≥75
	>8	≥100
悬臂构件	—	≥100

4.1.3　钢筋分项工程

钢筋工程是指对建筑用的钢筋材料的进场检验、钢筋加工、钢筋连接、钢筋安装等一系列技术工作和完成实体的总称。钢筋分项工程包括钢筋原材料、钢筋加工、钢筋连接和钢筋安装等四个检验批。

1. 钢筋分项工程的一般规定

（1）钢筋隐蔽工程验收内容

浇筑混凝土之前，应进行钢筋隐蔽工程验收。隐蔽工程验收应包括下列主要内容：

1）纵向受力钢筋的牌号、规格、数量、位置；

2）钢筋的连接方式、接头位置、接头质量、接头面积百分率、搭接长度、锚固方式及锚固长度；

3）箍筋、横向钢筋的牌号、规格、数量、间距、位置，箍筋弯钩的弯折角度及平直段长度；

4）预埋件的规格、数量和位置。

钢筋隐蔽工程反映钢筋分项工程施工的综合质量，在浇筑混凝土之前验收是为了确保受力钢筋等的加工、连接、安装满足设计要求和验收规范的有关规定。对于钢筋隐蔽工程验收的内容，新规范增加了钢筋搭接长度、锚固长度、锚固方式及箍筋位置、弯钩弯折角度、平直段长度等内容；除以上规定的主要内容外，可根据工程实际情况，增加影响工程质量的其他重要内容。

为避免重复验收工作，可根据工程实际情况，钢筋隐蔽工程验收可与钢筋安装检验批验收同时进行。

（2）钢筋进场检验批容量的动态调整

钢筋、成型钢筋进场检验，当满足下列条件之一时，其检验批容量可扩大一倍：

1）获得认证的钢筋、成型钢筋；

2）同一厂家、同一牌号、同一规格的钢筋，连续三批均一次检验合格；

3）同一厂家、同一类型、同一钢筋来源的成型钢筋，连续三批均一次检验合格。

对于获得认证或生产质量稳定的钢筋、成型钢筋，在进场检验时，可比常规检验批容量扩大一倍。所谓成型钢筋，是指将钢筋安排在专业加工厂按照设计图纸尺寸进行加工成型，加工完后直接运至施工现场进行安装的半成品，成型钢筋类型包括箍筋、纵筋、焊接网、钢筋笼等。成型钢筋生产应遵循相关产品标准规定。

第2）项中同一厂家是指同一钢铁生产企业，同一牌号相当于以前所提的同一炉批号、同一级别的钢筋。

第3）项中同一厂家是指同一钢筋加工企业，同一类型指的是同一用途的钢筋，如所有的箍筋可以列为同一类型，所有的板纵向受力筋可以列为同一类型等。

当钢筋、成型钢筋满足上述相应任何一个条件时，检验批容量只扩大一次。当扩大检验批后的检验出现一次不合格情况时，应按扩大前的检验批容量重新验收，并不得再次扩大检验批容量。

2. 钢筋原材料分项工程检验批的质量检验

（1）钢筋材料分项工程检验批的检验

钢筋原材料分项工程检验批的检验标准和检验方法见表4-8。

表 4-8

钢筋原材料分项工程检验批质量检验标准

项目类型	序号	验收项目	合格质量标准	检验方法	检验数量
主控项目	1	钢筋力学性能及重量偏差检验	钢筋进场时，应按国家现行相关标准的规定抽取试件做屈服强度、抗拉强度、伸长率、弯曲性能和重量偏差检验，检验结果应符合相应标准的规定	检查质量证明文件和抽样检验报告	按进场的批次和产品的抽样检验方案确定
	2	成型钢筋进场力学性能及重量偏差检验	1. 成型钢筋进场时，应抽取试件做屈服强度、抗拉强度、伸长率和重量偏差检验，检验结果应符合国家现行有关标准的规定； 2. 对由热轧钢筋制成的成型钢筋，当有施工单位或监理单位的代表驻厂监督生产过程，并提供原材钢筋力学性能第三方检验报告时，可仅进行重量偏差检验	检查质量证明文件和抽样检验报告	同一厂家、同一类型、同一钢筋来源的成型钢筋，不超过30t为一批，每批中每种钢筋牌号、规格均应至少抽取1个钢筋试件，总数不应少于3个

项目类型	序号	验收项目	合格质量标准	检验方法	检验数量
主控项目	3	抗震用钢筋强度及总拉伸率	对按一、二、三级抗震等级设计的框架和斜撑构件(含梯段)中的纵向受力钢筋应采用 HRB335E、HRB400E、HRB500E、HRBF335E、HRBF400E 或 HRBF500E 钢筋,其强度和最大力下总伸长率的实测值应符合下列规定: 1. 钢筋的抗拉强度实测值与屈服强度实测值的比值应不应小于1.25; 2. 钢筋的屈服强度实测值与屈服强度标准值的比值应不应大于1.3; 3. 钢筋的最大力下总伸长率不应小于9%	检查抽样检验报告	按进场的批次和产品的抽样检验方案确定
一般项目	1	外观质量	钢筋应平直、无损伤,表面不得有裂纹、油污、颗粒状或片状老锈	观察	全数检查
	2	成型钢筋的外观质量和尺寸偏差	成型钢筋的外观质量和尺寸偏差应符合国家现行有关标准的规定	观察,尺量	同一厂家、同一类型的成型钢筋,不超过30t为一批,每批随机抽取3个成型钢筋
	3	钢筋机械连接套筒、钢筋锚固板及预埋件等的外观质量	钢筋机械连接套筒、钢筋锚固板以及预埋件等的外观质量应符合国家现行有关标准的规定	检查产品质量证明文件;观察,尺量	按国家现行有关标准的规定确定

（2）关于钢筋材料分项工程检验批质量检验的说明

1）主控项目第1项

钢筋对混凝土结构的承载能力至关重要，对其质量应从严要求。

钢筋进场时，应检查产品合格证和出厂检验报告（即进场验收），并按有关标准的规定进行抽样检验（即复验）。由于工程量、运输条件和各种钢筋的用量等差异，很难对钢筋进场的批量大小做出统一规定。实际验收时，若有关标准中对进场检验作了具体规定，应遵照执行；若有关标准中只有对产品出厂检验的规定，则在进场检验时，批量应按下列情况确定：

① 对同一厂家、同一牌号、同一规格的钢筋，当一次进场的数量大于该产品的出厂检验批量时，应划分为若干个出厂检验批，并按出厂检验的抽样方案执行。

② 对同一厂家、同一牌号、同一规格的钢筋，当一次进场的数量小于或等于该产品的出厂检验批量时，应作为一个检验批，并按出厂检验的抽样方案执行。

③ 对不同时间进场的同批钢筋，当确有可靠依据时，可合并成按一次进场的钢筋处理。

本条的检验方法中，质量证明文件包括产品合格证、出厂检验报告，有时产品合格证和出厂检验报告二者合一；当用户有特别要求时，还应列出某些专门检验数据。进场抽样检验的结果是钢筋材料能否在工程中应用的判断依据，其实质是对生产厂家检验结果的复核。

对于每批钢筋的检验数量，应按相关产品标准执行。国家标准《钢筋混凝土用钢 第1部分：热轧光圆钢筋》GB 1499.1—2017 和《钢筋混凝土用钢 第2部分：热轧带肋钢筋》GB 1499.2—2018 中规定：热轧钢筋每批抽取5个试件，先进行重量偏差检验，再取其中2个试件进行拉伸试验，检验屈服强度、抗拉强度和伸长率，另取其中2个试件进行弯曲性能检验。对于钢筋伸长率，牌号带"E"的钢筋必须检验最大力下总伸长率。

本条为强制性条文，应严格执行。

2）主控项目第2项

本条针对成型钢筋进场的抽样检验规定，一般情况下，施工现场要么在现场直接加工钢筋，要么采用成型钢筋，两者同时在同一施工现场出现的情况不多，因此，在对钢筋进场验收时，第1）条与本条是二选其一，这在填写验收资料时应特别注意。

对由热轧钢筋组成的成型钢筋，当有施工单位或监理单位的代表驻厂监督加工过程，并能提交该批成型钢筋原材料钢筋第三方检验报告时，可只进行重量偏差检验。此时成型钢筋进场的质量证明文件主要为产品合格证、产品标准要求的出厂检验报告和成型钢筋所用原材料钢筋的第三方检验报告。

对由热轧钢筋组成的成型钢筋不满足上述条件时，及由冷加工钢筋组成的成型钢筋，进场时应按本条规定见证抽样送检作屈服强度、抗拉强度、伸长率和重量偏差检验。此情形成型钢筋进场时的质量证明文件主要为产品合格证、产品标准要求的出厂检验报告；对成型钢筋所用原材料钢筋，生产企业可参照本规范及相关专业规范的规定自行检验，其检验报告在成型钢筋进场时可不提供，但应在生产企业存档保留，以便需要时查阅。

对于钢筋焊接网，材料进场还需按现行行业标准《钢筋焊接网混凝土结构技术规程》JGJ 114—2014 的有关规定检验弯曲、抗剪等项目。

考虑到目前成型钢筋生产的实际情况，本条规定同一厂家、同一类型、同一钢筋来源的成型钢筋，其检验批量不应大于30t。同一钢筋来源指成型钢筋加工所用钢筋原材料为同一企业生产。根据"（2）钢筋进场检验批容量的动态调整"的相关规定，经产品认证符合要求的成型钢筋及连续三批均一次检验合格的同一厂家、同一类型、同一钢筋来源的成型钢筋，检验批量可扩大到不大于60t。

当每车进场的成型钢筋包括不同类型时，可将多车的同类型成型钢筋合并为一个检验批进行验收。对不同时间进场的同批成型钢筋，当有可靠依据时，可按一次进场的成型钢筋处理。

本条规定每批不同牌号、规格均应抽取1个钢筋试件进行检验，试件总数不应少于3个。当同批的成型钢筋为相同牌号、规格时，应抽取3个试件，检验结果可按3个试件的平均值判断；当同批的成型钢筋存在不同钢筋牌号、规格时，每种钢筋牌号、规格均应抽取1个钢筋试件，且总数量不应少于3个，此时所有抽取试件的检验结果均应合格；当仅存在2种钢筋牌号、规格时，3个试件中的2个为相同牌号、规格，但下一批取样相同的牌号、规格应改变，此时相同牌号、规格的2个试件可按平均值判断检验结果。

考虑到钢筋试件抽取的随机性，每批抽取的试件应在不同成型钢筋上抽取，成型钢筋截取钢筋试件后可采用搭接或焊接的方式进行修补。当进行屈服强度、抗拉强度、伸长率和重量偏差检验时，每批中抽取的试件应先进行重量偏差检验，再进行力学性能检验，试件截取长度应满足两种试验要求。

3）主控项目第3项

本条提出了针对部分框架、斜撑构件（含梯段）中纵向受力钢筋强度、伸长率的规定，其目的是保证重要结构构件的抗震性能。本条第1款中抗拉强度实测值与屈服强度实测值的比值工程中习惯称为"强屈比"；第2款中屈服强度实测值与屈服强度标准值的比值工程中习惯称为"超强比"或"超屈比"；第3款中最大力下总伸长率习惯称为"均匀伸长率"。注意要将"最大力下总伸长率"与"断后伸长率"两个概念要区分开。

牌号带"E"的钢筋是专门为满足本条抗震性能要求生产的钢筋，对于规格不小于12mm的热轧带肋钢筋表面每隔1m轧有"E"专用标志。

本条中的框架包括框架梁、框架柱、框支梁、框支柱及板柱—抗震墙的柱等，其抗震等级应根据国家现行有关标准由设计确定；斜撑构件包括伸臂桁架的斜撑、楼梯的梯段等，有关标准中未对斜撑构件规定抗震等级，当建筑中其他构件需要应用牌号带"E"钢筋时，则建筑中所有斜撑构件均应满足本条规定；对不做受力斜撑构件使用的简支预制楼梯，可不遵守本条规定；剪力墙及其连梁与边缘构件、筒体、楼板、基础不属于本条规定的范围，可以使用不带"E"的钢筋。

本条为强制性条文，必须严格执行。

4）一般项目第1项

钢筋进场时和使用前均应加强外观质量的检查。弯曲不直或经弯折有损伤、有裂纹的钢筋不得使用；表面有油污、颗粒状或片状老锈的钢筋亦不得使用，以防止影响钢筋握裹力或锚固性能。

5）一般项目第2项

成型钢筋在加工及出厂过程中均由专业加工厂质量管理人员进行检验，检验合格的产品才能入库和出厂。为规避成型钢筋在储存和运输过程中可能出现质量波动影响工程质量，本条规定了进入施工现场时的成型钢筋整体的外观质量和尺寸偏差检验要求。尺寸主要包括成型钢筋形状尺寸，有关钢筋加工规定的偏差（钢筋加工一般项目第一项）为主要检验内容之一，其他内容应符合有关标准的规定。对于钢筋焊接网和焊接骨架，外观质量尚应包括开焊点、漏焊点数量，焊网钢筋间距等项目。

本检验批主控项目第2项检验要求抽取的是力学性能钢筋试件，本条根据外观质量、尺寸偏差检验需求抽取的是成型钢筋试件，故检验批划分不再要求"同一钢筋来源"，抽样时也不再要求"同一规格"。本条要求每批随机抽取3个成型钢筋试件，如每批存在3个以上的成型钢筋类型，则在该次未抽取的类型应在下一次取样时抽取，即不同批成型钢筋应抽取不同的类型，以体现"随机性"。

6）一般项目第三项

钢筋机械连接用套筒的外观质量应符合现行行业标准《钢筋机械连接技术规程》JGJ 107—2016、《钢筋机械连接用套筒》JG/T 163—2013的有关规定。钢筋锚固板质量应符合现行行业标准《钢筋锚固板应用技术规程》JGJ 256—2011的规定。本条规定还适用于按商品进场验收的预埋件等结构配件。

钢筋机械连接套筒、钢筋锚固板以及预埋件等外观质量的进场检验项目及合格要求应按有关标准的规定确定。

【例4-2】假设案例项目1号教学楼采用框架结构，设计有24根框架柱，框架梁11根，楼板14块，层高3.6m。所有结构构件采用HRB400热轧带肋钢筋（即Ⅲ级钢），为施工一层结构，项目部购买了2批钢筋。钢筋原材料的检验批容量按购买进场批总数确定。工程实践中具体按设计图纸和现场施工情况填写。

验收时应注意：1）1号教学楼的钢筋均采用现场加工，没有采用成型钢筋。因此不验收主控项目2和一般项目2。

2）柱纵向受力钢筋连接时采用电渣压力焊，梁板纵向受力钢筋采用绑扎搭接连接，因此不验收一般项目3。填写的范例见表4-9。

钢筋原材料检验批质量验收记录　　　　　　　　　　　　　　　表4-9

GB 50204—2015　　　　　　　　　　　　　　　　　　　桂建质 020102（Ⅰ）⎡0⎤⎡0⎤⎡1⎤

单位(子单位)工程名称	1号教学楼		分部(子分部)工程名称	主体结构(混凝土结构)	分项工程名称	钢筋
施工单位	××建筑工程有限公司		项目负责人	张××	检验批容量	2批
分包单位			分包单位项目负责人		检验批部位	一层
施工依据	《混凝土结构工程施工规范》GB 50666—2011			验收依据	《混凝土结构工程施工质量验收规范》GB 50204—2015	

	验收项目	设计要求及规范规定		样本总数	最小/实际抽样数量	检查记录	检查结果
主控项目	1 钢筋质量	屈服强度、抗拉强度、伸长率、弯曲性能和重量偏差的检验结果应符合有关标准规定	检查质量证明文件和抽样检验报告；按进场批次和产品的抽样检验方案确定	2	/	质量证明文件齐全，试验合格，报告编号007～008	合格
	2 成型钢筋质量	屈服强度、抗拉强度、伸长率、弯曲性能和重量偏差的检验结果应符合有关标准规定	检查质量证明文件和抽样检验报告；同一厂家、同一类型、同一钢筋来源的成型钢筋，不超过30t为一批，每批中每种钢筋牌号、规格均应至少抽取1个钢筋试件，总数不应少于3个				

	验收项目		设计要求及规范规定	样本总数	最小/实际抽样数量	检查记录	检查结果
主控项目	3	抗震用钢筋强度实测值	抗拉强度实测值与屈服强度实测值的比值不应小于1.25	2	/	检查合格，报告编号007~008	合格
			屈服强度实测值与屈服强度标准值的比值不应大于1.30	检查抽样检验报告；按进场的批次和产品的抽样检验方案确定	2	/	检查合格，报告编号007~008	合格
			最大力下总伸长率不应小于9%	2	/	检查合格，报告编号007~008	合格
一般项目	1	钢筋外观质量	平直、无损伤、表面应无裂纹、无油污、无颗粒状或片状老锈	观察；全数检查	2	全/	抽查2处，全部合格	合格
	2	成型钢筋外观质量和尺寸偏差	符合有关标准规定	观察，尺量；同一厂家、同一类型的成型钢筋，不超过30t为一批，每批随机抽取3个成型钢筋				
	3	钢筋机械连接套筒、锚固板及预埋件等外观质量	符合有关标准规定	检查产品质量证明文件；观察，尺量；按国家现行有关标准的规定确定				

施工单位检查结果	主控项目全部符合要求，一般项目满足规范要求，本检验批符合要求 专业工长：王×× 项目专业质量检查员：张××　　　　　　　　　　　　　　　　2018 年 10 月 3 日
监理(建设)单位验收结论	主控项目全部合格，一般项目满足规范要求，本检验批合格 专业监理工程师：李×× (建设单位项目专业技术负责人)： 　　　　　　　　　　　　　　　　　　　　　　　　　　2018 年 10 月 3 日

3. 钢筋加工分项工程检验批的质量检验

（1）钢筋加工分项工程检验批的质量检验标准和检验方法见表4-10。

钢筋加工分项工程检验批的质量检验标准   表 4-10

项目类型	序号	验收项目	合格质量标准	检验方法	检验数量
主控项目	1	钢筋弯折的弯弧内直径	钢筋弯折的弯弧内直径应符合下列规定： 1. 光圆钢筋，不应小于钢筋直径的 2.5 倍； 2. 335MPa 级、400MPa 级带肋钢筋，不应小于钢筋直径的 4 倍； 3. 500MPa 级带肋钢筋，当直径为 28mm 以下时不应小于钢筋直径的 6 倍，当直径为 28mm 及以上时不应小于钢筋直径的 7 倍； 4. 箍筋弯折处尚不应小于纵向受力钢筋的直径	尺量	同一设备加工的同一类型钢筋，每工作班抽查不应少于 3 件
	2	纵向受力钢筋的弯折后平直段长度	纵向受力钢筋的弯折后平直段长度应符合设计要求。光圆钢筋末端做 180°弯钩时，弯钩的平直段长度不应小于钢筋直径的 3 倍	尺量	同一设备加工的同一类型钢筋，每工作班抽查不应少于 3 件
	3	箍筋、拉筋的末端弯钩	箍筋、拉筋的末端应按设计要求做弯钩，并应符合下列规定： 1. 对一般结构构件，箍筋弯钩的弯折角度不应小于 90°，弯折后平直段长度不应小于箍筋直径的 5 倍；对有抗震设防要求或设计有专门要求的结构构件，箍筋弯钩的弯折角度不应小于 135°，弯折后平直段长度不应小于箍筋直径的 10 倍； 2. 圆形箍筋的搭接长度不应小于其受拉锚固长度，且两末端弯钩的弯折角度不应小于 135°，弯折后平直段长度对一般结构构件不应小于箍筋直径的 5 倍，对有抗震设防要求的结构构件不应小于箍筋直径的 10 倍； 3. 梁、柱复合箍筋中的单肢箍筋两端弯钩的弯折角度均不应小于 135°，弯折后平直段长度应符合本条第 1 款对箍筋的有关规定	尺量	同一设备加工的同一类型钢筋，每工作班抽查不应少于 3 件

	4	盘卷钢筋调直后力学性能和重量偏差	盘卷钢筋调直后应进行力学性能和重量偏差检验，其强度应符合国家现行有关标准的规定，其断后伸长率、重量偏差应符合表4-11的规定。力学性能和重量偏差检验应符合下列规定：
			1. 应对 3 个试件先进行重量偏差检验，再取其中 2 个试件进行力学性能检验；
			2. 重量偏差应按下式计算：
			$$\Delta = \frac{W_d - W_0}{W_0} \times 100$$
			式中 Δ——重量偏差（%）；
			    W_d——3 个调直钢筋试件的实际重量之和（kg）；
			    W_0——钢筋理论重量（kg），取每米理论重量（kg/m）与 3 个调直钢筋试件长度之和（m）的乘积；
			3. 检验重量偏差时，试件切口应平滑并与长度方向垂直，其长度不应小于 500mm；长度和重量的量测精度分别不应低于 1mm 和 1g；
			采用无延伸功能的机械设备调直的钢筋，可不进行本条规定的检验
				检查抽样检验报告	同一设备加工的同一牌号、同一规格的调直钢筋，重量不大于 30t 为一批，每批见证抽取 3 个试件

项目类型	序号	验收项目	合格质量标准	检验方法	检验数量
一般项目	1	钢筋加工的形状、尺寸	钢筋加工的形状、尺寸应符合设计要求，其偏差应符合表4-12的规定	尺量	同一设备加工的同一类型钢筋，每工作班抽查不应少于3件

（2）关于钢筋加工分项工程检验批质量检验的几点说明

1）主控项目第1项

本条对不同级别、不同用途钢筋的弯弧内径做出了具体规定，钢筋加工时应按本条规定选择弯折机弯头，防止因弯弧内径太小使钢筋弯折后弯弧外侧出现裂缝，影响钢筋受力或锚固性能。第4款规定"箍筋弯折处尚不应小于纵向受力钢筋的直径"，纵向受力钢筋指箍筋弯折处包裹固定的纵向受力钢筋，除此规定外，拉筋弯折尚应考虑拉筋实际勾住钢筋的具体情况。

2）主控项目第2项

本条规定的纵向受力钢筋弯折后平直段长度包括受拉光面钢筋180°弯钩、带肋钢筋在节点内弯折锚固、带肋钢筋弯钩锚固、分批截断钢筋延伸锚固等不同情况，验收规范仅规定了光圆钢筋180°弯钩的弯折后平直段长度，其他构造应符合设计要求。

3）主控项目第3项

本条提出对箍筋及用作复合箍筋拉筋的弯钩构造的验收要求。有抗震设防要求的结构构件，即设计图纸和有关标准中规定具有抗震等级的结构构件，箍筋弯钩可按不小于135°弯折。本条中的"设计专门要求"是指构件受扭、弯剪扭等复合受力状态，也包括全部纵向受力钢筋配筋率大于3‰的柱。

4）主控项目第4项

本条规定了盘卷钢筋调直后力学性能和重量偏差的检验要求，所有用于工程的调直钢筋均应按本条规定执行。运用本条验收钢筋加工时要注意钢筋断后伸长率与最大力下总伸长率的区别。

对钢筋调直机械设备是否有延伸功能的判定，可由施工单位检查并经监理单位确认；当不能判定或对判定结果有争议时，应按本条规定进行检验。

考虑到建筑工程钢筋检验的实际情况，盘卷钢筋调直后的重量偏差不符合要求时不允许复检，本条还取消了力学性能人工时效的规定（表4-11）。

盘卷钢筋调直后的断后伸长率、重量偏差要求   表4-11

钢筋牌号	断后伸长率 A (%)	重量偏差（%）	
		直径 6~12mm	直径 14~16mm
HPB300	≥21	≥-10	—
HRB335、HRBF335	≥16	≥-8	≥-6
HRB400，HRBF400	≥15		
RRB400	≥13		
HRB500，HRBF500	≥14		

注：断后伸长率 A 的量测标距为 5 倍钢筋直径。

5) 一般项目第 1 项

本条规定了钢筋加工形状、尺寸和允许偏差值及检查数量和方法。国家标准《混凝土结构设计规范》GB 50010—2010 已将混凝土保护层厚度按最外层钢筋（箍筋）规定，此种情况下截面尺寸减两倍保护层厚度后将直接得到箍筋外廓尺寸，故本条将原规范的箍筋内净尺寸改为外廓尺寸。

钢筋加工的允许偏差见表 4-12。

钢筋加工的允许偏差   表 4-12

项目	允许偏差(mm)
受力钢筋顺长度方向全长的净尺寸	±10
弯起钢筋的弯折位置	±20
箍筋外廓尺寸	±5

【例 4-3】假设案例项目 1 号教学楼采用框架结构，设计有 24 根框架柱，框架梁 11 根，楼板 14 块，层高 3.6m。所有结构构件采用 HRB400 热轧带肋钢筋（即Ⅲ级钢）。钢筋加工的检验批容量一般按加工机械和加工的台班总数确定，本案例施工资料管理软件在钢筋加工检验批按钢筋的牌号（或级别）确定，因此本层钢筋加工检验批的容量为 1，每个检验批至少抽取 3 个试件，则填写的范例见表 4-13。工程实践中具体按设计图纸和现场施工情况填写。

验收时应注意：1）1 号教学楼的钢筋均采用 HRB400 热轧带肋钢筋，没有采用 HPB300 钢筋和 HRB500 钢筋。因此不验收主控项目 1 中第 1 项和第 3 项。

2）柱、梁构件均为矩形，因此不验收主控项目 3 中第 2 项。

钢筋加工检验批质量验收记录   表 4-13

GB 50204—2015   桂建质 020102（Ⅱ）□□□（一）

单位(子单位)工程名称		1 号教学楼		分部(子分部)工程名称	主体结构(混凝土结构)	分项工程名称	钢筋
施工单位		××建筑工程有限公司		项目负责人	张××	检验批容量	1种
分包单位				分包单位项目负责人		检验批部位	一层
施工依据		《混凝土结构工程施工规范》GB 50666—2011			验收依据	《混凝土结构工程施工质量验收规范》GB 50204—2015	
		验收项目	设计要求及规范规定		样本总数	最小/实际抽样数量	检查记录	检查结果
主控项目	1	钢筋弯弧内直径	光圆钢筋，不应小于钢筋直径的 2.5 倍	尺量			同一设备加工的同一类型钢筋，每工作班抽查不应少于 3 件		
			335MPa 级、400MPa 级带肋钢筋，不应小于钢筋直径的 4 倍		1	3/3	抽查 3 处，全部合格	合格

	验收项目	设计要求及规范规定			样本总数	最小/实际抽样数量	检查记录	检查结果
主控项目	1 钢筋弯弧内直径	500MPa 级带肋钢筋，不应小于钢筋直径的 6 倍，当直径为 28mm 及以上时不应小于钢筋直径的 7 倍	尺量	同一设备加工的同一类型钢筋，每工作班抽查不应少于 3 件				
		箍筋弯折处尚不应小于纵向受力钢筋的直径			1	3/3	抽查 3 处，全部合格	合格
	2 钢筋的弯折	纵向受力钢筋的弯折后平直段长度应符合设计要求。光圆钢筋末端做 180°弯钩时，弯钢的平直段长度 ≥3d	尺量	同一设备加工的同一类型钢筋，每工作班抽查不应少于 3 件	1	3/3	抽查 3 处，全部合格	合格
	3 弯钩要求	对一般结构构件，箍筋弯钩弯折角度不应小于 90°，弯折后平直段长度不应小于箍筋直径的 5 倍；对有抗震设防要求或设计有专门要求的结构构件，箍筋弯钩的弯折角度不应小于 135°，弯折后平直段长度不应小于箍筋直径的 10 倍	尺量	同一设备加工的同一类型钢筋，每工作班抽查不应少于 3 件	1	3/3	抽查 3 处，全部合格	合格
		圆形箍筋的搭接长度不应小于其受拉锚固长度，且两末端弯钩弯折角度不应小于 135°，弯折后平直段长度对一般结构构件不应小于箍筋直径的 5 倍；对有抗震设防要求的结构构件，不应小于箍筋直径的 10 倍						
		梁、柱复合箍筋中的单肢箍筋两端弯钩的弯折角度均不应小于 135°，弯折后平直段长度应符合一条第 1 款对箍筋的有关规定			1	3/3	抽查 3 处，全部合格	合格

続表

	验收项目	设计要求及规范规定			样本总数	最小/实际抽样数量	检查记录	检查结果
主控项目	4 调直钢筋的力学性能和重量偏差	盘卷钢筋调直后应进行力学检验，其强度应符合国家现行有关标准的规定；其断后伸长率、重量偏差应符合表5.3.4的规定	尺量		同一设备加工的同一牌号、同一规格的调直钢筋，重量不大于30t为一批；每批见证抽取3个件试件	1	/	试验合格，报告编号	合格
一般项目	1 钢筋加工偏差	受力钢筋沿长度方向的净尺寸	±10mm	尺量	同一设备加工的同一类型钢筋，每工作班抽查不应少于3件	1	3/3	抽查3处，全部合格	合格
		弯起钢筋的弯折位置	±20mm			1	3/3	抽查3处，全部合格	合格
		箍筋外廓尺寸	±5mm			1	3/3	抽查3处，全部合格	合格

施工单位检查结果	主控项目全部符合要求，一般项目满足规范要求，本检验批符合要求 专业工长：王×× 项目专业质量检查员：张××　　　　　　　　　　　2018 年 10 月 15 日
监理(建设)单位验收结论	主控项目全部合格，一般项目满足规范要求，本检验批合格 专业监理工程师：李×× (建设单位项目专业技术负责人)： 　　　　　　　　　　　　　　　　　　2018 年 10 月 15 日

4. 钢筋连接分项工程检验批的质量检验

（1）钢筋连接分项工程检验批的检验标准和检验方法见表4-14。

钢筋连接分项工程检验批的质量检验标准 表 4-14

项目类型	序号	验收项目	合格质量标准	检验方法	检验数量
主控项目	1	钢筋的连接方式	钢筋的连接方式应符合设计要求	观察	全数检查
	2	钢筋机械连接接头、焊接接头的力学性能和弯曲性能	钢筋采用机械连接或焊接连接时，钢筋机械连接接头、焊接接头的力学性能、弯曲性能应符合国家现行有关标准的规定。接头试件应从工程实体中截取	检查质量证明文件和抽样检验报告	按现行行业标准《钢筋机械连接技术规程》JGJ 107和《钢筋焊接及验收规程》JGJ 18 的规定确定
	3	钢筋机械连接接头质量	钢筋采用机械连接时，螺纹接头应检验拧紧扭矩值，挤压接头应量测压痕直径，检验结果应符合现行行业标准《钢筋机械连接技术规程》JGJ 107 的相关规定	采用专用扭力扳手或专用量规检查	按现行行业标准《钢筋机械连接技术规程》JGJ 107 的规定确定
一般项目	1	钢筋接头位置	钢筋接头的位置应符合设计和施工方案要求。有抗震设防要求的结构中，梁端、柱端箍筋加密区范围内不应进行钢筋搭接。接头末端至钢筋弯起点的距离不应小于钢筋直径的 10 倍	观察、尺量	全数检查
	2	钢筋机械连接接头、焊接接头的外观质量	钢筋机械连接接头、焊接接头的外观质量应符合现行行业标准《钢筋机械连接技术规程》JGJ 107 和《钢筋焊接及验收规程》JGJ 18 的规定	观察，尺量	按现行行业标准《钢筋机械连接技术规程》JGJ 107 和《钢筋焊接及验收规程》JGJ 18 的规定确定
	3	纵向受力钢筋机械连接、焊接的接头面积百分率	当纵向受力钢筋采用机械连接接头或焊接接头时，同一连接区段内纵向受力钢筋的接头面积百分率应符合设计要求；当设计无具体要求时，应符合下列规定： 1. 受拉接头，不宜大于50%；受压接头，可不受限制； 2. 直接承受动力荷载的结构构件中，不宜采用焊接；当采用机械连接时，不应超过50% （注：①接头连接区段是指长度为 35d 且不小于 500mm 的区段，d 为相互连接两根钢筋的直径较小值。 ②同一连接区段内纵向受力钢筋接头面积百分率为接头中点位于该连接区段内的纵向受力钢筋截面面积与全部纵向受力钢筋截面面积的比值）	观察、尺量	在同一检验批内，对梁、柱和独立基础，应抽查构件数量的 10 %，且不应少于 3 件；对墙和板，应按有代表性的自然间抽查 10 %，且不应少于 3 间；对大空间结构，墙可按相邻轴线间高度 5m 左右划分检查面，板可按纵横轴线划分检查面，抽查 10%，且均不应少于 3 面

项目类型	序号	验收项目	合格质量标准	检验方法	检验数量
一般项目	4	纵向受力钢筋的绑扎搭接接头的位置和接头面积百分率	当纵向受力钢筋采用绑扎搭接接头时，接头的设置应符合下列规定： 1. 接头的横向净间距不应小于钢筋直径，且不应小于25mm； 2. 同一连接区段内，纵向受拉钢筋的接头面积百分率应符合设计要求；当设计无具体要求时，应符合下列规定： 1) 梁类、板类及墙类构件，不宜超过25%；基础筏板，不宜超过50%； 2) 柱类构件，不宜超过50%； 3) 当工程中确有必要增大接头面积百分率时，对梁类构件，不应大于50% （注：①接头连接区段是指长度为1.3倍搭接长度的区段。搭接长度取相互连接两根钢筋中较小直径计算。②同一连接区段内纵向受力钢筋接头面积百分率为接头中点位于该连接区段长度内的纵向受力钢筋截面面积与全部纵向受力钢筋截面面积的比值）	观察，尺量	在同一检验批内，对梁、柱和独立基础，应抽查构件数量的10%，且不应少于3件；对墙和板，应按有代表性的自然间抽查10%，且不应少于3间；对大空间结构，墙可按相邻轴线间高度5m左右划分检查面，板可按纵横轴线划分检查面，抽查10%，且均不应少于3面
	5	纵向受力钢筋搭接长度范围内箍筋配置	梁、柱类构件的纵向受力钢筋搭接长度范围内箍筋的设置应符合设计要求；当设计无具体要求时，应符合下列规定： 1. 箍筋直径不应小于搭接钢筋较大直径的1/4； 2. 受拉搭接区段的箍筋间距不应大于搭接钢筋较小直径的5倍，且不应大于100mm； 3. 受压搭接区段的箍筋间距不应大于搭接钢筋较小直径的10倍，且不应大于200mm； 4. 当柱中纵向受力钢筋直径大于25mm时，应在搭接接头两个端面外100mm范围内各设置二道箍筋，其间距宜为50mm	观察，尺量	在同一检验批内，应抽查构件数量的10%，且不应少于3件

（2）关于钢筋连接分项工程检验批质量检验的说明

1）主控项目第1项

本条提出了纵向受力钢筋连接方式的基本要求，这是保证受力钢筋应力传递及结构构件受力性能所必需的。如设计没有规定钢筋的连接方式，可由施工单位根据《混凝土结构设计规范》GB 50010—2010等国家现行有关标准的相关规定和施工现场条件与设计共同商定，并按此进行验收。

2）主控项目第2项

国家现行标准《钢筋机械连接技术规程》JGJ 107、《钢筋焊接及验收规程》JGJ 18分别对钢筋机械连接、焊接的力学性能、弯曲性能（仅针对焊接）质量验收等提出了明确的规定，应按其规定进行验收。对机械连接，质量证明文件应包括有效的型式检验报告。为保证接头试件能够代表实际工程质量，本条要求接头试件应在钢筋安装后、混凝土浇筑前从工程实体中截取。

3) 主控项目第 3 项

螺纹接头的拧紧扭矩值和挤压接头的压痕直径是钢筋机械连接过程中的重要技术参数，应按现行标准《钢筋机械连接技术规程》JGJ 107 的相关规定进行检验，检验应使用专用扭力矩扳手或专用量规检查。

4) 一般项目第 1 项

钢筋接头的位置影响受力性能，应根据设计和施工方案要求设置在受力较小处。梁端、柱端箍筋加密区的范围可按现行国家标准《混凝土结构设计规范》GB 50010—2010 的有关规定确定，加密区范围内尽可能不设置钢筋接头，如需连接则应采用性能较好的机械连接和焊接接头。

5) 一般项目第 2 项

本条对施工现场的机械连接接头和焊接接头提出了外观质量验收要求。

6) 一般项目第 3 项

本条规定了纵向受力钢筋机械连接和焊接接头百分率验收要求。计算接头连接区段长度时，d 为相互连接两根钢筋中较小直径，并按该直径计算连接区段内的接头面积百分率；当同一构件内不同连接钢筋计算的连接区段长度不同时取大值。根据相关规范的规定，板、墙、柱中受拉机械连接接头及装配式混凝土结构构件连接处受拉机械连接、焊接接头，可根据实际情况放宽接头面积百分率要求。

7) 一般项目第 4 项

本条规定了纵向受力钢筋绑扎搭接接头间距及百分率验收要求。计算接头连接区段长度时，搭接长度可取相互连接两根钢筋中较小直径计算，并按该直径计算连接区段内的接头面积百分率；当同一构件内不同连接钢筋计算的连接区段长度不同时取大值。同一连接区段内纵向受力钢筋接头面积百分率为接头中点位于该连接区段长度内的纵向受力钢筋截面面积与全部纵向受力钢筋截面面积的比值，图 4-1 所示搭接接头同一连接区段内的搭接钢筋为两根，当各钢筋直径相同时，接头面积百分率为 50%。

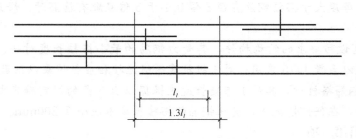

图 4-1　钢筋绑扎搭接接头连接区段及接头面积百分率

对于接头百分率的，本条规定当确有必要放松时对梁类构件不应大于 50%。根据有关规范规定，对其他构件可根据实际情况放宽。

《混凝土结构工程施工规范》GB 50666—2011 附录 C 对纵向受力钢筋的最小搭接长度规定：

1) 当纵向受拉钢筋的绑扎搭接接头面积百分率不大于 25% 时，其最小搭接长度应符合表 4-15 的规定。

钢筋类型		混凝土强度等级								
		C20	C25	C30	C35	C40	C45	C50	C55	≥C60
光面钢筋	HPB300	48d	41d	37d	34d	31d	29d	28d	—	—
带肋钢筋	HRB335	46d	40d	36d	33d	30d	29d	27d	26d	25d
	HRB400	—	48d	43d	39d	36d	34d	33d	31d	30d
	HRB500	—	58d	52d	47d	43d	41d	39d	38d	36d

注：d 为搭接钢筋直径，两根直径不同钢筋的搭接长度，以较细钢筋的直径计算。

2）当纵向受拉钢筋搭接接头面积百分率为 50% 时，其最小搭接长度应按表 4-15 中的数值乘以系数 1.15 取用；当接头面积百分率为 100% 时，应按表 4-15 中的数值乘以系数 1.35 取用；当接头面积百分率为 25%～100% 的其他中间值时，修正系数可按内插取值。

3）当符合下列条件时，纵向受拉钢筋的最小搭接长度应根据以上两条确定后，按下列规定进行修正。在任何情况下，受拉钢筋的搭接长度不应小于 300mm：

① 当带肋钢筋的直径大于 25mm 时，其最小搭接长度应按相应数值乘以系数 1.1 取用；

② 对环氧树脂涂层的带肋钢筋，其最小搭接长度应按相应数值乘以系数 1.25 取用；

③ 当施工过程中受力钢筋易受扰动时（如滑模施工），其最小搭接长度应按相应数值乘以系数 1.1 取用；

④ 对末端采用弯钩或机械锚固措施的带肋钢筋，其最小搭接长度可按相应数值乘以系数 0.6 取用；

⑤ 当带肋钢筋的混凝土保护层厚度大于搭接钢筋直径的 3 倍且配有箍筋时，其最小搭接长度可按相应数值乘以系数 0.8 取用；当带肋钢筋的混凝土保护层厚度为搭接钢筋直径的 5 倍，且配有箍筋时，其最小搭接长度可按相应数值乘以系数 0.7 取用；当带肋钢筋的混凝土保护层厚度大于搭接钢筋直径 3 倍且小于 5 倍且配有箍筋时，修正系数可按内插取值；

⑥ 对有抗震设防要求的结构构件，其受力钢筋的最小搭接长度对一、二级抗震等级应按相应数值乘以系数 1.15 采用；对三级抗震等级应按相应数值乘以系数 1.05 采用。

4）向受压钢筋搭接时，其最小搭接长度应根据以上 3 条的规定确定相应数值后，乘以系数 0.7 取用。在任何情况下，受压钢筋的搭接长度不应小于 200mm。

8）一般项目第 5 项

设计文件及现行国家标准《混凝土结构工程施工规范》GB 50666—2011 规定了搭接长度范围内的箍筋直径、间距等构造要求，应按此进行验收。

【例 4-4】假设案例项目 1 号教学楼采用框架结构，设计有 24 根框架柱，框架梁 11 根，楼板 14 块，层高 3.6m。所有结构构件采用 HRB400 热轧带肋钢筋（即Ⅲ级钢），具体施工方案为：柱纵向受力钢筋连接时采用电渣压力焊，梁板纵向受力钢筋采用绑扎搭接连接。钢筋连接的检验批容量一般按柱、梁和板的构件总数确定，本案例一层钢筋连接检验批的容量为 49，则填写的范例见表 4-16。工程实践中具体按设计图纸和现场施工情况填写。

验收时应注意：1) 1号教学楼的每根柱设计有10根直径20mmHRB400热轧带肋钢筋，则一层有240个焊接接头。因此主控项目2和一般项目2的焊接接头样本总数为240。

2) 按照1号教学楼钢筋连接施工方案，因此不验收主控项目3"螺纹接头直径"（机械连接时才验收）和一般项目3。

3) 一般项目5"箍筋的设置"有两个验收项目："符合设计要求"和"设计无要求时"，具体验收时应特别注意设计图纸的设计要求，如果设计对钢筋的连接有明确要求，这两个验收项目只需验收其中一项，另一项用"/"删除。

钢筋连接检验批质量验收记录

表 4-16

GB 50204—2015   桂建质 020102（Ⅲ）⬜ ⬜ ⬜（一）

单位(子单位)工程名称	1号教学楼	分部(子分部)工程名称	主体结构(混凝土结构)	分项工程名称	钢筋
施工单位	××建筑工程有限公司	项目负责人	张××	检验批容量	49件
分包单位		分包单位项目负责人		检验批部位	一层
施工依据	《混凝土结构工程施工规范》GB 50666—2011		验收依据	《混凝土结构工程施工质量验收规范》GB 50204—2015	

	验收项目		设计要求及规范规定		样本总数	最小/实际抽样数量	检查记录	检查结果
主控项目	1	钢筋连接方式	钢筋连接方式应符合设计要求	观察	全数检查	49	49/49	抽查49处，全部合格	合格
	2	机械连接接头、焊接接头的力学性能、弯曲性能	钢筋采用机械连接或焊接连接时，钢筋机械连接接头、焊接接头的力学性能、弯曲性能应符合国家现行有关标准的规定。接头试件应从工程实体中截取	检查质量证明文件和抽样检验报告	按现行行业标准《钢筋机械连接技术规程》GJ 107和《钢筋焊接及验收规程》JGJ 18规程的规定确定	240	/	试验合格，报告编号009	合格
	3	螺纹接头直径	钢筋采用机械连接连接时，螺纹接头应检验拧紧扭矩值，挤压接头应量测压痕直径，检查结果应符合标准《钢筋机械连接技术规程》JGJ 107 的相关规定	采用专用扭力扳手或专用量规检查	按《钢筋机械连接技术规程》JGJ 107的规定确定				

	验收项目	设计要求及规范规定		样本总数	最小/实际抽样数量	检查记录	检查结果
一般项目	1 钢筋接头的位置	钢筋接头的位置应符合设计和施工方案要求。有抗震设防的结构中,梁端、柱端箍筋加密区内不应进行钢筋搭接。接头末端至钢筋弯起点的距离不应小于钢筋直径的10倍		以观察、钢尺方法全数检查	49	49/49	抽查49处,全部合格	合格
	2 钢筋机械连接接头、焊接接头的外观质量	钢筋机械连接接头、焊接接头的外观质量应符合现行行业标准《钢筋机械连接技术规程》GJ 107和《钢筋焊接及验收规程》JGJ 18规程的规定	观察、尺量	按现行行业标准《钢筋机械连接技术规程》GJ 107和《钢筋焊接及验收规程》JGJ 18规程的规定确定	240	24/24	抽查24处,全部合格	合格
	3 机械连接时的接头面积百分率	当纵向受力钢筋采用机械连接接头时,同一连接区段内的纵向受力钢筋的接头百分率符合设计要求	观察、尺量	同一检验批,梁、柱、独立基础,应抽查构件数量的10%,且不少于3件;墙、板应按有代表性自然间抽查10%,且不少于3间;对大空间结构,墙可按相邻轴线高度5m左右划分检查面,板可按纵、横轴线划分检查面,抽查10%,且均不少于3面				
		设计无要求时,应符合:1)受拉接头,不宜大于50%;受压接头,可不受限制;2)直接承受动力荷载的结构构件中,不宜采用焊接;当采用机械连接时,不应超过50%						

	验收项目	设计要求及规范规定		样本总数	最小/实际抽样数量	检查记录	检查结果
一般项目	4 绑扎搭接时的接头的设置	接头的横向净间距不应小于钢筋直径，且不应小于25mm	观察、尺量	49	5/5	抽查5处，全部合格	合格
		同一连接区段内受力钢筋接头面积百分率应符合设计要求；当设计无具体要求时，应符合下列规定：1)梁类、板类及墙类构件，不宜超过25％；基础筏板，不宜超过50％。2)柱类构件，不宜超过50％。3)当工程中确有必要增大接头面积百分率时，对梁类构件，不应大于50％		49	5/5	抽查5处，全部合格	合格
	5 箍筋的设置	符合设计要求		49	5/5	抽查5处，全部合格	合格
		设计无要求时 箍筋直径不应小于搭接钢筋较大直径的1/4	观察、尺量	在同一检验批内，应抽查构件数量的10％			
		受拉搭接区段的箍筋间距不应大于搭接钢筋较小直径的5倍，且不大于100mm					
		受压搭接区段的箍筋间距不应大于搭接钢筋较小直径的10倍，且不应大于200mm					
		当柱中纵向受力钢筋直径大于25mm时，应在搭拉接头两个端面外100mm范围内各设置两个箍筋，其间距宜为50mm					

施工单位检查结果	主控项目全部符合要求，一般项目满足规范要求，本检验批符合要求 专业工长：王×× 项目专业质量检查员：张×× 2018 年 10 月 18 日
监理（建设）单位验收结论	主控项目全部合格，一般项目满足规范要求，本检验批合格 专业监理工程师：李×× （建设单位项目专业技术负责人）： 2018 年 10 月 18 日

5. 钢筋安装分项工程检验批的质量检验

（1）钢筋安装分项工程检验批的检验标准和检验方法见表 4-17。

钢筋安装分项工程检验批的质量检验标准
表 4-17

项目类型	序号	验收项目	合格质量标准	检验方法	检验数量
主控项目	1	受力钢筋的牌号、规格和数量	钢筋安装时，受力钢筋的牌号、规格和数量必须符合设计要求	观察、尺量	全数检查
	2	受力钢筋的安装位置、锚固方式	钢筋应安装牢固。受力钢筋的安装位置、锚固方式应符合设计要求	观察、尺量	全数检查
一般项目	1	钢筋安装允许偏差	钢筋安装偏差及检验方法应符合表 4-18 的规定，受力钢筋保护层厚度的合格点率应达到 90% 及以上，且不得有超过表中数值 1.5 倍的尺寸偏差	检查方式见表 4-14	在同一检验批内，对梁、柱和独立基础，应抽查构件数量的 10%，且不应少于 3 件；对墙和板，应按有代表性的自然间抽查 10%，且不应少于 3 间；对大空间结构，墙可按相邻轴线间高度 5m 左右划分检查面，板可按纵、横轴线划分检查面，抽查 10%，且均不应少于 3 面

（2）关于钢筋连接和安装分项工程检验批质量检验的说明

1）主控项目第 1 项

受力钢筋的牌号、规格和数量对结构构件的受力性能有重要影响，必须符合设计要求。较大直径带肋钢筋的牌号、规格可根据钢筋外观的轧制标志识别。光圆钢筋和小直径带肋钢筋外观没有轧制标志，安装时应对其牌号特别注意。本条为强制性条文，应严格执行。

2）主控项目第 2 项

钢筋的安装位置、锚固方式同样影响结构受力性能，应按设计要求进行验收。钢筋的安装位置主要包括钢筋安装的部位，如梁的顶部与底部、柱的长边（h 边）与短边（b 边）等。

3）一般项目第 1 项

本条规定了钢筋安装的允许偏差。考虑到纵向受力钢筋锚固长度对结构受力性能的重要性，本条增加了锚固长度的允许偏差要求，表 4-18 中规定纵向受力钢筋锚固长度负偏差不大于 20mm，对正偏差没有要求。国家标准《混凝土结构设计规范》GB 50010—2010 已将混凝土保护层最小厚度按最外层钢筋规定，在本条中对于钢筋的混凝土保护层厚度允许偏差同时规定了纵向受力钢筋和箍筋（图 4-2）。

考虑保护层厚度对结构的安全性、耐久性具有重要影响，本条将受力钢筋保护层厚度的合格率统一提高为 90% 及以上。

钢筋安装位置的偏差应符合表 4-18 的规定。

钢筋安装位置的偏差　　　　　　　表 4-18

项目		允许偏差(mm)	检验方法
绑扎钢筋网	长、宽	±10	尺量
	网眼尺寸	±20	尺量连续三挡，取最大偏差值
绑扎钢筋骨架	长	±10	尺量
	宽、高	±5	尺量
纵向受力钢筋	锚固长度	−20	尺量
	间距	±10	尺量两侧端，中间各一点，
	排距	±5	取最大偏差值
纵向受力钢筋、箍筋的混凝土保护层厚度	基础	±10	尺量
	柱、梁	±5	尺量
	板、墙、壳	±3	尺量
绑扎箍筋、横向钢筋间距		±20	尺量连续三挡，取最大偏差值
钢筋弯起点位置		20	尺量
预埋件	中心线位置	5	尺量
	水平高差	+3，0	塞尺量测

注：检查中心线位置时，沿纵、横两个方向量测，并取其中偏差的较大值。

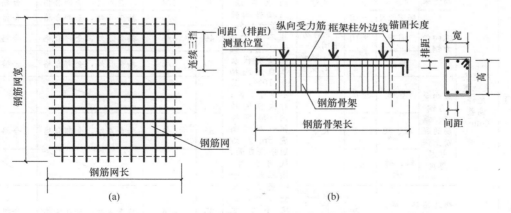

图 4-2　钢筋安装位置偏差测量示意图
（a）（板等）钢筋网；（b）（梁、柱等）钢筋骨架

【例 4-5】假设案例项目 1 号教学楼采用框架结构，设计有 24 根框架柱，框架梁 11 根，楼板 14 块，层高 3.6m。所有结构构件采用 HRB400 热轧带肋钢筋（即Ⅲ级钢）。钢筋安装的检验批容量一般按柱、梁和板的构件总数确定，本案例一层钢筋安装检验批的容量为 49，填写的范例见表 4-19。工程实践中具体按设计图纸和现场施工情况填写。

验收时应注意：1）主控项目 1 第 1 项"钢筋网片安装"指楼板钢筋安装，其样本总数为板块数，第 2 项"钢筋骨架"指柱梁钢筋安装，其样本总数为柱梁构件总数；

2）一般只有梁纵向受力钢筋才有弯起钢筋，因此一般项目 1 第 6 项"钢筋弯起点位置"的样本数指梁构件总数。

GB 50204—2015						桂建质 020102（Ⅳ）□0□0□1		
单位(子单位)工程名称	1号教学楼			分部(子分部)工程名称	主体结构(混凝土结构)	分项工程名称	钢筋	
施工单位	××建筑工程有限公司			项目负责人	张××	检验批容量	柱24件,板25件	
分包单位				分包单位项目负责人		检验批部位	一层	
施工依据	《混凝土结构工程施工规范》GB 50666—2011			验收依据	《混凝土结构工程施工质量验收规范》GB 50204—2015			
验收项目		设计要求及规范规定			样本总数	最小/实际抽样数量	检查记录	检查结果
主控项目	1 受力钢筋牌号、规格和数量	钢筋安装时,受力钢筋牌号、规格、数量必须符合设计要求		观察、尺量	全数检查	49	全/	抽查49处,全部合格	合格
	2 受力钢筋的安装位置、锚固方式	受力钢筋的安装位置、锚固方式应符合设计要求		观察、尺量	全数检查	49	全/	抽查49处,全部合格	合格
一般项目	1 钢筋安装位置允许偏差(mm)	绑扎钢筋网	长、宽 ±10	尺量		14	3/3	抽查3处,全部合格	合格
			网眼尺寸 ±20	尺量连续三挡,取最大偏差值		14	3/3	抽查3处,全部合格	合格
		绑扎钢筋骨架	长 ±10		同一检验批,梁、柱、独立基础,应抽查构件数量的10%,且不少于3件;墙、板应按有代表性自然间抽查10%,且不少于3间;对大空间结构,墙可按相邻轴线高度5m左右划分检查面,板可按纵、横轴线划分检查面,抽查10%,且均不少于3面	35	4/4	抽查4处,全部合格	合格
			宽、高 ±5	尺量		35	4/4	抽查4处,全部合格	合格
		纵向受力钢筋	锚固长度 −20			49	5/5	抽查5处,全部合格	合格
			间距 ±10	尺量两端、中间各一点,取最大偏差值		49	5/5	抽查5处,全部合格	合格
			排距 ±5			49	5/5	抽查5处,全部合格	合格
		纵向受力钢筋、箍筋的混凝土保护层厚度	基础 ±10						
			柱、梁 ±5	尺量		35	4/4	抽查4处,全部合格	合格
			板、墙、壳 ±3						
		绑扎箍筋、横向钢筋间距	±20	尺量连续三挡,取最大偏差值		35	4/4	抽查4处,全部合格	合格
		钢筋弯起点位置	20			11	3/3	抽查3处,全部合格	合格
		预埋件	中心线位置 5	尺量		49	5/5	抽查5处,全部合格	合格
			水平高差 +3,0	塞尺量测		49	5/5	抽查5处,全部合格	合格
施工单位检查结果	主控项目全部符合要求,一般项目满足规范要求,本检验批符合要求 专业工长：王×× 项目专业质量检查员：张××　　　　　　　　　　　2018 年 10 月 20 日							
监理(建设)单位验收结论	主控项目全部合格,一般项目满足规范要求,本检验批合格 专业监理工程师：李×× (建设单位项目专业技术负责人)： 　　　　　　　　　　　　　　　　　　　　　　　2018 年 10 月 20 日							

4.1.4 混凝土分项工程

混凝土工程是指从原材料（包括水泥、砂、石、水、外加剂和矿物掺合料）进场检验、混凝土的拌合物（包括配合比设计、称量、拌制和运输）、混凝土现场施工（包括输送、浇筑、试块留置以及养护等）、混凝土成型并达到预定强度等一系列技术工作和完成实体的总称。混凝土分项工程所含的检验批可根据施工工序和验收的需要确定。

1. 混凝土分项工程的一般规定

混凝土工程一般规定的质量控制，主要是对结构构件混凝土强度试块的取样、成型的方式、强度的检验和换算等质量的控制。

（1）划入同一检验批的持续时间和龄期规定

混凝土强度应按现行国家标准《混凝土强度检验评定标准》GB/T 50107—2010 的规定分批检验评定。划入同一检验批的混凝土，其施工持续时间不宜超过 3 个月。

检验评定混凝土强度时，应采用 28d 或设计规定龄期的标准养护试件。

试件成型方法及标准养护条件应符合现行国家标准《混凝土物理力学性能试验方法标准》GB/T 50081—2019 的规定。采用蒸汽养护的构件，其试件应先随构件同条件养护，然后再置入标准养护条件下继续养护至 28d 或设计规定龄期。

混凝土强度的评定应符合现行国家标准《混凝土强度检验评定标准》GB/T 50107—2010 的规定，且进行混凝土强度评定时，对于混凝土这种受时变影响较大的材料而言，3个月的时间意味着施工现场的环境温度和湿度、施工部位和施工人员、原材料质量等波动较大，其已经不是"同一生产条件"生产的混凝土，因此，不宜将施工持续时间超过 3 个月的混凝土划分为一个检验批。

为了改善混凝土性能并实现节能减排，目前多数混凝土中掺有矿物掺合料，尤其是大体积混凝土。实验表明，掺加矿物掺合料混凝土的强度与不掺矿物掺合料的混凝土相比，早期强度偏低，而后期强度发展较快，在温度较低条件下更为明显。为了充分反映掺加矿物掺合料混凝土的后期强度，验收规范规定，混凝土强度进行合格评定时的试验龄期可以大于 28d（如 60d、90d），具体龄期可由建筑结构设计人员规定。

设计规定龄期是指混凝土在掺加矿物掺合料后，设计人员根据矿物掺合料的掺加量及结构设计要求，所规定的标准养护试件的试验龄期。在《混凝土物理力学性能试验方法标准》GB/T 50081—2019 中规定，采用标准养护的试件，应在温度为(20±5)℃的环境中静置24～48h，然后编号、拆模。拆模后应立即放入温度为(20±2)℃，相对湿度为 95% 以上的标准养护室中养护，或在温度为(20±2)℃的不流动 $Ca(OH)_2$ 饱和溶液中养护。标准养护室内的试件应放在支架上，彼此间隔 10～20mm，试件表面应保持潮湿，并不得被水直接冲淋。龄期从搅拌加水开始计时。

采用蒸汽养护的构件，其试件应先随构件同条件养护，然后应置入标准养护条件下继续养护，两段养护时间的总和为龄期。

（2）不同尺寸试块的强度换算关系

当采用非标准尺寸试件时，应将其抗压强度乘以尺寸折算系数，折算成边长为150mm 的标准尺寸试件抗压强度。尺寸折算系数应按现行国家标准《混凝土强度检验评定标准》GB/T 50107—2010 采用（表 4-20）。

对于强度等级不低于 C60 的混凝土,目前尚无统一的尺寸折算系数,当采用非标准尺寸试件将其抗压强度折算为标准尺寸试件抗压强度时,折算系数需要通过试验确定,在《混凝土强度检验评定标准》GB/T 50107—2010 中规定了试验的最小试件数量不少于 30 对组,以有利于提高折算系数的准确性。

混凝土试件尺寸及强度的尺寸换算系数   表 4-20

骨料最大粒径(mm)	试件尺寸(mm)	强度的尺寸换算系数
≤31.5	100×100×100	0.95
≤40	150×150×150	1.00
≤63	200×200×200	1.05

注:对强度等级为 C60 及以上的混凝土试件,其强度的尺寸换算系数可通过试验确定。

(3)试件强度评定不合格时的处理

当混凝土试件强度评定不合格时,应委托具有资质的检测机构按国家现行有关标准的规定对结构构件中的混凝土强度进行检测推定,并应按本教材第 2.8 节"(1)工程质量不符合要求的处理流程"的规定进行处理。

混凝土试件强度评定不合格时,可根据《回弹法检测混凝土抗压强度技术规程》JGJ/T 23—2011 等国家现行标准,采用各种检测方法推定结构中的混凝土强度,并可作为结构是否需要处理的依据。

(4)耐久性检验评定

混凝土有耐久性指标要求时,应按现行行业标准《混凝土耐久性检验评定标准》JGJ/T 193—2009 的规定检验评定。

依据行业标准《混凝土耐久性检验评定标准》JGJ/T 193—2009,可以评定混凝土的抗冻等级、抗冻标号、抗渗等级、抗硫酸盐等级、抗氯离子渗透性能等级、抗碳化性能等级以及早期抗裂性能等级等有关耐久性指标。

(5)大批量和连续生产混凝土要求

大批量、连续生产的同一配合比混凝土,混凝土生产单位应提供基本性能试验报告。

根据《普通混凝土拌合物性能试验方法标准》GB/T 50080—2016、《混凝土力学性能试验方法标准》GB/T 50081—2019、《普通混凝土长期性能和耐久性能试验方法标准》GB/T 50082—2009,混凝土的基本性能主要包括稠度、凝结时间、坍落度经时损失、泌水与压力泌水、表观密度、含气量、抗压强度、轴心抗压强度、静力受压弹性模量、劈裂抗拉强度、抗折强度、抗冻性能、动弹性模量、抗水渗透、抗氯离子渗透、收缩性能、早期抗裂、受压徐变、碳化性能、混凝土中钢筋锈蚀、抗压疲劳变形、抗硫酸盐侵蚀和碱-骨料反应等。

本条要求的大批量、连续生产是指同一工程项目、同一配合比的混凝土生产量为 2000m³ 以上。此时,混凝土浇筑前,其生产单位应提供稠度、凝结时间、坍落度经时损失、泌水、表观密度等性能试验报告;当设计有要求,应按设计要求提供其他性能试验报告。上述性能试验报告可由混凝土生产单位试验室或第三方提供。

(6)预拌混凝土的原材料质量、制备要求

预拌混凝土的原材料质量、制备等应符合现行国家标准《预拌混凝土》GB/T 14902—2012 的规定。

现行国家标准《预拌混凝土》GB/T 14902—2012 对预拌混凝土的定义，分类、性能等级及标记，原材料和配合比，质量要求，制备，试验方法，检验规划，订货与交货等进行了规定。

（7）水泥、外加剂进场检验容量调整

水泥、外加剂进场检验，当满足下列条件之一时，其检验批容量可扩大一倍：

1）获得认证的产品；

2）同一厂家、同一品种、同一规格的产品，连续三次进场检验均一次检验合格。

对于获得认证或生产质量稳定的水泥和外加剂，在进场检验时，可比常规检验批容量扩大一倍。当水泥和外加剂满足本条的两个条件时，检验批容量也只扩大一倍。当扩大检验批后的检验出现一次不合格情况时，应按扩大前的检验批容量重新验收，并不得再次扩大检验批容量。

对于混凝土原材料来讲，只有水泥和外加剂可以扩大检验批容量。

2. 混凝土原材料分项工程检验批的质量检验

混凝土分项工程包括"原材料""混凝土拌合物"和"混凝土施工"三个检验批。

（1）混凝土分项工程（原材料和混凝土拌合物）检验批的质量检验标准

为方便起见，此处把两个检验批放在一起介绍。混凝土原材料和配合比检验批的检验标准和检验方法见表4-21。

混凝土原材料分项工程检验批的检验标准 表 4-21

项目类型	序号	验收项目	合格质量标准	检验方法	检验数量
主控项目	1	水泥进场检验	水泥进场时，应对其品种、代号、强度等级、包装或散装编号、出厂日期等进行检查，并应对水泥的强度、安定性和凝结时间进行检验，检验结果应符合现行国家标准《通用硅酸盐水泥》GB 175—2007 等的相关规定	检查质量证明文件和抽样检验报告	按同一厂家、同一品种、同一代号、同一强度等级、同一批号且连续进场的水泥，袋装不超过200t 为一批，散装不超过500t 为一批，每批抽样数量不应少于一次
	2	混凝土外加剂	混凝土外加剂进场时，应对其品种、性能、出厂日期等进行检查，并应对外加剂的相关性能指标进行检验，检验结果应符合现行国家标准《混凝土外加剂》GB 8076—2008 和《混凝土外加剂应用技术规范》GB 50119—2013 等的规定	检查质量证明文件和抽样检验报告	按同一厂家、同一品种、同一性能、同一批号且连续进场的混凝土外加剂，不超过50t 为一批，每批抽样数量不应少于一次
一般项目	1	矿物掺合料	混凝土用矿物掺合料进场时，应对其品种、技术指标、出厂日期等进行检查，并应对矿物掺合料的相关技术指标进行检验，检验结果应符合国家现行有关标准的规定	检查质量证明文件和抽样检验报告	按同一厂家、同一品种、同一技术指标、同一批号且连续进场的矿物掺合料，粉煤灰、石灰石粉、磷渣粉和钢铁渣粉不超过200t 为一批，粒化高炉矿渣粉和复合矿物掺合料不超过500t 为一批，沸石粉不超过120t 为一批，硅灰不超过30t 为一批，每批抽样数量不应少于一次

项目类型	序号	验收项目	合格质量标准	检验方法	检验数量
一般项目	2	粗、细骨料质量	混凝土原材料中的粗骨料、细骨料质量应符合现行行业标准《普通混凝土用砂、石质量及检验方法标准》JGJ 52—2006 的规定，使用经过净化处理的海砂应符合现行行业标准《海砂混凝土应用技术规范》JGJ 206—2010 的规定，再生混凝土骨料应符合现行国家标准《混凝土用再生粗骨料》GB/T 25177—2010 和《混凝土和砂浆用再生细骨料》GB/T 25176—2010 的规定	检查抽样检验报告	按现行行业标准《普通混凝土用砂、石质量及检验方法标准》JGJ 52—2006 的规定确定
	3	拌制混凝土用水	混凝土拌制及养护用水应符合现行行业标准《混凝土用水标准》JGJ 63—2006 的规定。采用饮用水时，可不检验；采用中水、搅拌站清洗水、施工现场循环水等其他水源时，应对其成分进行检验	检查水质检验报告	同一水源检查应不少于一次

（2）关于混凝土原材料分项工程检验批质量检验的说明

1）主控项目第 1 项

无论是预拌混凝土还是现场搅拌混凝土，水泥进场时，应根据产品合格证检查其品种、代号、强度等级等，并分类有序存放，以免造成混料错批。强度、安定性和凝结时间是水泥的重要性能指标，进场时应抽样检验，其质量应符合现行国家标准《通用硅酸盐水泥》GB 175—2007 等的要求。质量证明文件包括产品合格证、有效的型式检验报告、出厂检验报告。

2）主控项目第 2 项

混凝土外加剂种类较多，且均有国家现行有关的质量标准，使用时，混凝土外加剂的质量不仅要符合有关国家标准的规定，也应符合相关行业标准的规定。外加剂的检验项目、检验方法和批量应符合有关标准的规定。质量证明文件包括产品合格证、有效的型式检验报告、出厂检验报告。

3）一般项目第 1 项

混凝土用矿物掺合料的种类主要有粉煤灰、粒化高炉炉矿渣粉、石灰石粉、硅灰、沸石粉、磷渣粉、钢铁渣粉和复合矿物掺合料等，对各种矿物掺合料，均应符合相应的标准要求。矿物掺合料的掺量应通过试验确定，并符合《普通混凝土配合比设计规程》JGJ 55—2011 的规定。质量证明文件包括产品合格证、有效的型式检验报告、出厂检验报告等。

4）一般项目第 2 项

《普通混凝土用砂、石质量及检验方法标准》JGJ 52—2006 中包含了天然砂、人工砂、碎石和卵石的质量要求和检验方法等。海砂、再生骨料和轻骨料在使用时应符合国家现行有关标准的规定。

5）一般项目第 3 项

考虑到今后生产中利用工业处理水的发展趋势，除采用饮用水外，也可采用其他水源，使用前应对其成分进行检验，并应符合国家现行标准《混凝土用水标准》JGJ 63—2006 的要求。

【例4-6】假设案例项目1号教学楼采用框架结构，1层柱梁板构件的混凝土体积为145m³，混凝土原材料的检验批容量柱、梁和板的构件混凝土体积总数确定，假设混凝土时采用现场拌制，则需要验收混凝土原材料检验批。需要特别注意的是，我国建设行政主管部门规定城镇项目混凝土要求采用预拌混凝土，因此如果采用预拌混凝土，不需要验收混凝土原材料检验批。填写的范例见表4-22。工程实践中具体按设计图纸和现场施工情况填写。

验收时应注意：水泥、外加剂、矿物掺合料和粗细骨料的样本总数按实际进场的质量数（吨）确定。

混凝土原材料检验批质量验收记录 表4-22

GB 50204—2015 　　　　　　　　　　　　　　桂建质 020103（Ⅰ）⬜⬜⬜（一）

单位(子单位)工程名称	1号教学楼		分部(子分部)工程名称	主体结构(混凝土结构)	分项工程名称	混凝土
施工单位	××建筑工程有限公司		项目负责人	张××	检验批容量	150m³
分包单位			分包单位项目负责人		检验批部位	一层
施工依据	《混凝土结构工程施工规范》GB 50666—2011			验收依据	《混凝土结构工程施工质量验收规范》GB 50204—2015	

	验收项目	设计要求及规范规定		样本总数	最小/实际抽样数量	检查记录	检查结果
主控项目	1 水泥进场检验	水泥进场时，应对其品种、代号、强度等级、包装或散装编号、出厂日期等进行检查，并应对水泥的强度安定性和凝结时间进行检验，检验结果应符合现行国家标准《通用硅酸盐水泥》GB 175—2007的相关规定	检查质量证明文件和抽样检验报告	100	/	质量证明文件齐全，试验合格，报告编号013	合格
	2 混凝土外加剂进场检验	外加剂进场时，应对其品种、性能、出厂日期等进行检验，检验结果应符合国家现行标准《混凝土外加剂》GB 8076—2008和《混凝土外加剂应用技术规范》GB 50119—2013的规定	检查质量证明文件和抽样检验报告	按同一厂家、同一品种、同一性能、同一批号且连续进场的混凝土外加剂，不超过50t为一批，每批抽样数量不少于1次	0.5	/	质量证明文件齐全，试验合格，报告编号014	合格

185

	验收项目		设计要求及规范规定		样本总数	最小/实际抽样数量	检查记录	检查结果
一般项目	1	矿物掺合料进场检验	混凝土用矿物掺合料进场时，应对其品种、技术指标、出厂日期等进行检查，并应对矿物掺合料的相关技术指标进行检验，检验结果应符合国家现行有关标准的规定	检查质量证明文件和抽样检验报告	按同一厂家、同一品种、同一技术指标、同一批号且连续进场的矿物掺合料，粉煤灰、石灰石粉、磷渣粉和钢铁渣粉不超过200t为一批，粒化高炉渣粉和复合矿物掺合料不超过500t为一批，沸石粉不超过120t为一批，硅灰不超过30t为一批，每批抽样数量不少于1次	50	/	质量证明文件齐全，试验合格，报告编号：015	合格
	2	粗细骨料的质量	混凝土原材料中的粗骨料、细骨料质量应符合现行行业标准《普通混凝土用砂、石质量及检验方法标准》JGJ 52—2006的规定，使用经过净化处理的海砂应符合现行行业标准《海砂混凝土应用技术规范》JGJ 206—2016的规定，再生混凝土骨料应符合现行国家标准《混凝土用再生粗骨料》、GB/T 25177—2010和《混凝土和砂浆用再生细骨料》GB/T 25176—2010的规定	检查抽样检验报告	按现行行业标准《普通混凝土用砂、石质量及检验方法标准》JGJ 52—2006的规定确定	200	/	检查合格，报告编号：016	合格
	3	混凝土养护	混凝土拌制及养护用水采用饮用水时，可不检验；采用其他水源应符合《混凝土用水标准》JGJ 63—2006的规定	检查水质检验报告	同一水源检查不应少于一次	15	/	检查合格	合格

施工单位检查结果	主控项目全部符合要求，一般项目满足规范要求，本检验批符合要求 专业工长：王×× 项目专业质量检查员：张×× 2018 年 10 月 20 日
监理(建设)单位验收结论	主控项目全部合格，一般项目满足规范要求，本检验批合格 专业监理工程师：李×× (建设单位项目专业技术负责人)： 2018 年 10 月 20 日

3. 混凝土拌合物分项工程检验批质量检验标准

（1）混凝土拌合物分项工程检验批质量检验标准和检验方法见表 4-23。

混凝土拌合物分项工程检验批质量检验标准 表 4-23

项目类型	序号	验收项目	合格质量标准	检验方法	检查数量
主控项目	1	预拌混凝土质量	预拌混凝土进场时，其质量应符合现行国家标准《预拌混凝土》GB/T 14902—2012 的规定	检查质量证明文件	全数检查
	2	混凝土拌合物	混凝土拌合物不应离析	观察	全数检查
	3	混凝土中氯离子含量和碱总含量	混凝土中氯离子含量和碱总含量应符合现行国家标准《混凝土结构设计规范》GB 50010—2010 的规定和设计要求	检查原材料试验报告和氯离子、碱的总含量计算书	同一配合比的混凝土检查不应少于一次
	4	开盘鉴定	首次使用的混凝土配合比应进行开盘鉴定，其原材料、强度、凝结时间、稠度等应满足设计配合比的要求	检查开盘鉴定资料和强度试验报告	同一配合比的混凝土检查不应少于一次
一般项目	1	混凝土拌合物稠度	混凝土拌合物稠度应满足施工方案的要求	检查稠度抽样检验记录	对同一配合比混凝土，取样应符合下列规定： 1. 每拌制 100 盘且不超过 100m³ 时，取样不得少于一次； 2. 每工作班拌制不足 100 盘时，取样不得少于一次； 3. 连续浇筑超过 1000m³ 时，每 200m³ 取样不得少于一次； 4. 每一楼层取样不得少于一次
	2	混凝土有耐久性	混凝土有耐久性指标要求时，应在施工现场随机抽取试件进行耐久性检验，其检验结果应符合国家现行有关标准的规定和设计要求	检查试件耐久性试验报告	同一配合比的混凝土，取样不应少于一次，留置试件数量应符合国家现行标准《普通混凝土长期性能和耐久性能试验方法标准》GB/T 50082—2009 和《混凝土耐久性检验评定标准》JGJ/T 193—2009 的规定
	3	混凝土抗冻性	混凝土有抗冻要求时，应在施工现场进行混凝土含气量检验，其检验结果应符合国家现行有关标准的规定和设计要求	检查混凝土含气量试验报告	同一配合比的混凝土，取样不应少于一次，取样数量应符合现行国家标准《普通混凝土拌合物性能试验方法标准》GB/T 50080—2016 的规定

(2) 关于混凝土拌合物分项工程检验批质量检验的说明

1) 主控项目第 1 项

预拌混凝土的质量证明文件主要包括混凝土配合比通知单、混凝土质量合格证、强度检验报告、混凝土运输单以及合同规定的其他资料。对大批量、连续生产的混凝土，质量证明文件还包括混凝土生产单位提供的基本性能试验报告。由于混凝土的强度试验需要一定的龄期，强度检验报告可以在达到确定混凝土强度龄期后提供。预拌混凝土所用的水泥、骨料、矿物掺合料等均应参照《混凝土结构工程施工质量验收规范》GB 50204—2015 的有关规定进行检验，其检验报告在预拌混凝土进场时可不提供，但应在生产企业存档保留，以便需要时查阅使用。除检查质量证明文件外，尚应按本节有关规定对预拌混凝土进行进场检验。

2) 主控项目第 2 项

混凝土拌合物发生离析，将影响其和易性和匀质性，以及硬化后的强度和表面质量等。混凝土出现离析时，首先应进行二次搅拌，如运输预拌混凝土的运输车在卸料前快速运转 20s 以上后再卸料。

3) 主控项目第 3 项

在混凝土中，水泥、骨料、外加剂和拌合用水等都可能含有氯离子，可能引起混凝土结构中钢筋的锈蚀，应严格控制其氯离子含量。混凝土碱含量过高，在一定条件下会导致碱-骨料反应。钢筋锈蚀或碱-骨料反应都将严重影响结构构件受力性能和耐久性。如果有证明材料显示原材料的氯离子没有超标，工程实践中可以不用验收此项。

4) 主控项目第 4 项

开盘鉴定是为了验证混凝土的实际质量与设计要求的一致性，此项仅在现场拌制混凝土才验收，对于采用预拌混凝土则不必验收。开始生产时应至少留置一组标准养护试件，作为验证配合比的依据。开盘鉴定资料包括混凝土原材料检验报告、混凝土配合比通知单、强度试验报告以及配合比设计所要求的性能等。

5) 一般项目第 1 项

混凝土拌合物稠度，根据现行国家标准《普通混凝土拌合物性能试验方法标准》GB/T 50080—2016 的规定，包括坍落度、坍落扩展度、维勃稠度等。通常，在现场测定混凝土坍落度。但是，对于大流动度的混凝土，仅用坍落度已无法全面反映混凝土的流动性能，所以对于坍落度大于 220mm 的混凝土，还应测量坍落扩展度，用混凝土坍落扩展度、坍落度的相互关系来综合评价混凝土的稠度。对于骨料最大粒径不超过 40mm，维勃稠度在 5～30s 之间的干硬性混凝土拌合物，则用维勃稠度表达混凝土的流动性。

6) 一般项目第 2 项

依据《混凝土耐久性检验评定标准》JGJ/T 193—2009，涉及混凝土耐久性的指标有：抗冻等级、抗冻标号、抗渗等级、抗硫酸盐等级、抗氯离子渗透性能等级、抗碳化性能等级以及早期抗裂性能等级等，不同的耐久性试验需要制作不同的试件，具体要求应按照现行国家标准《普通混凝土长期性能和耐久性试验方法标准》GB/T 50082—2009 的规定执行。

7) 一般项目第 3 项

在混凝土中加入具有引气功能的外加剂后，能够增加混凝土中的含气量，有利于提高混凝土的抗冻性，使混凝土具有更好的耐久性和长期性能。混凝土的含气量低于设计要求，将降低混凝土的抗冻性能；高于设计要求，往往对混凝土的强度产生不利影响，故应严格控制混凝土的含气量。具体验收时，根据工程实际情况确定是否验收此项。一般我国南方地区较少采用抗冻性混凝土。

【例4-7】假设案例项目1号教学楼采用框架结构，1层柱梁板构件的混凝土体积为150m³，混凝土拌合物的检验批容量柱、梁和板的构件混凝土体积总数确定，我国建设行政主管部门规定城镇范围内项目混凝土要求采用预拌混凝土，因此一般的项目不需要验收混凝土原材料检验批，混凝土分项工程只需验收"混凝土拌合物"和"混凝土施工"2个检验批。填写的范例见表4-24。工程实践中具体按设计图纸和现场施工情况填写。

验收时应注意：①因施工方案采用预拌混凝土，因此不验收第4项，只有现场拌制混凝土才要求做开盘鉴定；

②施工验收时要注意设计图纸是否对混凝土的碱含量、耐久性和抗冻性有特别要求，如果没有，则这3项不需要验收，用"/"删除。

混凝土拌合物检验批质量验收记录　　　　　　　　　　　　表4-24

GB 50204—2015　　　　　　　　　　　　　　　桂建质 020103（Ⅱ）⓪⓪①（一）

单位(子单位)工程名称		1号教学楼		分部(子分部)工程名称	主体结构（混凝土结构）	分项工程名称	混凝土
施工单位		××建筑工程有限公司		项目负责人	张××	检验批容量	150m³
分包单位				分包单位项目负责人		检验批部位	一层
施工依据		《混凝土结构工程施工规范》GB 50666—2011			验收依据	《混凝土结构工程施工质量验收规范》GB 50204—2015	
	验收项目	设计要求及规范规定		样本总数	最小/实际抽样数量	检查记录	检查结果
主控项目	1 预拌混凝土质量	预拌混凝进场时，其质量应符合现行国家标准《预拌混凝土》GB/T 14902—2012 的规定	检查质量证明文件	全数检查	150	/	试验合格，报告编号010	合格
	2 混凝土拌合物	混凝土拌合物不应离析	观察	全数检查	150	全/	全部合格	合格
	3 混凝土碱含量	混凝土中氯离子含量和碱总含量应符合现行国家标准《混凝土结构设计规范》GB 50010—2010的规定和设计要求	检查原材料试验报告和氯离子、碱的总含量计算书	同一配合批的混凝土检查不少于1次	/			/
	4 混凝土配合比开盘鉴定	首次使用的混凝土配合比应进行开盘鉴定，其原材料、强度、凝结时间、稠度等应满足设计配合比的要求	检查开盘鉴定资料和强度试验报告	同一配合批的混凝土检查不少于1次	/			/

189

	验收项目		设计要求及规范规定		样本总数	最小/实际抽样数量	检查记录	检查结果
一般项目	1	混凝土拌合物稠度	混凝土拌合物稠度应满足施工方案的要求	检查质量证明文件和抽样检验报告	150	/	试验合格,报告编号(施)003	合格
	2	混凝土耐久性检验	混凝土有耐久性指标要求时,应符合国家现行有关标准的规定和设计要求	检查试件耐久性试验报告	同一配合比的混凝土,取样不应少于一次,留置试件数量应符合国家现行标准《普通混凝土长期性能和耐久性试验方法标准》GB/T 50082—2009和《混凝土耐久性检验评定标准》JGJ/T 193—2009的规定	/		
	3	抗冻混凝土含气量检验	混凝土有抗冻要求时,应在施工现场进行混凝土含气量检验,其检验结果应符合国家现行有关标准的规定和设计要求	检查混凝土含气量试验报告	同一配合比的混凝土,取样不应少于一次,取样数量应符合国家标准《普通混凝土拌合物性能试验方法标准》GB/T 50080—2016的规定	/		

对同一配合比混凝土,取样与试件留置应符合下列规定:①每100盘且不超过100m³时,取样不少于一次;②每工作班拌制不足100盘时,取样不得少于一次;③连续浇筑超过1000m³时,每200m³取样不得少于一次;④每一楼层取样不得少于一次

施工单位检查结果	主控项目全部符合要求,一般项目满足规范要求,本检验批符合要求
	专业工长:王××
	项目专业质量检查员:张×× 　　　　　　　　　　　　　2018 年 10 月 22 日

监理(建设)单位验收结论	主控项目全部合格,一般项目满足规范要求,本检验批合格
	专业监理工程师:李××
	(建设单位项目专业技术负责人): 　　　　　　　　　　　2018 年 10 月 22 日

4. 混凝土施工分项工程检验批的质量检验标准

（1）混凝土施工分项工程检验批的质量检验标准和检验方法见表 4-25。

混凝土施工分项工程检验批的质量检验标准　　　　　　　　表 4-25

项目类型	序号	验收项目	合格质量标准	检验方法	检查数量
主控项目	1	混凝土强度等级、试件的取样和留置	混凝土的强度等级必须符合设计要求。用于检验混凝土强度的试件应在浇筑地点随机抽取	检查施工记录及混凝土强度试验报告	对同一配合比混凝土，取样与试件留置应符合下列规定： 1. 每拌制 100 盘且不超过 100m³ 时，取样不得少于一次； 2. 每工作班拌制不足 100 盘时，取样不得少于一次； 3. 连续浇筑超过 1000m³ 时，每 200m³ 取样不得少于一次； 4. 每一楼层取样不得少于一次； 5. 每次取样应至少留置一组试件
一般项目	1	后浇带和施工缝的留设及处理方法	后浇带的留设位置应符合设计要求。后浇带和施工缝的留设及处理方法应符合施工方案要求	观察	全数检查
	2	混凝土养护	混凝土浇筑完毕后应及时进行养护，养护时间以及养护方法应符合施工方案要求	观察，检查混凝土养护记录	全数检查

（2）关于混凝土施工分项工程检验批质量检验的说明

1）主控项目第 1 项

本条规定了两项内容：其一，混凝土的强度等级必须符合设计要求。执行这项规定时应注意，本条所要求的是混凝土强度等级，是针对强度评定检验批而言的，应将整个检验批的所有各组混凝土试件强度代表值按《混凝土强度检验评定标准》GB/T 50107—2010 的有关公式进行计算，以评定该检验批的混凝土强度等级，并非指某一组或几组混凝土标准养护试件的抗压强度代表值。其二，对用于检验混凝土强度的试件的规定，包含两个要求：①试件制作地点和抽样方法的要求；②试件制作数量的要求。试件制作的地点应为浇筑地点，通常指入模处。当冬期施工或现场混凝土运输距离较远时，不应在现场搅拌机出料口处留置试件。如需 3d、7d、14d 等过程质量控制试件，可根据实际情况自行确定。

此处指的是标准养护试件，而不是同条件养护试件，同条件养护试件的留置组数应根据实际需要和同条件试块留置方案确定。本条为强制性条文，应严格执行。

2）一般项目第 1 项

混凝土后浇带主要有两类：伸缩后浇带和沉降后浇带，后浇带对控制混凝土结构的伸缩变形或基础的沉降变形有较大作用。混凝土后浇带位置应按设计要求留置，后浇带混凝土浇筑时间、处理方法应按设计要求和技术规范确定并应在施工方案中明确。混凝土施工缝不应随意留置，其位置应事先在施工方案中确定。

确定施工缝位置的原则为：尽可能留置在受力较小的部位；留置部位应便于施工。承受动力作用的设备基础，原则上不应留置施工缝；当需要留置时，应符合设计要求并按施工方案执行。

① 施工缝的留设应符合设计要求或施工技术方案，施工缝的位置宜留在结构受剪力较小且便于施工的部位。并应符合下列规定：

A. 柱，宜留置在基础的顶面、梁或吊车梁牛腿的下面、吊车梁的上面、无梁楼板柱帽的下面；

B. 与板连成整体的大截面梁，留置在板底面以下 20～30mm 处；当板下有梁托时，留置在梁托下部；

C. 单向板，留置在平行于板的短边的任何位置；

D. 有主次梁的楼板宜顺着次梁方向浇筑，施工缝应留置在次梁跨度的中间 1/3 范围内；

E. 墙，留置在门洞口过梁跨中 1/3 范围内，也可留在纵横墙的交接处；

F. 双向受力楼板、大体积混凝土结构、拱、穹拱、薄壳、蓄水池、斗仓、多层刚架及其他结构复杂的工程，施工缝的位置应按设计要求留置。

② 在施工缝处继续浇筑混凝土时，应符合下列规定：

A. 已浇筑的混凝土，其抗压强度不应小于 $1.2N/mm^2$；

B. 在已硬化的混凝土表面上，应清除无水泥浆包裹的松动石子以及软弱混凝土层，并加以充分湿润和冲洗干净，且不得积水；

C. 在浇筑混凝土前，宜先在施工缝处铺一层水泥浆或与混凝土内成分相同去粗骨料的水泥砂浆；

D. 混凝土应细致捣实，使新旧混凝土紧密结合；

E. 承受动力作用的设备基础，不应留置施工缝，当必须留置时，应征得设计单位同意。

③ 在设备基础的地脚螺栓范围内施工缝的留置位置，应符合下列要求：

A. 水平施工缝，必须低于地脚螺栓底端，其与地脚螺栓底端的距离应大于 150mm；当地脚螺栓直径小于 30mm 时，水平施工缝可留置在不小于地脚螺栓埋入混凝土部分总长度的 3/4 处；

B. 垂直施工缝，其与地脚螺栓中心线间的距离不得小于 250mm，且不得小于螺栓直径的 5 倍。

④ 承受动力作用的设备基础的施工缝处理，应符合下列规定：

A. 标高不同的两个水平施工缝，其高低接合处应留成台阶形，台阶的高宽比不得大于 1.0；

B. 在水平施工缝上继续浇筑混凝土前，应对地脚螺栓进行一次观测校准；

C. 垂直施工缝处应加插钢筋，其直径为 12～16mm，长度为 500～600mm，间距为 500mm，在台阶式施工缝的垂直面上也应补插钢筋；

D. 施工缝的混凝土表面应凿毛，在继续浇筑混凝土前，应用水冲洗干净，湿润后在表面上抹一层 10～15mm 厚与混凝土内成分相同去粗骨料的水泥砂浆。

3）一般项目第 2 项

养护条件对于混凝土强度的增长有重要影响。在施工过程中，应根据原材料、配合比、浇筑部位和季节等具体情况，制订合理的养护技术方案，采取有效的养护措施，保证混凝土强度，正常增长。

混凝土浇筑完毕后，应按施工技术方案及时采取有效的养护措施，混凝土的养护要求包括开始养护的时间、养护的持续时间、浇水养护要求达到的效果和开始在混凝土表面上作业的强度要求等。混凝土的养护除应按施工技术方案执行外，还应符合现行国家标准《混凝土结构工程施工规范》GB 50666—2011 的规定，并符合下列规定：

① 应在浇筑完毕后的 12h 以内对混凝土加以覆盖并保湿养护。

② 混凝土浇水养护的时间：对采用硅酸盐水泥、普通硅酸盐水泥或矿渣硅酸盐水泥拌制的混凝土，不得少于 7d；对掺用缓凝型外加剂或有抗渗要求的混凝土，不得少于 14d；后浇带的混凝土养护不得少于 28d。

③ 浇水次数应能保持混凝土处于湿润状态；混凝土养护用水应与拌制用水相同。

④ 采用塑料布覆盖养护的混凝土，其敞露的全部表面应覆盖严密，并应保持塑料布内有凝结水。

⑤ 混凝土强度达到 1.2N/mm² 前，不得在其上踩踏或安装模板及支架。

⑥ 当日平均气温低于 5℃时，不得浇水。

⑦ 当采用其他品种水泥时，混凝土的养护时间应根据所采用水泥的技术性能确定。

⑧ 混凝土表面不便浇水或使用塑料布时，宜涂刷养护剂。

⑨ 对大体积混凝土的养护，应根据气候条件在施工技术方案中采取控温措施。

【例 4-8】假设案例项目 1 号教学楼采用框架结构，1 层柱梁板构件的混凝土体积为 150m³，混凝土施工检验批容量按柱、梁和板等构件混凝土体积总数确定，则混凝土施工检验批施工质量验收填写的范例见表 4-26。

验收时应注意：施工验收时严格按设计图纸确定该检验批存在哪些验收项目？假如 1 号教学楼设计没有设置后浇带，则该项目不予验收，一般项目 1 在验收时用 "/" 删除。

混凝土施工检验批质量验收记录　　　　　表 4-26

GB 50204—2015　　　　　　　　　　　　　　　桂建质 020103（Ⅲ）⬚ ⬚ ⬚

单位(子单位)工程名称	1 号教学楼		分部(子分部)工程名称	主体结构(混凝土结构)	分项工程名称	混凝土
施工单位	××建筑工程有限公司		项目负责人	张××	检验批容量	150m³
分包单位			分包单位项目负责人		检验批部位	一层
施工依据	《混凝土结构工程施工规范》GB 50666—2011			验收依据	《混凝土结构工程施工质量验收规范》GB 50204—2015	
	验收项目	设计要求及规范规定		样本总数	最小/实际抽样数量	检查记录	检查结果
主控项目	1 混凝土取样和留置	混凝土的强度等级必须符合设计要求。用于检验混凝土强度的试件应在浇筑地点随机抽取	检查施工记录及混凝土强度试验报告	对同一配合比混凝土，取样与试件留置应符合下列规定：①每 100 盘且不超过 100m³ 的同配合比取样不少于 1 次；②每工作班的同配合比不足 100 盘取样不少于 1 次；③当一次连续浇筑超过 1000m³ 时，同一配合比每 200m³ 取样不少于 1 次；④每一楼层、同一配合比取样不少于 1 次；⑤每次取样至少留置 1 组试件	150	/	试验合格，报告编号：010	合格

193

	验收项目	设计要求及规范规定			样本总数	最小/实际抽样数量	检查记录	检查结果
一般项目	1	后浇带的留设位置及处理方法	后浇带的留设位置应符合设计要求。后浇带和施工缝的留设及处理方法应符合施工方案要求	观察	全数检查		/	
	2	混凝土养护	养护时间以及养护方法应符合施工方案要求	观察；检查混凝土养护记录	全数检查	150	/	符合要求，详见混凝土施工记录	合格

施工单位检查结果	主控项目全部符合要求，一般项目满足规范要求，本检验批符合要求 专业工长：王×× 项目专业质量检查员：张×× <div align="right">2018 年 11 月 20 日</div>
监理（建设）单位验收结论	主控项目全部合格，一般项目满足规范要求，本检验批合格 专业监理工程师：李×× （建设单位项目专业技术负责人）：<div align="right">2018 年 11 月 20 日</div>

4.1.5 现浇结构分项工程

现浇结构工程是以模板、钢筋、预应力、混凝土四个分项工程为依托，拆除模板后的混凝土结构实物外观质量、几何尺寸检验等一系列技术工作的总称。

现行《混凝土结构工程施工质量验收规范》GB 50204—2015 将混凝土工程和现浇结构两个分项工程分开，主要区别为：混凝土工程主要是对混凝土拌合物的质量及过程控制，而现浇结构分项工程主要是对已经浇筑成型的混凝土结构构件。

1. 现浇结构分项工程的一般规定

现浇结构工程的一般规定是如何对结构实物、外观质量检查缺陷的把握。缺陷是指建筑工程施工质量中不符合规定要求的检验项或检验点，混凝土缺陷包括一般缺陷和严重缺陷：

严重缺陷——对结构构件的受力性能、耐久性能或安装、使用性能有决定性影响的缺陷。

一般缺陷——对结构构件的受力性能、耐久性能或安装、使用性能无决定性影响的缺陷。

（1）现浇结构质量验收规定

现浇结构质量验收应符合下列规定：

1）现浇结构质量验收应在拆模后、混凝土表面未做修整和装饰前进行，并应做出记录；

2）已经隐蔽的不可直接观察和量测的内容，可检查隐蔽工程验收记录；

3）修整或返工的结构构件或部位应有实施前后的文字及图像记录。

本条提出了混凝土现浇结构质量验收的基本条件和要求。

现浇结构外观和尺寸质量验收应在拆模后及时进行。即使混凝土表面存在缺陷，验收前也不应进行修整、装饰或各种方式的覆盖，避免出现难以判断缺陷的类型以及采取有针对性的措施。

本条第2款中已经隐蔽的内容，是指与混凝土外观质量、几何尺寸有关而又不可直接观察和量测的部位和项目，如地下室防水混凝土外墙厚度、混凝土施工缝处理等。

修整或返工的结构构件或部位，其实施前后的文字及图像记录是指对缺陷情况和缺陷等级的描述、处理方案、实施过程图像记录以及实施后外观的文字和图像记录，这也是即便在以后出现争议时也是一个有效的证明资料。

（2）缺陷的确定组织

现浇结构的外观质量缺陷应由监理单位、施工单位等各方根据其对结构性能和使用功能影响的严重程度按表4-27确定。

现浇结构外观质量缺陷   表4-27

名称	现　　象	严　重　缺　陷	一　般　缺　陷
露筋	构件内钢筋未被混凝土包裹而外露	纵向受力钢筋有露筋	其他钢筋有少量露筋
蜂窝	混凝土表面缺少水泥砂浆而形成石子外露	构件主要受力部位有蜂窝	其他部位有少量蜂窝
孔洞	混凝土中孔洞深度和长度均超过保护层厚度	构件主要受力部位有孔洞	其他部位有少量孔洞
夹渣	混凝土中夹有杂物且深度超过保护层厚度	构件主要受力部位有夹渣	其他部位有少量夹渣
疏松	混凝土中局部不密实	构件主要受力部位有疏松	其他部位有少量疏松

名称	现象	严重缺陷	一般缺陷
裂缝	裂缝从混凝土表面延伸至混凝土内部	构件主要受力部位有影响结构性能或使用功能的裂缝	其他部位有少量不影响结构性能或使用功能的裂缝
连接部位缺陷	构件连接处混凝土有缺陷或连接钢筋、连接件松动	连接部位有影响结构传力性能的缺陷	连接部位有基本不影响结构传力性能的缺陷
外形缺陷	缺棱掉角、棱角不直、翘曲不平、飞边凸肋等	清水混凝土构件有影响使用功能或装饰效果的外形缺陷	其他混凝土构件有不影响使用功能的外形缺陷
外表缺陷	构件表面麻面、掉皮、起砂、沾污等	具有重要装饰效量的清水混凝土构件有外表缺陷	其他混凝土构件有不影响使用功能的外表缺陷

对现浇结构外观质量的验收，采用检查缺陷，并对缺陷的性质和数量加以限制的方法进行。本条提出了确定现浇结构外观质量严重缺陷、一般缺陷的一般原则。各种缺陷的数量限制可根据实际情况确定。

在具体实施中，外观质量缺陷对结构性能和使用功能等的影响程度，应由监理（建设）单位、施工单位等各方共同确定。

对于具有重要装饰效果的清水混凝土，考虑到其装饰效果属于主要使用功能，故将其表面外形缺陷、外表缺陷确定为严重缺陷。

现浇结构拆模后，施工单位应及时会同监理（建设）单位对混凝土外观质量和尺寸偏差进行检查，并作出记录。对任何缺陷及超过限值的尺寸偏差都应及时进行处理，并重新检查验收。

对于一般缺陷的几个概念如下：

1）少量露筋：梁、柱非纵向受力钢筋的露筋长度一处不大于 10cm，累计不大于 20cm；基础、墙、板非纵向受力钢筋的露筋长度一处不大于 20cm，累计不大于 40cm；

2）少量蜂窝：梁、柱上的蜂窝面积一处不大于 500cm²，累计不大于 1000cm²；基础、墙、板上蜂窝面积一处不大于 1000cm²，累计不大于 2000cm²；

3）少量孔洞：梁、柱上的孔洞面积一处不大于 10cm²，累计不大于 80cm²；基础、墙、板上的孔洞面积一处不大于 100cm²，累计不大于 200cm²；

4）少量夹碴：夹碴层的深度不大于 5cm；梁、柱上的夹碴层长度一处不大于 5cm，不多于两处；基础、墙、板上的夹碴层长度一处不大于 20cm，不多于两处；

5）少量疏松：梁、柱上的疏松面积一处不大于 500cm²，累计不大于 1000cm²；基础、墙、板上的疏松面积一处不大于 1000cm²，累计不大于 2000cm²。

2. 现浇结构外观质量分项工程检验批的质量检验

现浇结构分项工程通常按结构的楼层、结构缝或施工段划分检验批。现浇结构分项工程包括外观质量和尺寸偏差两个检验批，但在工程实践中，常将外观质量和尺寸偏差合并作为一个检验批来进行检验。

（1）现浇结构外观质量分项工程检验批标准

现浇结构外观质量分项工程检验批的检验标准和检验方法见表 4-28。

混凝土现浇结构外观质量分项工程检验批的检验标准　　　　　表 4-28

项目类型	序号	验收项目	合格质量标准	检验方法	检查数量
主控项目	1	外观质量	现浇结构的外观质量不应有严重缺陷。 对已经出现的严重缺陷，应由施工单位提出技术处理方案，并经监理单位认可后进行处理；对裂缝或连接部位的严重缺陷及其他影响结构安全的严重缺陷，技术处理方案尚应经设计单位认可。对经处理的部位应重新验收	观察，检查处理记录	全数检查
一般项目	1	外观质量和一般缺陷处理	现浇结构的外观质量不应有一般缺陷。 对已经出现的一般缺陷，应由施工单位按技术处理方案进行处理。对经处理的部位应重新验收	观察，检查处理记录	全数检查

（2）关于混凝土现浇结构外观质量分项工程检验批质量检验的说明：

1）主控项目第 1 项

外观质量的严重缺陷通常会影响到结构性能、使用功能或耐久性。对已经出现的严重缺陷，应由施工单位根据缺陷的具体情况提出技术处理方案，经监理单位认可后进行处理，并重新检查验收。对于影响结构安全的严重缺陷，除上述程序外，技术处理方案尚应经设计单位认可。"影响结构安全的严重缺陷"包括表 4-19 中的裂缝、连接部位的严重缺陷，也包括露筋、蜂窝、孔洞、夹渣、疏松、外形、外表等严重缺陷中可能影响结构安全的情况。

2）一般项目第 1 项

外观质量的一般缺陷不会对结构性能、使用功能造成严重影响，但有碍观瞻。故对已经出现的一般缺陷，也应及时处理，并重新检查验收。一般性的外观质量缺陷可以采用 1∶2 的水泥砂浆或水泥净浆抹灰处理。

3．现浇结构位置和尺寸偏差分项工程检验批标准

现浇结构位置和尺寸偏差分项工程检验批的检验标准和检验方法见表 4-29。

（1）关于混凝土现浇结构位置和尺寸偏差分项工程检验批质量检验的说明

1）主控项目第 1 项

过大的尺寸偏差可能影响结构构件的受力性能、使用功能，也可能影响设备在基础上的安装、使用。验收时，应根据现浇结构、混凝土设备基础尺寸偏差的具体情况，由施工、监理各方共同确定尺寸偏差对结构性能和安装使用功能的影响程度。对超过尺寸允许偏差且影响结构性能和安装、使用功能的部位，应由施工单位根据尺寸偏差的具体情况提出技术处理方案，经监理、设计单位认可后进行处理，并重新检查验收。

项目类型	序号	验收项目	合格质量标准	检验方法	检查数量
主控项目	1	现浇结构和混凝土设备基础的尺寸偏差及处理流程	现浇结构不应有影响结构性能或使用功能的尺寸偏差；混凝土设备基础不应有影响结构性能或设备安装的尺寸偏差。 对超过尺寸允许偏差且影响结构性能或安装、使用功能的部位，应由施工单位提出技术处理方案，并经监理、设计单位认可后进行处理。对经处理的部位应重新验收	量测，检查处理记录	全数检查
一般项目	1	现浇结构的位置和尺寸偏差及检验方法	现浇结构的位置和尺寸偏差及检验方法应符合表 4-30 的规定	具体见表 4-30	按楼层、结构缝或施工段划分检验批。在同一检验批内，对梁、柱和独立基础，应抽查构件数量的 10%，且不应少于 3 件；对墙和板，应按有代表性的自然间抽查 10%，且不应少于 3 间；对大空间结构，墙可按相邻轴线间高度 5m 左右划分检查面，板可按纵、横轴线划分检查面，抽查 10%，且均不应少于 3 面；对电梯井，应全数检查
	2	现浇设备基础的位置和尺寸偏差及检验方法	现浇设备基础的位置和尺寸应符合设计和设备安装的要求。其位置和尺寸偏差及检验方法应符合表 4-31 的规定	具体见表 4-31	全数检查

2）一般项目第 1、第 2 项

给出了现浇结构和设备基础尺寸的允许偏差及检验方法。在实际应用时，尺寸偏差除应符合本条规定外，还应满足设计或设备安装提出的要求。尺寸偏差的检验方法可采用表 4-30 和表 4-31 中的方法（测量示意图见图 4-3、图 4-4），也可采用其他方法和相应的检测工具。

与原验收规范相比，在表 4-30 中允许偏差规定中适当调整：柱、墙、梁的轴线位置偏差统一，并包括剪力墙；层高内垂直度偏差按 6m 层高划分，并适当调整偏差要求；全高垂直度偏差考虑国内高层建筑的实际情况，提出了新的计算公式，并适当放宽了超高层建筑的总要求；增加了混凝土基础的截面尺寸偏差要求；增加了楼梯相邻踏步高差要求；考虑到混凝土结构子分部工程验收增加了结构实体构件尺寸偏差检验，且同样要用到本条

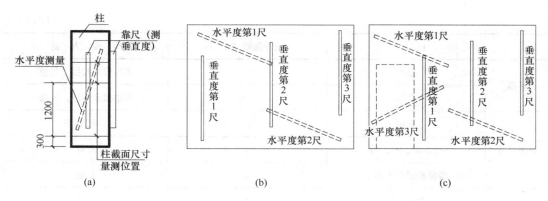

图 4-3 墙、柱尺寸偏差测量示意图

(a) 柱尺寸偏差测量；(b) 墙面垂直度和平整度测量（无门）；(c) 墙面垂直度和平整度测量（有门）

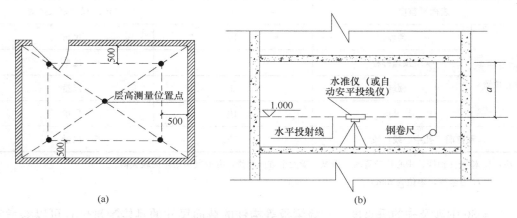

图 4-4 层高测量示意图（层高＝1.0m＋a＋1 个设计板厚）

(a) 平面图；(b) 层高测量示意图

偏差指标要求，本条将柱、墙、梁、板的截面尺寸偏差统一为＋10mm 和－5mm；对于电梯井洞，考虑安装要求需要，不再提出垂直度要求，而改为要求中心位置；增加了预埋板、预埋螺栓、预埋管之外的其他预埋件中心位置偏差要求。

现浇结构位置和尺寸允许偏差及检验方法   表 4-30

项　　目			允许偏差（mm）	检　验　方　法
轴线位置	整体基础		15	经纬仪及尺量
	独立基础		10	经纬仪及尺量
	柱、墙、梁		8	尺量
垂直度	层高	≤6m	10	经纬仪或吊线、尺量
		>6m	12	经纬仪或吊线、尺量
	全高（H）≤300m		$H/30000＋20$	经纬仪、尺量
	全高（H）>300m		$H/10000$ 且≤80	经纬仪、尺量

项 目		允许偏差（mm）	检 验 方 法
标高	层高	±10	水准仪或拉线、尺量
	全高	±30	水准仪或拉线、尺量
截面尺寸	基础	+15，−10	尺量
	柱、梁、板、墙	+10，−5	尺量
	楼梯相邻踏步高差	6	尺量
电梯井	中心位置	10	尺量
	长、宽尺寸	+25，0	尺量
表面平整度		8	2m靠尺和塞尺量测
预埋件中心位置	预埋板	10	尺量
	预埋螺栓	5	尺量
	预埋管	5	尺量
	其他	10	尺量
预留洞、孔中心线位置		15	尺量

注：1. 检查柱轴线、中心线位置时，沿纵、横两个方向测量，并取其中偏差的较大值。
2. H 为全高，单位为 mm。

表 4-30 中涉及柱的垂直度、柱墙梁板等构件的截面尺寸的具体测量位置可以参考实体检测测量的位置，即表 4-31 中相应构件的位置。

现浇设备基础位置和尺寸允许偏差及检验方法   表 4-31

项 目		允许偏差（mm）	检验方法
坐标位置		20	经纬仪及尺量
不同平面标高		0，−20	水准仪或拉线、尺量
平面外形尺寸		±20	尺量
凸台上平面外形尺寸		0，−20	尺量
凹槽尺寸		+20，0	尺量
平面水平度	每米	5	水平尺、塞尺量测
	全长	10	水准仪或拉线、尺量
垂直度	每米	5	经纬仪或吊线、尺量
	全高	10	经纬仪或吊线、尺量

项 目		允许偏差（mm）	检验方法
预埋地脚螺栓	中心位置	2	尺量
	顶标高	+20，0	水准仪或拉线、尺量
	中心距	±2	尺量
	垂直度	5	吊线、尺量
预埋地脚螺栓孔	中心位置	10	尺量
	断面尺寸	+20	尺量
	深度	+20	尺量
	垂直度	$h/100$ 且≤10	吊线、尺量
预埋活动地脚螺栓锚板	中心位置	5	尺量
	标高	+20，0	水准仪或拉线、尺量
	带槽锚板平整度	5	直尺、塞尺量测
	带螺纹孔锚板平整度	2	直尺、塞尺量测

注：1. 检查坐标、中心线位置时，应沿纵、横两个方向测量，并取其中偏差的较大值。

2. h 为预埋地脚螺栓孔孔深，单位为 mm。

【例 4-9】假设案例项目 1 号教学楼采用框架结构，1 层柱构件数量为 24 根，梁 11 根，板 14 块，现浇结构外观质量和尺寸偏差检验批容量按柱、梁和板等构件总数确定，则现浇结构外观质量和尺寸偏差检验批施工质量验收填写的范例见表 4-32。

验收时应注意：①资料管理软件将"外观质量"和"尺寸偏差"2 个检验批合在一起验收，是因为这两个检验批可以一起同时验收，且同时验收可以减少验收程序和提高验收效率。

②施工验收时严格按设计图纸和验收的部位确定该检验批的验收项目，如验收主体结构分部工程，则不再验收"尺寸偏差"检验批中的"轴线位置"中的"整体基础"和"独立基础"，应在验收时用"/"删除此不存在验收项目。

③"层高"中存在"≤6m"和">6m"2 个层高，验收主体一层时注意在一些酒店和写字楼项目可能同时存在不同层高，而住宅楼项目则一般只有 1 个层高，此情形下验收时存在非此即彼的现象。

④在验收"截面尺寸"和"楼梯相邻踏步高差"等项目时，样本总数按实际不同构件的总数确定，如"截面尺寸"验收项目明确指出了不同的构件名称，因此其样本总数按"柱""梁""板"和"楼梯"不同构件具体的数量确定。

⑤"预埋管"主要指一些进出楼内外和楼上下层的一些管道，这些管道安装时一般需要预埋套管等辅助设施。

⑥"预埋板"和"预埋螺栓"一般在钢结构和设备基础中存在，单纯的钢筋混凝土结构中不常见。具体验收必须认真查看图纸，如不存在，则用"/"删除此非验收项目。

现浇结构外观质量及尺寸偏差检验批质量验收记录 表 4-32

GB 50204—2015

桂建质 020105（Ⅰ）□ □ ① （一）

单位（子单位）工程名称	1号教学楼	分部（子分部）工程名称	主体结构（混凝土结构）	分项工程名称	现浇结构
施工单位	××建筑工程有限公司	项目负责人	张××	检验批容量	柱24件，板25
分包单位	/	分包单位项目负责人	/	检验批部位	一层
施工依据	《混凝土结构工程施工规范》GB 50666—2011		验收依据	《混凝土结构工程施工质量验收规范》GB 50204—2015	

		验收项目	设计要求及规范规定		样本总数	最小/实际抽样数量	检查记录	检查结果
主控项目	1	外观质量	现浇结构的外观质量不应有严重缺陷。对已经出现的严重缺陷，应由施工单位提出技术处理方案，并经监理单位认可后进行处理；对裂缝或连接部位的严重缺陷及其他影响结构安全的严重缺陷，技术处理方案尚应经设计单位认可。对经处理的部位应重新验收	观察，检查处理记录	全数检查	49	49/49	抽查49处，全部合格	合格
	2	现浇结构的尺寸偏差	现浇结构不应有影响结构性能或使用功能的尺寸偏差；混凝土设备基础不应有影响结构性能和设备安装的尺寸偏差。对超过尺寸允许偏差且影响结构性能或安装、使用功能的部位，并应由施工单位提出技术处理方案，经监理、设计认可后进行处理。对经处理的部位应重新验收	量测，检查处理记录	全数检查	49	49/49	抽查49处，全部合格	合格
一般项目	1	外观质量一般缺陷	现浇结构的外观质量不应有一般缺陷。对已经出现的一般缺陷，应由施工单位按技术处理方案进行处理。对经处理的部位应重新验收	观察，检查处理记录	全数检查	49	49/49	抽查49处，全部合格	合格

验收项目				设计要求及规范规定		样本总数	最小/实际抽样数量	检查记录	检查结果
一般项目	2 现浇结构位置和尺寸允许偏差（mm）	轴线位置	整体基础	15	经纬仪及尺量	按楼层、结构缝或施工段划分检验批。在同一检验批内，对梁、柱和独立基础，抽查构件数量的10%，并不少于3件；对墙和板，按有代表性的自然间抽查10%，并不少于3间；对大空间结构，墙按相邻轴线间高度5m左右划分检查面，板按纵、横轴线划分检查面，抽查10%，并均不少于3面；对电梯井，应全数检查		/	
			独立基础	10			/	
			柱、墙、梁	8	尺量	35	4/4	抽查4处，全部合格	合格
		垂直度	层高 ≤6m	10	经纬仪或吊线、尺量	24	3/3	抽查3处，全部合格	合格
			层高 >6m	12			/	
			全高（H）≤300m	$H/30000+20$	经纬仪、尺量	24	3/3	抽查3处，全部合格	合格
			全高（H）>300m	$H/10000$且≤80			/	
		标高	层高	±10	水准仪或拉线、尺量	14	3/3	抽查3处，全部合格	合格
			全高	±30		14	3/3	抽查3处，全部合格	合格
		截面尺寸	基础	+15，-10	尺量		/	
			柱	+10，-5		24	3/3	抽查3处，全部合格	合格
			梁	+10，-5		11	3/3	抽查3处，全部合格	合格
			板	+10，-5		14	3/3	抽查3处，全部合格	合格
			墙	+10，-5			/	
			楼梯相邻踏步高差	6		2	2/2	抽查2处，全部合格	合格
		电梯井	中心位置	10			/	
			长、宽尺寸	+25，0			/	
		表面平整度		8	2m靠尺和塞尺量测	49	5/5	抽查5处，全部合格	合格
		预埋件中心位置	预埋板	10	尺量		/	
			预埋螺栓	5			/	
			预埋管	5		14	3/3	抽查3处，全部合格	合格
			其他	10		49	5/5	抽查5处，全部合格	合格
		预留洞、孔中心线位置		15		14	3/3	抽查3处，全部合格	合格

施工单位检查结果	主控项目全部符合要求，一般项目满足规范要求，本检验批符合要求 专业工长：王×× 项目专业质量检查员：张×× 　　　　　　　　　　　　　　　　　　　　　　2018年11月1日
监理（建设）单位验收结论	主控项目全部合格，一般项目满足规范要求，本检验批合格 专业监理工程师：李×× （建设单位项目专业技术负责人）： 　　　　　　　　　　　　　　　　　　　　　　2018年11月1日

4.1.6 混凝土结构子分部工程的验收

混凝土结构尽管体形庞大，构造复杂，在建筑工程施工工程量中占有很大的比例，但在整个施工质量验收体系中只是一个子分部工程，它与砌体结构、钢结构、钢管混凝土结构、型钢混凝土结构、铝合金结构、木结构等并列，从属于主体结构分部工程。

《混凝土结构工程施工质量验收规范》GB 50204—2015 规定：对混凝土结构子分部工程的质量验收，应在钢筋、预应力、混凝土、现浇结构或装配式结构等相关分项工程验收合格的基础上，进行质量控制资料检查及观感质量验收，并应对涉及结构安全的材料、试件、施工工艺和结构重要进行见证检测或结构实体检验。

混凝土结构子分部工程施工质量验收合格应符合下列规定：

1) 所含分项工程质量验收应合格；

2) 应有完整的质量控制资料；

3) 观感质量验收应合格；

4) 结构实体检验结果应符合《混凝土结构工程施工质量验收规范》GB 50204—2015 第 10.1 节的要求。

下面分别介绍混凝土结构子分部工程 4 个验收条件的合格要求：

1. 混凝土结构工程子分部所含分项工程的验收

根据《建筑工程施工质量验收统一标准》GB 50300—2013 建立起的施工质量检验体系分为 4 个层次：检验批、分项工程、分部工程（子分部工程）、单位工程（子单位工程）。其中只有检验批的验收直接是对建筑工程实体施工质量的检查验收行为，其余 3 个层次验收单元的验收都是在前一验收单元验收合格的基础上进行统计汇总，即通过对前一层次检验资料的汇总、检查、复核实现的。

对于混凝土结构子分部工程而言，也是通过对有关分项工程检验结果的汇总、检查、复核进行验收的。混凝土结构子分部工程的分项工程共有六个：模板、钢筋、预应力、混凝土等 4 个属于施工工艺类型；现浇结构、装配式结构等 2 个属于结构综合类型。对于工程实践中的混凝土结构工程，前述 6 个分项工程不一定均涵盖完整。例如，对普通的现浇钢筋混凝土结构，预应力、装配式结构就不一定存在。

混凝土结构工程子分部的分项工程的验收是对分项工程检验批的汇总和有关资料核查。若包括的分项工程检验批全部合格，且资料完整，该分项工程就合格。混凝土子分部工程所包含的相关分项工程都通过验收合格，即可以确认混凝土结构子分部的第一个验收合格条件成立。

由于模板工程属于混凝土结构构件成型的工具，在拆模后不再存在于结构构件中，且结构实体外观质量、尺寸偏差等项目的检验已经综合反映了模板工程的质量，因此，在验收混凝土结构子分部质量时可不再考虑和统计模板分项工程质量。

2. 质量控制资料验收

(1) 混凝土结构子分部工程施工质量验收时，应提供下列文件和记录：

1) 设计变更文件；

2) 原材料质量证明文件和抽样检验报告；

3) 预拌混凝土的质量证明文件；

4) 混凝土、灌浆料的性能检验报告；

5) 钢筋接头的试验报告；

6) 预制构件的质量证明文件和安装验收记录；

7) 预应力筋用锚具、连接器的质量证明文件和抽样检验报告；

8) 预应力筋安装、张拉的检验记录；

9) 钢筋套筒灌浆连接及预应力孔道灌浆记录；

10) 隐蔽工程验收记录；

11) 混凝土工程施工记录；

12) 混凝土试件的试验报告；

13) 分项工程验收记录；

14) 结构实体检验记录；

15) 工程的重大质量问题的处理方案和验收记录；

16) 其他必要的文件和记录。

上述列出了混凝土结构子分部工程施工质量验收时应提供的主要文件和记录，其内容在《混凝土结构工程施工质量验收规范》GB 50204—2015 的基础上根据工程实际情况适当增加。收集上述质量控制资料时，第 6、9 项是装配式建筑的质量控制资料，第 7 和 8 项及第 9 项部分资料属于预应力混凝土中质量控制资料，在普通钢筋混凝土结构、劲钢混凝土和钢管混凝土结构中一般不存在这些资料。另外，现在城市市区内的建筑工程项目已普遍使用预拌混凝土，在第 2 项中原材料质量证明文件不再收集混凝土用的水泥、砂石等材料的质量证明文件。

（2）混凝土结构工程子分部工程施工质量验收合格后，应按有关规定将验收文件存档备案。

3. 观感质量验收

观感质量检验的方法是由参加验收的各方人员（施工、设计、监理等）巡视已经完工的混凝土结构工程，采用目测法并适当结合实测法对实体进行评测，并通过协商、讨论共同确定。

由于已经通过检验批及分项工程两个层次的检查验收，一般在子分部工程验收前，明显的质量缺陷已基本消除。即使有少量在前两层次检验中遗漏的一般缺陷，也多属常规性的质量通病，可以用施工技术方案中既定的方法判断和处理。观感质量检查结果一般情况下都能合格并通过验收。即使质量确实很差，通常也不直接给出"不合格"的结论，而是暂不验收，责令施工单位采取有效的针对性措施，及时进行修补、整改，然后再次检查验收。观感质量检查是一种复核性的抽查，主要依靠人为主观的定性判断来实现验收。

4. 结构实体检验

结构实体检验是对主体结构分部工程有关结构安全的检查，其结构必须符合设计图纸和《混凝土结构工程施工质量验收规范》GB 50204—2015 的规定。

（1）结构实体检验的内容和组织

1) 对涉及混凝土结构安全的有代表性的部位应进行结构实体检验。结构实体检验应包括混凝土强度、钢筋保护层厚度、结构位置与尺寸偏差以及合同约定的项目；必要时可检验其他项目。

2) 结构实体检验应由监理单位组织施工单位实施，并见证实施过程。施工单位应制定结构实体检验专项方案，并经监理单位审核批准后实施。除结构位置与尺寸偏差外的结构实体检验项目外，应由具有相应资质的检测机构完成。

结构实体检验的范围仅限于涉及结构安全的重要部位，范围主要为柱、梁、墙、楼板。结构实体检验采用由各方参与的见证抽样形式，以保证检验结果的公正性。另外，对结构实体进行检验，并不是在子分部工程验收前的重新检验，而是在相应分项工程验收合格的基础上，对重要项目进行的验证性检验，其目的是为了强化混凝土结构的施工质量验收，真实地反映结构混凝土强度、受力钢筋位置、结构构件位置与尺寸等质量指标，确保结构安全。

（2）结构实体混凝土强度检验

1）检验方法

结构实体混凝土强度应按不同强度等级分别检验，检验方法宜采用同条件养护试件方法；当未取得同条件养护试件强度或同条件养护试件强度不符合要求时，可采用回弹—取芯法进行检验。

回弹-取芯法仅适用于验收规范规定的混凝土结构子分部工程验收中的混凝土强度实体检验，不可扩大范围使用。

结构实体混凝土强度检验应按不同强度等级分别检验，应优先选用同条件养护试件方法检验结构实体混凝土强度。当未取得同条件养护试件强度或同条件养护试件强度检验不符合要求时，可采用回弹-取芯法进行检验，如满足要求可判为合格，如仍不合格可应委托具有资质的检测机构按国家现行有关标准的规定进行检测。

2）同条件养护试块龄期

混凝土强度检验时的等效养护龄期可取日平均温度逐日累计达到 600℃·d 时所对应的龄期，且不应小于 14d。日平均温度为 0℃及以下的龄期不计入。

冬期施工时，等效养护龄期计算时温度可取结构构件实际养护温度，也可根据结构构件的实际养护条件，按照同条件养护试件强度与在标准养护条件下 28d 龄期试件强度相等的原则由监理、施工等各方共同确定。

试验研究表明，通常条件下，当逐日累计养护温度达到 600℃·d 时，由于基本反映了养护温度对混凝土强度增长的影响，同条件养护试件强度与标准养护条件下 28d 龄期的试件强度之间有较好的对应关系。混凝土强度检验时的等效养护龄期按混凝土实体强度与在标准养护条件下 28d 龄期时间强度相等的原则确定，应在达到等效养护龄期后进行混凝土强度实体检验。等效养护龄期可按下列规定计算确定：

① 对于日平均温度，当无实测值时，可采用为当地天气预报的最高温、最低温的平均值。

② 采用同条件养护试件法检验结构实体混凝土强度时，实际操作宜取日平均温度逐日累计达到 560～640℃·d 时所对应的龄期。对于确定等效养护龄期的日期，规范考虑工程实际情况，仅提出了 14d 的最小规定，不再规定上限。

③ 对于设计规定标准养护试件验收龄期大于 28d 的大体积混凝土，混凝土实体强度检验的等效养护龄期也应相应按比例延长，如规定龄期为 60d 时，等效养护龄期的度日积为 1200℃·d。

④ 冬期施工时，同条件养护试件的养护条件、养护温度应与结构构件相同，等效养护龄期计算时温度可以取结构构件实际养护温度，也可以根据结构构件的实际养护条件，按照同条件养护试件强度与在标准养护条件下 28d 龄期试件强度相等的原则由监理、施工等各方共同确定。

3）同条件养护试块取样及强度判定

同条件养护试件的取样和留置应符合下列规定：

① 同条件养护试件所对应的结构构件或结构部位，应由施工、监理等各方共同选定，且同条件养护试件的取样宜均匀分布于工程施工周期内；

② 同条件养护试件应在混凝土浇筑入模处见证取样；

③ 同条件养护试件应留置在靠近相应结构构件的适当位置，并应采取相同的养护方法；

④ 同一强度等级的同条件养护试件不宜少于 10 组，且不应少于 3 组。每连续两层楼取样不应少于 1 组；每 2000m³ 取样不得少于一组。

对同一强度等级的同条件养护试件，其强度值应除以 0.88 后按现行国家标准《混凝土强度检验评定标准》GB/T 50107—2010 的有关规定进行评定，评定结果符合要求时可判结构实体混凝土强度合格。

（3）钢筋保护层厚度检验

结构实体钢筋保护层厚度检验构件的选取应均匀分布，并应符合下列规定：

① 对非悬挑梁板类构件，应各抽取构件数量的 2‰且不少 5 个构件进行检验；

② 对悬挑梁，应抽取构件数量的 5%且不少于 10 个构件进行检验；当悬挑梁数量少于 10 个时，应全数检验；

③ 对悬挑板，应抽取构件数量的 l0%且不少于 20 个构件进行检验；当悬挑板数量少于 20 个时，应全数检验。

对选定的梁类构件，应对全部纵向受力钢筋的保护层厚厚度进行检验；对选定的板类构件，应抽取不少于 6 根纵向受力钢筋的保护层厚度进行检验。对每根钢筋，应选择有代表性的不同部位量测 3 点取平均值。

钢筋保护层厚度的检验，可采用非破损或局部破损的方法，也可采用非破损方法并用局部破损方法进行校准。当采用非破损方法检验时，所使用的检测仪器应经过计量检验，检测操作应符合相应规程的规定。钢筋保护层厚度检验的检测误差不应大于 1mm。

钢筋保护层厚度检验时，纵向受力钢筋保护层厚度的允许偏差应符合表 4-33 的规定。

结构实体纵向受力钢筋保护层厚度的允许偏差　　　　　　表 4-33

构件类型	允许偏差（mm）
梁	+10，−7
板	+8，−5

梁类、板类构件纵向受力钢筋的保护层厚度应分别进行验收，并应符合下列规定：

① 当全部钢筋保护层厚度检验的合格率为 90%及以上时，可判为合格；

② 当全部钢筋保护层厚度检验的合格率小于 90%但不小于 80 %时，可再抽取相同数量的构件进行检验；当按两次抽样总和计算的合格率为 90%及以上时，仍可判为合格；

③ 每次抽样检验结果中不合格点的最大偏差均不应大于表 4-33 中允许偏差的 1.5 倍。

（4）结构位置与尺寸偏差检验

1）构件选取

结构实体位置与尺寸偏差检验构件的选取应均匀分布，并应符合下列规定：

① 梁、柱应抽取构件数量的 1%，且不应少于 3 个构件；

② 墙、板应按有代表性的自然间抽取 1%，且不应少于 3 间；

③ 层高应按有代表性的自然间抽查 1%，且不应少于 3 间。

2）检验项目及检验方法

对选定的构件，检验项目及检验方法应符合表 4-34 的规定，允许偏差及检验方法应符合表 4-30 的规定，精确至 1mm。

结构实体位置与尺寸偏差检验项目及检验方法　　　　　　　　　表 4-34

项目	检 验 方 法
柱截面尺寸	选取柱的一边量测柱中部、下部及其他部位，取 3 点平均值
柱垂直度	沿两个方向分别量测，取较大值
墙厚	墙身中部量测 3 点，取平均值；测点间距不应小于 1m
梁高	量测一侧边跨中及两个距离支座 0.1m 处，取 3 点平均值；量测值可取腹板高度加上此处楼板的实测厚度
板厚	悬挑板取距离支座 0.1m 处，沿宽度方向取包括中心位置在内的随机 3 点取平均值；其他楼板，在同一对角线上量测中间及距离两端各 0.1m 处，取 3 点平均值
层高	与板厚测点相同，量测板顶至上层楼板板底净高，层高量测值为净高与板厚之和，取 3 点平均值

墙厚、板厚、层高的检验可采用非破损或局部破损的方法，也可采用非破损方法并用局部破损方法进行校准。当采用非破损方法检验时，所使用的检测仪器应经过计量检验，检测操作应符合国家现行有关标准的规定。

3）结果判断

结构实体位置与尺寸偏差项目应分别进行验收，并应符合下列规定：

①当检验项目的合格率为 80% 及以上时，可判为合格；

②当检验项目的合格率小于 80% 但不小于 70% 时，可再抽取相同数量的构件进行检验；当按两次抽样总和计算的合格率为 80% 及以上时，仍可判为合格。

（5）结构实体检验不合格时处理

结构实体检验中，当混凝土强度或钢筋保护层厚度检验结果不满足要求时，应委托具有资质的检测机构按国家现行有关标准的规定进行检测。

这里规定的出现不合格情况专门针对实体验收阶段。尽管实体验收阶段，结构实体混凝土强度、钢筋保护层厚度等均是第三方检测机构完成的，为在确保质量的前提下尽量减轻验收管理工作量，施工质量验收阶段有关检测的抽样数量规定的相对较少。因此规定，当出现不合格的情况时，应委托第三方按国家现行有关标准规定进行检测，其检测面积较大，且更具有代表性。检测的结果将作为进一步验收的依据。

混凝土结构子分部工程的具体验收过程及质量控制资料的收集与填写可以参考本教材

第 3 章地基与基础中子分部工程的验收，混凝土子分部工程通过上述 4 个方面的验收，则该子分部工程通过验收。

4.2 砌体结构工程子分部工程

4.2.1 概述

砌体结构工程是由块体和砂浆砌筑而成的墙、柱作为建筑物的主要受力构件及其他构件的结构工程。砌体结构工程的验收主要涉及块体、砂浆原材料（水泥、掺合料、外加剂、砂等）、砂浆半成品以及砌筑施工等质量的验收。按照《砌体结构工程施工质量验收规范》GB 50203—2011，砌体结构工程子分部包括砖砌体工程、混凝土小型空心砌块砌体工程、石砌体工程、配筋砌体工程、填充墙砌体工程等 5 个分项工程。本章内容主要讲述砖砌体工程、混凝土小型空心砌块砌体工程和填充墙砌体工程等 3 个分项工程。

1. 基本规定

（1）适用范围

《砌体结构工程施工质量验收规范》GB 50203—2011 适用于建筑工程的砖、石、小砌块等砌体结构工的施工质量验收。不适用于铁路、公路和水工建筑等砌石工程。

（2）效力等级

砌体结构工程施工中的技术文件和承包合同对施工质量验收的要求不得低于《砌体结构工程施工质量验收规范》GB 50203—2011 的规定。

《砌体结构工程施工质量验收规范》GB 50203—2011 是对砌体结构工程施工质量的最低要求，应严格遵守。因此，工程承包合同和施工技术文件（如设计文件、企业标准、施工措施等）对工程质量的要求均不得低于该规范的规定。当设计文件和工程承包合同对施工质量的要求高于该规范的规定时，验收时应以设计文件和工程承包合同为准。

（3）材料的质量要求

砌体结构工程所用的材料应有产品合格证书、产品性能型式检测报告，质量应符合国家现行有关标准的要求。块体、水泥、钢筋、外加剂尚应有材料主要性能的进场复验报告，并应符合设计要求。严禁使用国家明令淘汰的材料。

在砌体结构工程中，采用不合格的材料不可能建造出符合质量要求的工程。材料的产品合格证书和产品性能检测报告是工程质量评定中必备的资料，且质量应符合国家现行标准的要求。

（4）放线的规定

1）砌体结构的标高、轴线，应引自基准控制点。

2）砌筑基础前，应校核放线尺寸，允许偏差应符合表 4-35 的规定。

放线尺寸的允许偏差 表 4-35

长度 L、宽度 B（m）	允许偏差（mm）	长度 L、宽度 B（m）	允许偏差（mm）
L（或 B）≤30	±5	60<L（或 B）≤90	±15
30<L（或 B）≤60	±10	L（或 B）>90	±20

施工单位应在基准控制点的基础上建立施工测量控制网（轴线控制网和标高控制网），在砌体结构工程施工中，砌筑基础前放线是确定建筑平面尺寸和位置的基础工作，通过校核放线尺寸，达到控制放线精度的目的。

（5）结构缝处理

伸缩缝、沉降缝、防震缝中的模板应拆除干净，不得夹有砂浆、块体及碎渣等杂物。

针对砌体结构房屋施工中较普遍存在的问题，伸缩缝、沉降缝、防震缝中的模板拆除不干净以及夹有砂浆、块体等杂物，会影响结构缝功能的正常发挥。

（6）砌筑顺序的规定

1）砌筑顺序

① 基底标高不同时，应从低处砌起，并应由高处向低处搭砌。当设计无要求时，搭接长度 L 不应小于基础底的高差 H，搭接长度范围内下层基础应扩大砌筑（图 4-5）。

② 砌体的转角处和交接处应同时砌筑。当不能同时砌筑时，应按规定留槎、接槎。

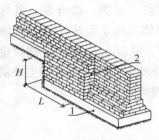

图 4-5　基底标高不同时
的搭砌示意图
1—混凝土垫层；2—基础扩大部分

基础高低台的合理搭接，对保证基础的整体性和受力至关重要。足够长的搭接有利于荷载的正常传递和过渡。

砌体的转角处和交接处同时砌筑可以保证墙体的整体性，从而提高砌体结构的抗震性能。从震害调查中可知，大量砌体结构建筑由于砌体的转角处和交接处未同时砌筑，接槎不良导致外墙甩出和砌体倒塌。因此，必须重视砌体的转角处和交接处的砌筑。

2）皮数杆设置

砌筑墙体应设置皮数杆。使用皮数杆对保证砌体灰缝的厚度均匀、平直和控制砌体高度及高度变化部位的位置十分重要。

（7）洞口留设的规定

在墙上留置临时施工洞口，其侧边离交接处墙面不应小于 500mm，洞口净宽度不应超过 1m。抗震设防烈度为 9 度的地区，建筑物的临时施工洞口位置应会同设计单位确定。临时施工洞口应做好补砌。

为在楼层内水平运送建筑材料和施工人员通行，在砌体墙上留置临时施工洞口，施工洞口在完成该层室内施工任务后再进行补砌封闭。若洞口位置不当或洞口过大，虽经补砌，也会程度不同地削弱墙体的整体性。

（8）不得留置脚手眼的墙体或部位以及脚手眼修补

1）不得在下列墙体或部位设置脚手眼：

① 120mm 厚墙、清水墙、料石墙、独立柱和附墙柱；

② 过梁上与过梁成 60°角的三角形范围及过梁净跨度 1/2 的高度范围内；

③ 宽度小于 1m 的窗间墙；

④ 门窗洞口两侧石砌体 300mm，其他砌体 200mm 范围内；转角处石砌体 600mm，其他砌体 450mm 范围内；

⑤ 梁或梁垫下及其左右 500mm 范围内；

⑥ 设计不允许设置脚手眼的部位；

⑦ 轻质墙体；

⑧ 夹心复合墙外叶墙。

砌体留置的脚手眼虽经补砌，但它对砌体的整体性能和使用功能或多或少会产生不良影响。因此，在一些受力不利和使用功能有特殊要求的部位对脚手眼设置做了规定。

2）脚手眼补砌时，应清除脚手眼内掉落的砂浆、灰尘；脚手眼处砖及填塞用砖应湿润，并应填实砂浆。

在实际工程中往往对脚手眼的补砌比较随意，如采用干砖填塞等。规范的补砌方法是先清除洞内杂物，清扫干净并提前浇水湿润，然后往洞内填塞砂浆，再将提前湿润的砖填塞入内进行补砌。

（9）预留洞口、沟槽的规定

设计要求的洞口、沟槽、管道应于砌筑时正确留出或预埋，未经设计同意，不得打凿墙体和墙体上开凿水平沟槽。宽度超过 300mm 的洞口上部，应设置钢筋混凝土过梁。不应在截面长边小于 500mm 的承重墙体、独立柱内埋设管线。

建筑工程施工中，常存在各工种之间配合不好的问题，例如水电安装中的一些洞口、埋设管道等常在砌好的砌体上打凿，往往对砌体造成较大损坏，特别是在墙体上开凿水平沟槽，水平沟槽会导致在同一受力断面大幅削弱墙体的承载力，对墙体受力极为不利。

钢筋混凝土过梁是相对于钢筋过梁和砖过梁受力更好的一种结构构件；在截面长边小于 500mm 的承重墙体、独立柱内埋设管线，会严重影响结构受力。

（10）砌筑墙体或柱自由高度的规定

尚未施工楼面或屋面的墙或柱，其抗风允许自由高度不得超过表 4-36 的规定。如超过表中限值时，必须采用临时支撑等有效措施。

墙和柱的允许自由高度（m）　　　　　　　　　　　　　　　表 4-36

墙（柱）厚 (mm)	砌体密度>1600（kg/m³）			砌体密度 1300～1600（kg/m³）		
	风载（kN/m²）			风载（kN/m²）		
	0.3 (约 7 级风)	0.4 (约 8 级风)	0.5 (约 9 级风)	0.3 (约 7 级风)	0.4 (约 8 级风)	0.5 (约 9 级风)
190	—	—	—	1.4	1.1	0.7
240	2.8	2.1	1.4	2.2	1.7	1.1
370	5.2	3.9	2.6	4.2	3.2	2.1
490	8.6	6.5	4.3	7.0	5.2	3.5
620	14.0	10.5	7.0	11.4	8.6	5.7

注：1. 本表适用于施工处相对标高 H 在 10m 范围内的情况。如 10m<H≤15m，15m<H≤20m 时，表中的允许自由高度应分别乘以 0.9、0.8 的系数；如 H>20m 时，应通过抗倾覆验算确定其允许自由高度。

2. 当所砌筑的墙有横墙或其他结构与其连接，而且间距小于表中相应墙、柱的允许自由高度的 2 倍时，砌筑高度可不受本表的限制。

3. 当砌体密度小于 1300kg/m³ 时，墙和柱的允许自由高度应另行验算确定。

表 4-36 的数值系根据《建筑安装工程施工及验收暂行技术规范》第二篇中表一规定推算而得。验算时，为偏安全计，略去了墙或柱底部砂浆与楼板（或下部墙体）间的粘结作用，只考虑墙体的自重和风荷载进行倾覆验算。经验算，安全系数在 1.1～1.5 之间。为了切合实际和方便查对，将原表中的风压值改为 0.3kN/m²、0.4kN/m²、0.5kN/m² 三种，并列出风的相应级数。

施工处标高可按下式计算：

$$H = H_0 + \frac{h}{2} \tag{4-1}$$

式中　H——施工处的标高；

　　H_0——起始计算自由高度处的标高；

　　h——表 4-36 内相应的允许自由高度。

对于设置钢筋混凝土圈梁的墙或柱，其砌筑高度未达圈梁位置时，h 应从地面（或楼面）算起；超过圈梁时，h 可从最近的一道圈梁算起，但此时圈梁混凝土的抗压强度应达到 5N/mm² 以上。

（11）砌体顶面搁置预制梁、板的质量要求

1）砌筑完每一楼层后，应校核砌体的轴线和标高。在允许偏差范围内，轴线偏差可在楼面上校正，标高偏差宜通过调整上部砌体灰缝厚度校正。

2）搁置预制梁、板的砌体顶面应平整，标高一致。

预制梁、板安装施工应坐浆，以保证预制梁板对其他结构的整体性。

（12）砌体施工质量控制等级的划分

砌体施工质量控制等级应分为三级，并应按表 4-37 划分。

施工质量控制等级　　　　　　　　　　　　　　　　　　表 4-37

项目	施工质量控制等级		
	A	B	C
现场质量管理	监督检查制度健全，并严格执行；施工方有在岗专业技术管理人员，人员齐全，并持证上岗	监督检查制度基本健全，并能执行；施工方有在岗专业技术管理人员，人员齐全，并持证上岗	有监督检查制度；施工方有在岗专业技术管理人员
砂浆、混凝土强度	试块按规定制作，强度满足验收规定，离散性小	试块按规定制作，强度满足验收规定，离散性较小	试块按规定制作，强度满足验收规定，离散性大
砂浆拌合	机械拌合；配合比计量控制严格	机械拌合；配合比计量控制一般	机械或人工拌合；配合比计量控制较差
砌筑工人	中级工以上，其中，高级工不少于 30%	高、中级工不少于 70%	初级工以上

注：1. 砂浆、混凝土强度离散性大小根据强度标准差确定。

　　2. 配筋砌体不得为 C 级施工。

212

在采用以概率理论为基础的极限状态设计方法中，材料的强度设计值系由材料标准值除以材料性能分项系数确定，而材料性能分项系数与材料质量和施工水平相关。由于在砌体的施工中存在大量的手工操作，所以，砌体结构的施工质量在很大程度上取决于施工者技术水平的高低。

（13）防腐要求

砌体结构中钢筋（包括夹心复合墙内外叶墙间的拉结件或钢筋）的防腐，应符合设计规定。

从建筑物的耐久性考虑，现行国家标准《砌体结构设计规范》GB 50003—2011 根据砌体结构的环境类别，对设置在砂浆中和混凝土中的钢筋规定了相应的防护措施，因此施工时严格按设计要求施工。

（14）质量和安全事故的预防

1）雨天不宜在露天砌筑墙体，下雨当日砌筑的墙体应进行遮盖。继续施工时，应复核墙体的垂直度，如果垂直度超过允许偏差，应拆除重新砌筑。

砌体施工时，楼面和屋面堆载不得超过楼板的允许荷载值。当施工层进料口处施工荷载较大时，楼板下宜采取临时支撑措施。

雨天在露天砌筑施工时，雨水很容易将砂浆中的灰浆冲刷掉，影响砌体工程的质量。

在楼面上进行砌筑施工时，常常出现以下几种超载现象：①集中堆载；②抢进度或遇停电时，提前多备料；③采用井架或门架上料时，接料平台高出楼面有坎，造成运料车对楼板产生较大的振动荷载。这些超载现象常使楼板底产生裂缝，严重时会导致安全事故。

2）正常施工条件下，砖砌体、小砌块砌体每日砌筑高度宜控制在 1.5m 或一步脚手架高度内；石砌体不宜超过 1.2m。

对墙体砌筑每日砌筑高度的控制，其目的是保证砌体的砌筑质量和生产安全。注意这里每日砌筑的高度是指在正常施工条件下，与表 4-36 每日砌筑的自由高度的前提条件是不一样的，表 4-36 的条件是特定条件，是比较特殊的条件。

（15）检验批验收合格条件

1）砌体结构工程检验批的划分应同时符合下列规定：

① 所用材料类型及同类型材料的强度等级相同；

② 不超过 250m³ 砌体；

③ 主体结构砌体一个楼层（基础砌体可按一个楼层计）；填充墙砌体量少时可多个楼层合并。

针对砌体结构工程的施工特点，按现行国家标准《建筑工程施工质量验收统一标准》GB 50300—2013 的要求对检验批的规定具体化。

2）砌体结构工程检验批验收时，其主控项目应全部符合本规范的规定；一般项目应有 80% 及以上的抽检处符合《砌体结构工程施工质量验收规范》GB 50203—2011 的规定；有允许偏差的项目，最大超差值为允许偏差的 1.5 倍。

砌体工程的抽样验收采用一次抽样判定。其中，对主控项目应全部符合合格标准；对一般项目应有 80% 及以上的抽检处符合合格标准。

对一般项目中的最大超差值规定为允许偏差值 1.5 倍，在这种施工偏差下，不会造成结构安全问题、影响使用功能及观感效果。如果超过允许偏差值的 1.5 倍，则应评定为严重缺陷。

3）砌体结构分项工程中检验批抽检时，各抽检项目的样本最小容量除有特殊要求外，按不应小于 5 确定。

为使砌体结构工程施工质量抽检更具有科学性，将抽检数量按检验批的百分数（一般规定为 10%）抽取的方法修改为按现行国家标准《逐批检查计数抽样程序及抽样表》GB 2828—2003 对抽样批的最小容量确定。针对砌体结构工程实际，检验项目的检验批容量一般不大于 90，故各抽检项目的样本最小容量除有特殊要求（如砖砌体和混凝土小型空心砌块砌体的承重墙、柱的轴线位移应全数检查；外墙阳角数量小于 5 时，垂直度检查应为全部阳角；填充墙后植锚固钢筋的抽检最小容量规定等）外，按不应小于 5 确定，以便于检验批的统计和质量判定。这里注意检验批容量和样本最小容量的区别，样本最小容量是指在该检验批容量下，按抽样规定抽取的最小样本数量。

4）在墙体砌筑过程中，当砌筑砂浆初凝后，块体被撞动或需移动时，应将砂浆清除后再铺浆砌筑。

当砌筑砂浆初凝后，块体被撞动或需移动时，块体与砂浆处于脱开分离状态，也无法再粘接在一起，因此应将受影响部分砌体拆除重砌。

4.2.2　砌筑砂浆

砌筑砂浆在砌体结构中起到将块体材料连接成一个整体结构并传递荷载的作用。

1. 材料质量要求

（1）水泥质量要求

水泥使用应符合下列规定：

1）水泥进场时应对其品种、等级、包装或散装仓号、出厂日期等进行检查，并应对其强度、安定性进行复验，其质量必须符合现行国家标准《通用硅酸盐水泥》GB 175—2007 的有关规定。

2）当在使用中对水泥质量有怀疑或水泥出厂超过三个月（快硬硅酸盐水泥超过一个月）时，应复查试验，并按复验结果使用。

3）不同品种的水泥，不得混合使用。

4）抽检数量：按同一厂家、同品种、同等级、同批号连续进场的水泥，袋装水泥不超过 200t 为一批，散装水泥不超过 500t 为一批，每批抽样不少于一次。

5）检验方法：检查产品合格证、出厂检验报告和进场复验报告。

水泥的强度及安定性是判定水泥质量是否合格的两项主要技术指标，因此，在水泥使用前应进行复验。

由于各种水泥成分不一，当不同水泥混合使用后有可能发生材性变化或强度降低现象，引起工程质量问题。

（2）掺合料质量

拌制水泥混合砂浆的粉煤灰、建筑生石灰、建筑生石灰粉及石灰膏应符合下列规定：

1) 粉煤灰、建筑生石灰、建筑生石灰粉的品质指标应符合现行行业标准《粉煤灰在混凝土及砂浆中应用技术规程》JGJ 28、《建筑生石灰》JC/T 479—2013、《建筑生石灰粉》JC/T 480 的有关规定；

2) 建筑生石灰、建筑生石灰粉熟化为石灰膏，其熟化时间分别不得少于 7d 和 2d；沉淀池中储存的石灰膏，应防止干燥、冻结和污染，严禁采用脱水硬化的石灰膏；建筑生石灰粉、消石灰粉不得替代石灰膏配制水泥石灰砂浆；

3) 石灰膏的用量，应按稠度 120mm±5mm 计量，现场施工中石灰膏不同稠度的换算系数，可按表 4-38 确定。

石灰膏不同稠度的换算系数 表 4-38

稠度	120	110	100	90	80	70	60	50	40	30
换算系数	1.00	0.99	0.97	0.95	0.93	0.92	0.90	0.88	0.87	0.86

脱水硬化的石灰膏、消石灰粉不能起塑化作用又影响砂浆强度，故不应使用。建筑生石灰粉由于其细度有限，在砂浆搅拌时直接干掺起不到改善砂浆和易性及保水的作用。沉淀池中储存的石灰膏时，其上部应覆盖一层水以达到隔绝与空气直接接触。

（3）砂

砂浆用砂宜采用过筛中砂，并应满足下列要求：

1) 不应混有草根、树叶、树枝、塑料、煤块、炉渣等杂物；

2) 砂中含泥量、泥块含量、石粉含量、云母、轻物质、有机物、硫化物、硫酸盐及氯盐含量（配筋砌体砌筑用砂）等应符合现行行业标准《普通混凝土用砂、石质量及检验方法标准》JGJ 52—2006 的有关规定；

3) 人工砂、山砂及特细砂，应经试配能满足砌筑砂浆技术条件要求。

砂中的草根等杂物，含泥量、泥块含量、石粉含量过大，不但会降低砌筑砂浆的强度和均匀性，还导致砂浆的收缩值增大，耐久性降低，影响砌体质量。砂中氯离子超标，配制的砌筑砂浆、混凝土会对砌体结构中的钢筋的耐久性产生不良影响。

（4）外加剂

在砂浆中掺入的砌筑砂浆增塑剂、早强剂、缓凝剂、防冻剂、防水剂等砂浆外加剂，其品种和用量应经有资质的检测单位检验和试配确定。所有外加剂的技术性能应符合国家现行有关标准《砌筑砂浆增塑剂》JG/T 164—2004、《混凝土外加剂》GB 8076—2008、《砂浆、混凝土防水剂》JC/T 474—2008 的质量要求。

由于在砌筑砂浆中掺用的砂浆增塑剂、早强剂、缓凝剂、防冻剂等产品种类繁多，性能及质量也存在差异，为保证砌筑砂浆的性能和砌体的砌筑质量，应对外加剂的品种和用量进行检验和试配，符合要求后方可使用。

（5）水

拌制砂浆用水的水质，应符合国家现行行业标准《混凝土用水标准》JGJ 63—2006 的有关规定。

当水中含有有害物质时，将会影响水泥的正常凝结，并可能对钢筋产生锈蚀作用。

2. 配合比要求

1) 砌筑砂浆应进行配合比设计。当砌筑砂浆的组成材料有变更时，其配合比应重新确定。砌筑砂浆的稠度宜按表 4-39 的规定采用。

砌筑砂浆的稠度 表 4-39

砌体种类	砂浆稠度（mm）
烧结普通砖砌体 蒸压粉煤灰砖砌体	70～90
混凝土实心砖、混凝土多孔砖砌体 普通混凝土小型空心砌块砌体 蒸压灰砂砖砌体	50～70
烧结多孔砖、空心砖砌体 轻骨料小型空心砌块砌体 蒸压加气混凝土砌块砌体	60～80
石砌体	30～50

注：1. 采用薄灰砌筑法砌筑蒸压加气混凝土砌块砌体时，加气混凝土黏结砂浆的加水量按照其产品说明书控制。
　　2. 当砌筑其他块体时，其砌筑砂浆的稠度可根据块体吸水特性及气候条件确定。

砌筑砂浆通过配合比设计确定的配合比，是使施工中砌筑砂浆达到设计强度等级，符合砂浆试块合格验收条件，减小砂浆强度离散性的重要保证。

砌筑砂浆的稠度选择是否合适，将直接影响砌筑的难易和质量，表 4-39 砌筑砂浆稠度范围的规定主要是考虑了块体吸水特性、铺砌面有无孔洞及气候条件的差异。

2）配制砌筑砂浆时，各组分材料应采用质量计量，水泥及各种外加剂配料的允许偏差为±2%；砂、粉煤灰、石灰膏等配料的允许偏差为±5%。

砌筑砂浆各组成材料计量不精确，将直接影响砂浆实际配合比，导致砂浆强度误差和离散性加大，不利于砌体砌筑质量的控制和砂浆强度的验收。

3. 砂浆的代换

施工中不应采用强度等级小于 M5 水泥砂浆替代同强度等级水泥混合砂浆，如需替代，应将水泥砂浆提高一个强度等级。

按国家标准《砌体结构设计规范》GB 50003—2011 的规定：当砌体用强度等级小于M5 的水泥砂浆砌筑时，砌体强度设计值应予降低，其中抗压强度值乘以 0.9 的调整系数；轴心抗拉、弯曲抗拉、抗剪强度值乘以 0.8 的调整系数；当砌筑砂浆强度等级大于和等于 M5 时，砌体强度设计值不予降低。

4. 砂浆拌制

砌筑砂浆应采用机械搅拌，搅拌时间自投料完起算应符合下列规定：

1）水泥砂浆和水泥混合砂浆不得少于 120s；

2）水泥粉煤灰砂浆和掺用外加剂的砂浆不得少于 180s；

3）掺增塑剂的砂浆，其搅拌方式、搅拌时间应符合现行行业标准《砌筑砂浆增塑剂》JG/T 164—2004 的有关规定。

4）干混砂浆及加气混凝土砌块专用砂浆宜按掺用外加剂的砂浆确定搅拌时间或按产品说明书采用。

为了降低劳动强度并克服人工拌制砂浆不易搅拌均匀的缺点，砌筑砂浆应采用机械搅拌。不同品种砂浆的搅拌时间有不同的要求，目的是为了使物料充分拌合，保证砂浆拌合质量。

目前国内一些城市已开始推广使用预拌砂浆，该类预拌砂浆大多是干混砂浆，施工使用时再进行加水搅拌，其搅拌时间可按厂家要求拌制。

5. 砂浆使用

1) 现场拌制的砂浆应随拌随用，拌制的砂浆应在 3h 内使用完毕；当施工期间最高气温超过 30℃ 时，应在 2h 内使用完毕。预拌砂浆及蒸压加气混凝土砌块专用砂浆的使用时间应按照厂方提供的说明书确定。

根据以前所进行的相应试验和收集的国内资料分析，在一般气候情况下，水泥砂浆和水泥混合砂浆应在拌制后 3h 和 4h 使用完，砂浆强度降低一般不超过 20%，虽然对砌体强度有所影响，但降低幅度在 10% 以内，又因为大部分砂浆已在之前使用完毕，故对整个砌体的影响只局限于很小的范围。但是，当气温较高时，水泥凝结加速，砂浆拌制后的使用时间应予缩短。

近年来，设计中对砌筑砂浆强度普遍提高，水泥用量增加，因此对砌筑砂浆拌合后的使用时间统一按照水泥砂浆的使用时间进行要求，这对控制砌体施工质量有利。

2) 砌体结构工程使用的湿拌砂浆，除直接使用外必须储存在不吸水的专用容器内，并根据气候条件采取遮阳、保温、防雨雪等措施，砂浆在储存过程中严禁随意加水。

6. 砂浆试块强度的验收

（1）砌筑砂浆试块强度验收

砌筑砂浆试块强度验收时其强度合格标准必须符合下列规定：

1) 同一验收批砂浆试块强度平均值应大于或等于设计强度等级值的 1.10 倍；

2) 同一验收批砂浆试块抗压强度的最小一组平均值应大于或等于设计强度等级值的 85%。

需要注意的是：①砌筑砂浆的验收批，同一类型、强度等级的砂浆试块不应少于 3 组。同一验收批砂浆只有 1 组或 2 组试块时，每组试块抗压强度平均值应大于或等于设计强度等级值的 1.10 倍；对于建筑结构的安全等级为一级或设计使用年限为 50 年及以上的房屋，同一验收批砂浆试块的数量不得少于 3 组。

②砂浆强度应以标准养护，28d 龄期的试块抗压强度为准。

③制作砂浆试块的砂浆稠度应与配合比设计一致。

抽检数量：每一检验批且不超过 250m³ 砌体的各类、各强度等级的普通砌筑砂浆，每台搅拌机应至少抽检一次。验收批的预拌砂浆、蒸压加气混凝土砌块专用砂浆，抽检可为 3 组。

检验方法：在砂浆搅拌机出料口或在湿拌砂浆的储存容器出料口随机取样制作砂浆试块（现场拌制的砂浆，同盘砂浆只应制作 1 组试块），试块标养 28d 后做强度试验。预拌砂浆中的湿拌砂浆稠度应在进场时取样检验。

为保证砌体的强度，除应使块体和砌筑砂浆合格外，尚应加强施工过程质量控制，这是保证砌体施工质量的综合措施。

鉴于上述分析，同时考虑砂浆拌制后到使用时存在的时间间隔对其强度的不利影响，砌筑砂浆拌制后随时间延续的强度变化规律是：在一般气温（低于 30℃）情况下，砂浆拌制 2~6h 后，强度降低 20%~30%，10h 降低 50% 以上，24h 降低 70% 以上。以上试验大多采用水泥混合砂浆。对水泥砂浆而言，由于水泥用量较多，砂浆的保水性又较水泥混合砂浆差，其影响程度会更大。当气温较高（高于 30℃）情况下，砂浆强度下降幅度也将更大一些。

当砂浆试块数量不足 3 组时。其强度的代表性较差，验收也存在较大风险，如只有 1 组试块时，其错判概率至少为 30%。因此，为确保砌体结构施工验收的可靠性，对重要房屋一个验收批砂浆试块的数量规定为不得少于 3 组。

国内的专项试验表明，砌筑砂浆的稠度对试块立方体抗压强度有一定影响，特别是当采用带底试模时，这种影响将十分明显。为如实反映施工中砌筑砂浆的强度，制作砂浆试块的砂浆稠度应与配合比设计一致，在实际操作中应注意砌筑砂浆的用水量控制。此外，根据现行行业标准《预拌砂浆》JC/T 230—2016 规定，预拌砂浆中的湿拌砂浆在交货时应进行稠度检验。

对工厂生产的预拌砂浆、加气混凝土专用砂浆，由于其材料稳定，计量准确，砂浆质量较好，强度值离散性较小，故可适当减少现场砂浆试块的制作数量，但每验收批各类、各强度等级砂浆试块不应少于 3 组。

根据统计学原理，抽检子样容量越大则结果判定越准确。对砌体结构工程施工，通常在一个检验批留置的同类型、同强度等级的砂浆试块数量不多，故在砌筑砂浆试块抗压强度验收时，为使砂浆试块强度具有更好的代表性，减小强度评定风险，宜将多个检验批的同类型、同强度等级的砌筑砂浆作为一个验收批进行评定验收；当检验批的同类型、同强度等级砌筑砂浆试块组数较多时，砂浆强度验收也可按检验批进行，此时的砌筑砂浆验收批即等同于检验批。

（2）砂浆强度异常时的验收

当施工中或验收时出现下列情况，可采用现场检验方法对砂浆或砌体强度进行实体检测，并判定其强度：

1）砂浆试块缺乏代表性或试块数量不足；

2）对砂浆试块的试验结果有怀疑或有争议；

3）砂浆试块的试验结果，不能满足设计要求；

4）发生工程事故，需要进一步分析事故原因。

施工中，砌筑砂浆强度直接关系砌体质量。当砂浆试块的试验结果已不能满足设计要求时，通过实体检测以便于进行强度核算和结构加固处理。

4.2.3　砖砌体工程

1. 一般规定

（1）适用范围

本章适用于烧结普通砖、烧结多孔砖、混凝土多孔砖、混凝土实心砖、蒸压灰砂砖、蒸压粉煤灰砖等砌体工程。

上述所列砖是指以传统标准砖基本尺寸 240mm×115mm×53mm 为基础，适当调整尺寸，采用烧结、蒸压养护或自然养护等工艺生产的长度不超过 240mm，宽度不超过 190mm，厚度不超过 115mm 的实心或多孔（通孔、半盲孔）的主规格砖及其配砖。

（2）用于清水墙、柱的砖质量要求

用于清水墙、柱表面的砖，应边角整齐，色泽均匀。

（3）砌体龄期要求

砌体砌筑时，混凝土多孔砖、混凝土实心砖、蒸压灰砂砖、蒸压粉煤灰砖等块体的产品龄期不应小于28d。

混凝土多孔砖、混凝土普通砖、蒸压灰砂砖、蒸压粉煤灰砖早期收缩值大，如果这时用于墙体上，很容易出现收缩裂缝。为有效控制墙体的这类裂缝产生，在砌筑时砖的产品龄期不应小于28d，因其早期收缩值在此期间内已基本完成。实践证明，这是预防墙体早期开裂的一个重要技术措施。此外，混凝土多孔砖、混凝土普通砖的强度等级进场复验也需产品龄期为28d（注：采用水泥这种胶凝材料制成的产品一般均有上述特点和此要求）。

（4）砖的使用要求

1）有冻胀环境和条件的地区、地面以下或防潮层以下的砌体，不应采用多孔砖。

有冻胀环境和条件的地区，地面以下或防潮层以下的砌体，常处于潮湿的环境中，对多孔砖砌体的耐久性能有不利影响。因此，现行国家标准《砌体结构设计规范》GB 50003—2011对多孔砖的使用作出了以下规定"在冻胀地区，地面以下或防潮层以下的砌体，不宜采用多孔砖，如采用时，其孔洞应用水泥砂浆灌实。"但是，由于多孔砖孔洞小且量大，工程施工中用水泥砂浆灌实费工、耗材且不易保证质量。

2）不同品种的砖不得在同一楼层混砌。

不同品种砖的收缩特性的差异容易造成墙体收缩裂缝的产生。

3）砌筑烧结普通砖、烧结多孔砖、蒸压灰砂砖、蒸压粉煤灰砖砌体时，砖应提前1～2d适度湿润，严禁采用干砖或处于吸水饱和状态的砖砌筑，块体湿润程度宜符合下列规定：

① 烧结类块体的相对含水率60%～70%；

② 混凝土多孔砖及混凝土实心砖不需浇水湿润，但在气候干燥炎热的情况下，宜在砌筑前对其喷水湿润。其他非烧结类块体的相对含水率40%～50%。

试验研究和工程实践证明，砖的湿润程度对砌体的施工质量影响较大，干砖砌筑不仅不利于砂浆强度的正常增长，还会极大地降低砌体强度，影响砌体的整体性进而造成砌筑困难。使用吸水饱和的砖砌筑时，会使刚砌的砌体尺寸稳定性不佳，易出现墙体平面外弯曲，砂浆易流淌，灰缝厚度不均，砌体强度降低。

对于砖含水率对砌体抗压强度的影响，湖南大学曾通过试验研究得出两者之间的相关性，即砌体的抗压强度随砖含水率的增加而提高，反之亦然。根据砌体抗压强度影响系数公式得到，含水率为零的烧结黏土砖的砌体抗压强度仅为含水率15%砖的砌体抗压强度的77%。

砖含水率对砌体抗剪强度同样存在影响。一般来说，砖砌体抗剪强度随着砖的湿润程度增加而提高，但是如果砖浇得过湿，砖表面的水膜将影响砖和砂浆间的黏结，对抗剪强度不利。对于蒸压粉煤灰砖在绝干状态和吸水饱和状态时，抗剪强度均大幅降低，约为最佳相对含水率的30%～40%。

鉴于上述分析，考虑各类砌筑用砖的吸水特性，如吸水率大小、吸水和失水速度快慢等差异，砖砌筑时适宜的含水率也应有所不同。为了便于在施工中更好地控制适宜含水率，块体砌筑时的适宜含水率宜采用相对含水率表示。

（5）采用铺浆法施工铺浆长度要求

采用铺浆法砌筑砌体，铺浆长度不得超过 750mm；施工期间气温超过 30℃ 时，铺浆长度不得超过 500mm。

砖砌体砌筑宜随铺砂浆随砌筑。采用铺浆法砌筑时，铺浆长度对砌体的抗剪强度影响明显，陕西省建筑科学研究院的试验表明，在气温 15℃ 时，铺浆后立即砌砖和铺浆后 3min 再砌砖，砌体的抗剪强度相差 30%。气温较高时砖和砂浆中的水分蒸发较快，影响工人操作和砌筑质量，因此应缩短铺浆长度。

（6）承重墙和台阶水平面上及挑出层的砌筑要求

240mm 厚承重墙的每层墙的最上一皮砖，砖砌体的阶台水平面上及挑出层的外皮砖，应整砖丁砌。

从有利于保证砌体的完整性、整体性和受力的合理性出发，要求在上述部位应采用整砖丁砌。

（7）砖过梁灰缝宽度及底模拆模时砂浆强度要求

1）弧拱式及平拱式过梁的灰缝应砌成楔形缝，拱底灰缝宽度不宜小于 5mm，拱顶灰缝宽度不应大于 15mm，拱体的纵向及横向灰缝应填实砂浆；平拱式过梁拱脚下面应伸入墙内不小于 20mm；砖砌平拱过梁底应有 1% 的起拱。

平拱式过梁是弧拱式过梁的一个特例，是矢高极小的一种拱形结构，拱底应有一定起拱量，从砖拱受力特点及施工工艺考虑，必须保证拱脚下面伸入墙内的长度，并保持楔形灰缝形态。

2）砖过梁底部的模板及其支架拆除时，灰缝砂浆强度不应低于设计强度的 75%。

过梁底部模板是砌筑过程中的承重结构，只有砂浆达到一定强度后，过梁部位砌体方能承受荷载作用，才能拆除底模。

（8）砖砌体的砌筑质量要求

1）多孔砖的孔洞应垂直于受压面砌筑。半盲孔多孔砖的封底面应朝上砌筑。

多孔砖的孔洞垂直于受压面，能使砌体有较大的有效受压面积，有利于砂浆结合层进入上下砖块的孔洞中产生"销键"作用，提高砌体的抗剪强度和砌体的整体性。此外，孔洞垂直于受压面砌筑也符合砌体强度试验时试件的砌筑方法。

2）竖向灰缝不得出现瞎缝、透明缝和假缝。

竖向灰缝砂浆的饱满度一般对砌体的抗压强度影响不大，但是对砌体的抗剪强度影响明显。根据国内一些单位的试验结果得到：当竖缝砂浆很不饱满甚至完全无砂浆时，其对角加载砌体的抗剪强度约降低 30%。此外，透明缝、瞎缝和假缝对房屋的使用功能也会产生不良影响。

3）砖砌体施工临时间断处补砌时，必须将接槎处表面清理干净，洒水湿润，并填实砂浆，保持灰缝平直。

砖砌体的施工临时间断处的接槎部位是受力的薄弱点，为保证砌体的整体性，必须强调补砌时的要求。

2. 砖砌体分项工程检验批的质量检验

砖砌体分项工程的验收应在检验批验收合格的基础上进行。检验批的确定可根据楼层、施工段、变形缝划分。

（1）砖砌体分项工程检验批的检验标准和检验方法见表 4-40。

砖砌体分项工程检验批的检验标准和检验方法　　　　　　　表 4-40

项目类型	序号	验收项目	合格质量标准	检验方法	抽检数量
主控项目	1	砖和砂浆强度等级	砖和砂浆的强度等级必须符合设计要求	检查砖和砂浆试块试验报告	每一生产厂家，烧结普通砖、混凝土实心砖每 15 万块，烧结多孔砖、混凝土多孔砖、蒸压灰砂砖及蒸压粉煤灰砖每 10 万块各为一验收批，不足上述数量时按一批计，抽检数量为 1 组。 砂浆试块：每一检验批且不超过 250m³ 砌体的各种类型及强度等级的砌筑砂浆，每台搅拌机应至少抽检一次
	2	水平灰缝砂浆饱满度	砌体灰缝砂浆应密实饱满，砖墙水平灰缝的砂浆饱满度不得低于 80%；砖柱水平灰缝和竖向灰缝饱满度不得低于 90%（图 4-6）	用百格网检查砖底面与砂浆的黏结痕迹面积。每处检测 3 块砖，取其平均值	每个检验批抽查应不少于 5 处
	3	斜槎留置	砖砌体的转角处和交接处应同时砌筑，严禁无可靠措施的内外墙分砌施工。在抗震设防烈度为 8 度及 8 度以上地区，对不能同时砌筑而又必须留置的临时间断处应砌成斜槎，普通砖砌体斜槎水平投影长度不应小于高度的 2/3，多孔砖砌体斜槎长高比不应小于 1/2。斜槎高度不得超过一步脚手架的高度	观察检查	每个检验批抽查不应少于 5 处
	4	直槎拉结筋及接槎处理	非抗震设防及抗震设防烈度为 6 度、7 度地区的临时间断处，当不能留斜槎时，除转角处外，可留直槎，但直槎必须做成凸槎，且应加设拉结钢筋，拉结钢筋应符合下列规定： 1. 每 120mm 墙厚放置 1φ6 拉结钢筋（120mm 厚墙应放置 2φ6 拉结钢筋）； 2. 间距沿墙高不应超过 500mm，且竖向间距偏差不应超过 100mm； 3. 埋入长度从留槎处算起每边均不应小于 500mm，对抗震设防烈度 6 度、7 度的地区，不应小于 1000mm； 4. 末端应有 90°弯钩（图 4-7）	观察和尺量检查	每检验批抽查不应少于 5 处

项目类型	序号	验收项目	合格质量标准	检验方法	抽检数量
一般项目	1	组砌方法	砖砌体组砌方法应正确，内外搭砌，上、下错缝。清水墙、窗间墙无通缝；混水墙中不得有长度大于300mm的通缝，长度200～300mm的通缝每间不超过3处，且不得位于同一面墙体上。砖柱不得采用包心砌法	观察检查。砌体组砌方法抽检每处应为3～5m	每个检验批抽查不应少于5处
	2	灰缝质量要求	砖砌体的灰缝应横平竖直，厚薄均匀，水平灰缝厚度及竖向灰缝宽度宜为10mm，但不应小于8mm，也不应大于12mm	水平灰缝厚度用尺量10皮砖砌体高度折算；竖向灰缝宽度用尺量2m砌体长度折算(图4-8)	每检验批抽查不应少于5处
	3	砖砌体一般尺寸允许偏差	砖砌体尺寸、位置的允许偏差及检验应符合表4-41的规定	见表4-41	见表4-41

(2) 关于砖砌体分项工程检验批质量检验的说明：

1) 主控项目第1项

在正常施工条件下，砖砌体的强度取决于砖和砂浆的强度等级，为保证结构的受力性能和使用安全，砖和砂浆的强度等级必须符合设计要求。

烧结普通砖、混凝土实心砖检验批的数量，系参考砌体检验批划分的基本数量（250m³砌体）确定。烧结多孔砖、混凝土多孔砖、蒸压灰砂砖及蒸压粉煤灰砖检验批数量根据产品的特点并参考产品标准作了适当调整。

2) 主控项目第2项

水平灰缝砂浆饱满度不小于80%的规定沿用已久，根据四川省建筑科学研究院试验结果，当砂浆水平灰缝饱满度达到73%时，则可达到设计规范所规定的砌体抗压强度值。砖柱为独立受力的重要构件，为保证其安全性，增加了对竖向灰缝饱满度的规定。灰缝饱满度测量示意图见图4-6。

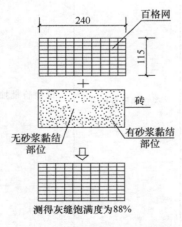

图4-6 灰缝饱满度测量示意图

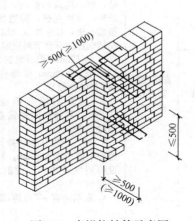

图4-7 直槎拉结筋示意图

3）主控项目第 3、第 4 项

砖砌体转角处和交接处的砌筑和接槎质量是保证砖砌体结构整体性能和抗震性能的关键因素之一，这已在地震震害中得到充分证明。根据陕西省建筑科学研究院对交接处同时砌筑和不同留槎形式接槎部位连接性能的试验分析，同时砌筑的连接性能最佳；留踏步槎（斜槎）的次之；留直槎并按规定加拉结钢筋的再次之；仅留直搓不加设拉结钢筋的最差。上述不同砌筑和留槎形式试件的水平抗拉力之比为 1.00、0.93、0.85、0.72。在保证施工质量的前提下，留直槎加设拉结钢筋时，其连接性能相较留斜槎时降低不大。

多孔砖砌体斜槎长高比明确为不小于 1/2，是从多孔砖规格尺寸、组砌方法及工程实践出发确定的。多孔砖砌体根据砖规格尺寸，留置斜槎的长高比一般为 1∶2。

斜槎高度不得超过一步脚手架高度的规定，主要是为了尽量减少砌体的临时间断处对结构整体性的不利影响。关于拉结筋如图 4-7 所示。

4）一般项目第 1 项

本条是从确保砌体结构整体性和有利于结构承载出发，对组砌方法提出的基本要求，施工中应予满足。砖砌体的"通缝"系指相邻上下两皮砖搭接长度小于 25mm 的部位。

采用包心砌法的砖柱，质量难以控制和检查，往往会形成空心柱，降低了结构安全性。

5）一般项目第 2 项

灰缝横平竖直，厚薄均匀，不仅使砌体表面美观，又使砌体的变形及传力均匀。此外，灰缝增厚砌体抗压强度会降低，反之则砌体抗压强度提高；灰缝过薄将使块体间的粘结不良，产生局部挤压现象，也会降低砌体强度。对普通砖砌体而言，与标准水平灰缝厚度 10mm 相比较，12mm 水平灰缝厚度砌体的抗压强度降低 5.4%；8mm 水平灰缝厚度砌体的抗压强度提高 6.1%。对多孔砖砌体，其变化幅度还要大些，与标准水平灰缝厚度 10mm 相比较，12mm 水平灰缝厚度砌体的抗压强度降低 9.1%；8mm 水平灰缝厚度砌体的抗压强度提高 11.1%。砖砌体灰缝厚度测量示意图见图 4-8。

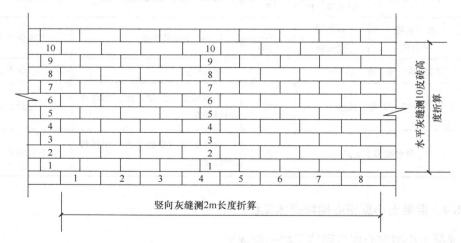

图 4-8　砖砌体灰缝厚度测量示意图

砌体竖向灰缝宽度过宽或过窄不仅影响观感质量，而且易造成灰缝砂浆饱满度较差，影响砌体的使用功能、整体性及降低砌体的抗剪强度。

6）一般项目第 3 项

本条所列砖砌体一般尺寸偏差，对整个建筑物的施工质量、建筑美观和确保有效使用面积均会产生影响，故施工中对其偏差应予以控制（表 4-41）。

对于钢筋混凝土楼、屋盖整体现浇的房屋，其结构整体性良好；对于装配整体式楼、屋盖结构，国家标准《砌体结构设计规范》GB 50003—2011 经修订后，加强了楼、屋盖结构的整体性规定：在抗震设防地区，预制钢筋混凝土板板端应有伸出钢筋相互有效连接，并用混凝土浇筑成板带，其板端支承长度不应小于 60mm，板带宽不小于 80mm，混凝土强度等级不应低于 C20。

另外，根据工程实践及调研结果分析，如墙体轴线位置和墙面垂直度尺寸的最大偏差值能按表中允许偏差控制施工质量（允许有 20％及以下的不合格点的最大偏差值为允许偏差值的 1.5 倍），则墙体的受力性能和楼、屋盖的安全性是能保证的。

本次规范修订中，通过工程调查将门窗洞口高、宽（后塞口）的允许偏差由原规范的 ±5mm 增加为 ±10mm。

砖砌体尺寸、位置的允许偏差及检验 　　　　　　　　　表 4-41

序号	项目			允许偏差（mm）	检验方法	抽检数量
1	轴线位移			10	用经纬仪和尺或用其他测量仪器检查	承重墙、柱全检
2	基础、墙、柱顶面标高			±15	用水准仪和尺检查	不应少于 5 处
3	墙面垂直度	每层		5	用 2m 托线板检查	不应少于 5 处
		全高	≤10m	10	用经纬仪、吊线和尺或用其他测量仪器检查	外墙全部阳角
			>10m	20		
4	表面平整度	清水墙、柱		5	用 2m 靠尺和楔形塞尺检查	不应少于 5 处
		混水墙、柱		8		
5	水平灰缝平直度	清水墙		7	拉 5m 线和尺检查	不应少于 5 处
		混水墙		10		
6	门窗洞口高、宽（后塞口）			±10	用尺检查	不应少于 5 处
7	外墙上下窗口偏移			20	以底层窗口为准，用经纬仪或吊线检查	不应少于 5 处
8	清水墙游丁走缝			20	以每层第一皮砖为准，用吊线和尺检查	不应少于 5 处

4.2.4　混凝土小型空心砌块砌体工程

1. 混凝土小型空心砌块砌体工程一般规定

（1）适用范围

本节适用于普通混凝土小型空心砌块和轻骨料混凝土小型空心砌块（以下简称小砌块）等砌体工程。

（2）施工前设计

施工前，应按房屋设计图编绘小砌块平、立面排块图，施工中应按排块图施工。

编制小砌块平、立面排块图是施工准备的一项重要工作，也是保证小砌块墙体施工质量的重要技术措施。在编制时，宜由水电管线安装人员与土建施工人员共同商定。

（3）混凝土小型空心砌块龄期要求

施工采用的小砌块的产品龄期不应小于28d。

小砌块龄期达到28d之前，自身收缩速度较快，其后收缩速度减慢，且强度趋于稳定。为有效控制砌体收缩裂缝，检验小砌块的强度，规定砌体施工时所用的小砌块，产品龄期不应小于28d。

（4）小砌块外观质量及砌筑砂浆选择

1）砌筑小砌块时，应清除表面污物，剔除外观质量不合格的小砌块。

2）砌筑小砌块砌体，宜选用专用小砌块砌筑砂浆。

专用的小砌块砌筑砂浆是指符合现行行业标准《混凝土小型空心砌块和混凝土砖砌筑砂浆》JC 860—2008的砌筑砂浆，该砂浆可提高小砌块与砂浆间的粘结力，且施工性能好。

3）承重墙体使用的小砌块应完整、无破损、无裂缝。

本条为强制性条文，小砌块为薄壁、大孔且块体较大的建筑材料，单个块体如果存在破损、裂缝等质量缺陷，对砌体强度将产生不利影响；小砌块的原有裂缝也容易发展并形成墙体新的裂缝。本条规定比原规范条文"承重墙体严禁使用断裂小砌块"的要求更全面。

（5）地面以下或防潮层以下砌筑要求

底层室内地面以下或防潮层以下的砌体，应采用强度等级不低于C20（或Cb20）的混凝土灌实小砌块的孔洞。

用混凝土填充小砌块砌体一些部位的孔洞，属于构造措施，主要目的是提高砌体的耐久性及结构整体性。现行国家标准《砌体结构设计规范》GB 50003—2011有如下规定："在冻胀地区，地面以下或防潮层以下的砌体……当采用混凝土砌块砌体时，其孔洞应采用强度等级不低于Cb20的混凝土灌实"。

（6）砌筑前湿润要求

砌筑普通混凝土小型空心砌块砌体，不需对小砌块浇水湿润，如遇天气干燥炎热，宜在砌筑前对其喷水湿润；对轻骨料混凝土小砌块，应提前浇水湿润，块体的相对含水率宜为40％～50％。雨天及小砌块表面有浮水时，不得施工。

普通混凝土小砌块具有吸水率小和吸水、失水速度迟缓的特点，一般情况下砌墙时可不浇水湿润。轻骨料混凝土小砌块的吸水率较大，吸水、失水速度快于普通混凝土小砌块，应提前对其浇水湿润。

（7）砌筑要求

1）小砌块墙体应孔对孔、肋对肋错缝搭砌。单排孔小砌块的搭接长度应为块体长度的1/2；多排孔小砌块的搭接长度可适当调整，但不宜小于小砌块长度的1/3，且不应小于90mm。墙体的个别部位不能满足上述要求时，应在灰缝中设置拉结钢筋或钢筋网片，但竖向通缝仍不得超过两皮小砌块。

2）小砌块应将生产时的底面朝上反砌于墙上。

本条为强制性条文，确保小砌块砌体的砌筑质量，可简单归纳为六个字：对孔、错缝、反砌。所谓对孔，即在保证上下皮小砌块搭砌要求的前提下，使上皮小砌块的孔洞尽量对准下皮小砌块的孔洞，使上、下皮小砌块的壁、肋可较好传递竖向荷载，保证砌体的整体性及强度；所谓错缝，即上、下皮小砌块（竖缝）错开砌筑（搭砌），以增强砌体的整体性，这属于砌筑工艺的基本要求；所谓反砌，即小砌块生产时的底面朝上砌筑于墙体上，一般小砌块生产时是半盲孔的，如此放置易于铺放砂浆和保证水平灰缝砂浆的饱满度，这也是确定砌体强度指标的试件的基本砌法。

3）小砌块墙体宜逐块坐（铺）浆砌筑。

由于小砌块砌体相对于砖砌体，小砌块块体大，水平灰缝坐（铺）浆面窄小，竖缝面积大，砌筑一块费时多，这样施工操作，可以缩短坐（铺）浆后的间隔时间，减少对砌筑质量的不良影响。

4）在散热器、厨房和卫生间等设备的卡具安装处砌筑的小砌块，宜在施工前用强度等级不低于 C20（或 Cb20）的混凝土将其孔洞灌实。

小砌块一般中间有较大的孔洞，散热器、厨房和卫生间等设备重量较大，在小砌块砌体固定存在安全隐患，为保证这些设备的使用安全，砌筑时应用强度等级不低于 C20（或 Cb20）的混凝土将小砌块中的孔洞灌实。

5）每步架墙（柱）砌筑完后，应随即刮平墙体灰缝。

灰缝经过刮平，将对表层砂浆起到压实作用，减少砂浆中水分的蒸发，有利于保证砂浆强度的增长。

（8）芯柱砌筑要求

1）芯柱处小砌块墙体砌筑应符合下列规定：

① 每一楼层芯柱处第一皮砌块应采用开口小砌块；

② 砌筑时应随砌随清除小砌块孔内的毛边，并将灰缝中挤出的砂浆刮净。

凡有芯柱之处均应设清扫口，一是用于清扫孔洞底撒落的杂物，二是便于上下芯柱钢筋连接。芯柱孔洞内壁的毛边、砂浆不仅使芯柱断面缩小，而且混入混凝土中还会影响其质量。

2）芯柱混凝土宜选用专用小砌块灌孔混凝土。浇筑芯柱混凝土应符合下列规定：

① 每次连续浇筑的高度宜为半个楼层，但不应大于 1.8m；

② 浇筑芯柱混凝土时，砌筑砂浆强度应大于 1MPa；

③ 清除孔内掉落的砂浆等杂物，并用水冲淋孔壁；

④ 浇筑芯柱混凝土前，应先注入适量与芯柱混凝土成分相同的去石砂浆；

⑤ 每浇筑 400～500mm 高度捣实一次，或边浇筑边捣实。

小砌块灌孔混凝土系指符合现行行业标准《混凝土砌块（砖）砌体用灌孔混凝土》JC 861—2008 的专用混凝土，该混凝土性能好，对保证砌体施工质量和结构受力十分有利。

大量地震震害结果表明，在遭遇地震时芯柱会发挥重要作用，在地震烈度较高的地区，芯柱破坏较为严重，主要原因是被破坏的芯柱都存在浇筑不密实的情况。因此采取这些控制措施，主要为了保证芯柱混凝土的浇筑密实。

2. 混凝土小型空心砌块砌体工程分项工程检验批的质量检验

（1）混凝土小型空心砌块砌体工程分项工程检验批的检验标准

混凝土小型空心砌块砌体工程分项工程检验批的确定可根据楼层、施工段、变形缝划分。混凝土小型空心砌块砌体工程分项工程检验批的检验标准和检验方法见表 4-42。

混凝土小型空心砌块砌体工程分项工程检验批的检验标准　　　　表 4-42

项目类型	序号	验收项目	合格质量标准	检验方法	抽检数量
主控项目	1	小砌块和芯柱混凝土、砂浆的强度等级	小砌块和芯柱混凝土、砌筑砂浆的强度等级必须符合设计要求	检查小砌块和芯柱混凝土、砌筑砂浆试块试验报告	每一生产厂家，每 1 万块小砌块为一检验批，不足 1 万块按一批计，抽检数量为一组；用于多层以上建筑的基础和底层的小砌块抽检数量不应少于 2 组。 砂浆试块：每一检验批且不超过 250m³ 砌体的各种类型及强度等级的砌筑砂浆，每台搅拌机应至少抽检一次
	2	砌体灰缝饱满度	砌体水平灰缝和竖向灰缝的砂浆饱满度，按净面积计算不得低于 90%	用专用百格网检测小砌块与砂浆黏结痕迹，每处检测 3 块小砌块。取其平均值	每检验批抽查不应少于 5 处
	3	砌筑留槎	墙体转角处和纵横交接处应同时砌筑。临时间断处应砌成斜槎，斜槎水平投影长度不应小于斜槎高度。施工洞口可预留直槎，但在洞口砌筑和补砌时，应在直槎上下搭砌的小砌块孔洞内用强度等级不低于 C20（或 Cb20）的混凝土灌实	观察检查	每检验批抽查不应少于 5 处
	4	小砌块砌体的芯柱质量	小砌块砌体的芯柱在楼盖处应贯通，不得削弱芯柱截面尺寸；芯柱混凝土不得漏灌	观察检查	每检验批抽查不应少于 5 处
一般项目	1	墙体灰缝尺寸	砌体的水平灰缝厚度和竖向灰缝宽度宜为 10mm，但不应小于 8mm，也不应大于 12mm	水平灰缝厚度用尺量 5 皮小砌块的高度折算；竖向灰缝宽度用尺量 2m 砌体长度折算（图 4-9）	每检验批抽查不应少于 5 处
	2	墙体一般尺寸允许偏差	小砌块砌体尺寸、位置的允许偏差应按表 4-41 的规定执行	见表 4-41	见表 4-41

（2）关于混凝土小型空心砌块砌体工程分项工程检验批质量检验的说明

1）主控项目第1项

在正常施工条件下，小砌块砌体的强度取决于小砌块和砌筑砂浆的强度等级；芯柱混凝土强度等级也是砌体力学性能能否满足要求最基本的条件。因此，为保证结构的受力性能和使用安全，小砌块和芯柱混凝土、砌筑砂浆的强度等级必须符合设计要求。

2）主控项目第2项

小砌块砌体施工时对砂浆饱满度的要求，严于砖砌体的规定。其原因主要有：①由于小砌块壁较薄，肋较窄，小砌块与砂浆的粘结面不大；②砂浆饱满度对砌体强度及墙体整体性影响远较砖砌体大，其中，抗剪强度较低又是小砌块的一个弱点；③考虑了建筑物使用功能（如防渗漏）的需要。竖向灰缝饱满度对防止墙体裂缝和渗水至关重要。

3）主控项目第3项

墙体转角处和纵横墙交接处同时砌筑可保证墙体结构整体性，其作用效果参见砖砌体分项工程检验批主控项目3）条文说明。由于受小砌块块体尺寸的影响，临时间断处斜槎长度与高度比值不同于砖砌体，故在修订时对斜槎的水平投影长度进行了调整。

验收规范允许在施工洞口处预留直槎，但应在直槎处的两侧小砌块孔洞中灌实混凝土，以保证接槎处墙体的整体性。该处理方法较设置构造柱简便。

4）主控项目第4项

芯柱在楼盖处不贯通将会大大削弱芯柱的抗震作用。芯柱混凝土浇筑质量对小砌块建筑的安全至关重要，根据大量地震震害调查分析，在小砌块建筑墙体中芯柱较普遍存在混凝土不密实的情况，甚至有的芯柱中间存在缺失混凝土（断柱）现象，从而导致墙体开裂、错位破坏较为严重。

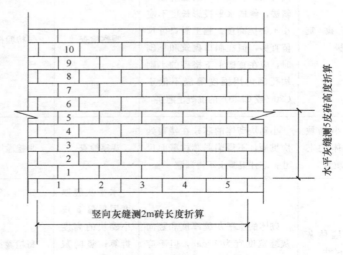

图4-9 小砌块灰缝厚度测量示意图

4.2.5 填充墙砌体工程

1. 填充墙砌体工程的一般规定

（1）适用范围

本节内容适用于烧结空心砖、蒸压加气混凝土砌块、轻骨料混凝土小型空心砌块等填充墙砌体工程。

（2）龄期要求

砌筑填充墙时，轻骨料混凝土小型空心砌块和蒸压加气混凝土砌块的产品龄期不应小于28d，蒸压加气混凝土砌块的含水率宜小于30％。

轻骨料混凝土小型空心砌块，为水泥胶凝材料增强的块体，以28d强度为标准设计强度，且龄期达到28d之前，自身收缩较快；蒸压加气混凝土砌块出釜后虽然强度已达到要求，但出釜时含水率大多在35％～40％，根据有关实验和资料介绍，在短期（10～30d）制品的含水率下降一般不会超过10％，特别是在大气湿度较高地区。为有效控制蒸压加气混凝土砌块上墙时的含水率和墙体收缩裂缝，对砌筑时的产品龄期进行了规定。

另外，现行行业标准《蒸压加气混凝土建筑应用技术规程》JGJ/T 17—2008 第3.0.4条规定"加气混凝土制品砌筑或安装时的含水率宜小于30％"。

（3）运输保管要求

烧结空心砖、蒸压加气混凝土砌块、轻骨料混凝土小型空心砌块等的运输、装卸过程中，严禁抛掷和倾倒；进场后应按品种、规格堆放整齐，堆置高度不宜超过2m。蒸压加气混凝土砌块在运输及堆放中应防止雨淋。

用于填充墙的空心砖、蒸压加气混凝土砌块、轻骨料混凝土小型空心砌块强度不高，碰撞时易破碎，应在运输、装卸中做到文明装卸，以减少损耗和提高砌体外观质量。蒸压加气混凝土砌块吸水率可达70％，为降低蒸压加气混凝土砌块砌筑时的含水率，减少墙体收缩，有效控制收缩裂缝产生，蒸压加气混凝土砌块出釜后堆放及运输中应采取防雨措施。

（4）湿润要求

1）吸水率较小的轻骨料混凝土小型空心砌块及采用薄灰砌筑法施工的蒸压加气混凝土砌块，砌筑前不应对其浇（喷）水湿润；在气候干燥炎热的情况下，对吸水率较小的轻骨料混凝土小型空心砌块宜在砌筑前喷水湿润。

2）采用普通砌筑砂浆砌筑填充墙时，烧结空心砖、吸水率较大的轻骨料混凝土小型空心砌块应提前1～2d浇（喷）水湿润。蒸压加气混凝土砌块采用蒸压加气混凝土砌块砌筑砂浆或普通砌筑砂浆砌筑时，应在砌筑当天对砌块砌筑面喷水湿润。块体湿润程度宜符合下列规定：

①烧结空心砖的相对含水率60％～70％；

②吸水率较大的轻骨料混凝土小型空心砌块、蒸压加气混凝土砌块的相对含水率40％～50％。

块体砌筑前浇水湿润，是为了增强与砌筑砂浆的粘结和砌筑砂浆强度增长的需要。本条对原规范条文中"蒸压加气混凝土砌块砌筑时，应向砌筑面适量浇水"的规定做了调整修改，分为薄灰砌筑法砌筑和普通砌筑砂浆砌筑或蒸压加气混凝土砌块砌筑砂浆两种情况。当采用薄灰砌筑法施工时，由于使用与其配套的专用砂浆，故不需对砌块浇（喷）水湿润；当采用普通砌筑砂浆或蒸压加气混凝土砌块砌筑砂浆砌筑时，应在砌筑当天对砌块砌筑面喷水湿润。另外考虑轻骨料小型空心砌块种类多，吸水率有大有小，因此对吸水率大的小砌块应提前浇（喷）水湿润。三是砌筑前对块体浇喷水湿润程度做出规定，并用块体的相对含水率表示，这更为明确和便于控制。

（5）混凝土坎台设置

在厨房、卫生间、浴室等处采用轻骨料混凝土小型空心砌块、蒸压加气混凝土砌块砌筑墙体时，墙底部宜现浇混凝土坎台，其高度宜为150mm。

经多年的工程实践，当采用轻骨料混凝土小型空心砌块或蒸压加气混凝土填充墙施工时，除多水房间外可不需要在墙底部另砌烧结普通砖或多孔砖、普通混凝土小型空心砌块、现浇混凝土坎台等。

浇筑一定高度混凝土坎台的目的，主要是考虑有利于提高多水房间填充墙墙底的防水效果。混凝土坎台高度规定为150mm，是考虑踢脚线（板）便于遮盖填充墙底有可能产生的收缩裂缝。工程实践中运用这一条时应注意，《建筑地面工程施工质量验收规范》GB 50209—2010在此部位也有类似规定，但对浇筑的混凝土的翻边规定为200mm。

（6）拉结筋设置

填充墙拉结筋处的下皮小砌块宜采用半盲孔小砌块或用混凝土灌实孔洞的小砌块；薄灰砌筑法施工的蒸压加气混凝土砌块砌体，拉结筋应放置在砌块上表面设置的沟槽内。

（7）禁止混砌

蒸压加气混凝土砌块、轻骨料混凝土小型空心砌块不应与其他块体混砌，不同强度等级的同类块体也不得混砌。

需要注意的是：窗台处和因安装门窗需要，在门窗洞口处两侧填充墙上、中、下部可采用其他块体局部嵌砌；对与框架柱、梁不脱开方法的填充墙，填塞填充墙顶部与梁之间缝隙可采用其他砌块。

在填充墙中，由于蒸压加气混凝土砌块砌体，轻骨料混凝土小型空心砌块砌体的收缩较大，强度不高，为防止或控制砌体干缩裂缝的产生，做出不应混砌的规定，以免不同性质的块体组砌在一起易引起收缩裂缝产生。

对于窗台处和因构造需要，在填充墙底、顶部及填充墙门窗洞口两侧上、中、下局部处，采用其他块体嵌砌和填塞时，由于这些部位的特殊性，不会对墙体裂缝产生附加的不利影响，因此这些情形没有归为混砌。

（8）空隙部位填充时间间隔

填充墙砌体砌筑，应待承重主体结构检验批验收合格后进行。填充墙与承重主体结构间的空（缝）隙部位施工，应在填充墙砌筑14d后进行。

承重主体结构检验批验收一般是指现浇结构的外观质量和尺寸偏差检验批的验收，在这2个检验批验收合格后即可开始填充墙砌体的施工。填充墙砌筑完成到与承重主体结构间的空（缝）隙进行处理的间隔时间由至少7d修改为14d。这些要求有利于承重主体结构施工质量不合格的处理，减少混凝土收缩对填充墙砌体的不利影响。

2. 填充墙砌体分项工程检验批的检验标准

（1）填充墙砌体分项工程检验批的检验标准和检验方法见表4-43。

（2）关于填充墙砌体分项工程检验批质量检验的说明

1）主控项目第1项

为加强质量控制和验收，将原规范条文对砖、砌块的强度等级只检查产品合格证书、产品性能检测报告修改为检查砖、小砌块强度等级的进场复验报告，并规定了抽检数量。

项目类型	序号	项　目	合格质量标准	检验方法	检查数量
主控项目	1	烧结空心砖、小砌块和砌筑砂浆的强度等级	烧结空心砖、小砌块和砌筑砂浆的强度等级应符合设计要求	查砖、小砌块进场复验报告和砂浆试块试验报告	（1）烧结空心砖每 10 万块为一验收批，小砌块每 1 万块为一验收批，不足上述数量时按一批计，抽检数量为 1 组。 （2）砂浆试块：每一检验批且不超过 250m³ 砌体的各种类型及强度等级的砌筑砂浆，每台搅拌机应至少抽检一次，验收批的预拌砂浆、蒸压加气混凝土砌块专用砂浆，抽检可为 3 组
	2	填充墙砌体应与主体结构的连接	填充墙砌体应与主体结构可靠连接，其连接构造应符合设计要求，未经设计同意，不得随意改变连接构造方法。每一填充墙与柱的拉结筋的位置超过一皮块体高度的数量不得多于一处	观察检查	每检验批抽查不应少于 5 处
	3	填充墙与承重墙、柱、梁的连接钢筋，当采用化学植筋的连接方式时，应进行实体检测。锚固钢筋拉拔试验的轴向受拉非破坏承载力检验值应为 6.0kN。抽检钢筋在检验值作用下应基材无裂缝、钢筋无滑移宏观裂损现象；持荷 2min 期间荷载值降低不大于 5%。检验批验收可按《砌体结构工程施工质量验收规范》GB 50203—2011 表 B.0.1 通过正常检验一次、二次抽样判定。填充墙砌体植筋锚固力检测记录可按《砌体结构工程施工质量验收规范》GB 50203—2011 表 C.0.1 填写		原位试验检查	按表 4-44 确定

项目类型	序号	项 目	合格质量标准	检验方法	检查数量
一般项目	1	填充墙砌体尺寸、位置的允许偏差及检验方法	填充墙砌体尺寸、位置的允许偏差及检验方法应符合表4-45的规定	见表4-45	每检验批抽查不应少于5处
	2	填充墙砌体的砂浆饱满度及检验方法	填充墙砌体的砂浆饱满度及检验方法应符合表4-46的规定	见表4-46	每检验批抽查不应少于5处
	3	填充墙留置的拉结钢筋或网片的位置及埋置长度	填充墙留置的拉结钢筋或网片的位置应与块体皮数相符合。拉结钢筋或网片应位于灰缝中，埋置长度应符合设计要求，竖向位置偏差不应超过一皮高度	观察和用尺量检查	每检验批抽查不应少于5处
	4	错缝搭砌长度	砌筑填充墙时应错缝搭砌，蒸压加气混凝土砌块搭砌长度不应小于砌块长度的1/3；轻骨料混凝土小型空心砌块搭砌长度不应小于90mm；竖向通缝不应大于2皮	观察检查	每检验批抽查不应少于5处
	5	填充墙的水平灰缝厚度和竖向灰缝宽度	填充墙的水平灰缝厚度和竖向灰缝宽度应正确，烧结空心砖、轻骨料混凝土小型空心砌块砌体的灰缝应为8～12mm；蒸压加气混凝土砌块砌体当采用水泥砂浆、水泥混合砂浆或蒸压加气混凝土砌块砌筑砂浆时，水平灰缝厚度和竖向灰缝宽度不应超过15mm；当蒸压加气混凝土砌块砌体采用蒸压加气混凝土砌块粘结砂浆时，水平灰缝厚度和竖向灰缝宽度宜为3～4mm	水平灰缝厚度用尺量5皮小砌块的高度折算；竖向灰缝宽度用尺量2m砌体长度折算	每检验批抽查不应少于5处

2）主控项目第2项

大量地震震害表明：当填充墙与主体结构间无连接或连接不牢，墙体在水平地震荷载作用下极易破坏和倒塌；填充墙与主体结构之间的连接不合理，例如当设计中不考虑填充墙参与水平地震力作用，但由于施工原因导致填充墙与主体结构共同工作，使框架柱常产生柱上部的短柱剪切破坏，进而危及房屋结构的安全。

经修订的现行国家标准《砌体结构设计规范》GB 50003—2011规定，填充墙与框架柱、梁的连接构造分为脱开方法和不脱开方法两类。

3）主控项目第 3 项

近年来，填充墙与承重墙、柱、梁、板之间的拉结钢筋，施工中常采用后植筋，这种施工方法虽然方便，但常常因植筋胶或灌浆料质量问题，钻孔、清孔、注胶或灌浆操作不规范，使钢筋锚固不牢，难以满足规范和设计要求的拉结作用。同时，对填充墙植筋的锚固力检测的抽检数量及施工验收无相关规定，从而使填充墙后植拉结筋的施工质量验收流于形式。为确保工程质量，应对填充墙的后植拉结钢筋进行现场非破坏性检验。检验荷载值系根据现行行业标准《混凝土结构后锚固技术规程》JGJ 145—2013 确定，并按下式计算：

$$N_t = 0.90 A_s f_{yk}$$

式中　N_t——后植筋锚固承载力荷载检验值；

　　　A_s——锚筋截面面积（以钢筋直径 6mm 计）；

　　　f_{yk}——锚筋屈服强度标准值。

填充墙与承重墙、柱、梁、板之间的拉结钢筋锚固质量的判定，系参照现行国家标准《建筑结构检测技术标准》GB/T 50344—2019 计数抽样检测时对主控项目的检测判定规定。

检验批抽检锚固钢筋样本最小容量　　　　　　　　　表 4-44

检验批容量	样本最小容量	检验批容量	样本最小容量
≤90	5	281～500	20
91～150	8	501～1200	32
151～280	13	1201～3200	50

4）一般项目第 1 项

本次规范修订中，通过工程调查将门窗洞口高、宽（后塞口）的允许偏差由原规范的 ±5mm 增加为 ±10mm。

填充墙砌体尺寸、位置的允许偏差及检验方法　　　　表 4-45

序号	项目		允许偏差（mm）	检验方法
1	轴线位移		10	用尺检查
2	垂直度（每层）	≤3m	5	用 2m 托线板或吊线、尺检查
		>3m	10	
3	表面平整度		8	用 2m 靠尺和楔形尺检查
4	门窗洞口高、宽（后塞口）		±10	用尺检查
5	外墙上下窗口偏移		20	用经纬仪或吊线检查

5）一般项目第 2 项

填充墙体的砂浆饱满度虽不会影响结构的重大安全，但会对墙体的使用功能产生影响。砂浆饱满度的具体规定是参照砖砌体工程、混凝土小型空心砌块砌体工程的规定确定的。

填充墙砌体的砂浆饱满度及检验方法　　表 4-46

砌体分类	灰缝		饱满度及要求	检验方法
空心砖砌体	水平		≥80%	采用百格网检查块体底面或侧面砂浆的粘结痕迹面积
	垂直		填满砂浆、不得有透明缝、瞎缝、假缝	
蒸压加气混凝土砌块、轻骨料混凝土小型空心砌块砌体	水平		≥80%	
	垂直		≥80%	

6）一般项目第 4 项

错缝搭砌及竖向通缝长度的限制是增强砌体整体性的需要。

7）一般项目第 5 项

蒸压加气混凝土砌块尺寸比空心砖、轻骨料混凝土小型空心砌块大，故当其采用普通砌筑砂浆时，砌体水平灰缝厚度和竖向灰缝宽度的规定要稍大一些。灰缝过厚和过宽，不仅浪费砌筑砂浆，而且砌体灰缝的收缩也将加大，不利于砌体裂缝的控制。当蒸压加气混凝土砌块砌体采用加气混凝土粘结砂浆进行薄灰砌筑法施工时，水平灰缝厚度和竖向灰缝宽度可以大大减薄。

【例 4-10】假设案例项目 1 号教学楼采用框架结构，填充墙设计采用 MU7.5 页岩砖，M5 砌筑砂浆。填充墙检验批容量按砌体结构的体积数确定，一般按层确定，如果一层的填充墙砌体体积太小，可以将几层合并在一起验收，但总体积不得超过 250m³，填充墙砌体检验批施工质量验收填写的范例见表 4-47、表 4-48。

填充墙砌体工程检验批质量验收纪录　　表 4-47

GB 50203—2011　　　　　　　　　　　　　　　　　　桂建质 020205⓪ ⓪ ①

单位（子单位）工程名称		1 号教学楼	分部（子分部）工程名称	主体结构（砌体结构）	分项工程名称	填充墙砌体
施工单位		××建筑工程有限公司	项目负责人	张××	检验批容量	45m³
分包单位			分包单位项目负责人		检验批部位	一层
施工依据		《砌体结构工程施工规范》GB 50924—2014		验收依据	《砌体结构工程施工质量验收规范》GB 50203—2011	
		验收项目	设计要求及规范规定	最小/实际抽样数量	检查记录	检查结果
主控项目	1	砖、砌块强度等级	设计强度 MU 7.5	/	试验合格，报告编号	合格
		砂浆强度等级	设计强度 M 5	/	试验合格，报告编号	合格
	2	与主体连接	符合设计要求	5/5	抽查 5 处，全部合格	合格
	3	植筋实体检测	符合设计和规范要求	/	试验合格，报告编号	合格

		验收项目		设计要求及规范规定	最小/实际抽样数量	检查记录	检查结果
一般项目	1	轴线位移		10mm	5/5	抽查5处，全部合格	合格
	2	垂直度	高≤3m	5mm	5/5	抽查5处，全部合格	合格
			高>3m	10mm	/	/	/
	3	表面平整度		8mm	5/5	抽查5处，全部合格	合格
	4	门窗洞口	高	±10mm	5/5	抽查5处，全部合格	合格
			宽	±10mm	5/5	抽查5处，全部合格	合格
	5	外墙上下窗口左右偏移		20mm	5/5	抽查5处，全部合格	合格
	6	页岩砖砌体灰缝砂浆饱满度	垂直	填满砂浆，不得有透明缝、瞎缝、假缝	5/5	抽查5处，全部合格	合格
			水平	饱满度≥80%	5/5	抽查5处，全部合格	合格
	7	蒸压加气、轻骨料混凝土小砌块灰缝砂浆饱满度	垂直	饱满度≥80%	/		
			水平	饱满度≥80%	/		
	8	拉结钢筋或网片留置	位置	应与块体皮数符合，竖向位置偏差不超过一皮高度	5/5	抽查5处，全部合格	合格
			长度	设计长度1000mm	5/5	抽查5处，全部合格	合格
	9	错缝搭砌长度	蒸压加气混凝土砌块	≥1/3砌块长度	/		
			页岩砖	≥60mm	5/5	抽查5处，全部合格	合格
			竖向通缝	不大于2皮	5/5	抽查5处，全部合格	合格
		页岩砖灰缝厚度		8~12mm	5/5	抽查5处，全部合格	合格
	10	蒸压加气混凝土砌块	砌筑砂浆 水平灰缝厚度	15mm	/		
			砌筑砂浆 竖向灰缝宽度	15mm	/		
			粘结砂浆 水平灰缝厚度	3~4mm	/		
			粘结砂浆 竖向灰缝宽度	3~4mm	/		
施工单位检查结果	主控项目全部符合要求，一般项目满足规范要求，本检验批符合要求 专业工长：王×× 项目专业质量检查员：张×× 2019年1月29日				监理（建设）单位验收结论	主控项目全部合格，一般项目满足规范要求，本检验批合格 专业监理工程师：李×× （建设单位项目专业技术负责人）： 2019年1月29日	

注：本表各项的检查方法、检查数量以及部分条文的合格标准见下页附表。

235

GB 50203—2011　　　　　　　　　　　　　　桂建质 020301~020305 附表 ⓪ ⓪ ①

单位（子单位）工程名称			1号教学楼	分部（子分部）工程名称	主体结构（砌体结构）	分项工程名称	填充墙砌体
施工单位			××建筑工程有限公司	项目负责人	张××	检验批容量	74
分包单位				分包单位项目负责人		检验批部位	一层
施工依据			《砌体结构工程施工规范》GB 50924—2014	验收依据		《砌体结构工程施工质量验收规范》GB 50203—2011	

		验收项目	设计要求及规范规定	最小/实际抽样数量	检查记录	检查结果
砌体与构造柱连结	马牙槎	1　齿高	≤300mm，每构造柱超过偏差不超过2处	全/	抽查30处，全部合格	合格
		2　齿深	≥60mm	全/	抽查30处，全部合格	合格
		3　留置方式	从楼地面开始先退后进	全/	抽查30处，全部合格	合格
	拉结钢筋	4　间隔	符合设计要求，无设计规定时，沿墙高每500mm设置2Φ6钢筋，竖向位移偏差≤100mm，每构造柱超过偏差不超过2处	全数检查 全/	抽查30处，全部合格	合格
		5　长度	符合设计要求，无设计要求时，每边伸入墙内≥1m	全/	抽查30处，全部合格	合格
		6　水平或垂直弯折段长度	符合设计要求，设计无要求时，≥50mm	全/	抽查30处，全部合格	合格
		7　墙内弯钩方向	90°弯钩，水平放置，弯钩末端凸出墙面约3mm	每个检验批抽查20%的墙 全/	抽查30处，全部合格	合格
砌体与承重柱连结	拉结钢筋	1　间隔	符合设计要求，无设计规定时，沿墙高每500mm设置2Φ6钢筋，竖向位移偏差≤100mm，每根柱超过偏差不超过2处	全/	抽查54处，全部合格	合格
		2　长度	符合设计要求，无设计要求时，伸入墙内≥500mm，6、7度抗震设防时≥墙长的1/5且≥700mm，锚入柱主筋矩形区内	全数检查 全/	抽查54处，全部合格	合格
		3　水平或垂直弯折段长度	符合设计要求，设计无要求时，≥50mm	全/	抽查54处，全部合格	合格
		4　墙内弯钩方向	90°弯钩，水平放置，弯钩末端凸出墙面约3mm	每个检验批抽查20%的墙 全/	抽查54处，全部合格	合格

施工单位检查结果	主控项目全部符合要求，一般项目满足规范要求，本检验批符合要求 专业工长：王×× 项目专业质量检查员：张×× 　　　　　　　　　2019年1月29日	监理（建设）单位验收结论	主控项目全部合格，一般项目满足规范要求，本检验批合格 专业监理工程师：李×× （建设单位项目专业技术负责人）： 　　　　　　　　　2019年1月29日

注：1. 填写桂建质 020301~020305 时，应以本表为附表。
　　2. 本表"质量要求"根据《砌体验收规范》GB 50203—2011、《设置钢筋混凝土构造柱多层砖房抗震技术规程》JGJ/T 13—94、《建筑抗震设计规范》GB 50011—2001 和《混凝土结构施工图平面整体表示方法制图规则和构造详图》设定。

验收时应注意：1）验收项目"垂直度"有"≤3m"和">3m"两种情况，要注意设计图纸和具体验收层的层高情况，一般的楼层只有一个层高，个别楼层会存在错层等现象，此时会存在2个或2个以上的层高；

2）注意一般项目第6项和第7项的验收，如1号教学楼采用页岩砖砌块，没有使用蒸压加气和轻骨料混凝土小型空心砌块，则不验收第7项和第10项。

4.2.6 砌体结构工程冬期施工的规定

（1）冬期施工定义

当室外日平均气温连续5d稳定低于5℃时，砌体工程应采取冬期施工措施。

气温根据当地气象资料确定。冬期施工期限以外，当日最低气温低于0℃时，也应按本节的规定执行。

室外日平均气温连续5d稳定低于5℃是划定冬期施工的界限。若冬期施工期规定得太短，或者应采取冬期施工措施时没有采取，都会导致技术上的失误，造成工程质量事故；若冬期施工期规定得太长，将增加冬期施工费用和工程造价，并给施工带来不必要的麻烦。

（2）砌体工程质量验收标准

冬期施工的砌体工程质量验收除应符合本节要求外，尚应符合现行行业标准《建筑工程冬期施工规程》JGJ/T 104—2011的有关规定。

砌体工程冬期施工，由于气温低，必须采取一些必要的冬期施工措施来确保工程质量，同时又要保证常温施工情况下的一些工程质量要求。因此，质量验收除应符合本节规定外，尚应符合本规范前面各节的要求及现行行业标准《建筑工程冬期施工规程》JGJ/T 104—2011的规定。

（3）施工方案要求

砌体工程冬期施工应有完整的冬期施工方案。

砌体工程在冬期施工过程中，只有加强管理，制定完整的冬期施工方案，才能保证冬期施工技术措施的落实和工程质量。

（4）材料质量要求

1）冬期施工所用材料应符合下列规定：

①石灰膏、电石膏等应防止受冻，如遭冻结，应经融化后使用；

②拌制砂浆用砂，不得含有冰块和大于10mm的冻结块；

③砌体用块体不得遭水浸冻。

石灰膏、电石膏等若受冻使用，将直接影响砂浆强度。砂中含有冰块和大于10mm的冻结块，将影响砂浆的均匀性、强度增长和砌体灰缝厚度的控制。

遭水浸冻的砖或其他块体，使用时将降低它们与砂浆的粘结强度，并因它们的温度较低而影响砂浆强度的增长，因此，规定砌体用块体不得遭水浸冻。

2）拌合砂浆时水的温度不得超过80℃；砂的温度不得超过40℃。

这是为了避免砂浆拌合时因水和砂过热造成水泥假凝而影响施工。

（5）砂浆试块养护

冬期施工砂浆试块的留置，除应按常温规定要求外，尚应增加1组与砌体同条件养护的试块，用于检验转入常温 28d 的强度。如有特殊需要，可另行增加相应龄期的同条件养护的试块。

为了解冬期施工措施（如掺用防冻剂或其他措施）的效果及砌筑砂浆的质量，应增加留置与砌体同条件养护的砂浆试块，测试检验所需龄期和转入常温 28d 的强度。

（6）砌筑环境要求

1）地基土有冻胀性时，应在未冻的地基上砌筑，并应防止在施工期间和回填土前地基受冻。

实践证明，在冻胀基土上砌筑基础，基土解冻时会因不均匀沉降造成基础和上部结构破坏；施工期间和回填土前如地基受冻，会因地基冻胀造成砌体胀裂或因地基土解冻造成砌体损坏。

2）采用砂浆掺外加剂法、暖棚法施工时，砂浆使用温度不得低于 5℃。

根据国家现有经济和技术水平，北方地区已极少采用冻结法施工。

砂浆使用温度的规定主要是考虑在砌筑过程中砂浆能保持良好的流动性，从而保证灰缝砂浆的饱满度和粘结强度。

3）采用暖棚法施工，块体在砌筑时的温度不应低于 5℃，距离所砌的结构底面 0.5m 处的棚内温度也不应低于 5℃。

主要目的是保证砌体中砂浆具有一定温度以利其强度增长。

4）在暖棚内的砌体养护时间，应根据暖棚内温度，按表 4-49 确定。

暖棚法砌体的养护时间　　　　　　　　　　　　　　　　表 4-49

暖棚的温度（℃）	5	10	15	20
养护时间（d）	≥6	≥5	≥4	≥3

为有利于砌体强度的增长，暖棚内应保持一定的温度。表中最少养护期是根据砂浆强度和养护温度之间的关系确定的。砂浆强度达到设计强度的 30%，即达到砂浆允许受冻临界强度值后，拆除暖棚后遇到负温度也不会引起强度损失。

5）采用外加剂法配制的砌筑砂浆，当设计无要求，且最低气温等于或低于 -15℃ 时，砂浆强度等级应较常温施工提高一级。

有关研究表明，当气温等于或低于 -15℃ 时，砂浆受冻后强度损失约为 10%~30%。

（7）砌块湿润要求

冬期施工中，小砌块浇（喷）水湿润应符合下列规定：

1）烧结普通砖、烧结多孔砖、蒸压灰砂砖、蒸压粉煤灰砖、烧结空心砖、吸水率较大的轻骨料混凝土小型空心砌块在气温高于 0℃ 条件下砌筑时，应浇水湿润；在气温低于、等于 0℃ 条件下砌筑时，可不浇水，但必须增大砂浆稠度。

2）普通混凝土小型空心砌块、混凝土多孔砖、混凝土实心砖及薄灰砌筑法的蒸压加气混凝土砌块施工时，不应对其浇（喷）水湿润。

3）抗震设防烈度为 9 度的建筑物，烧结普通砖、烧结多孔砖、蒸压粉煤灰砖、烧结空心砖无法浇水湿润时，如无特殊措施，不得砌筑。

烧结普通砖、烧结多孔砖、蒸压灰砂砖、蒸压粉煤灰砖、烧结空心砖、蒸压加气混凝土砌块、吸水率较大的轻骨料混凝土小型空心砌块的湿润程度对砌体强度的影响较大，特别对抗剪强度的影响更为明显，故规定在气温高于0℃条件下砌筑时，应浇水湿润。在气温低于或等于0℃条件下砌筑时浇水，水将在块体表面结成冰薄膜，会降低与砂浆的粘结，同时也给施工操作带来困扰。此时，应适当提高砂浆稠度，以便施工操作、保证砂浆强度和增强砂浆与块体间的粘结效果。普通混凝土小型空心砌块、混凝土砖因吸水率小和初始吸水速度慢在砌筑施工中不需浇（喷）水湿润。

抗震设防烈度为9度的地区，因地震时产生的地震反应十分强烈，故对施工提出严格要求。

4.2.7 砌体结构子分部工程的验收

主体结构分部工程砌体子分部工程的验收，同样应建立在其所包括的各砌体分项工程合格的基础之上。在工程实践中，砌体子分部工程仅含有一个分项工程。

1. 质量控制资料

砌体工程验收前，应提供下列文件和记录：

1）设计变更文件；

2）施工执行的技术标准；

3）原材料出厂合格证书、产品性能检测报告和进场复验报告；

4）混凝土及砂浆配合比通知单；

5）混凝土及砂浆试件抗压强度试验报告单；

6）砌体工程施工记录；

7）隐蔽工程施工记录；

8）分项工程检验批的主控项目、一般项目验收记录；

9）填充墙砌体植筋锚固力检测记录；

10）重大技术问题的处理方案和验收记录；

11）其他必要的文件和记录。

砌体子分部工程所包括的各分项工程（如砖砌体分项工程）经验收合格后，形成相应的分项工程质量验收记录。将所有的砌体分项工程汇总同时核查所有砌体分项工程的验收资料和文件，并将结果填入砌体结构子分部工程验收表相应栏内。

2. 观感质量评价

砌体子分部工程验收时，应对砌体工程的观感质量做出总体评价。观感质量的评价是由验收组根据有关分项工程中一般项目中的能观察到的项目进行的，检查时主要以观察为主，辅以尺量，其评价的标准是有关分项工程中一般项目的标准。

3. 异常情况的验收

有裂缝的砌体应按下列情况进行验收：

1）对不影响结构安全性的砌体裂缝，应予以验收，对明显影响使用功能和观感质量的裂缝，应进行处理；

2）对有可能影响结构安全性的砌体裂缝，应由有资质的检测单位检测鉴定，需返修或加固处理的，待返修或加固处理满足使用要求后进行二次验收；

砌体中的裂缝现象常有发生，且又常常影响工程质量验收工作。因此，相关规范对有裂缝的砌体怎样进行验收给予了规定。

在子分部工程验收之前，首先应对分项工程进行验收，填写分项工程质量验收记录，然后根据分部（子分部）工程合格条件进行验收，填写分部（子分部）工程验收记录。

4.3　主体结构分部工程验收

为了方便主体结构分部工程施工质量的管理，结合工程的特点，根据《建筑工程施工质量验收统一标准》GB 50300—2013 和《砌体结构工程施工质量验收规范》GB 50203—2011、《混凝土结构工程施工质量验收规范》GB 50204—2015 等验收规范，把主体结构分部工程划分为若干个子分部工程，进而划分为分项工程和分项工程检验批。

主体结构分部工程包括混凝土结构工程、砌体工程等子分部工程。常见的框架结构主体结构工程仅有混凝土结构工程和砌体工程（填充墙工程）两个子分部工程，一般的砖混结构主体工程仅包括混凝土结构工程和砌体工程两个子分部工程。

本章前面两节介绍了主体结构分部工程中混凝土结构工程和砌体结构工程两个子分部工程中检验批的验收，对于主体结构工程分部工程及其所含的分项工程的验收，因分部工程（子分部工程）和分项工程的验收基本一致，可以参考第 3 章地基和基础分部工程及其分项工程的验收。

主体结构分部工程的验收是建立在所包含的若干个子分部工程基础之上。

主体结构分部工程质量的验收，应在施工单位自检合格的基础上，向监理单位（或建设单位）提出验收申请，然后由总监理工程师或建设单位项目负责人组织勘察、设计单位及施工单位的项目负责人、技术质量负责人，共同按设计要求和有关规范的规定进行验收。

主体结构分部工程各子分部工程完成并通过后，即可对整个主体结构工程进行验收；如果有分包单位，验收时分包单位也应参与验收。

本　章　小　结

涉及混凝土结构工程和砌体结构工程的相关验收规定既在基础工程中应用，也在上部主体结构工程应用，同时混凝土结构工程和砌体结构工程也是上部主体结构分部工程中一个子分部工程。虽然主体结构分部工程还包括钢结构工程、钢管混凝土结构工程、型钢混凝土结构、木结构工程、铝合金结构工程等，但由于应用的场合、机会没有混凝土结构工程和砌体结构工程多，这些专业知识和技能没有被列为重点知识介绍。这种情况在后续章节均存在，在学习建筑工程质量验收时，许多知识是共性的，首先从材料、设备、构配件等投入物的质量进行控制和验收，其次是对施工成品质量的验收，个别构件还需要对施工中间体的质量进行控制和验收。

从对建筑结构的安全影响程度来分析，除地基与基础外，对结构安全影响最大的还有主体结构，其主体结构的施工时间也非常长，因此，掌握好了本章节的知识和技能，就基本具备了从事采用混凝土结构和砌体结构的建筑物的质量验收技能和施工质量验收资料编制技能。

本 章 习 题

1. 钢筋隐蔽工程验收内容主要包括哪些?

2. 我国《混凝土结构工程施工质量验收规范》GB 50204—2015 对钢筋进场检验批容量的动态调整是如何规定的?

3. 当纵向受力钢筋采用机械连接接头或焊接接头时,其接头面积百分率的要求如何?

4. 当纵向受力钢筋采用绑扎搭接接头时,其接头面积百分率的要求如何?

5. 当混凝土试件强度评定不合格时,验收规范规定如何处理?

6. 在混凝土浇筑施工并留置混凝土强度试块时,其取样地点、取样的数量,验收规范是如何规定的?

7. 后浇带的种类有哪些?后浇带混凝土的强度等级、浇筑时间及养护时间有哪些特别要求?

8. 施工缝位置的留置原则是什么?墙柱、梁和板的施工缝位置如何设置?

9. 混凝土浇筑完毕后,混凝土开始养护的时间、养护持续时间和浇筑的次数有哪些要求?

10. 混凝土现浇结构外观质量缺陷有哪些?

11. 混凝土现浇结构外观质量和尺寸偏差如果存在严重缺陷时,其处理的流程是如何规定的?

12. 混凝土结构实体检验的内容有哪些?如何组织检验?

13. 混凝土同条件养护试块龄期是如何确定的?

14. 砌筑砂浆拌制方式有哪些?拌制完后的使用时间是如何规定的?

15. 砌筑砂浆的强度试块如何取样?砌筑砂浆试块强度验收如何评定?

16. 填充墙与承重墙、柱、梁的连接钢筋根数、间距、伸出长度以及端部处理是如何规定的?

17. 采用混凝土小型空心砌块砌筑时,在散热器、厨房和卫生间等设备的卡具安装处砌筑的小砌块处验收规范规定如何处理?

18. 砌体结构有裂缝时,我国验收规范规定如何进行验收?

5 建筑装饰装修分部工程

本章要点

本章知识点：建筑装饰装修工程质量验收的基本规定；抹灰工程的一般规定，一般抹灰分项工程检验批质量的验收，保温层抹灰分项工程检验批质量的验收；门窗工程的一般规定，金属门窗安装分项工程检验批质量的验收，门窗玻璃安装分项工程检验批质量的验收；饰面砖工程的一般规定，饰面砖粘贴分项工程（内墙饰面砖粘贴、外墙饰面砖粘贴）检验批质量的验收；涂饰工程的一般规定，水性涂料涂饰分项工程检验批质量的验收，溶剂型涂料涂饰分项工程检验批质量的验收；建筑地面找平层分项工程检验批质量的验收，隔离层分项工程检验批质量的验收，水泥砂浆面层分项工程检验批质量的验收，水磨石面层分项工程检验批质量的验收，砖面层分项工程检验批质量的验收。

本章技能点：能对抹灰工程的一般抹灰分项工程检验批质量、保温层抹灰分项工程检验批质量等进行验收并编制相应验收记录资料；能对门窗工程的金属门窗安装分项工程检验批质量、门窗玻璃安装分项工程检验批质量等进行验收并编制相应验收记录资料；能对饰面砖粘贴分项工程（内墙饰面砖粘贴、外墙饰面砖粘贴）检验批质量、水性涂料涂饰分项工程检验批质量、溶剂型涂料涂饰分项工程检验批质量等进行验收并编制相应验收记录资料；能对建筑地面的找平层分项工程检验批质量、隔离层分项工程检验批质量、水泥砂浆面层分项工程检验批质量、水磨石面层分项工程检验批质量、砖面层分项工程检验批质量等进行验收并编制相应验收记录资料。

建筑装饰工程是指为保护建筑物的主体结构、完善建筑物的使用功能和美化建筑物，采用装饰装修材料或装饰物，对建筑物的内外表面及空间进行的各种处理过程。建筑装饰装修工程主要包括：抹灰工程、门窗工程、吊顶工程、轻质隔墙工程、饰面砖工程、幕墙工程、涂饰工程、裱糊与软包工程以及细部工程等。

《建筑工程施工质量验收统一标准》GB 50300—2013 将建筑装饰装修工程作为一个分部工程，其子分部工程包括建筑地面、抹灰、外墙防水、门窗、吊顶、轻质隔墙、饰面砖、幕墙、涂饰、裱糊与软包、细部等 12 个子分部工程。《建筑装饰装修工程质量验收标准》GB 50210—2018 适用于新建、扩建、改建和既有建筑的装饰装修工程的质量验收。建筑地面工程是建筑装饰装修分部工程的一个子分部工程，对建筑地面工程的验收按《建筑地面工程施工质量验收规范》GB 50209—2010 进行。

本章内容主要依据《建筑装饰装修工程质量验收标准》GB 50210—2018、《建筑地面工程施工质量验收规范》GB 50209—2010 和《建筑工程施工质量验收统一标准》GB 50300—2013 编写。本章主要讲述门窗工程、抹灰工程、涂饰工程以及建筑地面的部分内容。

5.1 建筑装饰装修工程质量验收基本规定

建筑装饰装修工程质量验收的基本规定是对建筑装饰装修分部工程提出的最基本要求，它是建筑地面、抹灰、外墙防水、门窗、吊顶、轻质隔墙、饰面砖、幕墙、涂饰、裱糊与软包、细部等所有建筑装饰装修工程 12 个子分部工程的共性要求。

5.1.1 关于设计的规定

施工图设计文件包括设计单位完成的建筑装饰装修设计、施工单位完成的深化设计等。建筑装饰装修工程完整的施工图设计文件是施工和质量验收的基础，因此建筑装饰装修设计应满足下列要求：

1）建筑装饰装修工程应进行设计，并应出具完整的施工图设计文件。

2）建筑装饰装修设计应符合城市规划、防火、环保、节能、减排等有关规定，建筑装饰装修耐久性应满足使用要求。

3）承担建筑装饰装修工程设计的单位应对建筑物进行了解和实地勘察，设计深度应满足施工要求。由施工单位完成的深化设计应经建筑装饰装修设计单位确认。

4）既有建筑装饰装修工程设计涉及主体和承重结构变动时，必须在施工前委托原结构设计单位或具有相应资质条件的设计单位提出设计方案，或由检测鉴定单位对建筑结构的安全性进行鉴定。

随着我国经济的快速发展和人民生活水平的提高，建筑装饰装修行业已经成为一个重要的新兴行业。建筑装饰装修行业为公众营造出了美丽、舒适的居住和活动空间，建筑装饰装修活动本身也不会导致建筑物的安全度降低。但是，在工程实施中，装饰装修活动存在不少不规范甚至危及使用功能和结构安全的做法。例如，为了扩大使用面积随意拆改承重墙等。一些不规范的施工会严重影响建筑物的主要使用功能如防水、采暖、通风、供电、供水、供燃气等。

其中第 4）项是针对既有建筑进行装饰装修工程设计时的要求，是强制性规定。

5）建筑装饰装修工程的防火、防雷和抗震设计应符合现行国家标准的规定。

6）当墙体或吊顶内的管线可能产生冰冻或结露时，应进行防冻或防结露设计。

5.1.2 建筑装饰装修材料

（1）材料的品种、规格和质量

建筑装饰装修工程所用材料的品种、规格和质量应符合设计要求和国家现行标准的规定。不得使用国家明令淘汰的材料。

（2）材料的防火性能

建筑装饰装修工程所用材料的燃烧性能应符合现行国家标准《建筑内部装修设计防火规范》GB 50222—2017、《建筑设计防火规范》GB 50016—2014 的规定。

（3）材料有害物质限量要求

建筑装饰装修工程所用材料应符合国家有关建筑装饰装修材料有害物质限量标准的规定。

建筑装饰装修工程所用材料有害物质超标会严重威胁室内环境质量，如游离甲醛和苯是强烈的致癌物质，因此装饰装修材料有害物质浓度等指标应符合《民用建筑工程室内环境污染控制规范》GB 50352—2002 的规定（表 5-1）。

民用建筑工程室内环境污染物浓度限量 表 5-1

项次	污染物	I 类民用建筑工程	II 类民用建筑工程
1	氡（B/m³）	≤200	≤400
2	游离甲醛（mg/m³）	≤0.08	≤0.12
3	苯（mg/m³）	≤0.09	≤0.09
4	氨（mg/m³）	≤0.2	≤0.5
5	TVOC（mg/m³）	≤0.5	≤0.6

注：1. 表中污染物浓度限量，除氡外均应以同步测定的室外空气相应值为空白值。

2. TVOC 为总挥发性有机化合物。

3. 室内环境污染物的浓度测定符合相关规定，可判定该工程室内环境质量合格。

（4）进场检验

建筑装饰装修工程采用的材料、构配件应按进场批次进行检验。属于同一工程项目且同期施工的多个单位工程，对同一厂家生产的同批材料、构配件、器具及半成品，可统一划分检验批对品种、规格、外观和尺寸等进行验收，包装应完好，并应有产品合格证书、中文说明书及性能检验报告，进口产品应按规定进行商品检验。

（5）材料复验

1）同一厂家生产的同一品种、同一类型的进场材料应至少抽取一组样品进行复验，当合同另有更高要求时应按合同执行。抽样样本应随机抽取，满足分布均匀、具有代表性的要求，获得认证的产品或来源稳定且连续三批均一次检验合格的产品，进场验收时检验批的容量可扩大一倍，且仅可扩大一次。扩大检验批后的检验中，出现不合格情况时，应按扩大前的检验批容量重新验收，且该产品不得再次扩大检验批容量。

对进场材料进行复验，是为保证建筑装饰装修工程质量采取的一种确认方式。在目前建筑材料市场假冒伪劣现象较多的情况下，进行复验有助于避免不合格材料用于装饰装修工程，也有助于解决提供样品与供货质量不一致的问题。在确定需要复验的材料及项目时，考虑了三个因素：①保证安全和主要使用功能；②尽量减少复验发生的费用；③尽量选择检测周期较短的项目。关于抽样数量的规定是最低要求，为了达到控制质量的目的，在抽取样品时应首先选取有疑问的样品，也可以由双方商定增加抽样数量。

2）当国家规定或合同约定应对材料进行见证检验时，或对材料质量发生争议时，应进行见证检验。

（6）材料运输和储存

建筑装饰装修工程所使用的材料在运输、储存和施工过程中，应采取有效措施防止损坏、变质和污染环境。

（7）材料加工处理要求

建筑装饰装修工程所使用的材料应按设计要求进行防火、防腐和防虫处理。

建筑装饰装修工程采用大量的木质材料，包括木材和各种各样的人造木板，这些材料不经防火处理往往达不到防火要求。与建筑装饰装修工程有关的防火规范主要是《建筑内部装修设计防火规范》GB 50222—2017 和《建筑设计防火规范》GB 50016—2014。设计人员按上述规范给出所用材料的燃烧性能及处理方法后，施工单位应严格按设计选材和处理，不得调换材料或减少处理步骤。

5.1.3 施工的规定

《建筑装饰装修工程质量验收标准》GB 50210—2018 对建筑装饰装修施工的基本规定。

（1）施工方案编制要求

施工单位应编制施工组织设计并应经过审查批准。施工单位应按有关的施工工艺标准或经审定的施工技术方案施工，并应对施工全过程实行质量控制。

（2）施工人员资格

承担建筑装饰装修工程施工的人员上岗前应进行培训。

（3）施工禁止行为

建筑装饰装修工程施工中。不得违反设计文件擅自改动建筑主体、承重结构或主要使用功能；未经设计确认和有关部门批准，不得擅自拆改主体结构和水、暖、电、燃气、通信等配套设施。

建筑装饰装修工程本身，即使出现质量缺陷，一般也不会造成建筑结构安全度的降低或破坏建筑物主要的使用功能。但是，如果在建筑装饰装修活动中，随意拆改承重墙，拆改供水、供电、采暖、通风等配套设施，就会影响到安全和主要使用功能。

（4）环境保护

施工单位应采取有效措施控制施工现场的各种粉尘、废气、废弃物、噪声、振动等对周围环境造成的污染和危害。

（5）安全防护

施工单位应建立有关施工安全、劳动保护、防火和防毒等管理制度，并应配备必要的设备、器具和标识。

（6）施工程序

建筑装饰装修工程应在基体或基层的质量验收合格后施工，对既有建筑进行装饰装修前，应对基层进行处理。

基体或基层的质量是影响建筑装饰装修工程质量的一项重要因素。如基层有油污可能导致抹灰工程和涂饰工程脱层、起皮等质量问题；基体或基层强度不够可能导致饰面层脱落，甚至造成坠落伤人的严重事故。

（7）样板间施工

建筑装饰装修工程施工前应有主要材料的样板或做样板间（件），并应经有关各方确认。

一般来说，建筑装饰装修工程的装饰装修效果很难用语言准确、完整地表述出来；工程实践中，一些施工质量问题也需要有更直观的评判依据。因此，在施工前，通常应根据工程情况确定制作样板间、样板件或封存材料样板。样板间适用于宾馆房、住宅、写字楼办公室等工程；样板件适用于外墙饰面或室内公共活动场所；主要材料样板是指建筑装饰装修工程中采用的壁纸、涂料、石材等涉及颜色、光泽、图案花纹等评判指标的材料。不管采用哪种方式，都应由建设方、施工方、供货方等有关各方确认。

（8）保温材料质量

墙面采用保温隔热材料的建筑装饰装修工程，所用保温隔热材料的类型、品种、规格及施工工艺应符合设计要求。

（9）管道、设备安装

1）管道、设备安装及调试应在建筑装饰装修工程施工前完成，当必须同步进行时，应在饰面层施工前完成。装饰装修工程不得影响管道、设备等的使用和维修。涉及燃气管道和电气工程的建筑装饰装修工程施工应符合有关安全管理的规定。

2）建筑装饰装修工程的电气安装应符合设计要求。不得直接埋设电线。

对于隐藏在楼地面、墙面和吊顶内的管道和设备，其安装完成后的调试应在隐蔽前完成。如楼地面以下的给水管、吊顶内的空调冷媒管、消防喷淋管等压力测试应在铺设地砖、安装吊顶板之前完成。

（10）施工环境温度

室内外装饰装修工程施工的环境条件应满足施工工艺的要求。

（11）成品保护

建筑装饰装修工程施工过程中应做好半成品、成品的保护，防止污染和损坏。

建筑装饰装修工程验收前应将施工现场清理干净。

5.2 抹 灰 工 程

抹灰工程是建筑装饰装修分部工程的一个子分部工程，包括一般抹灰、保温层薄抹灰、装饰抹灰、清水砌体勾缝等四个分项工程。

1. 一般规定

一般规定是针对抹灰子分部工程中各分项工程提出的质量要求。

（1）适用范围

本节适用于一般抹灰、保温层薄抹灰、装饰抹灰和清水砌体勾缝等分项工程的质量验收。

（2）质量验收文件和记录

抹灰工程验收时应检查下列文件和记录：

1）抹灰工程的施工图、设计说明及其他设计文件。

2）材料的产品合格证书、性能检测报告、进场验收记录和复验报告。

3）隐蔽工程验收记录。

4）施工记录。

验收时通过对相关技术文件和记录的检查，可以客观地反映出施工单位是否按图施工，是否符合设计要求、材料的品质是否合格以及在施工过程中，是否采取了质量控制措施。

（3）材料质量复验项目

1）砂浆的拉伸粘结强度。

2) 聚合物砂浆的保水率。

（4）隐蔽工程验收项目

抹灰工程应对下列隐蔽工程项目进行验收：

1) 抹灰总厚度大于或等于 35mm 时的加固措施。

2) 不同材料基体交接处的加固措施。

工程实践中不同材料基体交接处加强的方法很多，采用加钢丝网、玻璃纤维布的加强措施能有效控制收缩裂缝，两种方法中加钢丝网的效果更好。当装饰隔墙采用轻钢龙骨结合硅钙板的工艺做法时，装饰隔墙与原结构混凝土墙或二次结构墙的交接处出现裂缝通病仍较为突出。出现此类现象的原因主要有，首先不同材料的线膨胀系数不一样，其次不同材料交接处，特别是阴阳角部位，既是受力不利之处也是变形更为频繁之处，因此必要时可增大钢丝网搭接的宽度。另外，抹灰层的粘结性与基层工艺也息息相关，应增加对基层拉毛甩浆的隐蔽验收。

（5）检验批容量

各分项工程的检验批应按下列规定划分：

1) 相同材料、工艺和施工条件的室外抹灰工程每 1000m² 应划分为一个检验批，不足 1000m² 也应划分为一个检验批。

2) 相同材料、工艺和施工条件的室内抹灰工程每 50 个自然间应划分为一个检验批，不足 50 间也应划分为一个检验批，大面积房间和走廊按抹灰面积 30m² 为一间。

根据《建筑工程施工质量验收统一标准》GB 50300—2013 关于检验批划分的规定及依据装饰装修工程的特点。室内抹灰可以按自然间划分检验批，但室外抹灰一般是上下层连续作业，两层之间是完整的装饰面，没有层与层之间的界限，如果按楼层划分检验批不便于检查。另一方面各建筑物的体量和层高不一致，即使是同一建筑其层高也不完全一致，按楼层划分检验批量的概念难确定。因此，规定室外按相同材料、工艺和施工条件每 1000m² 划分为一个检验批。

（6）检验批检查数量

检查数量应符合下列规定：

1) 室内每个检验批应至少抽查 10%，并不得少于 3 间；不足 3 间时应全数检查。

2) 室外每个检验批每 100m² 应至少抽查一处，每处不得小于 10m²。

（7）抹灰施工的前道施工工序项目

外墙抹灰工程施工前应先安装钢木门窗框、护栏等，并应将墙上的施工孔洞堵塞密实，并对基层进行处理。

（8）石灰膏熟化期

抹灰用的石灰膏的熟化期不应少于 15d；罩面用的磨细石灰粉的熟化期不应少于 3d。

（9）暗护角做法

室内墙面、柱面和门洞口的阳角做法应符合设计要求。设计无要求时，应采用不低于 M20 水泥砂浆做护角，其高度不应低于 2m，每侧宽度不应小于 50mm。

（10）防水砂浆使用部位

当要求抹灰层具有防水、防潮功能时，应采用防水砂浆。

（11）抹灰层养护

各种砂浆抹灰层，在凝结前应防止快干、水冲、撞击、振动和受冻，在凝结后应采取措施防止玷污和损坏。水泥砂浆抹灰层应在湿润条件下养护。

墙面抹灰时根部如有明显积水时会造成烂根，因此，必须保证墙角根部无积水，早期养护时应及时将根部的积水扫除。如果抹灰层采用混合砂浆，则应自然养护，不要浇水养护。

(12) 抹灰层粘结质量

外墙和顶棚的抹灰层与基层之间及各抹灰层之间应粘结牢固。

这里只针对外墙和顶棚抹灰，因为外墙和顶棚抹灰层脱落，极易造成安全事故，北京地区为解决混凝土顶棚基体表面抹灰层脱落的质量问题，要求各建筑施工单位，不得在混凝土顶棚基体表面抹灰，用腻子找平即可，执行此规定以来取得了良好的效果。这里虽没有对内墙抹灰做此要求，但也应粘结牢固，避免出现空鼓影响使用。

2. 一般抹灰分项工程

(1) 适用范围

本分项工程适用于水泥砂浆、水泥混合砂浆、聚合物水泥砂浆、粉刷石膏等抹灰的质量验收。一般抹灰工程分为普通抹灰和高级抹灰，当设计无要求时，按普通抹灰验收。

抹灰等级应由设计单位按照国家有关规定，根据技术、经济条件和装饰美观的需要来确定，并在施工图中注明。

(2) 一般抹灰分项工程检验批质量检验标准

一般抹灰分项工程检验批质量检验标准和检验方法见表 5-2。

一般抹灰分项工程检验批质量检验标准 表 5-2

项目类型	序号	验收项目	合格质量标准	检验方法	检查数量
主控项目	1	材料品种和性能	一般抹灰所用材料的品种和性能应符合设计要求	检查产品合格证书、进场验收记录、性能检验报告和复验报告	(1) 室内每个检验批应至少抽查 10%，并不得少于 3 间；不足 3 间时应全数检查；(2) 室外每个检验批每 $100m^2$ 应至少抽查一处，每处不得小于 $10m^2$
	2	基层表面质量	抹灰前基层表面的尘土、污垢、油渍等应清除干净，并应洒水润湿或进行界面处理	检查施工记录	
	3	施工操作要求、超厚处理以及不同基体的加强措施	抹灰工程应分层进行。当抹灰总厚度大于或等于 35mm 时，应采取加强措施。不同材料基体交接处表面的抹灰，应采取防止开裂的加强措施，当采用加强网时，加强网与各基体的搭接宽度应不小于 100mm	检查隐蔽工程验收记录和施工记录	
	4	粘结质量及面层质量	抹灰层与基层之间及各抹灰层之间应粘结牢固，抹灰层应无脱层、空鼓，面层应无爆灰和裂缝	观察；用小锤轻击检查；检查施工记录	

项目类型	序号	验收项目	合格质量标准	检验方法	检查数量
一般项目	1	表面质量	一般抹灰工程的表面质量应符合下列规定： （1）普通抹灰表面应光滑、洁净、接槎平整，分格缝应清晰； （2）高级抹灰表面应光滑、洁净、颜色均匀、无抹纹，分格缝和灰线应清晰美观	观察；手摸检查	（1）室内每个检验批应至少抽查10%，并不得少于3间；不足3间时应全数检查； （2）室外每个检验批每100m²应至少抽查一处，每处不得小于10m²
	2	细部质量	护角、孔洞、槽、盒周围的抹灰表面应整齐、光滑；管道后面的抹灰表面应平整	观察	
	3	层总厚度及层间材料禁忌要求	抹灰层的总厚度应符合设计要求；水泥砂浆不得抹在石灰砂浆层上；单面石膏灰不得抹在水泥砂浆层上	检查施工记录	
	4	分格缝	抹灰分格缝的设置应符合设计要求，宽度和深度应均匀，表面应光滑，棱角应整齐	观察；尺量检查	
	5	滴水线（槽）	有排水要求的部位应做滴水线（槽）。滴水线（槽）应整齐顺直，滴水线应内高外低，滴水槽的宽度和深度应满足设计要求，且均不应小于10mm	观察；尺量检查	
	6	允许偏差	一般抹灰工程质量的允许偏差和检验方法应符合表5-3的规定	见表5-3	

（3）关于一般抹灰分项工程检验批质量检验的说明

1）主控项目第1项

材料质量是保证抹灰工程质量的基础，因此，抹灰工程所用材料如水泥、砂、石灰膏、聚合物等应符合设计要求及国家现行产品标准的规定，并应有出厂合格证；材料进场时应进行现场验收，不合格的材料不得用在抹灰工程上。对影响抹灰工程质量与安全的主要材料的一些性能，如水泥的凝结时间和安定性，进场时应抽样复验，复验合格后方可使用。

2）主控项目第4项

抹灰工程的质量关键是粘结牢固，无开裂、空鼓与脱落。如果粘结不牢，则会出现空鼓、开裂、脱落等缺陷，进而降低对墙体保护作用，且影响装饰效果，严重时会导致安全事故。抹灰层出现开裂、空鼓和脱落等质量问题的主要原因是基体表面清理不干净，如：基体表面尘埃及疏松物、脱模剂和油渍等影响抹灰粘结牢固的物质未彻底清除干净；基体表面光滑，抹灰前未作拉毛处理；抹灰前基体表面浇水不透，抹灰后砂浆中的水分很快被基体吸收，使砂浆中的水泥未充分水化生成水泥石，影响砂浆粘结力；砂浆质量不好、使用不当、一次抹灰过厚、干缩率较大等，都会影响抹灰层与基体的粘结牢固。

3）一般项目第6项

允许偏差见表5-3。

序号	项 目	允许偏差（mm）		检验方法
		普通抹灰	高级抹灰	
1	立面垂直度	4	3	用 2m 垂直检测尺检查
2	表面平整度	4	3	用 2m 靠尺和塞尺检查
3	阴阳角方正	4	3	用 200mm 直角检测尺检查
4	分格条（缝）直线度	4	3	拉 5m 线，不足 5m 拉通线，用钢直尺检查
5	墙裙、勒脚上口直线度	4	3	拉 5m 线，不足 5m 拉通线，用钢直尺检查

注：1. 普通抹灰，第 3 项阴角方正可不检查；

2. 顶棚抹灰，第 2 项表面平整度可不检查。但应平顺。

【例 5-1】假设案例项目 1 号教学楼采用框架结构，室内采用 1∶0.5∶2.5 的水泥混合砂浆、室外采用水泥砂浆，室内 1～3 层共有 25 个自然间（含走廊等公共空间折算的自然间数），室内抹灰的检验批容量按房间的自然间总数确定，验收规范规定一个室内抹灰的检验批容量不超过 50 间，不足 50 间可以作为一个检验批。注意：外墙抹灰的验收与内墙抹灰类似，不同之处首先是检验批的容量。外墙抹灰检验批容量以外墙抹灰面积确定，一个检验批的容量不超过 1000m²。室内抹灰工程验收时按自然间总数的 10% 抽检，工程实践中具体按设计图纸填写。室内一般抹灰检验批质量验收记录见表 5-4。

一般抹灰检验批质量验收记录 表 5-4

GB 50210—2001 桂建质 030201⓪⓪① （一）

单位（子单位）工程名称		1 号教学楼	分部（子分部）工程名称	建筑装饰装修（抹灰）	分项工程名称		一般抹灰
施工单位		××建筑工程有限公司	项目负责人	张××	检验批容量		25 间
分包单位			分包单位项目负责人		检验批部位		1～3 层
施工依据		《抹灰砂浆技术规程》JGJ/T 220—2010		验收依据		《建筑装饰装修工程质量验收规范》GB 50210—2001	

		验收项目	设计要求及规范规定		最小/实际抽样数量	检查记录	检查结果
主控项目	1	基层清理	清除表面的尘土、污垢、油渍等，并洒水润湿	检查施工记录	3/3	抽查 3 处，全部合格	合格
	2	材料品种和性能	水泥	凝结时间	复验合格	检查产品合格证书、进场验收记录、复验报告和施工记录	/	试验合格，报告编号 021	合格
				安定性				合格
			砂浆配合比	设计要求 1∶0.5∶2.5		/	试验合格，报告编号 022	合格
			所有材料	品种和性能符合设计要求		/	质量证明文件齐全，检查合格	合格
	3	操作要求	符合相关规定	检查隐蔽工程验收记录和施工记录	/	检查合格，详见隐蔽验收记录	合格
	4	各层粘结和面层质量	抹灰层与基层、各抹灰层间粘结牢固，抹灰层无脱层、空鼓，面层无爆灰和裂缝	观察；用小锤轻击检查；检查施工记录	3/3	抽查 3 处，全部合格	合格

续表

		验收项目	设计要求及规范规定				最小/实际抽样数量	检查记录	检查结果
一般项目	1	表面质量	表面光滑、洁净、接槎平整，分格缝清晰；高级抹灰还应颜色均匀、无抹纹，分格缝和灰线清晰美观			观察；手摸检查	3/3	抽查3处，全部合格	合格
	2	细部质量	护角、孔洞、槽、盒周围的抹灰表面整齐、光滑；管道后面的抹灰表面平整			观察	3/3	抽查3处，全部合格	合格
	3	层间材料要求	水泥砂浆不得抹在石灰砂浆层上；罩面石膏灰不得抹在水泥砂浆层上			检查施工记录	/	检查合格，详见施工记录	合格
	4	抹灰层总厚度	设计要求	20mm		终凝前用钢针插入尺量检查	3/3	抽查3处，全部合格	合格
	5	抹灰分格缝设置	符合设计要求，宽度和深度均匀，表面光滑，棱角整齐			观察；尺量检查	/		
	6	滴水线（槽）	整齐顺直，滴水线内高外低，滴水槽的宽度和深度均≥10mm，在有排水要求的部位均应设置				/		
	7			普通抹灰	高级抹灰				
		立面垂直度	允许偏差（mm）	4	3	用2m靠尺和塞尺检查塞尺检查	3/3	抽查3处，全部合格	合格
		表面平整度		4	3		3/3	抽查3处，全部合格	合格
		阴阳角方正		4	3	用直角检测尺检查	3/3	抽查3处，全部合格	合格
		分格条（缝）直线度		4	3	拉5m线，不足5m拉通线，尺量检查	/		
		墙裙、勒脚上口直线度		4	3		/		
施工单位检查结果			主控项目全部符合要求，一般项目满足规范要求，本检验批符合要求。 专业工长：王×× 项目专业质量检查员：张×× 2019年1月20日						
监理（建设）单位验收结论			主控项目全部合格，一般项目满足规范要求，本检验批合格。 专业监理工程师： （建设单位项目专业技术负责人）：李×× 2019年1月20日						

验收时应注意：①一般项目第5项"分格缝"和一般项目第6项"滴水线"在外墙设置，内墙一般没有此做法，因此内墙抹灰不验收此项，如果是外墙抹灰则需要验收此项；②验收一般项目第7项时，抹灰等级分为"普通抹灰"和"高级抹灰"，验收时先根据设计图纸选择其中一项，设计没有要求，则室内抹灰按普通抹灰要求验收；另外，一般项目第7项中的"分格缝直线度"和"墙裙、勒脚上口直线度"也是外墙的抹灰施工项目，内墙一般没有，因此也不验收。

3. 保温层薄抹灰工程检验批质量检验标准和检验方法

保温层抹灰分项工程检验批质量检验标准和检验方法见表5-5。

保温层抹灰分项工程检验批质量检验标准和检验方法　　　　表5-5

项目类型	序号	验收项目	合格质量标准	检验方法	检查数量
主控项目	1	材料品种和性能	保温层薄抹灰所用材料的品种和性能应符合设计要求及国家现行标准的有关规定	检查产品合格证书、进场验收记录、性能检验报告和复验报告	（1）室内每个检验批应至少抽查10%，并不得少于3间；不足3间时应全数检查； （2）室外每个检验批每100m²应至少抽查一处，每处不得小于10m²
	2	基层质量和含水率	基层质量应符合设计和施工方案的要求。基层表面的尘土、污垢和油渍等应清除干净。基层含水率应满足施工工艺的要求	检查施工记录	
	3	保温层薄抹灰及其加强处理	保温层薄抹灰及其加强处理应符合设计要求和国家现行标准的有关规定	检查隐蔽工程验收记录和施工记录	
	4	粘结质量及面层质量	抹灰层与基层之间及各抹灰层之间应粘结牢固，抹灰层应无脱层和空鼓，面层应无爆灰和裂缝	观察；用小锤轻击检查；检查施工记录	
一般项目	1	表面质量	保温层薄抹灰表面应光滑、洁净、颜色均匀、无抹纹，分格缝和灰线应清晰美观	观察；手摸检查	
	2	细部质量	护角、孔洞、槽、盒周围的抹灰表面应整齐、光滑；管道后面的抹灰表面应平整	观察	
	3	保温层薄抹灰层的总厚度	保温层薄抹灰层的总厚度应符合设计要求	检查施工记录	
	4	分格缝设置	保温层薄抹灰分格缝的设置应符合设计要求，宽度和深度应均匀，表面应光滑，棱角应整齐	观察；尺量检查	
	5	滴水线（槽）	有排水要求的部位应做滴水线（槽）。滴水线（槽）应整齐顺直，滴水线应内高外低，滴水槽宽度和深度均不应小10mm	观察；尺量检查	
	6	允许偏差	保温层薄抹灰工程质量的允许偏差和检验方法应符合表5-6的规定	见表5-6	

保温层薄抹灰的允许午偏差和检验方法见表5-6。

保温层薄抹灰的允许偏差和检验方法 表 5-6

序号	项　目	允许偏差（mm）	检验方法
1	立面垂直度	3	用 2m 垂直检测尺检查
2	表面平整度	3	用 2m 靠尺和塞尺检查
3	阴阳角方正	3	用 200mm 直角检测尺检查
4	分格条（缝）直线度	3	拉 5m 线，不足 5m 拉通线，用钢直尺检查

5.3　门窗子分部工程

门窗工程是一个子分部工程，一般包括木门窗安装工程、金属门窗安装工程、塑料门窗安装工程、特种门安装工程、门窗玻璃安装工程等 5 个分项工程的质量验收。因为木门窗安装工程、金属门窗安装工程、塑料门窗安装工程、特种门安装工程的验收类似，因此本节主要介绍门窗工程的一般规定、金属门窗安装、门窗玻璃安装等内容。

1. 门窗工程一般规定

（1）适用范围

本节适用于木门窗安装、金属门窗安装、塑料门窗安装、特种门安装、门窗玻璃安装等分项工程的质量验收。

（2）门窗工程的文件和记录

门窗工程验收时应检查下列文件和记录：

1）门窗工程的施工图、设计说明及其他设计文件。

2）材料的产品合格证书、性能检测报告、进场验收记录和复验报告。

3）特种门及其配件的生产许可文件。

4）隐蔽工程验收记录。

5）施工记录。

（3）门窗工程材料及性能复验

门窗工程应对下列材料及其性能指标进行复验：

1）人造木板的甲醛含量。

2）建筑外窗气密性能、水密性能和抗风压性能。

（4）隐蔽工程验收

门窗工程应对下列隐蔽工程项目进行验收：

1）预埋件和锚固件；

2）隐蔽部位的防腐和填嵌处理；

3）高层金属窗防雷连接节点。

隐蔽工程项目的验收，主要是为了保证门窗安装牢固。

（5）检验批容量

各分项工程的检验批应按下列规定划分：

1) 同一品种、类型和规格的木门窗、金属门窗、塑料门窗及门窗玻璃每100樘应划分为一个检验批,不足100樘也应划分为一个检验批;

2) 同一品种、类型和规格的特种门每50樘应划分为一个检验批,不足50樘也应划分为一个检验批。

即进场门窗应按品种、类型、规格各自组成检验批,并规定了各种门窗组成检验批的不同数量。所谓门窗品种,通常是指门窗的制作材料,如实木门窗、铝合金门窗、塑料门窗等;门窗类型指门窗的功能或开启方式,如平开窗、立转窗、自动门、推拉门等;门窗规格指门窗的尺寸。

(6) 检查数量

检查数量应符合下列规定:

1) 木门窗、金属门窗、塑料门窗及门窗玻璃,每个检验批应至少抽查5%,并不得少于3樘,不足3樘时应全数检查;高层建筑的外窗每个检验批应至少抽查10%,并不得少于6樘,不足6樘时应全数检查。

2) 特种门每个检验批应至少抽查50%,并不得少于10樘,不足10樘时应全数检查。

考虑到对高层建筑(10层及10层以上的居住建筑和建筑高度超过24m的公共建筑)的外窗各项性能要求更加严格,因此每个检验批的检查数量比低层或多层建筑的外窗增加一倍。此外,由于特种门的重要性明显高于普通门,数量也比普通门少,为保证特种门的功能,规定每个检验批抽样检查的数量也比普通门加大。

特种门一般指防火门、防盗门、自动门、全玻璃门、金属卷帘门等。

(7) 安装前检查项目

门窗安装前,应对门窗洞口尺寸及相邻洞口的位置偏差进行检验。同一类型和规格外门窗洞口垂直、水平方向的位置应对齐,位置允许偏差应符合下列规定:

1) 垂直方向的相邻洞口位置允许偏差应为10mm;全楼高度小于30m的垂直方向洞口位置允许偏差应为15mm,全楼高度不小于30m的垂直方向洞口位置允许偏差应为20mm;

2) 水平方向的相邻洞口位置允许偏差应为10mm;全楼长度小于30m的水平方向洞口位置允许偏差应为15mm,全楼长度不小于30m的水平方向洞口位置允许偏差应为20mm。

安装门窗前应对门窗洞口尺寸进行检查,除检查单个门窗洞口尺寸外,还应对能够通视的成排或成列的门窗洞口进行目测或拉通线检查。如果发现明显偏差,采取处理措施后再安装门窗。对门窗洞口尺寸的检查,主要是为了排除洞口预留尺寸不准,处理好余量预留大小不准。

(8) 施工方法

金属门窗和塑料门窗安装应采用预留洞口的方法施工。

安装金属门窗和塑料门窗,我国标准历来规定应采用预留洞口的方法施工,不得采用边安装边砌口或先安装后砌口的方法施工,其原因主要是防止门窗框受挤压变形和表面保护层受损。木门窗安装也宜采用预留洞口的方法施工。如果采用先安装后砌口的方法施工时,则应注意避免门窗框在施工中受损、受挤压变形或受到污染。

（9）木砖防腐

木门窗与砖石砌体、混凝土或抹灰层接触处应进行防腐处理并应设置防潮层；埋入砌体或混凝土中的木砖应进行防腐处理。

（10）拼樘料质量

当金属窗或塑料窗组合时，其拼樘料的尺寸、规格、壁厚应符合设计要求。

组合窗拼樘料不仅起连接作用，而且是组合窗的重要受力部件，其规格、尺寸、壁厚等应由设计给出，应确保拼樘料材料的质量，保证组合窗能够承受所在地区的瞬时风压值。

（11）安装质量

1）建筑外门窗的安装必须牢固。在砌体上安装门窗严禁用射钉固定。

门窗安装是否牢固既影响使用功能又影响安全，其重要性尤其以外墙门窗更为显著。因此验收规范将其列为强制性条文。内墙门窗安装也必须牢固。考虑到砌体中砖、砌块以及灰缝的强度较低，而射钉的冲击力较大，容易击碎砌块或砌体。

2）推拉门窗必须牢固，必须安装防脱落装置。

3）特种门安装除应符合设计要求外，还应符合国家现行标准的有关规定。

2. 金属门窗安装分项工程

（1）适用范围

金属门窗安装工程一般指钢门窗、铝合金门窗，涂色镀锌钢板门窗等门窗安装工程。

（2）金属门窗安装分项工程检验批质量检验标准

金属门窗安装分项工程检验批质量检验标准和检验方法见表5-7。

金属门窗安装分项工程检验批质量检验标准　　　　　表5-7

项目类型	序号	验收项目	合格质量标准	检验方法	检查数量
主控项目	1	门窗质量	金属门窗的品种、类型、规格、尺寸、性能、开启方向、安装位置、连接方式及门窗的型材壁厚应符合设计要求及国家标准的规定。金属门窗的防雷、防腐处理及填嵌、密封处理应符合设计要求	观察；尺量检查；检查产品合格证书、性能检测报告、进场验收记录和复验报告；检查隐蔽工程验收记录	每个检验批应至少抽查5%，并不得少于3樘；不足3樘时应全数检查；高层建筑的外窗，每个检验批应至少抽查10%，并不得少于6樘，不足6樘时应全数检查
	2	框和副框安装及预埋件	金属门窗框和副框的安装必须牢固。预埋件及锚固件的数量、位置、埋设方式、与框的连接方式必须符合设计要求	手扳检查；检查隐蔽工程验收记录	
	3	门窗扇安装	金属门窗扇必须安装牢固，开关灵活、关闭严密，无倒翘。推拉门窗扇应安装防止扇脱落的装置	观察；开启和关闭检查；手扳检查	
	4	配件质量及安装	金属门窗配件的型号、规格、数量应符合设计要求，安装应牢固，位置应正确，功能应满足使用要求	观察；开启和关闭检查；手扳检查	

255

项目类型	序号	验收项目	合格质量标准	检验方法	检查数量
一般项目	1	表面质量	金属门窗表面应洁净、平整、光滑、色泽一致，应无锈蚀、擦伤、划痕和碰伤。漆膜或保护层应连续，型材表面处理应符合设计要求及国家现行标准的有关规定	观察	每个检验批应至少抽查 5%，并不得少于 3 樘，不足 3 樘时应全数检查；高层建筑的外窗，每个检验批应至少抽查 10%，并不得少于 6 樘，不足 6 樘时应全数检查
	2	推拉窗开关力	金属门窗推拉门窗扇开关力不应大于 50N	用测力计检查	
	3	框与墙体间缝隙	金属门窗框与墙体之间的缝隙应填嵌饱满，并采用密封胶密封。密封胶表面应光滑、顺直，无裂纹	观察；轻敲门窗框检查；检查隐蔽工程验收记录	
	4	扇密封胶条或毛毡密封条	金属门窗扇的密封胶条或密封毛条装配应平整、完好，不得脱槽、交角处应平顺	观察；开启和关闭检查	
	5	排水孔	排水孔应畅通，位置和数量应符合设计要求	观察	
	6	留缝限值和允许偏差	钢门窗安装的留缝限值、允许偏差和检验方法应符合表 5-8 的规定	见表 5-8	
			铝合金门窗安装的允许偏差和检验方法应符合表 5-9 的规定	见表 5-9	
			涂色镀锌钢板门窗安装的允许偏差和检验方法应符合表 5-10 的规定	见表 5-10	

（3）关于金属门窗安装分项工程检验批质量检验的说明

1）主控项目第 1 项

钢门窗和铝合金门窗及附件应有出厂合格证和需方在产品出厂前对产品抽查的验收凭证，以防止产品进场后质量验收时存在问题。性能检测报告系指生产厂提供的材料性能检测报告，用于外墙的金属窗应有抗风压性能、空气渗透性能和雨水渗漏性能的检测报告。用料的规格、立面要求、几何尺寸以及所用附件的材质、品种、形式、质量要求等应符合设计图纸和《钢窗检验规则》以及《铝合金检验规则》的规定。有的需方在货到后仅过数验收，对门窗的质量未在出厂前认真验收，进场也未验收检查造成一些门窗质量不合格。另外，铝合金型材的壁厚经常达不到设计要求，由于铝合金型材的购销常以重量计算，所以施工单位往往会偷工减料，使用较薄的型材。

2）主控项目第 2 项

钢门窗是通过连接在外框上的燕尾铁脚与墙体等进行固定的，大面积的组合钢窗则是通过纵、横拼管与墙体等相互连接后，再将钢窗外框逐樘固定在拼管上，安装好的钢门窗在框与墙体填塞前必须检查预埋件的数量、位置、预埋深度、连接点的数量、电焊的质量等是否符合要求，并做好隐蔽记录。如有缺陷应及时处理，符合要求后及时做好框与墙体之间缝隙的填塞处理。

　　铝合金门窗是通过连接在外框上的铁件与墙体等进行固定的，在框与墙体填塞前必须检查预埋件的数量、位置、埋设方式与框的连接方式等是否符合要求，并做好隐蔽记录。在砌体上安装门、窗时严禁用射钉固定。如有缺陷应及时处理，符合要求后及时做好框与墙体之间缝隙的填塞处理。

　　3）主控项目第3项

　　推拉门窗扇万一脱落极易造成人身安全事故，对高层建筑来说危险性更大，故规范规定金属门窗和塑料门窗的推拉门窗扇必须有防脱落措施。铝合金门窗的防脱落措施一般是在内框上边加装防止卸掉的装置。

　　4）主控项目第4项

　　钢门窗的配件包括铰链、执手、支撑、门锁、地弹簧、闭门器、密封条、石棉条等；铝合金门窗的配件包括执手、支撑、门锁、地弹簧、闭门器、密封条等。配件质量应符合设计要求，并应装配齐全，包括连接螺栓均不得遗漏。螺母应拧紧，不得松动，如需现场焊接的，其焊接质量应符合要求。钢门窗的配件安装，必须在墙面、平顶粉刷完毕后并在玻璃安装前进行，且在钢门窗校正完成达到关闭严密、开启灵活、无倒翘后方可安装配件，以防止配件安装后再行校正。

　　5）一般项目第3项

　　施工时，墙体洞口尺寸的大小应按设计要求留设，框边与洞壁结构的间隙应保持适当，一般不小于2cm。

　　对钢门窗来说，除用燕尾钢脚与墙体连接外，还要对框与墙体间的缝隙填嵌密实，以增加其稳固和防止门窗边渗水，框与墙体间缝隙的填嵌材料，应符合设计要求，若设计无规定时，可用1∶2水泥砂浆填嵌密实。不允许采用石灰砂浆或混合砂浆嵌缝。

　　对于铝合金门窗，装入洞口应横平竖直，门窗外框与墙体的缝隙填塞，应按设计要求处理。若设计无要求时，应采用闭孔弹性材料填塞，缝隙外表留5～8mm深的槽口，填嵌密封材料。在铝合金门框与墙体间的缝隙也可以采用水泥砂浆填塞。

　　6）一般项目第6项

　　金属门窗安装的留缝限值、允许偏差和检验方法应符合表5-8～表5-10的规定。

钢门窗安装的留缝限值、允许偏差和检验方法　　　　　　　　　　　　表5-8

序号	项 目		留缝限值（mm）	允许偏差	检验方法
1	门窗槽口宽度、高度	≤1500 mm	—	2	用钢卷尺检查
		>1500mm	—	3	
2	门窗槽对角线长度	≤2000mm	—	3	用钢卷尺检查
		>2000mm	—	4	
3	门窗框的正、侧面垂直度		—	3	用1m垂直检测尺检查
4	门窗横框的水平度		—	3	用1m水平尺和塞尺检查
5	门窗横框标高		—	5	用钢尺检查
6	门窗竖向偏离中心		—	4	用钢尺检查
7	双层门窗内外框间距		—	5	用钢尺检查

序号	项 目		留缝限值（mm）	允许偏差	检验方法
8	门窗框、扇配合间隙		≤2		用塞尺检查
9	平开门窗框扇搭接宽度	门	≥6		用钢直尺检查
		窗	≥4		用钢直尺检查
	推拉门窗框扇搭接宽度		≥6		用钢直尺检查
10	无下框时门扇与地面间留缝		4~8		用塞尺检查

铝合金门窗安装的留缝限值、允许偏差和检验方法　　　　表 5-9

序号	项 目		允许偏差	检验方法
1	门窗槽口 宽度、高度	≤2000 mm	2	用钢卷尺检查
		>2000mm	3	
2	门窗槽 对角线长度	≤2500mm	4	用钢卷尺检查
		>2500mm	5	
3	门窗框的正、侧面垂直度		2	用1m垂直检测尺检查
4	门窗横框的水平度		2	用1m水平尺和塞尺检查
5	门窗横框标高		5	用钢卷尺检查
6	门窗竖向偏离中心		5	用钢卷尺检查
7	双层门窗内外框间距		4	用钢卷尺检查
8	推拉门窗扇与框搭接宽度	门	2	用钢直尺检查
		窗	1	

涂色镀锌钢板门窗安装的允许偏差和检验方法　　　　表 5-10

序号	项 目		允许偏差	检验方法
1	门窗槽口宽度、高度	≤1500 mm	2	用钢卷尺检查
		>1500mm	3	
2	门窗槽对角线长度	≤2000mm	4	用钢卷尺检查
		>2000mm	5	
3	门窗框的正、侧面垂直度		3	用1m垂直检测尺检查
4	门窗横框的水平度		3	用1m水平尺和塞尺检查
5	门窗横框标高		5	用钢卷尺检查
6	门窗竖向偏离中心		5	用钢卷尺检查
7	双层门窗内外框间距		4	用钢卷尺检查
8	推拉门窗扇与框搭接量		2	用钢直尺检查

【例 5-2】假设案例项目 1 号教学楼采用铝合金推拉窗，单层，铝合金型材壁厚为 1.4mm，每一层 28 樘窗，铝合金窗的检验批容量按窗的樘数确定，验收规范规定每个检验批窗樘数不超过 100 樘。门窗安装工程检验批验收时按容量总数的 10% 抽检，工程实

践中具体按设计图纸填写。铝合金门窗安装检验批质量验收记录见表5-11。

验收时应注意：因1号教学楼采用单层铝合金窗，因此对一般项目6"双层门窗内外层框间距"不验收。

铝合金门窗安装检验批质量验收记录

表 5-11

GB 50210—2001　　　　　　　　　　　　　　　　　　桂建质 030402（Ⅱ）□0□0□1（一）

单位（子单位）工程名称	1号教学楼		分部（子分部）工程名称	建筑装饰装修（门窗）	分项工程名称	金属门窗安装
施工单位	××建筑工程有限公司		项目负责人	张××	检验批容量	84樘
分包单位			分包单位项目负责人		检验批部位	1~3层
施工依据	《铝合金门窗工程技术规范》JGJ 214—2010			验收依据	《建筑装饰装修工程质量验收规范》GB 50210—2001	

		检查项目	设计要求及规范规定		最小/实际抽样数量	检查记录	检查结果
主控项目	1	成品门窗检查	品种、类型、规格、尺寸、性能、开启方向、安装位置及连接方式符合设计要求	观察；尺量检查；检查产品合格证书、性能检测报告、进场验收记录和复验报告、隐蔽工程验收记录	/	质量证明文件齐全，通过进场验收	合格
			防腐处理及填嵌、密封处理符合设计要求		/	检查合格，详见隐蔽验收记录	合格
			设计型材壁厚　1.4mm		/	符合设计要求，详见进场验收	合格
	2	门窗框预埋件	安装牢固，预埋件数量、位置、埋设方式、与框的连接方式符合设计要求	观察；手扳检查；检查隐蔽工程验收记录	/	检查合格，详见隐蔽验收记录	合格
	3	门窗扇安装	牢固，开关灵活，关闭严密，无倒翘；推拉门窗扇必须有防脱落措施	观察、开启和关闭检查；手扳检查	9/9	抽查9处，全部合格	合格
	4	门窗配件	型号、规格、数量符合设计要求，安装牢固，位置正确，功能满足使用要求		9/9	抽查9处，全部合格	合格

		检查项目	设计要求及规范规定		最小/实际抽样数量	检查记录	检查结果
一般项目	1		表观质量	表面洁净、平整、光滑、色泽一致，无锈蚀；大面无划痕、碰伤；漆膜或保护层应连续	观察	9/9	抽查9处，全部合格	合格
	2		铝合金门窗推拉门窗扇开关力	≤100N	用弹簧秤检查	9/9	抽查9处，全部合格	合格
	3		门窗框与墙体间的缝隙嵌填	填嵌应饱满，并采用密封胶密封，密封胶表面光滑、顺直、无裂纹	观察；轻敲门窗框检查；检查隐蔽工程验收记录	/	检查合格，详见隐蔽验收记录	合格
	4		橡胶、毛毡密封条安装	安装完好，不脱槽	观察；开启和关闭检查	9/9	抽查9处，全部合格	合格
	5		排水孔	有排水孔的门窗，排水孔畅通，位置和数量符合设计要求	观察	9/9	抽查9处，全部合格	合格
	6	安装允许偏差	门窗槽口高度、宽度	高、宽≤1500mm时：1.5mm 高、宽>1500mm时：2mm	用钢尺检查	9/9	抽查9处，全部合格	合格
			门窗槽口对角线长度差	长度≤2000mm时：3mm 长度>2000mm时：4mm		9/9	抽查9处，全部合格	合格
			门窗框的正、侧面垂直度	2.5mm	用垂直检测尺检查	9/9	抽查9处，全部合格	合格
			门窗横框水平度	2mm	用1m水平尺和塞尺检查	9/9		
			门窗横框标高	5mm		9/9	抽查9处，全部合格	合格
			门窗竖向偏离中心	5mm		9/9		
			双层门窗内外框间距	4mm	用钢尺检查	/		
			推拉门窗扇与框搭接量	1.5mm		9/9	抽查9处，全部合格	合格
施工单位检查结果			主控项目全部符合要求，一般项目满足规范要求，本检验批符合要求。 专业工长：王×× 项目专业质量检查员：张×× 2019 年××月××日				
监理（建设）单位验收结论			主控项目全部合格，一般项目满足规范要求，本检验批合格。 专业监理工程师：李×× （建设单位项目专业技术负责人）： 2019 年××月××日				

3. 门窗玻璃安装分项工程

在门窗工程工程大量使用玻璃材料，主要在于玻璃材料具有良好的透光性，达到自然采光的目的。但玻璃的隔声性能差以及导热性良好，为给室内创造一个安静的环境和避免能量流失，近年来越来越多使用有节能和隔声效果的中空玻璃。

门窗玻璃品种主要有平板、吸热、反射、中空、夹层、夹丝、磨砂、钢化、压花等玻璃材料。

（1）门窗玻璃安装分项工程检验批质量检验标准

门窗玻璃安装分项工程检验批质量检验标准和检验方法见表5-12。

门窗玻璃安装分项工程检验批质量检验标准 表5-12

项目类型	序号	验收项目	合格质量标准	检验方法	检查数量
主控项目	1	玻璃质量	玻璃的层数、品种、规格、尺寸、色彩、图案和涂膜朝向应符合设计要求	观察；检查产品合格证书、性能检测报告和进场验收记录	每个检验批应至少抽查5%，并不得少于3樘；不足3樘时应全数检查；高层建筑的外窗，每个检验批应至少抽查10%，并不得少于6樘，不足6樘时应全数检查
	2	玻璃裁割与安装质量	门窗玻璃裁割尺寸应正确。安装后的玻璃应牢固，不得有裂纹、损伤和松动	观察；轻敲检查	
	3	安装方法、固定用钉子或钢丝卡的数量和规格	玻璃的安装方法应符合设计要求。固定玻璃的钉子或钢丝卡的数量、规格应保证玻璃安装牢固	观察；检查施工记录	
	4	木压条安装	镶钉木压条接触玻璃处应与裁口边缘平齐。木压条应互相紧密连接，并与裁口边缘紧贴，割角应整齐	观察	
	5	密封条和密封胶安装要求	密封条与玻璃、玻璃槽口的接触应紧密、平整。密封胶与玻璃、玻璃槽口的边缘应粘结牢固、接缝平齐		
	6	带密封条的玻璃压条安装质量	带密封条的玻璃压条，其密封条应与玻璃贴紧，压条与型材之间应无明显缝隙	观察；尺量检查	
一般项目	1	玻璃安装质量	玻璃表面应洁净，不得有腻子、密封胶和涂料等污渍。中空玻璃内外表面均应洁净，玻璃中空层内不得有灰尘和水蒸气，门窗玻璃不应直接接触型材	观察	
	2	腻子及密封胶填抹质量	腻子及密封胶应填抹饱满、粘结牢固；腻子及密封胶边缘与裁口应平齐。固定玻璃的卡子不应在腻子表面显露	观察	
	3	密封条安装质量	密封条不得卷边、脱槽、密封条接缝应粘结	观察	

(2) 关于门窗玻璃安装工程检验批质量检验的说明

1) 主控项目第 1 项

对玻璃质量进行检查时，不仅要对玻璃外观质量进行检查，还要检查合格证、性能检测报告。对镀膜玻璃安装位置及朝向的要求，主要是为保护镀膜玻璃上的镀膜层及发挥镀膜层的作用。单面镀膜玻璃的镀膜层应朝向室内；双层玻璃的单面镀膜玻璃应在最外层，镀膜层应朝向室内；磨砂玻璃朝向室内是为了防止磨砂层被污染并易于清洁。当门、窗玻璃大于 1.5m² 时，应使用安全玻璃，安全玻璃系指钢化玻璃、夹层玻璃和夹丝玻璃。

2) 一般项目第 1 项

竣工后的玻璃工程，表面应洁净，不得留有油灰、浆水、油漆等斑污。为防止门窗的框、扇型材胀缩、变形时导致玻璃破碎，门窗玻璃不应直接接触型材。

3) 一般项目第 2 项

安装玻璃前，应将裁口内污垢清理干净，沿裁口全长均匀涂抹底油灰，腻子应与玻璃挤紧、无缝隙。面腻子应刮成斜面，四角呈"八"字形，表面不得有流淌、裂缝和麻面。从斜面看不到裁口，从裁口面看不到灰边。

【例 5-3】假设案例项目 1 号教学楼采用铝合金推拉窗，单层，铝合金型材壁厚为 1.4mm，每一层 28 樘窗，铝合金窗玻璃采用普通平板白璃，铝合金窗玻璃的检验批容量按窗的樘数确定，验收规范规定每个检验批不超过 100 樘。门窗玻璃安装工程检验批验收时按容量总数的 10% 抽检，工程实践中具体按设计图纸填写。铝合金门窗玻璃安装检验批质量验收记录见表 5-13。

验收时应注意：① 主控项目第 4 条"木压条"主要用于木门窗，因此在案例项目不验收；② 主控项目第 6 条"带密封条的玻璃压条"主要用于塑料门窗，因此在案例项目不验收；③ 一般项目第 2 条"腻子"主要用于钢门窗，因此在案例项目不验收；④ 案例项目设计采用白玻，因此不验收一般项目第 3 条。

铝合金门窗玻璃安装检验批质量验收记录　　　　　　　　　　　　表 5-13

GB 50210—2001　　　　　　　　　　　　　　　　　　　　　桂建质 030405 0 0 1

单位（子单位）工程名称	1 号教学楼	分部（子分部）工程名称	建筑装饰装修（门窗）	分项工程名称	门窗玻璃安装
施工单位	××建筑工程有限公司	项目负责人	张××	检验批容量	84 樘
分包单位		分包单位项目负责人		检验批部位	1~3 层
施工依据	《铝合金门窗工程技术规范》JGJ 214—2010		验收依据	《建筑装饰装修工程质量验收规范》GB 50210—2001	

		检查项目	设计要求及规范规定	最小/实际抽样数量	检查记录	检查结果
主控项目	1	玻璃检查	品种、规格、尺寸、色彩、图案和涂膜朝向符合设计要求。单块玻璃面积＞1.5m² 时使用安全玻璃	观察；检查产品合格证书、性能检测报告和进场验收记录	/	质量证明文件齐全，检测合格，报告编号：B001	合格

262

	检查项目	设计要求及规范规定		最小/实际抽样数量	检查记录	检查结果
主控项目	2 玻璃裁割及安装后外观	裁割尺寸正确；安装后玻璃牢固，无裂纹、损伤和松动	观察；轻敲检查	9/9	抽查9处，全部合格	合格
	3 玻璃安装及固定	安装方法符合设计要求，固定玻璃的钉子或钢丝卡的数量、规格能保证玻璃安装牢固	观察；检查施工记录	9/9	抽查9处，全部合格	合格
	4 木压条	镶钉木压条接触玻璃处与裁口边缘平齐；木压条互相紧密连接，并与裁口边缘紧贴，割角整齐	观察	/		
	5 密封条密封胶	密封条与玻璃、玻璃槽口接触紧密、平整；密封胶与玻璃、玻璃槽口边缘粘结牢固、接缝平齐		9/9	抽查9处，全部合格	合格
	6 带密封条的玻璃压条	密封条与玻璃全部贴紧，压条与型材之间无明显缝隙，压条接缝≤0.5mm	观察；尺量检查	/		
一般项目	1 玻璃表面	洁净，无腻子、密封胶、涂料等污渍。中空玻璃内外表面均洁净，玻璃中空层内无灰尘和水蒸气	观察	9/9	抽查9处，全部合格	合格
	2 腻子	填抹饱满、粘结牢固；腻子边缘与裁口平齐；固定玻璃的卡子不应在腻子表面显露		/		
	3 镀膜层与磨砂层朝向	单面镀膜玻璃的镀膜层及磨砂玻璃的磨砂面应朝向室内；中空玻璃的单面镀膜玻璃应在最外层，镀膜层应朝向室内		/		
	4 玻璃不直接接触型材			9/9	抽查9处，全部合格	合格

施工单位检查结果	主控项目全部符合要求，一般项目满足规范要求，本检验批符合要求 专业工长：王×× 项目专业质量检查员：张×× 2019 年 2 月 14 日	监理（建设）单位验收结论	主控项目全部合格，一般项目满足规范要求，本检验批合格 专业监理工程师：李×× （建设单位项目专业技术负责人）： 2019 年 2 月 14 日

5.4 饰面砖子分部工程

饰面砖工程的应用十分广泛，在高层建筑或多层建筑的室内或室外墙面装饰中非常普遍。饰面砖工程材料的品种、规格非常多，产品质量参差不齐。饰面砖工程的施工质量特别是外墙饰面砖工程质量，直接影响后期的使用安全。

1. 一般规定

验收规范对饰面砖工程做出的一般规定，主要涉及应检查的文件、对材料性能的控制和复验、隐蔽项目的验收、检验批的划分、工序及工艺要求等。

（1）适用范围

适用于内墙饰面砖粘贴和外墙高度不大于 100m、抗震设防烈度不大于 8 度、采用满粘法施工的外墙饰面砖粘贴等分项工程的质量验收。

（2）验收时检查的文件和记录

饰面砖工程验收时应检查下列文件和记录：

1）饰面砖工程的施工图、设计说明及其他设计文件；

2）材料的产品合格证书、性能检测报告、进场验收记录和复验报告；

3）外墙饰面砖施工前粘贴样板和外墙饰面砖粘贴工程饰面砖粘结强度检验报告；

4）隐蔽工程验收记录；

5）施工记录。

由于外墙饰面砖一旦脱落，容易造成大的安全事故，且外墙饰面砖的使用高度越高，安全问题就越突出，因此饰面砖粘贴前，要求做粘贴样板，对样板进行饰面砖粘结强度检验合格后才能组织饰面砖粘贴施工；饰面砖粘贴施工完成后，还需对成品质量进行饰面砖粘结强度检验并达到合格。

粘贴样板件和外墙粘贴饰面砖应在同一基体上做粘结强度的检测。

（3）材料复验

饰面砖工程应对下列材料及其性能指标进行复验：

1）室内用花岗石和瓷质饰面砖的放射性；

2）水泥基粘结材料与所用外墙饰面砖的拉伸粘结强度；

3）外墙陶瓷面砖的吸水率；

4）严寒和寒冷地区外墙陶瓷饰面砖的抗冻性。

对室内用花岗石和瓷质饰面砖的放射性进行复验，主要是这两种材料的放射性较高。采用水泥基粘结材料时，还要对水泥基粘结材料与所用外墙饰面砖的拉伸粘结强度进行现场取样复验。

外墙陶瓷面砖的吸水率和寒冷地区外墙陶瓷面砖的抗冻性应进行复验。这是因为我国地域广阔，南北温差很大，不同地区所使用的外墙饰面砖经受的冻害程度相差较大，因此应结合各地气候环境制定出不同的抗冻指标。外墙饰面砖系多孔材料，其抗冻性与材料内部孔结构有关，而不同的孔结构又反映出不同的吸水率，因此可以通过控制吸水率来满足抗冻性要求。对于寒冷地区来说，冬季室外温度往往可达－30℃左右，外墙饰面砖就需要进行冻融循环试验，饰面砖的质量应满足这一地区气候条件的要求。

（4）隐蔽工程验收

饰面砖工程应对下列隐蔽工程项目进行验收：

1）基层和基体；

2）防水层。

（5）检验批容量划分

各分项工程的检验批应按下列规定划分：

1）相同材料、工艺和施工条件的室内饰面砖工程每50间应划分为一个检验批，不足50间也应划分为一个检验批，大面积房间和走廊可按饰面砖面积每30m² 计为一间；

2）相同材料、工艺和施工的室外饰面砖工程每1000m² 应划分为一个检验批，不足1000m² 也应划分为一个检验批。

（6）检查数量

检查数量应符合下列规定：

1）室内每个检验批应至少抽查10%，并不得少于3间；不足3间时应全数检查。

2）室外每个检验批每100m² 应至少抽查一处，每处不得小于10m²。

（7）样板件制作

外墙饰面砖工程施工前，应在待施工基层上做样板，并对样板的饰面砖粘结强度进行检验，其检验方法和结果判定应符合现行行业标准《建筑工程饰面砖粘结强度检验标准》JGJ/T 110—2017 的规定。

（8）结构缝的使用功能保护

饰面砖工程的防震缝、伸缩缝、沉降缝等部位的处理应保证缝的使用功能和饰面的完整性。

外墙饰面砖工程在防震缝、伸缩缝、沉降缝等部位的构造方法应保证防震缝、伸缩缝、沉降缝的使用功能。有些工程在使用过程中往往仅考虑装饰效果，忽视结构缝的使用功能，几年后饰面砖随着主体结构的应力变化而变形挤裂破损，既引起质量安全隐患，也严重影响美观，这是在设计中应该充分注意的问题。

2. 饰面砖粘贴分项工程

（1）内墙饰面砖粘贴工程质量检验标准

内墙饰面砖粘贴工程质量检验标准和检验方法见表5-14。

内墙饰面砖粘贴工程质量检验标准　　　　　　表 5-14

项目类型	序号	验收项目	合格质量标准	检验方法	检查数量
主控项目	1	内墙饰面砖质量	内墙饰面砖的品种、规格、图案、颜色和性能应符合设计要求及国家现行标准的有关规定	观察；检查产品合格证书、进场验收记录、性能检测报告和复验报告	室内每个检验批应至少抽查 10%，并不得少于 3 间；不足 3 间时应全数检查
	2	找平、防水、粘结和填缝材料及施工方法	内墙饰面砖粘贴工程的找平、防水、粘结和填缝材料及施工方法应符合设计要求及国家现行标准有关的规定	检查产品合格证书、复验报告和隐蔽工程验收记录	
	3	饰面砖粘贴质量	内墙饰面砖粘贴应牢固	手拍检查，检查施工记录	
	4	满粘法施工	满粘法施工的内墙饰面砖应无裂缝、大面和阳角应无空鼓	观察；用小锤轻击检查	

项目类型	序号	验收项目	合格质量标准	检验方法	检查数量
一般项目	1	饰面砖表面质量	内墙饰面砖表面应平整、洁净、色泽一致，应无裂痕和缺损	观察	室内每个检验批应至少抽查 10%，并不得少于 3 间；不足 3 间时应全数检查
	2	墙面突出物部位粘贴	内墙面凸出物周围的饰面砖应整砖套割吻合，边缘应整齐。墙裙、贴脸突出墙面的厚度应一致	观察；尺量检查	
	3	饰面砖接缝、填嵌、宽度和深度	内墙饰面砖接缝应平直、光滑，填嵌应连续、密实；宽度和深度应符合设计要求	观察；尺量检查	
	4	允许偏差	内墙饰面砖粘贴的允许偏差和检验方法应符合表 5-15 的规定	见表 5-15	

关于饰面砖粘贴分项工程检验批质量检验的说明：

1) 主控项目第 2 项

关于饰面砖粘贴工程的找平、防水、粘结和填缝材料及施工方法应符合设计要求，并参照《外墙饰面砖工程施工及验收规程》JGJ 126—2015 的有关规定。

2) 主控项目第 3 项

要求饰面砖粘贴牢固就是要求施工中认真选材并符合国家现行产品标准，应采用满粘施工方法并应在施工中控制找平、防水、粘结和勾缝各道工序，保证饰面砖粘贴无空鼓、裂缝、粘贴牢固。

3) 主控项目第 4 项

空鼓是检验饰面砖与基层之间是否粘结牢固的一个重要指标，镶贴饰面的基体，应有足够的稳定性、刚度和强度，其表面的要求应按一般抹灰的规定执行。

4) 一般项目第 1 项

在镶贴面砖前要注意挑选，使其色泽、纹理一致。瓷砖材料质地疏松，如施工前浸泡不透，砂浆中的浆水渗进砖内，表面污染变色，同时瓷砖还会吸收粘贴材料中的水分，影响粘贴材料强度及密实度；施工后要注意擦洗，表面残留砂浆、污点均应擦干净，并应注意镶贴后的饰面保护。

5) 一般项目第 2 项

在贴面砖之前，应根据面砖的尺寸和饰面墙的尺寸进行认真设计，运用计算机进行计算排列。施工时根据设计弹线、排砖，以保证非整砖用得最少，以达到美观之目的。

6) 一般项目第 3 项

贴面砖接缝宽度不一主要是因为没有排砖、没有进行整体布局的设计而造成施工时随意粘贴。故面砖粘贴前一定要进行设计。

7) 一般项目第4项

饰面砖粘贴的允许偏差和检验方法见表5-15。

饰面砖粘贴的允许偏差和检验方法   表5-15

序号	项目	允许偏差（mm）		检验方法
		外墙面砖	内墙面砖	
1	立面垂直度	3	2	用2m垂直检测尺检查
2	表面平整度	4	3	用2m靠尺和塞尺检查
3	阴阳角方正	3	3	用200mm直角检测尺检查
4	接缝直线度	3	2	托5m线，不足5m拉通线，用钢直尺检查
5	接缝高低差	1	1	用钢直尺和塞尺检查
6	接缝宽度	1	1	用钢直尺

（2）外墙饰面砖粘贴工程

外墙饰面砖粘贴工程质量检验标准和检验方法见表5-16。

外墙饰面砖粘贴工程质量检验标准   表5-16

项目类型	序号	验收项目	合格质量标准	检验方法	检查数量
主控项目	1	饰面砖的品种、规格、图案、颜色和性能	外墙饰面砖的品种、规格、图案、颜色和性能应符合设计要求	观察；检查产品合格证书、进场验收记录、性能检测报告和复验报告	室外每个检验批每100m²应至少抽查一处，每处不得小于10m²
	2	饰面砖粘贴材料和施工方法	外墙饰面砖粘贴工程的找平、防水、粘结和填缝材料及施工方法应符合设计要求及现行行业标准《外墙饰面砖工程施工及验收规程》JGJ 126—2015的规定	检查产品合格证书、复验报告和隐蔽工程验收记录	
	3	伸缩缝设置	外墙饰面砖粘贴工程的伸缩缝设置应符合设计要求	观察；尺量检查	
	4	饰面砖粘贴	外墙饰面砖粘贴应牢固	检查外墙饰面砖粘结强度检验报告和施工记录	
	5	空鼓和裂纹要求	外墙饰面砖工程应无空鼓、裂缝	观察；用小锤轻击检查	
一般项目	1	饰面砖表面质量	饰面砖表面应平整、洁净、色泽一致，应无裂痕和缺损	观察	
	2	阴阳角构造	饰面砖阴阳角构造应符合设计要求	观察	
	3	墙面凸出物和墙裙、贴脸部位处理	墙面凸出物周围的外墙饰面砖应整砖套割吻合，边缘应整齐。墙裙、贴脸突出墙面的厚度应一致	观察；尺量检查	

项目类型	序号	验收项目	合格质量标准	检验方法	检查数量
一般项目	4	饰面砖接缝、填嵌、缝宽深	外墙饰面砖接缝应平直、光滑，填嵌应连续、密实；宽度和深度应符合设计要求	观察；尺量检查	室外每个检验批每100m²应至少抽查一处，每处不得小于10m²
	5	滴水线（槽）及坡向	有排水要求的部位应做滴水线（槽），滴水线（槽）应顺直，流水坡向应正确，坡度符合设计要求	观察；用水平尺检查	
	6	允许偏差	外墙饰面砖粘贴的允许偏差和检验方法应符合表 5-15 的规定	见表 5-15	

饰面砖粘贴应牢固，我国从 20 世纪 80 年代后期开始，城乡各地采用饰面砖进行外墙面装修迅速增加，目前仍使用比较广泛。如果外墙饰面砖施工质量存在缺陷，很容易造成外墙饰面砖脱落的质量事故，这不仅破坏建筑物的装饰效果，也容易造成安全事故。要求施工中要认真选材并符合国家现行产品标准，同时要做好样板件和施工成品的粘结强度检测。

【例 5-4】假设案例项目 1 号教学楼采用粘贴红褐色外墙砖，外墙饰面砖的检验批容量按外墙粘贴面积确定，验收规范规定每个检验批不超过 1000m²。外墙饰面砖检验批验收时每 100m² 抽检 1 处，外墙饰面砖粘贴检验批质量验收记录见表 5-17。

验收时应注意：外墙饰面砖粘贴检验批的主控项目和一般项目的所有验收项在外墙砖粘贴施工中均有，因此所有项目均要验收。

外墙饰面砖粘贴检验批质量验收记录   表 5-17

GB 50210—2001   桂建质 030801 ⓪ ⓪ ①

单位（子单位）工程名称		1 号教学楼	分部（子分部）工程名称	建筑装饰装修（饰面砖）	分项工程名称	外墙饰面砖粘贴
施工单位		××建筑工程有限公司	项目负责人	张××	检验批容量	640m²
分包单位			分包单位项目负责人		检验批部位	东立面
施工依据		建筑装饰装修施工方案		验收依据	《建筑装饰装修工程质量验收规范》GB 50210—2001	

		验收项目	设计要求及规范规定		最小/实际抽样数量	检查记录	检查结果
主控项目	1	饰面砖质量	品种、规格、图案、颜色和性能符合设计要求	按注 3 的规定	/	质量证明文件齐全，检查合格	合格
	2	饰面砖粘贴材料、施工方法	找平、防水、粘结和勾缝材料及施工方法符合设计要求及国家现行产品标准和工程技术标准的规定	检查产品合格证书、复验报告和隐蔽工程验收记录	/	质量证明文件齐全，试验合格，报告编号 Z001	合格
	3	饰面砖粘贴质量	牢固	检查样板件粘结强度检测报告和施工记录	/	试验合格，报告编号 Z002	合格
	4	满粘法施工的饰面砖工程应无空鼓、裂缝		观察；用小锤轻击检查	7/7	抽查 7 处，全部合格	合格

		验收项目	设计要求及规范规定	最小/实际抽样数量	检查记录	检查结果
一般项目	1	表观质量	饰面砖表面平整、洁净、色泽一致，无裂痕和缺损	观察	7/7	抽查7处，全部合格	合格
	2	阴阳角处搭接方式、非整砖使用部位符合设计要求		7/7	抽查7处，全部合格	合格
	3	墙面突出物	周围的饰面砖应整砖套割吻合，边缘整齐；墙裙、贴脸突出墙面的厚度一致	观察；尺量检查	7/7	抽查7处，全部合格	合格
	4	饰面砖接缝	平直、光滑，填嵌连续、密实；宽度和深度符合设计要求		7/7	抽查7处，全部合格	合格
	5	滴水线（槽）	有排水要求的部位应做滴水线（槽）；滴水线（槽）顺直，流水坡向正确，坡度符合设计要求	观察；用水平尺检查	7/7	抽查7处，全部合格	合格
	6	立面垂直度	3mm	用2m垂直检测尺检查	7/7	抽查7处，全部合格	合格
		表面平整度	4mm	用2m靠尺和塞尺检查	7/7	抽查7处，全部合格	合格
		阴阳角方正	3mm	用直角检测尺检查	7/7	抽查7处，全部合格	合格
		接缝直线度	3mm	拉5m线，不足5m拉通线，用钢直尺检查	7/7	抽查7处，全部合格	合格
		接缝高低差	1mm	用钢直尺和塞尺检查	7/7	抽查7处，全部合格	合格
		接缝宽度	1mm	用钢直尺检查	7/7	抽查7处，全部合格	合格

施工单位检查结果	主控项目全部符合要求，一般项目满足规范要求，本检验批符合要求 专业工长：王×× 项目专业质量检查员：张×× 2019 年 2 月 15 日	监理（建设）单位验收结论	主控项目全部合格，一般项目满足规范要求，本检验批合格 专业监理工程师： （建设单位项目专业技术负责人）：李×× 2019 年 2 月 15 日

5.5 涂饰子分部工程

涂饰工程一般指水性涂料涂饰、溶剂型涂料涂饰、美术涂饰等。水性涂料是完全或主要以水为介质的一种涂料，主要包括乳液型涂料、无机涂料、水溶性涂料；溶剂型涂料是完全以有机物为介质。美术涂饰可采用水性或溶剂型涂料，涂饰注重花纹图案、色彩变化的装饰效果。

1. 涂饰工程的一般规定

(1) 适用范围

本节适用于水性涂料涂饰、溶剂型涂料涂饰、美术涂饰等分项工程的质量验收。

(2) 文件和记录检查

应检查的文件和记录主要有：

1) 涂饰工程的施工图、设计说明及其他设计文件。

检查设计说明很重要，一般涂饰工程涂料的选用、颜色、涂饰方法等，都是用文字的形式标注在建筑施工图里。

2) 材料的产品合格证书、性能检测报告、有害物质限量检验报告和进场验收记录。

3) 施工记录。

(3) 检验批容量

各分项工程检验批应按下列规定划分：

1) 室外涂饰工程每一栋楼的同类涂料涂饰的墙面 $1000m^2$ 应划分为一个检验批，不足 $1000m^2$ 也应划分为一个检验批。

2) 室内涂饰工程同类涂料涂饰的墙面每 50 间应划分为一个检验批，不足 50 间也应划分为一个检验批，大面积房间和走廊按涂饰面积 $30m^2$ 为一间。

(4) 检查数量

检查数量应符合下列规定：

1) 室外涂饰工程每 $100m^2$ 应至少检查一处，每处不得小于 $10m^2$。

2) 室内涂饰工程每个检验批应至少抽查 10％，并不得少于 3 间；不足 3 间应全数检查。

(5) 基层处理要求

涂饰工程的基层处理应符合下列要求：

1) 新建筑物的混凝土或抹灰基层在用腻子找平或直接涂饰涂料前应涂刷抗碱封闭底漆。

一般涂料大多呈弱碱性或中性，如果涂在龄期很短的混凝土或抹灰基体上，其基体的强碱反应会使涂料破乳，性能发生变化。

2) 既有建筑墙面在腻子找平或涂饰涂料前应清除疏松的旧装修层，并涂刷界面剂。

在已有建筑墙面涂饰施工前涂刷界面剂，主要是有利于涂料的附着。

3) 混凝土或抹灰基层在用溶剂型腻子找平或涂刷溶剂型涂料时，含水率不得大于 8％；在用乳液型腻子找平或涂刷乳液型涂料时，含水率不得大于 10％。木材基层的含水率不得大于 12％。

对基层含水率的要求，主要是为了保证涂料的粘结牢固和涂料的成膜质量。不同类型的涂料对混凝土或抹灰基层的含水率要求不尽相同。国际一般规定为不大于8％（指涂饰溶剂型涂料），考虑国内外建筑涂料产品标准对基层含水率的要求均在10％左右。故规范规定涂饰乳液型涂料对基层含水率要求不大于10％。

4）找平层应平整、坚实、牢固，无粉化、起皮和裂缝；内墙找平层的粘结强度应符合现行行业标准《建筑室内用腻子》JG/T 298—2010 的规定。

批刮腻子的目的是为了对墙面作进一步找平，以达到涂料施工对墙面平整光滑度的要求，因此批刮腻子的质量是否达到规定要求，对涂饰工程质量影响很大。

5）厨房、卫生间墙面应使用耐水腻子。

对于浴厕间等有防水要求的墙面用防潮腻子还不能满足防水要求，应使用耐水腻子。

（6）水性涂料施工环境温度

水性涂料涂饰工程施工的环境温度应在5～35℃之间。

（7）涂饰工程质量验收时间

涂饰工程应在涂层养护期满后进行质量验收。

涂料工程的材料花色丰富、品种繁多，以其经济、施工速度快、便于更新的特点在装饰装修工程中应用极其广泛。近年来，随着涂料产品耐水性、耐腐蚀性、耐污染性及耐候性能的提高以及城市景观的需要，越来越多的建筑外墙选用涂料饰面。

2. 水性涂料涂饰分项工程

水性涂料主要有乳液型涂料、无机涂料、水溶性涂料等类涂料。对于水性涂料，过低的温度或过高的温度都会破坏涂料的成膜质量，同时，还应该注意涂饰工程环境的清洁，外墙面涂饰时风力不能过大，这些环境因素都会对涂饰工程的质量产生影响，施工时应注意。涂料不仅要有合格证，还要有性能检测报告。

（1）水性涂料涂饰分项工程检验批质量检验标准

水性涂料涂饰分项工程检验批质量检验标准和检验方法见表5-18。

水性涂料涂饰分项工程检验批质量检验标准　　　　　　　　表 5-18

项目类型	序号	验收项目	合格质量标准	检验方法	检查数量
主控项目	1	材料质量	水性涂料涂饰工程所用涂料的品种、型号和性能应符合设计要求及现行国家标准的有关规定	检查产品合格证书、性能检测报告、有害物质限量规定和进场验收记录	室外涂饰工程每100m² 应至少抽查一处，每处不得小于10m²；室内涂饰工程每个检验批应至少抽查10％，并不得少于3间；不足3间时应全数检查
	2	涂饰颜色和图案	水性涂料涂饰工程的颜色、光泽、图案应符合设计要求	观察	
	3	水性涂料涂饰综合质量	水性涂料涂饰工程应涂饰均匀、粘结牢固，不得漏涂、透底、开裂、起皮和掉粉	观察；手摸检查	
	4	水性涂料基层处理的要求	水性涂料涂饰工程的基层处理应符合本节"一般规定"关于基层处理的有关要求	观察；手摸检查；检查施工记录	

项目类型	序号	验收项目	合格质量标准	检验方法	检查数量
一般项目	1	薄涂料涂饰质量和检验方法	薄涂料的涂饰质量和检验方法应符合表5-19的规定	见表5-19	室外涂饰工程每100m²应至少抽查一处，每处不得小于10m²；室内涂饰工程每个检验批应至少抽查10%，并不得少于3间；不足3间时应全数检查
	2	厚涂料涂饰质量和检验方法	厚涂料的涂饰质量和检验方法应符合表5-20的规定	见表5-20	
	3	复层涂料涂饰质量和检验方法	复层涂料的涂饰质量和检验方法应符合表5-21的规定	见表5-21	
	4	与其他材料和设备衔接处	涂层与其他装修材料和设备衔接处应吻合，界面应清晰	观察；手摸检查；检查施工记录	
	5	允许偏差和检验方法	墙面水性涂料涂饰工程的允许偏差和检验方法应符合表5-22的规定	见表5-22	

（2）关于水性涂料涂饰分项工程质量检验的说明

1）主控项目第1项

对于涂料的性能，在工程实践中发现常有施工单位和业主对涂料的质量没有约定，工程竣工后，发现涂料涂饰工程变色、掉粉、起皮缺陷，此时施工单位无法提供涂料的质量证明书，结果是不管基层是否有问题，涂料施工单位都要承担主要责任。因为涂料施工单位不能证明自己使用的涂料是合格的。

2）主控项目第3项

涂料的透底、起皮和掉粉主要与涂料质量有关，而透底与施涂的遍数和涂料涂层厚度有关。

3）一般项目第1项

薄涂料的涂饰质量和检验方法见表5-19。

薄涂料的涂饰质量和检验方法　　　　　　　　　　表5-19

序号	项目	普通涂饰	高级涂饰	检验方法
1	颜色	均匀一致	均匀一致	观察
2	光泽、光滑	光泽基本均匀，光滑无挡手感	光泽均匀一致，光滑	
3	泛碱、咬色	允许少量轻微	不允许	
4	流坠、疙瘩	允许少量轻微	不允许	
5	砂眼、刷纹	允许少量轻微砂眼，刷纹通顺	无砂眼，无刷纹	

4）一般项目第2项

厚涂料的涂饰质量和检验方法见表5-20。

厚涂料的涂饰质量和检验方法 表 5-20

序号	项目	普通涂饰	高级涂饰	检验方法
1	颜色	均匀一致	均匀一致	观察
2	光泽	光泽基本均匀	光泽均匀一致	
3	泛碱、咬色	允许少量轻微	不允许	
4	点状分布	—	疏密均匀	

5）一般项目第 3 项

复层涂料的涂饰质量和检验方法见表 5-21。

复层涂料的涂饰质量和检验方法 表 5-21

序号	项目	质量要求	检验方法
1	颜色	均匀一致	观察
2	光泽	光泽基本一致	
3	泛碱、咬色	不允许	
4	喷点疏密程度	均匀，不允许连片	

6）墙面水性涂料涂饰工程的允许偏差和检验方法应符合表 5-22 的规定。

墙面水性涂料涂饰工程的允许偏差和检验方法 表 5-22

序号	项目	允许偏差					检验方法
		薄涂料		厚涂料		复层涂料	
		普通涂料	高级涂料	普通涂料	高级涂料		
1	立面垂直度	3	2	4	3	5	用 2m 垂直检测尺检查
2	表面平整度	3	2	4	3	5	用 2m 靠尺和塞尺检查
3	阴阳角方正	3	2	4	3	4	用 200mm 直角检测尺检查
4	装饰线、分色线直线度	2	1	2	1	3	拉 5m 线，不足 5m 拉通线，用钢直尺检查
5	墙裙、勒脚上口直线度	2	1	2	1	3	拉 5m 线，不足 5m 拉通线，用钢直尺检查

【例 5-5】假设案例项目 1 号教学楼外墙采用某品牌水性外墙涂料，质量按普通涂饰要求，外墙涂料的检验批容量按外墙涂料涂刷面积确定，验收规范规定每个检验批不超过 1000m²。外墙涂料检验批验收时按每 100m² 抽检 1 处，外墙涂料检验批质量验收记录见表 5-23。

验收时应注意：①外墙涂料检验批的主控项目和一般项目在验收前首先选定普通涂饰，用"/"删除高级涂饰项；

②外墙水性涂料为薄层涂饰，因此一般项目第 3 项，第 4 项不验收。

GB 50210—2001　　　　　　　　　　　　　　　　　　桂建质 031001⬚⬚⬚

单位（子单位）工程名称		1号教学楼	分部（子分部）工程名称		建筑装饰装修（涂饰）	分项工程名称	水性涂料涂饰
施工单位		××建筑工程有限公司	项目负责人		××	检验批容量	640m²
分包单位			分包单位项目负责人			检验批部位	东立面
施工依据		《建筑涂饰工程施工及验收规程》JGJ/T 29—2015	验收依据		《建筑装饰装修工程质量验收标准》GB 50210—2018		

		验收项目		设计要求及规范规定		最小/实际抽样数量	检查记录	检查结果
主控项目	1	涂料质量		品种、型号和性能符合设计要求	检查产品合格证书、性能检测报告和进场验收记录	/	质量证明文件齐全，试验合格，报告编号T001	合格
	2	涂饰颜色和图案		符合设计要求	观察	7/7	抽查7处，全部合格	合格
	3	涂饰均匀、粘结牢固，不得漏涂、透底、起皮和掉粉			观察；手摸检查	7/7	抽查7处，全部合格	合格
	4	基层处理		符合验收规范规定	观察；手摸检查；检查施工记录	7/7	抽查7处，全部合格	合格
一般项目	1	涂层与其他装修材料和设备衔接处吻合，界面清晰			观察	7/7	抽查7处，全部合格	合格
	2	薄涂料涂饰质量	颜色 普通涂饰	均匀一致	观察	7/7	抽查7处，全部合格	合格
			高级涂饰			/	/	/
			泛碱、咬色 普通涂饰	允许少量轻微		7/7	抽查7处，全部合格	合格
			高级涂饰	不允许		/	/	/
			流坠、疙瘩 普通涂饰	允许少量轻微		7/7	抽查7处，全部合格	合格
			高级涂饰	不允许		/	/	/
			砂眼、刷纹 普通涂饰	允许少量轻微砂眼，刷纹通顺		7/7	抽查7处，全部合格	合格
			高级涂饰	无砂眼无刷纹		/	/	/
			装饰线、分色线直线度允许偏差 普通涂饰	2mm	拉5m线，不足5m拉通线，用钢直尺检查	7/7	抽查7处，全部合格	合格
			高级涂饰	1mm		/	/	/
	3	厚涂料涂饰质量	颜色 普通涂饰	均匀一致	观察	/	/	/
			高级涂饰			/	/	/
			泛碱、咬色 普通涂饰	允许少量轻微		/	/	/
			高级涂饰	不允许		/	/	/
			点状分布 普通涂饰	—		/	/	/
			高级涂饰	疏密均匀		/	/	/
	4	复层涂料涂饰质量	颜色	均匀一致	观察	/	/	/
			泛碱、咬色	不允许		/	/	/
			喷点疏密程度	均匀，不允许连片		/	/	/

施工单位检查结果	主控项目全部符合要求，一般项目满足规范要求，本检验批符合要求。 专业工长：×× 项目专业质量检查员：×× 2019 年 2 月 14 日	监理（建设）单位验收结论	主控项目全部合格，一般项目满足规范要求，本检验批合格 专业监理工程师：　　　　×× （建设单位项目专业技术负责人）： 2019 年 2 月 14 日

3. 溶剂型涂料涂饰分项工程

溶剂型涂料涂饰工程，一般是指采用丙烯酸酯涂料、聚氨酯丙烯酸涂料、有机硅丙烯酸涂料、交联型氟树脂涂料等涂饰基层。

（1）溶剂型涂料涂饰分项工程质量检验标准

溶剂型涂料涂饰分项工程质量检验标准和检验方法见表5-24。

溶剂型涂料涂饰分项工程检验批质量检验标准

表5-24

项目类型	序号	验收项目	合格质量标准	检验方法	检查数量
主控项目	1	涂料的品种、型号和性能	溶剂型涂料涂饰工程所选用涂料的品种、型号和性能应符合设计要求及现行国家标准的有关规定	检查产品合格证书、性能检测报告、有害物质限量规定和进场验收记录	室外涂饰工程每100m²应至少检查一处，每处不得小于10m²；室内涂饰工程每个检验批应至少抽查10%，并不得少于3间；不足3间时应全数检查
	2	颜色、光泽、图案	溶剂型涂料涂饰工程的颜色、光泽、图案应符合设计要求	观察	
	3	涂饰综合质量	溶剂型涂料涂饰工程应涂饰均匀、粘结牢固，不得漏涂、透底、开裂、起皮和反锈	观察；手摸检查	
	4	基层处理	溶剂型涂料涂饰工程的基层处理应符合以下本节"一般规定"基层处理的有关要求	观察；手摸检查；检查施工记录	
一般项目	1	色漆涂饰质量	色漆的涂饰质量和检验方法应符合表5-25的规定	见表5-25	
	2	清漆涂饰质量	清漆的涂饰质量和检验方法应符合表5-26的规定	见表5-26	
	3	与其他材料、设备衔接	涂层与其他装修材料和设备衔接处应吻合，界面应清晰	观察	
	4	允许偏差和检验方法	墙面溶剂型涂料涂饰工程的允许偏差和检验方法应符合表5-27的规定	见表5-27	

（2）关于溶剂型涂料涂饰分项工程质量检验的说明

1）主控项目第1项

涂料的品种非常，质量差异很大，对涂料的涂饰质量一般按厂家要求试做样板墙面，而对于涂料材料本身则要求在工程施工前要检查其合格证书、性能检测报告。

2）一般项目第1项

色漆的涂饰质量和检验方法见表5-25。

色漆的涂饰质量和检验方法

表5-25

序号	项目	普通涂饰	高级涂饰	检验方法
1	颜色	均匀一致	均匀一致	观察
2	光泽、光滑	光泽基本均匀光滑无挡手感	光泽均匀一致，光滑	观察、手摸检查

序号	项 目	普通涂饰	高级涂饰	检验方法
3	刷纹	刷纹通顺	无刷纹	观察
4	裹棱、流坠、皱皮	明显处不允许	不允许	观察

3）一般项目第 2 项

清漆的涂饰质量和检验方法见表 5-26。

清漆的涂饰质量和检验方法　　　　　　　表 5-26

序号	项 目	普通涂饰	高级涂饰	检验方法
1	颜色	基本一致	均匀一致	观察
2	木纹	棕眼刮平、木纹清楚	棕眼刮平、木纹清楚	观察
3	光泽、光滑	光泽基本均匀，光滑无挡手感	光泽均匀一致，光滑	观察、手摸检查
4	刷纹	无刷纹	无刷纹	观察
5	裹棱、流坠、皱皮	明显处不允许	不允许	观察

4）一般项目第 4 项（表 5-27）

墙面溶剂型涂料涂饰工程的允许偏差和检验方法　　　　　表 5-27

序号	项目	允许偏差（mm）				检验方法
		薄涂料		厚涂料		
		普通涂料	高级涂料	普通涂料	高级涂料	
1	立面垂直度	4	3	4	3	用 2m 垂直检测尺检查
2	表面平整度	4	3	4	3	用 2m 靠尺和塞尺检查
3	阴阳角方正	4	3	4	3	用 200mm 直角检测尺检查
4	装饰线、分色线直线度	2	1	2	1	拉 5m 线，不足 5m 拉通线，用钢直尺检查
5	墙裙、勒脚上口直线度	2	1	2	1	拉 5m 线，不足 5m 拉通线，用钢直尺检查

5.6 建筑地面工程

5.6.1 建筑地面工程概述和基本规定

1. 适用范围

《建筑地面工程施工质量验收规范》GB 50209—2010 适用于建筑地面工程（含室外散水、明沟、踏步、台阶和坡道）施工质量的验收。不适用于超净、屏蔽、绝缘、防止放射线以及防腐蚀等特殊要求的建筑地面工程施工质量验收。

使用建筑地面工程验收规范应与现行国家标准《建筑工程施工质量验收统一标准》

GB 50300—2013 配套使用。

建筑地面工程包括基层和面层两部分,基层下面为结构层,不属于地面工程。故建筑地面工程的检验就是对构成其基层和面层两部分分别进行的检查与验收。

2. 基本规定

(1) 有害物质限量规定

建筑地面工程采用的大理石、花岗石、料石等天然石材以及砖、预制板块、地毯、人造板材、胶粘剂、涂料、水泥、砂、石、外加剂等材料或产品应符合国家现行有关室内环境污染控制和放射性、有害物质限量的规定。材料进场时应具有检测报告。

建筑装饰装修工程的室内环境质量,应符合《民用建筑工程室内环境污染控制规范》GB 50325—2010 的规定(见表 5-1)。

(2) 特殊部位的特别要求

1) 厕浴间和有防滑要求的建筑地面应符合设计防滑要求。

本条为强制性条文。以满足浴厕间和有防滑要求的建筑地面的使用功能要求,防止使用时对人体造成伤害。当设计要求行抗滑检测时,可参照建筑工业产品行业标准《人行路面砖抗滑性检测方法》的规定执行。

2) 有种植要求的建筑地面,其构造做法应符合设计要求和现行行业标准《种植屋面工程技术规程》JGJ 155—2013 的有关规定。设计无要求时,种植地面应低于相邻建筑地面 50mm 以上或作槛台处理。

本条对有种植要求的建筑地面构造做法作出规定。

(3) 施工工序

1) 建筑地面下的沟槽、暗管、保温、隔热、隔声等工程完工后,应经检验合格并做隐蔽记录,方可进行建筑地面工程的施工。

2) 建筑地面工程基层(各构造层)和面层的铺设,均应待其下一层检验合格后方可施工上一层。建筑地面工程各层铺设前与相关专业的分部(子分部)工程、分项工程以及设备管道安装工程之间,应进行交接检验。

这两条强调施工顺序,以避免上层与下层因施工质量缺陷而造成的返工,从而保证建筑地面(含构造层)工程整体施工质量水平的提高。建筑地面各构造层施工时,不仅是建筑地面工程上、下层的施工顺序,有时还涉及与其他各分部工程之间交叉进行,如目前住宅楼的每户给水管一般从管井上到各层后,再由管井的干管沿地面铺设进入每一户,因此地面面层施工前,先对给水管进行压力试验,合格无渗漏后才可以铺设地面面层。因此,为保证相关土建和安装之间的施工质量,避免完工后发生质量问题的纠纷,强调中间交接质量检验是极其重要的。

(4) 建筑地面坡度的控制及附属工程的施工

铺设有坡度的地面应采用基土高差达到设计要求的坡度;铺设有坡度的楼面(或架空地面)应采用在结构楼层板上变更填充层(或找平层)铺设的厚度或以结构起坡达到设计要求的坡度。

在地面找坡可以采用黏土,在楼面采用材料找坡时,找坡材料应符合设计要求。

(5) 对有防排水的建筑地面标高差要求

厕浴间、厨房和有排水(或其他液体)要求的建筑地面面层与相连接各类面层的标高差应符合设计要求。

本条为强制性条文。强调了相邻面层的标高差的重要性和必要性，以防止有排水的建筑地面面层水倒泄入相邻面层，影响正常使用。

(6) 检验水泥混凝土和水泥砂浆试块组数的确定

检验同一施工批次、同一配合比水泥混凝土和水泥砂浆强度的试块，应按每一层（或检验批）建筑地面工程不少于1组。当每一层（或检验批）建筑地面工程面积大于1000m² 时，每增加1000m² 增做1组试块；小于1000m² 按1000m² 计算，取样1组；检验同一施工批次、同一配合比的散水、明沟、踏步、台阶、坡道的水泥混凝土、水泥砂浆强度的试块，应按每150延长米不少于1组。

本条提出了建筑地面采用水泥混凝土和水泥砂浆时的强度等级试块的取样方法。

(7) 面层与其他工序施工次序要求

各类面层的铺设宜在室内装饰工程基本完工后进行。木、竹面层、塑料板面层、活动地板面层、地毯面层的铺设，应待抹灰工程、管道试压等完工后进行。

(8) 检验批的划分、检验数量

建筑地面工程施工质量的检验，应符合下列规定：

1) 基层（各构造层）和各类面层的分项工程的施工质量验收应按每一层次或每层施工段（或变形缝）划分检验批，高层建筑的标准层可按每三层（不足三层按三层计）划分检验批；

2) 每检验批应以各子分部工程的基层（各构造层）和各类面层所划分的分项工程按自然间（或标准间）检验，抽查数量应随机检验不应少于3间；不足3间，应全数检查；其中走廊（过道）应以10延长米为1间，工业厂房（按单跨计）、礼堂、门厅应以两个轴线为1间计算；

3) 有防水要求的建筑地面子分部工程的分项工程施工质量每检验批抽查数量应按其房间总数随机检验不应少于4间，不足4间，应全数检查。

本条提出建筑地面工程子分部工程和分项工程检验批不是按抽查总数的5%计，而是采用随机抽查自然间或标准间和最低抽检数量，其中考虑了高层建筑中建筑地面工程量较大，改为除裙楼外按高层标准间以每三层划作为检验批较为合适。对于有防水要求的房间，虽已做蓄水检验，但为保证不渗漏，随机抽查数略有提高，以保证质量的可靠性。

(9) 检验批合格标准

建筑地面工程的分项工程施工质量检验的主控项目，应达到本规范规定的质量标准，认定为合格；一般项目80％以上的检查点（处）符合《建筑地面工程施工质量验收规范》GB 50209—2010 规定的质量要求，其他检查点（处）不得有明显影响使用，且最大偏差值不超过允许偏差值的50％为合格。凡达不到质量标准时，应按现行国家标准《建筑工程施工质量验收统一标准》GB 50300—2013 的规定处理。

对于建筑地面分项工程检验批的验收项目和允许偏差，规范规定考虑了目前的施工状况，提出80%（含80%）以上的检查点符合质量要求即判为合格；对于不合格的处理也作出了明确规定。

5.6.2 基层铺设

1. 一般规定

(1) 适用范围

本章适用于基土、垫层、找平层、隔离层、绝热层和填充层等基层分项工程的施工质量检验。

(2) 找平层和填充层内暗管安装

当垫层、找平层、填充层内埋设暗管时，管道应按设计要求予以稳固。

(3) 找平层和隔离层的允许偏差值和检验方法、检查数量

找平层和隔离层的允许偏差值和检验方法、检查数量见表5-28。

基层表面的允许偏差和检验方法　　　　　　表5-28

序号	项目	允许偏差（mm）						检验方法
		找平层				隔离层		
		垫层地板 其他种类面层	用胶结料做结合层铺设板块面层	用水泥砂浆做结合层铺设板块面层	用胶粘剂做结合层铺设拼花木板、浸渍纸层压木质地板、实木复合地板、竹地板、软木地板面层	金属板面层	防水、防潮、防油渗	
1	表面平整度	5	3	5	2	3	3	用2m靠尺和楔形塞尺检查
2	标高	±8	±5	±8	±4	±4	±4	用水准仪检查
3	坡度	不大于房间相应尺寸的2/1000，且不大于30						用坡度尺检查
4	厚度	在个别地方不大于设计厚度的1/10，且不大于20						用钢尺检查

2. 找平层

(1) 材料选择

找平层宜采用水泥砂浆或水泥混凝土铺设。当找平层厚小于30mm时，宜用水泥砂浆做找平层；当找平层厚度不小于30mm时，宜用细石混凝土做找平层。

本条针对找平层厚度，提出了分别采用两种不同材料的做法。

(2) 施工前完成工作

1) 找平层铺设前，当其下一层有松散填充料时，应予铺平、振实。

2) 有防水要求的建筑地面工程，铺设前必须对立管、套管和地漏与楼板节点之间进行密封处理，并应进行隐蔽验收；排水坡度应符合设计要求。

本条为强制性条文。是针对有防水、排水要求的建筑地面工程作出的规定，以免出现渗漏和积水等缺陷。

3) 在预制钢筋混凝土板上铺设找平层前，板缝填嵌的施工应符合下列要求：

①预制钢筋混凝土板相邻缝底宽不应小于20mm。

②填嵌时，板缝内应清理干净，保持湿润。

③填缝应采用细石混凝土，其强度等级不应小于C20。填缝高度应低于板面10～

20mm，且振捣密实；填缝后应养护。当填缝混凝土的强度等级达到 C15 后方可继续施工。

④当板缝底宽大于 40mm 时，应按设计要求配置钢筋。

本条系统地提出了预制钢筋混凝土板的板缝宽度、清理、填缝、养护和保护等各道工序的具体施工质量要求，以增强楼面与地面（架空板）的整体性，防止沿板缝方向出现开裂的质量缺陷。

4）在预制钢筋混凝土板上铺设找平层时，其板端应按设计要求做防裂的构造措施。

本条提出对预制钢筋混凝土板的板端缝之间应增加防止面层开裂的构造措施，这也是克服水泥类面层出现裂缝的方法之一。

（3）找平层分项工程检验批的质量检验标准（表 5-29）

找平层分项工程检验批的质量检验标准　　　　表 5-29

项目类型	序号	验收项目	合格质量标准	检验方法	检查数量
主控项目	1	找平层原材料要求	找平层采用碎石或卵石的粒径不应大于其厚度的 2/3，含泥量不应大于 2%；砂为中粗砂，其含泥量不应大于 3%	观察检查和检查质量合格证明文件	同一工程、同一强度等级、同一配合比检查一次
	2	水泥砂浆体积比、水泥混凝土强度等级	水泥砂浆体积比、水泥混凝土强度等级应符合设计要求，且水泥砂浆体积比不应小于 1:3（或相应强度等级）；水泥混凝土强度等级不应小于 C15	观察检查和检查配合比试验报告、强度等级检测报告	配合比试验报告按同一工程、同一强度等级、同一配合比检查一次；强度等级检测报告按本章节第 2. 基本规定（15）条的规定检查
	3	防水要求的建筑地面工程的立管、套管、地漏处质量	有防水要求的建筑地面工程的立管、套管、地漏处不应渗漏，坡向应正确、无积水	观察检查和蓄水、泼水检验及坡度尺检查	（1）按自然间（或标准间）检验，随机检验应不少于 3 间；不足 3 间应全数检验；其中走廊（过道）应以 10 延长米为 1 间，工业厂房（按单跨计）、礼堂、门厅应以每两个轴线为 1 间计算； （2）有防水要求的每检验批按房间总数随机检验应不少于 4 间；不足 4 间，应全数检查
	4	有防静电要求的整体面层下敷设的导电地网系统电性能要求	在有防静电要求的整体面层的找平层施工前，其下敷设的导电地网系统应与接地引下线和地下接地体有可靠连接，经电性能检测且符合相关要求后进行隐蔽工程验收	观察检查和检查质量合格证明文件	
一般项目	1	找平层与其下一层结合	找平层与其下一层结合应牢固，不应有空鼓	用小锤轻击检查	
	2	找平层表面质量	找平层表面应密实，不应有起砂、蜂窝和裂缝等缺陷	观察检查	
	3	找平层的表面允许偏差	找平层的表面允许偏差应符合表 5-28 的规定	按表 5-28 中的检验方法检验	

（4）关于找平层分项工程检验批质量检验的说明

1）主控项目第 2 项

本条规定应检查找平层的体积比或强度等级，及相应的最小限值，以便与现行国家标准《建筑地面设计规范》GB 50037—2013 相一致，并提出了检验方法、检查数量。

2）主控项目第 3 项

本条严格规定了对有防水要求的建筑地面工程的施工质量要求，强调应按本节"建筑地面检验方法的规定"进行蓄水检验，并提出了检验方法、检查数量。

3）主控项目第 4 项

本条对有防静电要求的整体面层的找平层施工提出前提条件，其目的是确保面层的防静电效果。并提出了检验方法、检查数量。有防静电要求的整体面层的找平层施工时，宜在已敷设好导电地网的基层上涂刷混凝土界面剂或用水湿润基面，再用掺入复合导电粉的干性水泥砂浆均匀铺设于导电地网上，确保找平面的平整和密实。

【例 5-6】假设案例项目 1 号教学楼首层地面采用抛光砖板块面层，找平层采用 M7.5 水泥砂浆，该教学楼一层的自然间为 21 间，找平层的检验批容量按自然间数的确定，对于高层建筑的标准层，可以按 3 个标准层作为一个检验批。地面找平层检验批质量验收记录见表 5-30。

验收时应注意：①1 号教学楼首层采用板块面层，因此不验收主控项目第 4 条；②因设计采用抛光砖，因此只验收一般项目"允许偏差"项中的"胶结料做结合层铺板块面层"，其他用"/"删除。

地面找平层检验批质量验收记录

表 5-30

GB 50209—2010

桂建质 030101（Ⅷ） 0 0 1

单位（子单位）工程名称		1 号教学楼	分部（子分部）工程名称	建筑装饰装修（地面）	分项工程名称	基层铺设
施工单位		××建筑工程有限公司	项目负责人	张××	检验批容量	21 间
分包单位			分包单位项目负责人		检验批部位	一层
施工依据		建筑装饰装修施工方案	验收依据	《建筑地面工程施工质量验收规范》GB 50209—2010		
		验收项目	设计要求及规范规定	最小/实际抽样数量	检查记录	检查结果
主控项目	1	材料质量	碎石或卵石的粒径≤厚度 2/3，含泥量≤2%；砂为中粗砂，其含泥量≤3%	观察检查和检查质量合格证明文件	/	质量证明文件齐全，检查合格	合格
	2	配合比或强度等级	符合设计要求，水泥砂浆体积比≥1:3（或相应强度等级），水泥混凝土强度等级≥C15	观察检查和检查配合比试验报告、强度等级检测报告	/	试验合格，报告编号 D007	合格
	3	有防水要求地面工程	立管、套管、地漏处不渗漏，坡向正确、无积水	观察和坡度尺检查，蓄水、泼水检验	/	检查合格，详见蓄水、泼水试验记录	合格
	4	有防静电要求的整体面层	找平层施工前，敷设的导电地网系统与接地引下线和地下接电体有可靠连接，静电性能检测且符合相关要求后进行隐蔽工程验收	观察检查和检查质量合格证明文件	/		

	验收项目		设计要求及规范规定		最小/实际抽样数量	检查记录	检查结果
一般项目	1	与下层结合	结合牢固，无空鼓	用小锤轻击检查	3/3	抽查3处，全部合格	合格
	2	表面质量	密实，无起砂、蜂窝和裂缝等缺陷	观察检查	3/3	抽查3处，全部合格	合格
	3	找平层施工	采用水泥砂浆或水泥混凝土铺设：厚度小于30mm时，用水泥砂浆；厚度不小于30mm时，用细石混凝土；当其下一层有松散填充料时，予铺平振实	观察检查	3/3	抽查3处，全部合格	合格
	4 允许偏差	拼花木板、浸渍纸层压木质地板、实木复合地板、竹地板、软木地板面层铺设	表面平整度 2mm	用2m靠尺和楔形塞尺检查	/		
			标高 ±4m	用水准仪检查	/		
		胶结料做结合层铺板块面层	表面平整度 3mm	用2m靠尺和楔形塞尺检查	3/3	抽查3处，全部合格	合格
			标高 ±5mm	用水准仪检查	3/3	抽查3处，全部合格	合格
		水泥砂浆做结合层，铺板块地面，其他种类面层	表面平整度 5mm	用2m靠尺和楔形塞尺检查	/		
			标高 ±8mm	用水准仪检查	/		
		金属板面层	表面平整度 3mm	用2m靠尺和楔形塞尺检查	/		
			标高 ±4mm	用水准仪检查	/		
	坡度		不大于房间相应尺寸的2/1000，且不大于30mm	用坡度尺检查	3/3	抽查3处，全部合格	合格
	厚度		在个别地方不大于设计厚度的1/10，且不大于20mm	用钢尺检查	3/3	抽查3处，全部合格	合格

施工单位检查结果	主控项目全部符合要求，一般项目满足规范要求，本检验批符合要求 专业工长：王×× 项目专业质量检查员：张×× 2019年3月9日	监理（建设）单位验收结论	主控项目全部合格，一般项目满足规范要求，本检验批合格 专业监理工程师：李×× （建设单位项目专业技术负责人）： 2019年3月9日

3. 隔离层

(1) 材料要求

1) 隔离层材料的防水、防油渗性能应符合设计要求。

本条强调隔离层的材料应符合设计要求，其性能检测应由有资质的检测单位进行认定。

2) 当采用掺有防渗外加剂的水泥类隔离层时，其配合比、强度等级、外加剂的复合掺量等应符合设计要求。

本条提出掺有防渗外加剂的水泥类隔离层，其防水剂、防油渗制剂的复合掺量和水泥类隔离层的配合比、强度等级等均应符合设计要求。

3) 隔离层兼作面层时，其材料不得对人体及环境产生不利影响，并应符合现行国家标准《食品安全性毒理学评价程序》GB 15193.1—2014 和《生活饮用水卫生标准》GB 5749—2006 的有关规定。

考虑到隔离层兼作面层时可能与人体接触，因此规定其材料不得对人体及周围环境产生不利影响。

(2) 隔离层的铺设层数及防根穿刺

隔离层的铺设层数（或道数）、上翻高度应符合设计要求。有种植要求的地面隔离层的防根穿刺等应符合现行行业标准《种植屋面工程技术规程》JGJ 155—2015 的有关规定。

本条提出隔离层的层数（或道数）、上翻高度和有种植要求的地面隔离层的防根穿刺等应符合设计要求和现行有关标准的规定。

(3) 基层要求及处理

在水泥类找平层上铺设卷材类、涂料类防水、防油渗隔离层时，其表面应坚固、洁净、干燥。铺设前，应涂刷基层处理剂，基层处理剂应采用与卷材性能相容的配套材料或采用与涂料性能相容的同类涂料的底子油。

本条提出卷材类、涂料类隔离层施工对基层的要求，并规定隔离层铺设前应涂刷基层处理剂，对基层处理剂的选择同时作了规定。对于可带水作业的新型防水材料，其对基层的干燥度要求应符合产品的技术要求。

(4) 构造施工要求

铺设隔离层时，在管道穿过楼板面四周，防水、防油渗材料应向上铺涂，并超过套管的上口；在靠近柱、墙处，应高出面层 200～300mm 或按设计要求的高度铺涂。阴阳角和管道穿过楼板面的根部应增加铺涂附加防水、防油渗隔离层。

本条对铺设防水、防油渗隔离层和穿管四周、柱墙面以及管道与套管之间的施工工艺作了严格规定，从施工角度保证了工程质量达到隔离要求。

(5) 质量检验

1) 防水隔离层铺设后，应按本节"基本规定第（20）条"的规定进行蓄水检验，并做记录。

本条针对厕浴间和有防水、防油渗要求的建筑地面工程，提出完工后做蓄水试验的方法和要求。

2) 隔离层施工质量检验还应符合现行国家标准《屋面工程施工质量验收规范》GB

50207—2012 的有关规定。

（6）隔离层分项工程检验批的质量检验标准（表 5-31）

隔离层分项工程检验批的质量检验标准　　　　　表 5-31

项目类型	序号	验收项目	合格质量标准	检验方法	检查数量
主控项目	1	隔离层材料	隔离层材料应符合设计要求和国家现行有关标准的规定	观察检查和检查型式检验报告、出厂检验报告、出厂合格证	同一工程、同一材料、同一生产厂家、同一型号、同一规格、同一批号检查一次
	2	卷材类、涂料类隔离层材料复验	卷材类、涂料类隔离层材料进入施工现场，应对材料的主要物理性能指标进行复验	检查复验报告	执行现行国家标准《屋面工程质量验收规范》GB 50207—2012 的有关规定
	3	厕浴间和有防水要求的建筑地面防水隔离层要求	厕浴间和有防水要求的建筑地面必须设置防水隔离层。楼层结构必须采用现浇混凝土或整块预制混凝土板，混凝土强度等级不应小于 C20；房间的楼板四周除门洞外应做混凝土翻边，高度不应小于 200mm，宽同墙厚，混凝土强度等级不应小于 C20。施工时结构层标高和预留孔洞位置应准确，严禁乱凿洞	观察和钢尺检查	按自然间（或标准间）检验，随机检验应不少于 3 间；不足 3 间应全数检验；其中走廊（过道）应以 10 延长米为 1 间，工业厂房（按单跨计）、礼堂、门厅应以每两个轴线为 1 间计算。 有防水要求的每检验批按房间总数随机检验应不少于 4 间；不足 4 间
	4	水泥类防水隔离层的防水等级和强度等级	水泥类防水隔离层的防水等级和强度等级应符合设计要求	观察检查和检查防水等级检测报告、强度等级检测报告	防水等级检测报告、强度等级检测报告均按本节第（15）"检验水泥混凝土和水泥砂浆试块组数的确定"条的规定检查
	5	防水隔离层防水，排水的坡向	防水隔离层严禁渗漏，排水的坡向应正确、排水通畅	观察检查和蓄水、泼水检验、坡度尺检查及检查验收记录	按自然间（或标准间）检验，随机检验应不少于 3 间；不足 3 间应全数检验；其中走廊（过道）应以 10 延长米为 1 间，工业厂房（按单跨计）、礼堂、门厅应以每两个轴线为 1 间计算。 有防水要求的每检验批按房间总数随机检验应不少于 4 间；不足 4 间应全数检验
一般项目	1	隔离层厚度	隔离层厚度应符合设计要求	观察检查和用钢尺、卡尺检查	
	2	隔离层与其下一层粘结质量	隔离层与其下一层应粘结牢固，不应有空鼓；防水涂层应平整、均匀，无脱皮、起壳、裂缝、鼓泡等缺陷	用小锤轻击检查和观察检查	
	3	隔离层表面的允许偏差	隔离层表面的允许偏差应符合表-28 的规定	按表 5-28 中的检验方法检验	

（7）关于隔离层分项工程检验批质量检验的说明

1）主控项目第 2 项

本条提出卷材类、涂料类隔离层材料进入施工现场应进行复验，并提出了检验方法、检查数量。

2）主控项目第 3 项

本条为强制性条文。为了防止厕浴间和有防水要求的建筑地面发生渗漏，对楼层结构提出了确保质量的规定，并提出了检验方法、检查数量。

3）主控项目第 5 项

本条为强制性条文。严格规定了防水隔离层的施工质量要求和检验方法、检查数量。

4）一般项目第 1 项

本条提出了隔离层的厚度要求和检验方法、检查数量。对于涂膜防水隔离层，其平均厚度应符合设计要求，最小厚度不得小于设计厚度的 80%，检验方法可采取针刺法或割取 20mm×20mm 的实样用卡尺测量。

【例 5-7】假设案例项目 1 号教学楼首层地面有防水要求的地面采用聚氨酯防水涂料，卫生间除门洞口外做 200mm 混凝土翻边，强度 C25，该教学楼一层的自然间为 21 间，隔离层的检验批容量按自然间数的确定。地面隔离层检验批质量验收记录见表 5-32。

验收时应注意：①1 号教学楼有防水要求的地面采用聚氨酯防水涂料，因此不验收主控项目第 4 条、一般项目第 5 条和一般项目第 7 条中的"厚度"；②因是首层地面，且无地下楼层，因此不验收一般项目第 4 条，不验收的项目采用"/"删除。

地面隔离层检验批质量验收记录　　　　　　　　表 5-32

GB 50209—2010　　　　　　　　　　　　　　　　桂建质 030101（Ⅸ）$\boxed{0}\boxed{0}\boxed{1}$（一）

单位（子单位）工程名称	1 号教学楼		分部（子分部）工程名称	建筑装饰装修（地面）	分项工程名称	基层铺设
施工单位	××建筑工程有限公司		项目负责人	张××	检验批容量	21 间
分包单位			分包单位项目负责人		检验批部位	一层
施工依据	建筑装饰装修施工方案		验收依据	《建筑地面工程施工质量验收规范》GB 50209—2010		

	验收项目	设计要求及规范规定		最小/实际抽样数量	检查记录	检查结果
主控项目	1	材料质量	符合设计要求和国家现行有关标准的规定	观察检查和检查型式检验报告、出厂检验报告、出厂合格证	/	质量证明文件齐全，检查合格	合格
	2	材料进场检验	卷材类、涂料类隔离层材料进入施工现场，对材料的主要物理性能指标进行复验	检查复验报告	/	试验合格，报告编号 D008	合格
	3	隔离层设置要求	厕浴间和有防水要求的建筑地面必须设置防水隔离层。楼层结构必须采用现浇混凝土或整块预制混凝土板、混凝土强度等级≥C20；房间的楼板四周除门洞外，应做混凝土翻边、高度≥200mm，宽同墙厚，混凝土强度等级≥C20。施工时结构层标高和预留孔洞位置准确，严禁乱凿洞	观察和钢尺检查	4/4	抽查 4 处，全部合格	合格

	验收项目	设计要求及规范规定	检查方法	最小/实际抽样数量	检查记录	检查结果
主控项目	4 水泥类防水隔离层	防水等级和强度等级应符合设计要求	观察检查和检查防水等级检测报告、强度等级检测报告	/		
	5 防水隔离层要求	严禁渗漏，坡向正确、排水通畅	观察检查和蓄水、泼水检验、坡度尺检查及检查验收记录	/	检查合格，详见蓄水、泼水试验记录	合格
一般项目	1 隔离层厚度	符合设计要求	观察检查和用钢尺、卡尺检查	4/4	抽查4处，全部合格	合格
	2 隔离层与下一层粘结	粘结牢固，无空鼓；防水涂层平整均匀，无脱皮、起壳、裂缝、鼓泡等缺陷	用小锤轻击检查和观察检查	4/4	抽查4处，全部合格	合格
	3 铺设层数、上翻高度	铺设层数（或道数）、上翻高度符合设计要求，有种植要求的符合《种植屋面工程技术规程》JGJ 155—2013 的有关规定	≥500mm	4/4	抽查4处，全部合格	合格
	4 管道穿越楼板的防水隔离层施工	在管道穿过楼板面四周，防水材料应向上铺涂，并超过套管的上口；在靠近墙面处，高出面层200～300mm或按设计要求的高度铺涂。阴阳角和管道穿过楼板面的根部增加铺涂附加防水隔离层		/		
	5 兼作面层时材料要求	兼作面层时，材料不得对人体及环境产生不利影响，并符合现行国家标准《食品安全性毒理学评价程序》GB 15193.1—2014 和《生活饮用水卫生标准》GB 5749—2006 的有关规定		/		
	6 蓄水试验	防水材料铺设后，必须做蓄水试验，蓄水深度最浅处不小于10mm，蓄水时间不少于24h，并做记录	检查有防水要求的建筑地面的面层采用泼水方法	/	检查合格，详见泼水试验记录	合格
	7 允许偏差 表面平整度	3mm	用2m靠尺和楔形塞尺检查	4/4	抽查4处，全部合格	合格
	标高	±4mm	用水准仪检查	4/4	抽查4处，全部合格	合格
	坡度	不大于房间相应尺寸的2/1000，且不大于30mm	用坡度尺检查	4/4	抽查4处，全部合格	合格
	厚度	在个别地方不大于设计厚度的1/10，且不大于20mm	用钢尺检查	4/4		

施工单位检查结果	主控项目全部符合要求，一般项目满足规范要求，本检验批符合要求 专业工长：王×× 项目专业质量检查员：张×× 2019 年 3 月 12 日	监理（建设）单位验收结论	主控项目全部合格，一般项目满足规范要求，本检验批合格 专业监理工程师： （建设单位项目专业技术负责人）：李×× 2019 年 3 月 12 日

286

5.6.3 整体面层铺设

1. 一般规定

（1）适用范围

本节适用于水泥混凝土（含细石混凝土）面层、水泥砂浆面层、水磨石面层、硬化耐磨面层、防油渗面层、不发火（防爆）面层、自流平面层、涂料面层、塑胶面层、地面辐射供暖的整体面层等面层分项工程的施工质量检验。

本条根据现行国家标准《建筑工程施工质量验收统一标准》GB 50300—2013 的子分部工程划分，指明内容的适用范围及本章所列面层为整体面层子分部工程的分项工程。细石混凝土属混凝土，故加"（含细石混凝土）"予以明确。

（2）基层要求

铺设整体面层时，水泥类基层的抗压强度不得小于 1.2 MPa；表面应粗糙、洁净、湿润并不得有积水。铺设前宜凿毛或涂刷界面剂。硬化耐磨面层、自流平面层的基层处理应符合设计及产品的要求。

本条强调铺设整体面层对水泥类基层的要求，以保证上下层结合牢固。

（3）变形缝要求

铺设整体面层时，地面变形缝的位置应符合本章节建筑地面变形缝的规定；大面积水泥类面层应设置分格缝。

本条就防治整体类面层因温差、收缩等造成裂缝或拱起、起壳等质量缺陷，提出原则性的设缝要求，施工过程中应有较明确的工艺要求。

（4）养护要求

整体面层施工后，养护时间不应少于 7d；抗压强度应达到 5MPa 后方准上人行走；抗压强度应达到设计要求后，方可正常使用。

本条是对养护及使用前的保护要求，以保证面层的耐久性能。

（5）施工要求

1）当采用掺有水泥拌和料做踢脚线时，不得用石灰混合砂浆打底。

2）水泥类整体面层的抹平工作应在水泥初凝前完成，压光工作应在水泥终凝前完成。

本条为一般规定，主要是对压光、抹平等的工序要求，防止因操作使表面结构破坏，影响面层质量。

（6）整体面层的允许偏差和检验方法

整体面层的允许偏差和检验方法应符合表 5-33 的规定。

整体面层的允许偏差和检验方法 表 5-33

序号	项目	允许偏差（mm）									检验方法
		水泥混凝土面层	水泥砂浆面层	普通水磨石面层	高级水磨石面层	硬化耐磨面层	防油渗混凝土和不发火（防爆）面层	自流平面层	涂料面层	塑胶面层	
1	表面平整度	5	4	3	2	4	5	2	2	2	用 2m 靠尺和楔形塞尺检查

序号	项目	允许偏差（mm）									检验方法
		水泥混凝土面层	水泥砂浆面层	普通水磨石面层	高级水磨石面层	硬化耐磨面层	防油渗混凝土和不发火（防爆）面层	自流平面层	涂料面层	塑胶面层	
2	踢脚线上口平直	4	4	3	3	4	4	3	3	3	拉5m线和用钢尺检查
3	缝格顺直	3	3	3	2	3	3	2	2	2	

2. 水泥砂浆面层

（1）水泥砂浆面层的厚度

水泥砂浆面层的厚度应符合设计要求。

（2）水泥砂浆面层分项工程检验批的质量检验标准（表5-34）

水泥砂浆面层分项工程检验批的质量检验标准　　　　　表5-34

项目类型	序号	验收项目	合格质量标准	检验方法	检查数量
主控项目	1	水泥、砂及防水水泥砂浆采用的砂或石屑质量	水泥宜采用硅酸盐水泥、普通硅酸盐水泥，不同品种、不同强度等级的水泥不应混用；砂应为中粗砂，当采用石屑时，其粒径应为1～5mm，且含泥量不应大于3%；防水水泥砂浆采用的砂或石屑，其含泥量不应大于1%	观察检查和检查质量合格证明文件	同一工程、同一强度等级、同一配合比检查一次
	2	防水水泥砂浆中外加剂的技术性能、品种和掺量	防水水泥砂浆中掺入的外加剂的技术性能应符合国家现行有关标准的规定，外加剂的品种和掺量应经试验确定	观察检查和检查质量合格证明文件、配合比试验报告	同一工程、同一强度等级、同一配合比、同一外加剂品种、同一掺量检查一次
	3	水泥砂浆的体积比（强度等级）	水泥砂浆的体积比（强度等级）应符合设计要求，且体积比为1：2，强度等级不应小于M15	检查强度等级检测报告	按自然间（或标准间）检验，随机检验应不少于3间；不足3间应全数检验；其中走廊（过道）应以10延长米为1间，工业厂房（按单跨计）、礼堂、门厅应以每两个轴线为1间计算。有防水要求的每检验批按房间总数随机检验应不少于4间；不足4间，应全数检查
	4	有排水要求的水泥砂浆地面坡向	有排水要求的水泥砂浆地面，坡向应正确、排水通畅；防水泥砂浆面层不应渗漏	观察检查和蓄水、泼水检验或坡度尺检查及检查检验记录	
	5	面层质量	面层与下一层应结合牢固，且应无空鼓和开裂。当出现空鼓时，空鼓面积不应大于400cm²，且每自然间或标准间不应多于2处	观察和用小锤轻击检查	
一般项目	1	面层表面的坡度应	面层表面的坡度应符合设计要求，不应有倒泛水和积水现象	观察和采用泼水或坡度尺检查	
	2	面层表面	面层表面应洁净，不应有裂纹、脱皮、麻面、起砂等现象	观察检查	

项目类型	序号	验收项目	合格质量标准	检验方法	检查数量
一般项目	3	踢脚线与柱、墙面结合，踢脚线高度及出柱、墙厚度	踢脚线与柱、墙面应紧密结合，踢脚线高度及出柱、墙厚度应符合设计要求且均匀一致。当出现空鼓时，局部空鼓长度不应大于300mm，且每自然间或标准间不应多于2处	用小锤轻击、钢尺和观察检查	按自然间（或标准间）检验，随机检验应不少于3间；不足3间应全数检验；其中走廊（过道）应以10延长米为1间，工业厂房（按单跨计）、礼堂、门厅应以每两个轴线为1间计算。 有防水要求的每检验批按房间总数随机检验应不少于4间；不足4间，应全数检查
	4	楼梯、台阶踏步的宽度、高度。楼层梯段相邻踏步高度差	楼梯、台阶踏步的宽度、高度应符合设计要求。楼层梯段相邻踏步高度差不应大于10mm；每踏步两端宽度差不应大于10mm，旋转楼梯梯段的每踏步两端宽度的允许偏差不应大于5mm。踏步面层应做防滑处理，齿角应整齐，防滑条应顺直、牢固	观察和用钢尺检查	
	5	水泥砂浆面层的允许偏差	水泥砂浆面层的允许偏差应符合表5-33的规定	按表5-33中的检验方法检验	

【例5-8】假设案例项目1号教学楼首层地面面层设计采用1∶2水泥砂浆，强度等级不低于M15，该教学楼一层的自然间为21间，地面面层的检验批容量按自然间数的确定，对于高层建筑的标准层，可以按3个标准层作为一个检验批。抽检数量为检验批容量的10％，不少于3间，地面水泥砂浆面层检验批质量验收记录见表5-35。

验收时应注意：如果水泥砂浆设计没有要求掺加外加剂，则不验收主控项目第2项；如果水泥砂浆整体面层没有涵盖踢脚线，则不验收一般项目第3项和一般项目第6项中"踢脚线上口平直"。

地面水泥砂浆面层检验批质量验收记录　　　　　　　　　　表5-35

GB 50209—2010　　　　　　　　　　　　　　　　　　　桂建质 030103 |0|0|1|

单位（子单位）工程名称	1号教学楼		分部（子分部）工程名称	建筑装饰装修（地面）	分项工程名称	整体面层铺设
施工单位	××建筑工程有限公司		项目负责人	张××	检验批容量	21间
分包单位			分包单位项目负责人		检验批部位	一层
施工依据	建筑装饰装修施工方案		验收依据	《建筑地面工程施工质量验收规范》GB 50209—2010		
	验收项目	设计要求及规范规定		最小/实际抽样数量	检查记录	检查结果
主控项目	1 材料质量	采用硅酸盐水泥、普通硅酸盐水泥，不同品种、不同强度等级的水泥不应混用；砂为中粗砂，当采用石屑时，其粒径为1～5mm，且含泥量≤3%；防水水泥砂浆采用的砂或石屑，其含泥量≤1%		观察检查和检查质量合格证明文件	/	质量证明文件齐全，检查合格	合格

	验收项目	设计要求及规范规定		最小/实际抽样数量	检查记录	检查结果
主控项目	2 外加剂	技术性能符合国家现行有关标准的规定,品种和掺量经试验确定	观察检查和检查质量合格证明文件、配合比试验报告	/		
	体积比(强度等级)	符合设计要求;且体积比应为1:2,强度等级不应小于M15	检查强度等级检测报告	/	试验合格,报告编号	合格
	4 排水坡向	坡向正确、排水通畅;防水水泥砂浆面层无渗漏	观察检查和蓄水、泼水检验或坡度尺检查及检查检验记录	/	检查合格,详见泼水试验记录	合格
	5 面层与下层结合	结合牢固,无空鼓、开裂	观察和用小锤轻击检查	3/3	抽查3处,全部合格	合格
一般项目	1 表面质量	洁净,无裂纹、脱皮、麻面、起砂现象	观察检查	3/3	抽查3处,全部合格	合格
	2 表面坡度	符合设计要求,不应有倒泛水和积水现象	观察和采用泼水或用坡度尺检查	/	检查合格,详见泼水试验记录	合格
	3 水泥砂浆踢脚线	与柱、墙面紧密结合,高度出柱、墙厚度符合设计要求且均匀一致	用小锤轻击、钢尺和观察检查			
	4 面层厚度	符合设计要求	尺量检查	3/3	抽查3处,全部合格	合格
	5 楼梯、台阶踏步	宽度、高度符合设计要求,踏步面层做防滑处理,齿角整齐,防滑条顺直、牢固	观察和钢尺检查	3/3	抽查3处,全部合格	合格
		相邻踏步高度差≤10mm,每踏步两端宽度差≤10mm(旋转梯为≤5mm)		3/3	抽查3处,全部合格	合格
	6 表面允许偏差	表面平整度 4mm	用2m靠尺和楔形塞尺检查	3/3	抽查3处,全部合格	合格
		踢脚线上口平直 4mm	拉5m线和钢尺检查	/		
		缝格顺直 3mm		3/3	抽查3处,全部合格	合格

施工单位检查结果	主控项目全部符合要求,一般项目满足规范要求,本检验批符合要求 专业工长:王×× 项目专业质量检查员:张×× 2019年3月13日	监理(建设)单位验收结论	主控项目全部合格,一般项目满足规范要求,本检验批合格 专业监理工程师:李×× (建设单位项目专业技术负责人): 2019年3月13日

3. 水磨石面层

(1) 材料、颜色和图案

1) 水磨石面层应采用水泥与石粒拌和料铺设，有防静电要求时，拌和料内应按设计要求掺入导电材料。面层厚度除有特殊要求外，宜为 12~18mm，且宜按石粒粒径确定。水磨石面层的颜色和图案应符合设计要求。

本条规定有防静电要求的水磨石拌和料内应掺入导电材料，并明确面层厚度除有特殊要求外，宜为 12~18mm。

2) 白色或浅色的水磨石面层应采用白水泥；深色的水磨石面层宜采用硅酸盐水泥、普通硅酸盐水泥或矿渣硅酸盐水泥；同颜色的面层应使用同一批水泥。同一彩色面层应使用同厂、同批的颜料；其掺入量宜为水泥重量的 3%~6% 或由试确定。

本条明确了深色、浅色水磨石面层应采用的水泥品种，并对彩色面层使用的水泥和颜料的掺量提出要求。

3) 水磨石面层的结合层采用水泥砂浆时，强度等级应符合设计要求且不应小于 M10，稠度宜为 30~35mm。

本条明确了面层的结合层采用水泥砂浆时的强度等级和度要求。水泥砂浆的稠度以标准圆锥体沉入度计取。

4) 防静电水磨石面层中采用导电金属分格条时，分格条应经绝缘处理，且十字交叉处不得碰接。

本条对防静电水磨石面层中分格条的铺设作出规定。防静电水磨石面层中的分格条宜按如下要求进行铺设：找平层经养护达到 5MPa 以上强度后，先在找平层上按设计求弹出纵横垂直分格墨线或图案分格墨线，然后按墨线截裁经校正、绝缘、干燥处理的导电金属分格条。导电金属分格条的间隙宜控制在 3~4mm，且十字交叉处不得碰接（图 5-1）（当采用不导电分格条时，十字交叉处不受此限制）。分格条的嵌固可用纯水泥浆在分格条下部抹成八字角（与找平层约成 30°角）通长座嵌牢固，八字角的

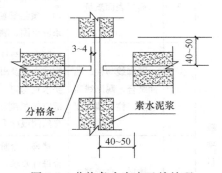

图 5-1　分格条十字交叉处处理

高度宜比分格条顶面低 3~5mm。在距十字中心的四个方向应各空出 20mm 不抹纯水泥浆，使石子能填入夹角内。

(2) 施工要求

1) 普通水磨石面层磨光遍数不应少于 3 遍。高级水磨石面层的厚度和磨光遍数应由设计确定。

本条明确了普通水磨石面层的磨光遍数。

2) 水磨石面层磨光后，在涂草酸和上蜡前，其表面不得污染。

本条要求在水磨石面层磨光后做好面层的保护，以防污染。

3) 防静电水磨石面层应在表面经清净、干燥后，在表面均匀涂抹一层防静电剂和地板蜡，并应做抛光处理。

(3) 水磨石面层分项工程检验批的质量检验标准（表 5-36）

水磨石面层分项工程检验批的质量检验标准　　　　　　　　　　　　　表 5-36

项目类型	序号	验收项目	合格质量标准	检验方法	检查数量
主控项目	1	水磨石面层的石粒、颜料	应采用白云石、大理石等岩石加工而，石粒应洁净无杂物，其粒径除特殊要求外应为 6～16mm；颜料应采用耐光、耐碱的矿物原料，不得使用酸性颜料	观察检查和检查质量合格证明文件	同一工程、同一体积比检查一次
	2	水磨石面层拌和料的体积比	水磨石面层拌和料的体积比应符合设计要求，且水泥与石的比例应为 1∶1.5～1∶2.5	检查配合比试验报告	
	3	防静电水磨石面层接地电阻和表面电阻	防静电水磨石面层应在施工前及施工完成表面干燥后进接地电阻和表面电阻检测，并应做好记录	检查施工记录和检测报告	按自然间（或标准间）检验，随机检验应不少于 3 间；不足 3 间应全数检验；其中走廊（过道）应以 10 延长米为 1 间，工业厂房（按单跨计）、礼堂、门厅应以每两个轴线为 1 间计算。有防水要求的每检验批按房间总数随机检验应不少于 4 间；不足 4 间，应全数检查
	4	面层与下一层结合	面层与下一层结合应牢固，且应无空鼓、裂纹。当出现空鼓时，空鼓面积不应大于 400cm²，且每自然间或标准间不应多于 2 处	观察和用小锤轻击检查	
一般项目	1	面层表面质量	面层表面应光滑，且应无裂纹、砂眼和磨痕；石粒应密实，显露应均匀；颜色图案应一致，不混色；分格条应牢固、顺直和清晰	观察检查	
	2	踢脚线与柱、墙面结合，踢脚线高度及出柱、墙厚度	踢脚线与柱、墙面应紧密结合，踢脚线高度及出柱、墙厚度应符合设计要求且均匀一致。当出现空鼓时，局部空鼓长度不应大于 300mm，且每自然间或标准间不应多于 2 处	用小锤轻击、钢尺和观察检查	
	3	楼梯、台阶踏步的宽度、高度。楼层梯段邻踏步高度差	楼梯、台阶踏步的宽度、高度应符合设计要求。楼层梯段邻踏步高度差不应大于 10mm；每踏步两端宽度差不应大于 10mm，旋转楼梯梯段的每踏步两端宽度的允许偏差不应大于 5mm。踏步面层应做防滑处理，齿角应整齐，防滑条应顺直、牢固	观察和用钢尺检查	
	4	水磨石面层的允许偏差	水磨石面层的允许偏差应符合表 5-33 的规定	按表 5-33 中的检验方法检验	

【例 5-9】假设案例项目 1 号教学楼首层地面面层设计采用普通水磨石整体面层，该教学楼一层的自然间为 21 间，地面面层的检验批容量按自然间数的确定，对于高层建筑的标准层，可以按 3 个标准层作为一个检验批。抽检数量为检验批容量的 10%，不少于 3 间，水磨石整体面层检验批质量验收记录见表 5-37。

验收时应注意：因 1 号教学楼地面设计采用普通水磨石整体面层，因此不验收一般项目第 6 项中"高级水磨石"。

GB 50209—2010　　　　　　　　　　　　　　　　　　　桂建质 030104 [0][0][1]

单位（子单位）工程名称		1号教学楼	分部（子分部）工程名称	建筑装饰装修（地面）	分项工程名称	整体面层铺设
施工单位		××建筑工程有限公司	项目负责人	张××	检验批容量	21间
分包单位			分包单位项目负责人		检验批部位	一层
施工依据		建筑装饰装修施工方案	验收依据		《建筑地面工程施工质量验收规范》GB 50209—2010	

		验收项目	设计要求及规范规定	最小/实际抽样数量	检查记录	检查结果
主控项目	1	材料质量	石粒采用白云石、大理石等岩石加工而成，洁净无杂物，粒径除特殊要求外应为6～16mm；颜料采用耐光、耐碱的矿物原料，不得使用酸性颜料	/	质量证明文件齐全，检查合格	合格
	2	拌和料体积比	符合设计要求；且水泥与石粒的比例应为 1：1.5～1：2.5	/	试验合格，报告编号D14	合格
	3	防静电电阻检测	施工前及施工完成表面干燥后进行接地电阻和表面电阻检测，并做好记录	/	试验合格，报告编号D15	合格
	4	面层与下一层结合	结合牢固，无空鼓、裂纹	观察和用小锤轻击检查	3/3	抽查3处，全部合格	合格
一般项目	1	表面质量	光滑；无裂纹、砂眼和磨痕；石粒密实，显露均匀；颜色图案一致，不混色；分格条牢固、顺直和清晰；磨光≥3遍；防静电面层表面清净、干燥后，均匀涂抹一层防静电剂和地板蜡，并做抛光处理	3/3	抽查3处，全部合格	合格
	2	踢脚线	与柱、墙面紧密结合，踢脚线高度及出柱、墙厚度符合设计要求且均匀一致	用小锤轻击、钢尺和观察检查	3/3	抽查3处，全部合格	合格
	3	面层厚度	除有特殊要求外，宜为12～18mm且按石粒粒径确定	尺量检查	3/3	抽查3处，全部合格	合格
	4	水泥砂浆结合层	强度等级符合设计要求且≥M10，水泥砂浆稠度宜为30～35mm	查配合比通知单	/	配合比合格，报告编号D16	合格
	5	楼梯、台阶踏步	宽度、高度符合设计要求。踏步面层做防滑处理，齿角整齐，防滑条顺直、牢固	观察和钢尺检查	3/3	抽查3处，全部合格	合格
			相邻踏步高度差≤10mm，每踏步两端宽度差≤10mm（旋转梯为≤5mm）				合格

293

	验收项目		设计要求及规范规定			最小/实际抽样数量	检查记录	检查结果
一般项目	6 表面允许偏差	表面平整度	高级水磨石	2mm	用 2m 靠尺和楔形塞尺检查	/		
			普通水磨石	3mm		3/3	抽查 3 处，全部合格	合格
		踢脚线上口平直		3mm	拉 5m 线和钢尺检查	3/3	抽查 3 处，全部合格	合格
		缝格顺直	高级水磨石	2mm		/		
			普通水磨石	3mm		3/3	抽查 3 处，全部合格	合格

施工单位检查结果	主控项目全部符合要求，一般项目满足规范要求，本检验批符合要求 专业工长：王×× 项目专业质量检查员：张×× 2019 年 3 月 13 日	监理（建设）单位验收结论	主控项目全部合格，一般项目满足规范要求，本检验批合格 专业监理工程师：李×× （建设单位项目专业技术负责人）： 2019 年 3 月 13 日

5.6.4 板块面层铺设

1. 一般规定

（1）适用范围

本章适用于砖面层、大理石和花岗石面层、预制板块面层料石面层、塑料板面层、活动地板面层、金属板面层、地毯面层、地面辐射供暖的板块面层等面层分项工程的施工质量验收。

本条阐明板块面层子分部施工质量检验所涵盖的分项工程为砖面层、大理石面层和花岗石面层、预制板块面层、料石面层、塑料板面层、活动地板面层、金属板面层、地毯面层、地面辐射供暖的板块面层等。

（2）各基层质量要求

1）铺设板块面层时，其水泥类基层的抗压强度不得小于 1.2 MPa。

2）铺设板块面层的结合层和板块间的填缝采用水泥砂浆时应符合下列规定：

①配制水泥砂浆应采用硅酸盐水泥、普通硅酸盐水泥或矿渣硅酸盐水泥；

②配制水泥砂浆的砂应符合现行行业标准《普通混凝土用砂、石质量及检验方法标准》JGJ 52—2006 的有关规定；

③水泥砂浆的体积比（或强度等级）应符合设计要求。

3）结合层和板块面层填缝的胶结材料应符合国家现行有关标准的规定和设计要求。

4）铺设水泥混凝土板块、水磨石板块、人造石板块、陶瓷锦砖、陶瓷地砖、缸砖、水泥花砖、料石、大理石、花岗石等面层的结合层和填缝材料采用水泥砂浆时，在面层铺设后，表面应覆盖、湿润，养护时间不应少于 7d。当板块面层的水泥砂浆结合层的抗压强度达到设计要求后，方可正常使用。

（3）变形缝设置

大面积板块面层的伸、缩缝及分格缝应符合设计要求。

本条对大面积板块面层的伸、缩缝及分格缝提出要求。大面积板块面层系指厂房、公共建筑、部分民用建筑等的板块面层。

（4）踢脚线施工

板块类踢脚线施工时，不得采用混合砂浆打底。

本条主要是为防治板块类踢脚线的空鼓。

2. 砖面层

（1）材料选择

砖面层可采用陶瓷锦砖、缸砖、陶瓷地砖和水泥花砖，应在结合层上铺设。

砖面层可分为陶瓷锦砖、陶瓷地砖、缸砖和水泥花砖等。对于近年来建筑市场上广泛应用的广场砖、劈裂砖、仿古砖以及普通黏土砖等，施工时也可按此规定执行。

（2）铺贴前工作

在水泥砂浆结合层上铺贴缸砖、陶瓷地砖和水泥花砖面层时，应符合下列规定：

1）在铺贴前，应对砖的规格尺寸、外观质量、色泽等进行预选；需要时，浸水湿润晾干待用；

2）勾缝和压缝应采用同品种、同强度等级、同颜色的水泥，并做养护和保护。

本条针对在水泥砂浆结合层上铺贴缸砖、陶瓷地砖、水泥花砖面层，提出铺贴前检验、铺贴过程以及铺贴后的养护应遵守的规定。

（3）不同结合层上铺贴质量要求

1）在水泥砂浆结合层上铺贴陶瓷锦砖面层时，砖底面应洁净，每联陶瓷锦砖之间、与结合层之间以及在墙角、镶边和靠柱、墙处应紧密贴合。在靠柱、墙处不得采用砂浆填补。

2）在胶结料结合层上铺贴缸砖面层时，缸砖应干净，铺贴应在胶结料凝结前完成。

（4）板块面层的允许偏差和检验方法

板块面层的允许偏差和检验方法应符合表5-38的规定：

板、块面层的允许偏差和检验方法　　　　　　　　　表 5-38

序号	项目	允许偏差（mm）											检验方法
		陶瓷锦砖面层、高级水磨石面层、陶瓷地砖面层	缸砖面层	水泥花砖面层	水磨石板块面层	大理石面层、花岗石面层、人造石面层、金属板面层	塑料板面层	水泥混凝土板块面层	碎拼大理石面层、碎拼花岗石面层	活动地板面层	条石面层	块石面层	
1	表面平整度	2.0	4.0	3.0	3.0	1.0	2.0	4.0	3.0	2.0	10	10	用2m靠尺和楔形塞尺检查
2	缝格平直	3.0	3.0	3.0	3.0	2.0	3.0	3.0	—	2.5	8.0	8.0	拉5m线和用钢尺检查
3	接缝高低差	0.5	1.5	0.5	1.0	0.5	0.5	1.5	—	0.4	2.0	—	用钢尺和楔形塞尺检查
4	踢脚线上口平直	3.0	4.0	—	4.0	1.0	2.0	4.0	1.0	—	—	—	拉5m线和用钢尺检查
5	板块间隙宽度	2.0	2.0	2.0	2.0	1.0	—	6.0	—	0.3	5.0	—	用钢尺检查

本条提出板块面层质量的允许偏差值和相应的检验方法。允许偏差值考虑了不同板块的材料质量和材料特性对铺设质量的影响。

（5）砖面层分项工程检验批的质量检验标准（表 5-39）

表 5-39

砖面层分项工程检验批的质量检验标准

项目类型	序号	验收项目	合格质量标准	检验方法	检查数量
主控项目	1	砖面层所用板块产品质量	砖面层所用板块产品应符合设计要求和国家现行有关标准的规定	观察检查和检查型式检验报告、出厂检验报告、出厂合格证	同一工程、同一材料、同一生产厂家、同一型号、同一规格、同一批号检查一次
	2	砖面层所用板块产品放射性限量的检测	砖面层所用板块产品进入施工现场时，应有放射性限量合格的检测报告	检查检测报告	
	3	面层与下一层的结合（粘结）	面层与下一层的结合（粘结）应牢固，无空鼓（单块砖边角允许有局部空鼓，但每自然间或标准间的空鼓砖不应超过总数的5%）	用小锤轻击检查	
一般项目	1	砖面层的表面	砖面层的表面应洁净、图案清晰，色泽应一致，接缝应平整，深浅应一致，周边应顺直。板块应无裂纹、掉角和缺棱等缺陷	观察检查	按自然间（或标准间）检验，随机检验应不少于3间；不足3间应全数检验；其中走廊（过道）应以10延长米为1间，工业厂房（按单跨计）、礼堂、门厅应以每两个轴线为1间计算。有防水要求的每检验批按房间总数随机检验应不少于4间；不足4间，应全数检查
	2	面层邻接处的镶边用料及尺寸	面层邻接处的镶边用料及尺寸应符合设计要求，边角应整齐、光滑	观察和用钢尺检查	
	3	踢脚线表面质量；与柱、墙面的结合；踢脚线高度及出柱、墙厚度	踢脚线表面应洁净，与柱、墙面的结合应牢固。踢脚线高度及出柱、墙厚度应符合设计要求，且均匀一致	观察和用小锤轻击及钢尺检查	
	4	楼梯、台阶踏步的宽度、高度	楼梯、台阶踏步的宽度、高度应符合设计要求。踏步板块的缝隙宽度应一致；楼层梯段相邻踏步高度差不应大于10mm；每踏步两端宽度差不应大于10mm，旋转楼梯梯段的每踏步两端宽度的允许偏差不应大于5mm。踏步面层应做防滑处理，齿角应整齐，防滑条应顺直、牢固	观察和用钢尺检查	
	5	面层表面的坡度	面层表面的坡度应符合设计要求，不倒泛水、无积水；与地漏、管道结合处应严密牢固，无渗漏	观察、泼水或用坡度尺及蓄水检查	
	6	砖面层的允许偏差	砖面层的允许偏差应符合表5-38的规定	按表5-38中的检验方法检验	

【例 5-10】假设案例项目 1 号教学楼首层地面面层设计采用米黄色陶瓷抛光砖，规格 800mm×800mm，该教学楼一层的自然间为 21 间，地面面层的检验批容量按自然间数的确定，对于高层建筑的标准层，可以按 3 个标准层作为一个检验批。抽检数量为检验批容量的 10%，不少于 3 间，板块面层检验批质量验收记录见表 5-40。

验收时应注意：因 1 号教学楼地面设计采用陶瓷抛光砖板块面层，因此不验收一般项目第 6 条中"缸砖""水泥花砖"。

GB 50209—2010　　桂建质 030112 0 0 1

单位（子单位）工程名称		1号教学楼	分部（子分部）工程名称	建筑装饰装修（地面）	分项工程名称	板块面层铺设
施工单位		××建筑工程有限公司	项目负责人	张××	检验批容量	21 间
分包单位			分包单位项目负责人		检验批部位	一层
施工依据		建筑装饰装修施工方案	验收依据	《建筑地面工程施工质量验收规范》GB 50209—2010		

		验收项目	设计要求及规范规定	最小/实际抽样数量	检查记录	检查结果
主控项目	1	块材质量	符合设计要求和国家现行有关标准的规定	观察检查和检查型式检验报告、出厂检验报告、出厂合格证	/	试验合格，报告编号D11	
	2	板块进场	有放射性限量检测合格报告	检查检测报告	/	试验合格，报告编号D12	合格
	3	面层与下一层	结合（粘结）牢固，无空鼓	用小锤轻击检查	3/3	抽查3处，全部合格	合格
一般项目	1	表面质量	洁净、图案清晰，色泽一致，接缝平整，深浅一致，周边顺直。板块无裂纹、掉角和缺棱等缺陷	观察检查	3/3	抽查3处，全部合格	合格
	2	邻接处镶边用料	用料及尺寸符合设计要求，边角应整齐、光滑	观察和用钢尺检查	3/3	抽查3处，全部合格	合格
	3	表面坡度	符合设计要求，不倒泛水，无积水；与地漏、管道结合处严密牢固，无渗漏	观察和采用泼水或用坡度尺检查	3/3	抽查3处，全部合格	合格
	4	踢脚线	表面洁净、与柱、墙面的结合应牢固。高度及出柱、墙厚度应符合设计要求，且均匀一致	用小锤轻击、钢尺和观察检查	3/3	抽查3处，全部合格	合格
	5	楼梯踏步和台阶板块	宽度、高度符合设计要求。板块缝隙宽度一致；楼层梯段相邻踏步高度差≤10mm；每踏步两端宽度差≤10mm（旋转楼梯梯段≤5m）；做防滑处理，齿角整齐，防滑条顺直、牢固	观察和钢尺检查	3/3	抽查3处，全部合格	合格

验收项目				设计要求及规范规定	最小/实际抽样数量	检查记录	检查结果
一般项目	6 表面允许偏差	表面平整度	缸砖	4.0mm	用2m靠尺和楔形塞尺检查	/	
			水泥花砖	3.0mm		/	
			陶瓷锦砖、陶瓷地砖	2.0mm		3/3	抽查3处，全部合格	合格
		接缝高低差	陶瓷锦砖、陶瓷地砖、水泥花砖	0.5mm	用钢尺和楔形塞尺检查	3/3	抽查3处，全部合格	合格
			缸砖	1.5mm		/	
		缝格平直		3.0m		3/3	抽查3处，全部合格	合格
		踢脚线上口平直	陶瓷锦砖、陶瓷地砖	3.0mm	拉5m线和钢尺检查	3/3	抽查3处，全部合格	合格
			缸砖	4.0mm		/	
		板块间隙宽度		2.0mm	钢尺检查	3/3	抽查3处，全部合格	合格
施工单位检查结果	主控项目全部符合要求，一般项目满足规范要求，本检验批符合要求 专业工长：王×× 项目专业质量检查员：张×× 2019年3月16日				监理（建设）单位验收结论	主控项目全部合格，一般项目满足规范要求，本检验批合格 专业监理工程师：李×× （建设单位项目专业技术负责人）： 2019年3月16日	

5.7 分部工程验收

1. 验收的程序和组织

建筑装饰装修分部工程中共分12个子分部工程及44个分项工程。建筑装饰装修工程质量验收的程序和组织应符合"统一标准"的有关规定。

2. 建筑装饰装修工程中检验批合格条件

检验批合格的条件应满足：

1) 主控项目抽查样本均应符合规范规定。

2) 一般项目抽查样本的80%以上符合规范规定。但不符合一般项目的20%抽查样本，不得有影响使用功能的缺陷或明显影响装饰效果的缺陷。这样既考虑了外观质量缺陷返工成本高，又考虑了当前装饰装修施工水平参差不齐的实际状况。

3) 一般项目中有允许偏差的检验项目，其最大偏差值不得超过允许偏差值的1.5倍。

3. 分部工程质量验收合格的判定

1) 分部工程中各分项工程的质量均验收合格。

2) 分部工程的质量控制资料应完整。

3) 涉及有关安全和功能的检测项目，应满足相关专业验收规范的规定。

建筑装饰装修分部工程需要进行安全和功能检测的项目见表5-41。

| 有关安全和功能的检测项目表 | | 表 5-41 |

序号	子分部工程	检测项目
1	门窗工程	1）人造木板门的甲醛释放量； 2）建筑外窗的抗风压性能、气密性能和水密性能
2	抹灰工程	1）砂浆的拉伸粘结强度； 2）聚合物砂浆的保水性
3	饰面砖工程	1）室内用花岗石和瓷质饰面砖的放射性； 2）水泥基粘结材料与所用外墙饰面砖的拉伸粘结强度； 3）外墙陶瓷面砖的吸水率； 4）严寒和寒冷地区外墙陶瓷饰面砖的抗冻性

4）观感质量应符合装饰规范各分项工程中一般项目的要求。

当建筑工程施工内容只有装饰装修分部工程时，可作为单位工程验收。

对要特殊要求建筑装饰装修工程，如影剧院、播音室、保密场所等需要满足声学、光学、屏蔽、绝缘、超净、防雷、防辐射等功能时，设计图纸采用一些特殊装饰装修材料和工艺，在验收时，应按承包合同约定检测相关技术指标。

建筑装饰装修工程的室内环境质量，应符合《民用建筑工程室内环境污染控制标准》GB 50325—2020（2013 修订版）的规定。

本 章 小 结

建筑装饰装修工程涉及的内容、使用的装饰装修材料机施工方法非常广泛，本章只选择了其中应用最广泛的一部分内容进行讲解。首先是门窗工程，无论建设单位是否采用二次精装修，门窗工程是必须要在毛坯房时就要安装的；其次是抹灰工程，抹灰工程其实质就是在墙面进行精装修前进行找平，也是必经的一道施工工序；再次就是内外墙的装饰装修，特别是外墙，目前采用最多的是涂料和饰面砖，部分写字楼采用幕墙，但幕墙的种类也存在很多种；建筑地面选择也是应用相对比较广泛的水泥砂浆整体面层（粗装修中应用较多）、水磨石整体面层（在部分中小学校及工业厂房中应用较多）、砖面层（目前在各种建筑物中使用最广泛）。装饰装修工程主要是依附在主体结构上，因此验收时注意对其基层和隐蔽工程的验收；另外，装饰装修材料种类非常多，施工前应注意留置各方认可的样件或样本。装饰装修工程质量大多难以进行定量评定，因此施工前最好先施工完成一个各方认可的样板间，以便作为质量验收时的一个参照依据。完成了本章的学习，则能够掌握常见的建筑装饰装修知识和技能。

本 章 习 题

1. 在建筑装饰装修施工中，有哪些施工禁止行为？
2. 抹灰工程验收时应检查哪些文件和记录？
3. 抹灰工程施工时，对不同材料基体交接处应如何处理？

4. 门窗工程应对哪些材料及性能进行复验？

5. 门窗工程验收时应检查哪些文件和记录？

6. 门窗工程应对哪些隐蔽工程项目进行验收？

7. 饰面砖工程验收时应检查哪些文件和记录？

8. 饰面砖工程应对哪些材料及其性能指标进行复验？

9. 涂饰工程的基层处理应符合哪些要求？

10. 在厕浴间和有防水要求的建筑地面的防水隔离层设置要求有哪些？

11. 水磨石面层颜料的选择有什么要求？

第6章 屋 面 工 程

本章要点

本章的知识点：屋面工程质量验收的基本规定；基层与保护工程质量验收的一般规定，找坡层和找平层分项工程检验批质量的验收，隔汽层分项工程检验批质量的验收，隔离层分项工程检验批质量的验收，保护层分项工程检验批质量质量的验收；保温与隔热工程的一般规定，板状材料保温层分项工程检验批质量的验收，现浇泡沫混凝土保温层检验批质量的验收，架空隔热层检验批质量的验收；防水与密封工程质量验收的一般规定，卷材防水层分项工程检验批质量的验收，涂膜防水层分项工程检验批质量的验收，复合防水层分项工程检验批质量的验收，接缝密封分项工程检验批质量的验收；屋面细部构造工程质量验收一般规定，檐口分项工程检验批质量的验收，檐沟和天沟分项工程检验批质量的验收，女儿墙分项工程检验批质量的验收，变形缝分项工程检验批质量的验收，伸出屋面管道分项工程检验批质量的验收。

本章技能点：能对屋面工程的找坡层和找平层分项工程检验批质量、隔汽层分项工程检验批质量、隔离层分项工程检验批质量、保护层分项工程检验批质量等进行验收并编制相应验收记录资料；能对保温与隔热工程的板状材料保温层分项工程检验批质量、现浇泡沫混凝土保温层检验批质量、架空隔热层检验批质量等进行验收并编制相应验收记录资料；能对防水与密封工程的卷材防水层分项工程检验批质量、涂膜防水层分项工程检验批质量、复合防水层分项工程检验批质量、接缝密封分项工程检验批质量等进行验收并编制相应验收记录资料；能对屋面细部构造工程的檐口分项工程检验批质量、檐沟和天沟分项工程检验批质量、女儿墙分项工程检验批质量、变形缝分项工程检验批质量、伸出屋面管道分项工程检验批质量等进行验收并编制相应验收记录资料。

屋面工程的主要功能是排水、防水、保温、隔热。屋面防水的主要手段第一是"疏"，通过在屋面设置分水线和一定的排水坡度或泄水口，将水及时进行分流；第二是"排"，将水及时通过檐口直接外排，或采用檐沟、天沟降水汇集后再通过雨水管等措施将水排到地面；第三是"防"，在屋面设置防水层防水。保温和隔热是两个不同概念，保温是采用保温材料，主要是避免室内（冷、热）能量与室外出现能量交换；而隔热措施不一定采用保温材料，主要是避免室外的高温影响室内的环境温度，如常见的在屋面进行绿化（种植屋面），设置架空层或屋面蓄水等隔热措施。

每一类屋面（即子分部工程）都由不同的构造层次组成，不同的构造层次就形成了不同的分项工程。

屋面工程应遵循"材料是基础、设计是前提、施工是关键、管理是保证"的综合治理原则，积极采用新材料、新工艺、新技术，确保屋面防水及保温、隔热等使用功能和工程质量。

6.1 屋面工程质量验收基本规定

1. 屋面的防水等级、防水层合理使用年限和设防要求

屋面工程应根据建筑物的性质、重要程度、使用功能要求，按不同屋面防水等级进行设防。屋面防水等级和设防要求应符合现行国家标准《屋面工程技术规范》GB 50345—2012 的有关规定。

修订后的《屋面工程技术规范》GB 50345—2012 对屋面防水等级和设防要求的内容作了较大变动，将屋面防水等级划分为Ⅰ、Ⅱ两级，分别适用重要建筑和高层建筑、一般建筑。设防要求分别为两道防水设防和一道防水设防。

2. 屋面工程施工质量的控制要求

（1）施工单位应取得建筑防水和保温工程相应等级的资质证书；作业人员应持证上岗。

目前，防水专业队伍是由省级以上建设行政主管部门依据防水施工企业的规模、技术条件、业绩等条件进行综合考核后颁发资质证书。防水工程施工，实际上是对防水材料的一次再加工，必须由防水专业队伍进行施工，才能确保防水工程的质量。作业人员应经过防水专业培训，达到符合要求的操作技术水平，由有关主管部门发给上岗证。对非防水专业队伍或非防水工人施工的情况，当地质量监督部门应责令其停止施工。

（2）施工单位应建立、健全施工质量的检验制度，严格工序管理，做好隐蔽工程的质量检查和记录。

本条对施工项目的质量管理体系和质量保证体系提出了要求，施工单位应推行全过程的质量控制。施工现场质量管理，要求有相应的施工技术标准、健全的质量管理体系、施工质量控制和检验制度。

（3）屋面工程施工前应通过图纸会审，施工单位应掌握施工图中的细部构造及有关技术要求；施工单位应编制屋面工程专项施工方案，并应经监理单位或建设单位审查确认后执行。

防水工程施工前，应通过图纸会审，掌握施工图中的细部构造及有关技术要求。这样做一方面是对设计图纸进行把关，另一方面可使施工单位切实掌握屋面防水设计的要求，避免施工中的差错。同时，制定切实可行的防水工程施工方案或技术措施，施工方案或技术措施应按程序审批，经监理或建设单位审查确认后执行。

（4）对屋面工程采用的新技术，应按有关规定经过科技成果鉴定、评估或新产品、新技术鉴定。施工单位应对新的或首次采用的新技术进行工艺评价，并应制定相应技术质量标准。

随着人们对屋面使用功能要求的提高，屋面工程设计提出多样化、立体化等新的建筑设计理念，从而对建筑造型、屋面防水、保温隔热、建筑节能和生态环境等方面提出了更高的要求。

根据住房和城乡建设主管部门的要求，注重在屋面工程中推广应用新技术并限制、禁止使用落后的技术。对采用性能、质量可靠的新型防水材料和相应的施工技术等科技成果，必须经过省级以上有关部门的科技成果鉴定、评估或新产品、新技术鉴定，并应制定相应的技术规程。同时，强调新技术需经屋面工程实践检验，符合有关安全及功能要求的才能得到推广应用。

（5）屋面工程施工时，应建立各道工序的自检、交接检和专职人员检查的"三检"制度，并应有完整的检查记录。每道工序施工完成后，应经监理单位或建设单位检查验收，并应在合格后再进行下道工序的施工。

屋面工程施工时，各道工序之间常常因上道工序存在的质量问题未解决，而被下道工序所覆盖，给屋面防水留下质量隐患。因此，必须强调按工序、层次进行检查验收，即在操作人员自检合格的基础上，进行工序的交接检和专职质量员的检查，检查结果应有完整的记录，然后经监理单位或建设单位检查验收合格后方可进行下道工序的施工。

（6）当进行下道工序或相邻工程施工时，应对屋面已完成的部分采取保护措施。伸出屋面的管道、设备或预埋件等，应在保温层和防水层施工前安设完毕。屋面保温层和防水层完工后，不得进行凿孔、打洞或重物冲击等有损屋面的作业。

成品保护是一个非常重要的问题，很多是在屋面工程完工后，如果再进行诸如安装天线、安装广告支架、堆放脚手架工具等作业，会造成保温层和防水层的局部破坏而出现渗漏。在保温层和防水层施工前，施工单位应将伸出屋面的管道、设备或预埋件安设完毕。避免在保温层和防水层施工完毕后，出现再上人去凿孔、打洞或重物冲击等破坏屋面整体性的施工行为。

3. 防水材料的质量要求

（1）屋面工程所用的防水、保温材料应有产品合格证书和性能检测报告，材料的品种、规格、性能等必须符合国家现行产品标准和设计要求。产品质量应由经过省级以上建设行政主管部门对其资质认可和质量技术监督部门对其计量认证的质量检测单位进行检测。

防水、保温材料除有产品合格证和性能检测报告等出厂质量证明文件外，还应有经具备资质的检测单位对该材料的复验报告，其质量必须符合国家现行产品标准和设计要求。

（2）防水、保温材料进场验收应符合下列规定：

1）应根据设计要求对材料的质量证明文件进行检查，并应经监理工程师或建设单位代表确认，纳入工程技术档案；

2）应对材料的品种、规格、包装、外观和尺寸等进行检查验收，并应经监理工程师或建设单位代表确认，形成相应验收记录；

3）防水、保温材料进场检验项目及材料标准应符合《屋面工程质量验收规范》GB 50207—2012相关规定。材料进场检验应执行见证取样送检制度，并应提出进场检验报告；

4）进场检验报告的全部项目指标均达到技术标准规定应为合格；不合格材料不得在工程中使用。

材料的进场验收是把好材料合格关的重要环节，本条给出了屋面工程所用防水、保温材料进场验收的具体规定。

1）首先根据设计要求对质量证明文件核查。由于材料的规格、品种和性能繁多，首先要看进场材料的质量证明文件是否与设计要求的相符。质量证明文件通常也称技术资料，主要包括出厂合格证、中文说明书及相关性能检测报告等；进口材料应按规定进行出入境商品检验。这些质量证明文件应纳入工程技术档案。

2）其次是对进场材料的品种、规格、包装、外观和尺寸等可视质量进行检查验收，并应经监理工程师或建设单位代表核准。进场验收应形成相应的记录。材料的可视质量是指可以通过目视和简单尺量、称量、敲击等方法进行检查。

3）对于进场的防水和保温材料应实施抽样检验，以验证其质量是否符合要求。为了方便查找和使用，《屋面工程质量验收规范》GB 50207—2012 中规定了防水、保温材料的进场检验项目。

4）对于材料进场检验报告中的全部项目指标，均应达到技术标准的规定。不合格的防水、保温材料或国家明令禁止使用的材料，严禁在屋面工程中使用，以确保工程质量。

（3）屋面工程使用的材料应符合国家现行有关标准对材料有害物质限量的规定，不得对周围环境造成污染。

保护环境是我国的一项基本国策，同时也是现行国家标准《建筑工程施工质量验收统一标准》GB 50300—2013 的环保要求，屋面工程使用的材料应符合国家现行有关标准对材料有害物质限量的规定，不得对周围环境造成污染。行业标准《建筑防水涂料中有害物质限量》JC 1066—2008 适用建筑防水用各类涂料和防水材料配套用的液体材料，对挥发性有机化合物（VOC）、苯、甲苯、乙苯、二甲苯、苯酚、蒽、萘、游离甲醛、游离甲苯二异氰酸酯（TDI）、氨、可溶性重金属等有害物质含量的限值均做了规定。

（4）屋面工程各构造层的组成材料，应分别与相邻层次的材料相容。

相容性是指相邻两种材料之间互不产生有害物理和化学作用的性能。屋面工程各构造层的组成材料应分别与相邻层次的材料相容，包括防水卷材、涂料、密封材料、保温材料等。

4. 屋面子分部工程和分项工程的划分

屋面工程各子分部工程和分项工程的划分，应符合表 6-1 的要求。

屋面工程各子分部工程和分项工程的划分 表 6-1

分部工程	子分部工程	分项工程
屋面工程	基层与保护	找坡层，找平层，隔汽层，隔离层，保护层
	保温与隔热	板状材料保温层，纤维材料保温层，喷涂硬泡聚氨酯保温层；现浇泡沫混凝土保温层，种植隔热层，架空隔热层、蓄水隔热层
	防水与密封	卷材防水层，涂膜防水层，复合防水层，接缝密封防水层
	瓦面与板面	烧结瓦和混凝土瓦铺装，沥青瓦铺装，金属板铺装，玻璃采光顶铺装
	细部构造	檐口，檐沟和天沟，女儿墙和山墙，水落口，变形缝，伸出屋面管道，屋面出入口，反梁过水孔，设施基座、屋脊、屋顶窗

根据现行国家标准《建筑工程施工质量验收统一标准》GB 50300—2013 的规定，按建筑部位确定屋面工程为一个分部工程。当分部工程较大或较复杂时，又可按材料种类、施工特点、专业类别等划分为若干子分部工程。本规范按屋面构造层次把基层与保护、保温与隔热、防水与密封、瓦面与板面、细部构造均列为子分部工程。由于产生屋面渗漏的主要原因在细部构造，故本规范将细部构造单独列为一个子分部工程，目的为引起足够重视。

验收规范明确对分项工程的划分，有助于及时纠正施工中出现的质量问题和质量验收，同时也符合施工实际的需要。

5. 检查数量

屋面工程各分项工程宜按屋面面积每 500～1000m² 划分为一个检验批，不足 500m² 应按一个检验批；每个检验批的抽检数量应按《屋面工程质量验收规范》GB 50207—2012 各分项工程的具体规定执行。

6. 质量验收方法

屋面防水工程完工后，应进行观感质量检查和雨后观察或淋水、蓄水试验，不得有渗漏和积水现象。

本条是强制性条文。屋面工程必须做到无渗漏，才能保证使用功能要求。无论是屋面防水层的本身还是细部构造，通过外观质量检验只能看到表面的特征是否符合设计和规范的要求，肉眼很难判断是否会渗漏。只有经过雨后或持续淋水 2h，使屋面处于工作状态中经受实际考验，才能观察出屋面是否有渗漏。对于具备蓄水试验可能的屋面，规定其蓄水时间不得少于 24h。

6.2 基层与保护工程

1. 基层与保护工程质量验收的一般规定

(1) 适用范围

本节适用于与屋面保温层、防水层相关的找坡层、找平层、隔汽层、隔离层、保护层等分项工程的施工质量验收。

(2) 屋面找坡形式

屋面找坡应满足设计排水坡度要求，结构找坡不应小于 3%，材料找坡宜为 2%；檐沟、天沟纵向找坡不应小于 1%，沟底水落差不得超过 200mm。

屋面设置适当的排水坡度，可以将屋面上的雨水迅速排走，以减少屋面出现积水或渗水的机会。屋面找坡一般有结构找坡和材料找坡两种方式，屋面在建筑功能许可的情况下应尽量采用结构找坡，且坡度不应小于 3%，坡度过小施工不易准确控制。结构找坡一般适用于坡屋面，因此坡屋面与平屋面的划分也是以坡度 3% 为分界线。材料找坡时，坡度规定宜为 2%，主要是为了减轻屋面荷载，材料找坡主要用于平屋面。檐沟、天沟的纵向坡度不应小于 1%，否则施工时找坡困难且容易造成积水，防水层长期被水浸泡会加速损坏。沟底的水落差不得超过 200mm，即水落口距离分水线不得超过 20m。

(3) 屋面工程验收涉及其他验收规范的分项工程

1) 屋面混凝土结构层的施工，应符合现行国家标准《混凝土结构工程施工质量验收规范》GB 50204—2015 的有关规定。

屋面工程施工应在混凝土结构层验收合格的基础上进行，混凝土结构层的施工应符合现行国家标准《混凝土结构工程施工质量验收规范》GB 50204—2015 的有关规定。

2) 上人屋面或其他使用功能屋面，其保护及铺面的施工除应符合本章的规定外，尚应符合现行国家标准《建筑地面工程施工质量验收规范》GB 50209—2010 等的有关规定。

按屋面的一般使用要求，设计可分为上人屋面和不上人屋面。目前，随着使用功能多样化，屋面保护及铺面可分为非步行用、步行用、运动用、庭园用、停车场用等不同用途的屋面，屋面使用的面层材料和做法也与建筑地面一样，因此，屋面保护及铺面应符合现行国家标准《建筑地面工程施工质量验收规范》GB 50209—2010 等的有关规定。

（4）抽检数量

基层与保护工程各分项工程每个检验批的抽检数量，应按屋面面积每$100m^2$抽查一处，每处应为$10m^2$，且不得少于3处。

屋面各分项工程检验批容量是按屋面面积确定，对于屋面的基层与保护工程各分项工程每个检验批的抽检数量，即找坡层、找平层、隔汽层、隔离层、保护层分项工程，本条规定了应按屋面面积每$100m^2$抽查一处，每处$10m^2$，且不得少于3处。这个数值的确定，是考虑到抽查的面积为屋面工程总面积的1/10，并具有足够的代表性，同时经过多年来的工程实践证明有效。

2. 找坡层和找平层分项工程

（1）找坡层材料及施工

找坡层宜采用轻骨料混凝土；找坡材料应分层铺设和适当压实，表面应平整。

当用材料找坡时，为了减轻屋面荷载和施工方便，可采用轻骨料混凝土，不宜采用水泥膨胀珍珠岩。找坡层施工时应注意找坡层最薄处应符合设计要求，找坡材料应分层铺设并适当压实，表面应做到平整。

（2）找平层材料、施工及分隔缝设置

1）找平层宜采用水泥砂浆或细石混凝土；找平层的抹平工序应在初凝前完成，压光工序应在终凝前完成，终凝后应进行养护。

找平层的抹平和压光工序的技术要点要求在水泥初凝前完成抹平，水泥终凝前完成压光，水泥终凝后应充分养护，以确保找平层质量。

2）找平层分格缝纵横间距不宜大于6m，分格缝的宽度宜为5～20mm。

由于水泥砂浆或细石混凝土收缩和温差变形的影响，找平层应预先留设分格缝，使裂缝集中于分格缝中，减少找平层大面积开裂。本次屋面验收规范修订时不再要求有关分格缝内嵌填密封材料和分格缝应留设在板端缝处。

（3）找坡层和找平层分项工程检验批质量检验

找坡层和找平层分项工程检验批质量检验标准和检验方法见表6-2。

找坡层和找平层分项工程检验批质量检验标准　　　　　　表 6-2

项目类型	序号	验收项目	合格质量标准	检验方法	检查数量
主控项目	1	材料质量及配合比	找坡层和找平层所用材料的质量及配合比，应符合设计要求	检查出厂合格证、质量检验报告和计量措施	按屋面面积每$100m^2$抽查 1 处，每处 $10m^2$，且不得少于3处
	2	排水坡度	找坡层和找平层的排水坡度，应符合设计要求	坡度尺检查	
一般项目	1	表面质量	找平层应抹平、压光，不得有酥松、起砂、起皮现象	观察检查	
	2	交接处和转角处施工处理	卷材防水层的基层与突出屋面结构的交接处，以及基层的转角处，找平层应做成圆弧形，且应整齐平顺	观察检查	

306

项目类型	序号	验收项目	合格质量标准	检验方法	检查数量
一般项目	3	分格缝宽度和间距	找平层分格缝的宽度和间距，均应符合设计要求	观察和尺量检查	按屋面面积每100m² 抽查 1 处，每处 10m²，且不得少于 3 处
	4	表面平整度允许偏差	找坡层表面平整度的允许偏差为 7mm，找平层表面平整度的允许偏差为 5mm	2m 靠尺和塞尺检查	

关于找坡层和找平层分项工程检验批质量检验的说明：

1）主控项目第 1 项

找坡层和找平层所用材料的质量及配合比，均应符合设计要求和技术规范的规定。

2）主控项目第 2 项

屋面找平层是铺设防水层或保温层的基层。屋面找坡层的坡度应符合设计要求，找坡层以外的其他各层的坡度应与找坡层的坡度相同。屋面排水坡度过小或找坡不正确，常会造成屋面排水不畅或积水现象。而屋面坡度正确，能将屋面上的雨水迅速排走，可延长防水层等屋面各层的使用寿命。

3）一般项目第 1 项

水泥砂浆或细石混凝土找平层表面有酥松、起砂、起皮和裂缝现象，会直接影响防水层与基层的粘结质量或导致防水层开裂。对找平层的质量要求，除排水坡度满足设计要求外，规定找平层应在收水后二次压光，使表面坚固密实、平整；水泥砂浆终凝后，应采取塑料薄膜覆盖、喷养护剂等手段对找平层进行养护，保证砂浆中的水泥充分水化，以确保找平层质量。

4）一般项目第 2 项

卷材防水层的基层与突出屋面结构的交接处以及基层的转角处，找平层应按技术规范的规定做成圆弧形，这是一种顺应防水材料自身物理特性的要求，以保证卷材防水层的粘贴质量并延长使用寿命。

5）一般项目第 3 项

调查分析认为，卷材、涂膜防水层的不规则拉裂，是找平层的开裂造成的，而水泥砂浆找平层的开裂又难以避免的。找平层合理分格后，可将变形集中到分格缝处。当设计未作规定时，验收规范规定找平层分格纵横缝的最大间距为 6m，分格缝宽度宜为 5～20mm，深度应与找平层厚度一致。

6）一般项目第 4 项

在找坡层上施工找平层时应做到厚薄一致，本条增加了找坡层的表面平整度为 7mm 的规定。找平层的表面平整度是根据普通抹灰质量标准规定的，其允许偏差为 5mm。规范提高对基层平整度的要求，可使卷材胶结材料或涂膜的厚度均匀一致，保证屋面工程的质量。

【例 6-1】假设案例项目 1 号教学楼为平屋面，屋面找坡层设计采用水泥珍珠岩找坡，屋面面积为 430m²，屋面找坡层检验批容量按屋面面积数确定，检查数量按每 100m² 检查一处，则应抽检 5 处。屋面找坡层检验批质量验收记录见表 6-3。

验收时应注意：排水坡度如果设计图纸有明确要求，则验收时主控项目第 2 项"排水坡度"按设计要求验收，而"设计无要求时"项不验收，应用"/"删除。

找坡层检验批质量验收记录

表 6-3

GB 50207—2012

桂建质 040101 0 0 1

单位（子单位） 工程名称		1号教学楼		分部（子分部） 工程名称		建筑屋面 （基层与保护）		分项工程 名称		找坡层
施工单位		××建筑工程有限公司		项目负责人		张××		检验批容量		430m²
分包单位				分包单位项目 负责人				检验批部位		屋面
施工依据		《屋面工程技术规范》GB 50345—2012			验收依据		《屋面工程施工质量验收规范》 GB 50207—2012			

		验收项目	设计要求及规范规定			最小/实际 抽样数量	检查记录	检查 结果
主控项目	1	材料质量 和配合比	符合设计要求			/	检查出厂合格证、 质量检验报告和计量 措施	试验合格，报告编号 W001	合格
	2	排水坡度	设计无要求时	符合设计要求		5/5	坡度尺检查	抽查5处，全部合格	合格
				结构找坡不应小于 3%		/			
				材料找坡宜为2%		/			
				檐沟、天沟纵向找坡 不应小于1%，沟底水 落差不得超过200mm		/			
一般项目	1	找坡层 铺设	采用轻骨料混凝土；找坡 材料应分层铺设和适当压 实，表面应平整			5/5	观察检查	抽查5处，全部合格	合格
	2	表面 平整度	找坡层允许 偏差	7mm		5/5	2m靠尺和塞尺 检查	抽查5处，全部合格	合格

施工单位 检查结果	主控项目全部符合要求，一般项目满足规范要求，本检验批符合要求 专业工长：王×× 项目专业质量检查员：张××<div align="right">2019年3月19日</div>
监理（建设） 单位验收结论	主控项目全部合格，一般项目满足规范要求，本检验批合格 专业监理工程师：李×× （建设单位项目专业技术负责人）：<div align="right">2019年3月19日</div>

注：检查数量按屋面面积每100m²抽查一处，每处应为10m²，且不得少于3处。

3. 隔汽层

（1）隔汽层基层要求

隔汽层的基层应平整、干净、干燥。隔汽层应设置在结构层与保温层之间；隔汽层应选用气密性、水密性好的材料。

隔汽层的作用是防潮和隔汽，如果屋面的保温层在防水层之下，为保证保温层不受室内水蒸气通过板缝或孔隙的影响，需要在结构层与保温层之间设置隔汽层。因此，隔汽层应铺设在结构层上，结构层表面应平整，无突出的尖角和凹坑，但由于结构层混凝土表面常常平整度较差，铺设隔汽层前一般需要对结构层进行找平，并要求找平层表面干净、干燥。

隔汽层应选用气密性、水密性好的材料。

（2）屋面与墙连接部位隔汽层铺设

在屋面与墙的连接处，隔汽层应沿墙面向上连续铺设，高出保温层上表面不得小于150mm。

如此处理的目的是为了防止水蒸气因温差结露而导致水珠回落在周边的保温层上。铺设施工时，隔汽层收边不需要与保温层上的防水层连接。首先隔汽层不是防水层，与防水设防无关联；其次隔汽层施工在前，保温层和防水层施工在后，几道工序无法做到同步，防水层与墙面交接处的泛水处理与隔汽层无关联。

（3）隔汽层铺设方式及要求

1）隔汽层采用卷材时宜空铺，卷材搭接缝应满粘，其搭接宽度不应小于80mm；隔汽层采用涂料时，应涂刷均匀。

隔汽层采用卷材时，为了提高抵抗基层的变形能力，隔汽层的卷材宜采用空铺，卷材搭接缝应满粘。隔汽层采用涂膜时，涂层应均匀，无流淌和露底现象，涂料应至少涂刷两遍，且前后两遍的涂刷方向应相互垂直。

2）穿过隔汽层的管线周围应封严，转角处应无折损；隔汽层凡有缺陷或破损的部位，均应进行返修。

若隔汽层出现破损现象，将不能起到隔绝室内水蒸气的作用，严重影响保温层的保温效果。隔汽层若有破损，应将破损部位进行修复。

（4）隔汽层分项工程检验批质量检验

隔汽层分项工程检验批质量检验标准和检验方法见表6-4。

隔汽层分项工程检验批质量检验标准   表6-4

项目类型	序号	项目	合格质量标准	检验方法	检查数量
主控项目	1	材料质量	隔汽层所用材料的质量，应符合设计要求	检查出厂合格证、质量检验报告和进场检验报告	按屋面面积每100m²抽查1处，每处10m²，且不得少于3处
	2	施工质量	隔汽层不得有破损现象	观察检查	
一般项目	1	卷材隔汽层搭接缝质量	卷材隔汽层应铺设平整，卷材搭接缝应粘结牢固，密封应严密，不得有扭曲、皱折和起泡等缺陷	观察检查	
	2	涂膜隔汽层外观质量	涂膜隔汽层应粘结牢固，表面平整，涂布均匀，不得有堆积、起泡和露底等缺陷	观察检查	

关于隔汽层分项工程检验批质量检验的说明：

1）主控项目第1项

隔汽层所用材料均为常用的防水卷材或涂料，但隔汽层所用材料的品种和厚度应符合热工设计所必需的水蒸气渗透阻。

2）一般项目第1项

卷材防水层的搭接缝质量是卷材防水层成败的关键，搭接缝质量好坏表现在两个方面：①搭接缝粘结或焊接牢固，密封严密；②搭接缝宽度符合设计要求和规范规定。冷粘法施工时胶粘剂的选择至关重要；热熔法施工，卷材的质量和厚度是保证搭接缝的前提，完工的搭接缝以溢出沥青胶为度；热风焊接法关键是焊机的温度和速度的把握，不得出现虚焊、漏焊或焊焦现象。

3）一般项目第 2 项

涂膜防水层应表面平整，涂刷均匀，成膜后如出现流淌、起泡和露胎体等缺陷，会降低防水工程质量而影响使用寿命。

防水涂料的粘结性不但是反映防水涂料性能优劣的一项重要指标，而且涂膜防水层施工时，基层的分格缝处或可预见变形部位宜采用空铺附加层。

【例 6-2】假设案例项目 1 号教学楼为平屋面，屋面隔汽层设计采用 1mm 厚聚乙烯丙纶卷材，屋面面积为 430m²，屋面隔汽层检验批容量按屋面面积数确定，检查数量按每 100m² 检查一处，则应抽检 5 处。屋面隔汽层检验批质量验收记录见表 6-5。

验收时应注意：1）隔汽层的材料设计图纸虽然也是采用防水材料，但是防水材料的厚度尚未达到一层防水层所要求的最小厚度，这里防水材料在屋面的功能也仅作为隔汽，不是防水，因此不能按防水层验收。

2）案例屋面采用卷材作为隔汽层，因此一般项目 2 "涂膜隔汽层" 不需要验收，应用 "/" 删除。

隔汽层检验批质量验收记录 表 6-5

GB 50207—2012 桂建质 040103┃0┃0┃1┃

单位（子单位）工程名称			1 号教学楼	分部（子分部）工程名称	建筑屋面（基层与保护）		分项工程名称		隔汽层
施工单位			××建筑工程有限公司	项目负责人	张××		检验批容量		430m²
分包单位				分包单位项目负责人			检验批部位		屋面
施工依据			《屋面工程技术规范》GB 50345—2012		验收依据		《屋面工程施工质量验收规范》GB 50207—2012		
		验收项目	设计要求及规范规定		最小/实际抽样数量		检查记录		检查结果
主控项目	1	材料质量	符合设计要求	查出厂合格证、质量检验报告和进场检验报告		/		检查合格，报告编号 W003	合格
	2	隔汽层成品要求	不得有破损现象	观察检查		5/5		抽查 5 处，全部合格	合格
一般项目	1	卷材隔汽层的铺设、搭接与密封	卷材隔汽层应铺设平整，卷材搭接缝应粘结牢固，密封应严密，不得有扭曲、皱折和起泡等缺陷			5/5		抽查 5 处，全部合格	合格
	2	涂膜隔汽层的质量要求	涂膜隔汽层应粘结牢固，表面平整，涂布均匀，不得有堆积、起泡和露底等缺陷	观察检查		/			
施工单位检查结果		主控项目全部符合要求，一般项目满足规范要求，本检验批符合要求。专业工长：王×× 项目专业质量检查员：张×× 2019 年 3 月 21 日				监理（建设）单位验收结论	主控项目全部合格，一般项目满足规范要求，本检验批合格。专业监理工程师：李×× （建设单位项目专业技术负责人）2019 年 3 月 21 日		

注：检查数量按屋面面积每 100m² 抽查一处，每处应为 10m²，且不得少于 3 处。

4. 隔离层

(1) 隔离层设置位置

块体材料、水泥砂浆或细石混凝土保护层与卷材，涂膜防水层之间，应设置隔离层。

在柔性防水层上设置块体材料、水泥砂浆、细石混凝土等刚性保护层，由于保护层与防水层之间的粘结力和机械咬合力，当刚性保护层胀缩变形时，会对防水层造成损坏，故在保护层与防水层之间应铺设隔离层，同时可防止保护层施工时对防水层的损坏。注意屋面设置隔离层和建筑地面的厕浴间等部位设置隔离层的目的和功能是不一样的。另外如果屋面的保温层设置在防水层之上时，在保温层与保护层之间无需设置隔离层。

(2) 隔离层材料选择

隔离层可采用干铺塑料膜、土工布、卷材或铺抹低强度等级砂浆。

当基层比较平整时，在已完成雨后或淋水、蓄水检验合格的防水层上面，可以直接干铺塑料膜、土工布或卷材。

当基层不太平整时，隔离层宜采用低强度等级黏土砂浆、水泥石灰砂浆或水泥砂浆。铺抹砂浆时，铺抹厚度宜为 10mm，表面应抹平、压实并养护；待砂浆干燥后，其上干铺一层塑料膜、土工布或卷材。

(3) 隔离层分项工程检验批质量检验（表 6-6）

隔离层分项工程检验批质量检验标准 表 6-6

项目类型	序号	项目	合格质量标准	检验方法	检查数量
主控项目	1	材料质量	隔离层所用材料的质量及配合比，应符合设计要求	检查出厂合格证和计量措施	按屋面面积每 100m² 抽查 1 处，每处 10m²，且不得少于 3 处
	2	施工质量	隔离层不得有破损和漏铺现象	观察检查	
一般项目	1	塑料膜、土工布、卷材铺设及搭接宽度	塑料膜、土工布、卷材应铺设平整，其搭接宽度不应小于 50mm，不得有皱折	观察和尺量检查	
	2	低强度等级砂浆表面质量	低强度等级砂浆表面应压实、平整，不得有起壳、起砂现象	观察检查	

关于隔离层分项工程检验批质量检验的说明：

1) 主控项目第 1 项

隔离层所用材料的质量必须符合设计要求，当设计无要求时，隔离层所用的材料应能经得起保护层的施工荷载，故建议塑料膜的厚度不应小于 0.4mm，土工布应采用聚酯土工布，单位面积质量不应小于 200g/m²，卷材厚度不应小于 2mm。

2) 一般项目第 1、2 项

根据基层平整状况，提出了采用干铺塑料膜、土工布、卷材和铺抹低强度等级砂浆的施工要求。

【例 6-3】假设案例项目 1 号教学楼为平屋面，屋面隔离层设计采用塑料膜，屋面面积为 430m²，屋面隔离层检验批容量按屋面面积数确定，检查数量按每 100m² 检查一处，则应抽检 5 处。屋面隔离层检验批质量验收记录见表 6-7。

验收时应注意：隔离层的材料设计图纸采用塑料膜，因此一般项目第 2 项"水泥砂浆"不验收。

隔离层检验批质量验收记录

表 6-7

GB 50207—2012

桂建质 040104 0 0 1

单位（子单位）工程名称		1 号教学楼		分部（子分部）工程名称	建筑屋面（基层与保护）	分项工程名称	隔离层
施工单位		××建筑工程有限公司		项目负责人	张××	检验批容量	430m²
分包单位				分包单位项目负责人		检验批部位	屋面
施工依据		《屋面工程技术规范》GB 50345—2012		验收依据		《屋面工程施工质量验收规范》GB 50207—2012	

		验收项目	设计要求及规范规定	最小/实际抽样数量	检查记录	检查结果
主控项目	1	材料质量及配合比	符合设计要求	查出厂合格证和计量措施	/	检查合格，报告编号 W004	合格
	2	隔离层成品质量	不得有破损和漏铺现象	观察检查	5/5	抽查 5 处，全部合格	合格
一般项目	1	塑料膜、土工布、卷材的铺设与搭接	铺设平整、搭接宽度≥50mm、无皱折	观察和尺量检查	5/5	抽查 5 处，全部合格	合格
	2	砂浆质量	低强度等级砂浆表面应压实、平整，不得有起壳、起砂现象	观察检查	/		

施工单位检查结果	主控项目全部符合要求，一般项目满足规范要求，本检验批符合要求 专业工长：王×× 项目专业质量检查员：张×× <div align="right">2019 年 3 月 22 日</div>
监理（建设）单位验收结论	主控项目全部合格，一般项目满足规范要求，本检验批合格 专业监理工程师：李×× （建设单位项目专业技术负责人：） <div align="right">2019 年 3 月 22 日</div>

注：检查数量按屋面面积每 100m² 抽查一处，每处应为 10m²，且不得少于 3 处。

5. 保护层

（1）施工工艺次序要求

防水层上的保护层施工，应待卷材铺贴完成或涂料固化成膜，并经检验合格后进行。

按照屋面工程各工序之间的验收要求，对防水层的验收可在雨后或进行人工淋水、蓄水检验，及时发现防水层的质量缺陷并进行整改；验收合格后要求做好成品保护，以确保屋面防水工程质量。沥青类的防水卷材也可直接采用卷材上表面覆有的矿物粒料或铝箔作为保护层。

（2）保护层分格缝设置

1）块体材料保护层分格缝设置

用块体材料做保护层时，宜设置分格缝，分格缝纵横间距不应大于10m，分格缝宽度宜为20mm。

对于块体材料做保护层，在调研中发现其往往因温度升高致使块体膨胀隆起。因此，对块体材料保护层应留设分格缝。

2）水泥砂浆保护层分格缝设置

用水泥砂浆做保护层时，表面应抹平压光，并应设表面分格缝，分格面积宜为1m²。

水泥砂浆保护层由于自身的干缩影响，且保护层位于最外侧，容易受温度变化的影响而产生龟裂，且此类裂缝宽度较大，为避免此类裂缝的产生，所以采用认为引导的措施且分格的面积明显小于砂浆找平层分格面积。根据工程实践经验，在水泥砂浆保护层上划分表面分格缝，将裂缝均匀分布在分格缝内，可有效避免大面积的龟裂。对水泥砂浆保护层表面要求抹平压光，可避免水泥砂浆保护层表面出现起砂、起皮现象。

3）细石混凝土保护层分格缝设置

用细石混凝土做保护层时，混凝土应振捣密实，表面应抹平压光，分格缝纵横间距不应大于6m。分格缝的宽度宜为10～20mm。

细石混凝土保护层应一次浇筑完成，否则新旧混凝土的结合处易产生裂缝，造成混凝土保护层的局部破坏，影响屋面使用和外观质量。用细石混凝土做保护层时，分格缝设置过密，不但给施工带来困难，而且不易保证质量，分格面积过大又难以达到防裂的效果，根据调研的意见，规定纵横间距不应大于6m，分格缝宽度宜为10～20mm。

4）保护层与女儿墙和山墙之间变形缝设置

块体材料、水泥砂浆或细石混凝土保护层与女儿墙和山墙之间，应预留宽度为30mm的缝隙，缝内宜填塞聚苯乙烯泡沫塑料，并应用密封材料嵌填密实。

根据对屋面工程的调查，发现许多工程的块体材料、水泥砂浆、细石混凝土等保护层与女儿墙之间未留置空隙。当高温季节，刚性保护层热胀顶推女儿墙，部分工程存在将女儿墙推裂造成屋面渗漏现象；而在刚性保护层与女儿墙间留出空隙的屋面，均未见有推裂女儿墙的现象。变形缝内采用柔性材料聚苯乙烯泡沫塑料填塞，表面用密封材料嵌填严密。

（3）保护层分项工程检验批质量检验

保护层分项工程检验批质量检验标准见表6-8。

保护层分项工程检验批质量检验标准　　　　表6-8

项目类型	序号	验收项目	合格质量标准	检验方法	检查数量
主控项目	1	材料质量及配合比	保护层所用材料的质量及配合比，应符合设计要求	检查出厂合格证、质量检验报告和计量措施	按屋面面积每100m²，抽查一处，每处应为10m²，且不得少于3处
	2	块体材料、水泥砂浆或细石混凝土保护层的强度等级	块体材料、水泥砂浆或细石混凝土保护层的强度等级，应符合设计要求	检查块体材料、水泥砂浆或混凝土抗压强度试验报告	
	3	保护层的排水坡度	保护层的排水坡度，应符合设计要求	坡度尺检查	

项目类型	序号	验收项目	合格质量标准	检验方法	检查数量
一般项目	1	块体材料保护层外观质量	块体材料保护层表面应干净，接缝应平整，周边应顺直，镶嵌应正确，应无空鼓现象	小锤轻击和观察检查	按屋面面积每100m²，抽查一处，每处应为10m²，且不得少于3处
	2	水泥砂浆、细石混凝土保护层外观质量	水泥砂浆、细石混凝土保护层不得有裂纹、脱皮、麻面和起砂等现象	观察检查	
	3	浅色涂料涂刷质量	浅色涂料应与防水层粘结牢固，厚薄应均匀，不得漏涂	观察检查	
	4	保护层的允许偏差	保护层的允许偏差应符合表6-9的规定	检验方法应符合表6-9的规定	

关于保护层分项工程检验批质量检验的说明：

1）主控项目第 1 项

保护层所用材料质量，是确保其质量的基本条件。如果原材料质量不好，配合比不准确，就难以达到对防水层的保护作用。

2）主控项目第 2 项

原规范未对块体材料、水泥砂浆、细石混凝土保护层提出技术要求，技术规范沿用找平层的做法和规定，对此类保护层明确提出了强度等级要求，即水泥砂浆不应低于 M15，细石混凝土强度等级不应低于 C20。

3）主控项目第 3 项

屋面防水以防为主，以排为辅。保护层的铺设不应改变原有的排水坡度，导致排水不畅或造成积水，给屋面防水带来隐患，保护层的排水坡度应符合设计要求，其排水坡度一般与找坡层的排水坡度一致。

4）一般项目第 1 项

块体材料应铺贴平整，与底部贴合密实。若产生空鼓现象，在使用中会造成块体混凝土脱落破损，而起不到对防水层的保护作用。在施工中严格按照操作规程进行作业，避免对块体材料的破坏，确保块体材料保护层的质量。

5）一般项目第 2 项

部分施工单位对水泥砂浆、细石混凝土保护层的质量重视不够，致使保护层表面出现裂缝、起壳、起砂现象。水泥砂浆、细石混凝土保护层不仅在强度和排水坡度方面要满足设计要求，其外观质量也应满足验收规范要求。

6）一般项目第 3 项

浅色涂料保护层与防水层是否粘结牢固，其厚度能否达到要求，直接影响到屋面防水层的质量和耐久性；涂料涂刷的遍数越多，涂层的密度就越高，涂层的厚度也就越均匀。

7）一般项目第 4 项

保护层的允许偏差和检验方法应符合表6-9的规定。

保护层的允许偏差和检验方法   表 6-9

项目	允许偏差（mm）			检验方法
	块体材料	水泥砂浆	细石混凝土	
表面平整度	4.0	4.0	5.0	2m 靠尺和塞尺检查
缝格平直	3.0	3.0	3.0	拉线和尺量检查
接缝高低差	1.5	—	—	直尺和塞尺检查
板块间隙宽度	2.0	—	—	尺量检查
保护层厚度	设计厚度的 10%，且不得大于 5mm			钢针插入和尺量检查

【例 6-4】假设案例项目 1 号教学楼为平屋面，屋面保护层设计采用抛光砖板块，屋面面积为 430m²，屋面保护层检验批容量按屋面面积数确定，检查数量按每 100m² 检查一处，则应抽检 5 处。屋面保护层检验批质量验收记录见表 6-10。

验收时应注意：1）保护层的材料设计图纸采用抛光砖，因此一般项目第 2 项"水泥砂浆、细石混凝土保护层"和一般项目第 3 项"浅色涂料保护层"不验收；

2）验收记录一般项目第 4 项时，首先在"块状材料""水泥砂浆"和"细石混凝土"中选择"块状材料"，在其下打"√"。

保护层检验批质量验收记录   表 6-10

GB 50207—2012   桂建质 040105 0 0 1

单位（子单位）工程名称		1 号教学楼	分部（子分部）工程名称	建筑屋面（基层与保护）	分项工程名称	保护层
施工单位		××建筑工程有限公司	项目负责人	张××	检验批容量	430m²
分包单位			分包单位项目负责人		检验批部位	屋面
施工依据		《屋面工程技术规范》GB 50345—2012		验收依据	《屋面工程施工质量验收规范》GB 50207—2012	
		验收项目	设计要求及规范规定	最小/实际抽样数量	检查记录	检查结果
主控项目	1	材料质量及配合比	符合设计要求	查出厂合格证、质量检验报告和计量措施	/	检查合格，报告编号：WB0001	合格
	2	块体材料、水泥砂浆、细石混凝土强度等级	符合设计要求	查块体材料、水泥砂浆或混凝土抗压强度试报告	/	试验合格，报告编号：WB0002	合格
	3	排水坡度	符合设计要求	坡度尺检查	5/5	抽查 5 处，全部合格	合格
一般项目	1	块体材料保护层质量要求	块体材料保护层表面应干净，接缝应平整，周边应顺直，镶嵌应正确，应无空鼓现象	小锤轻击和观察检查	5/5	抽查 5 处，全部合格	合格

验收项目			设计要求及规范规定			最小/实际抽样数量	检查记录	检查结果
一般项目	2	水泥砂浆、细石混凝土保护层质量要求	水泥砂浆、细石混凝土保护层不得有裂纹、脱皮、麻面和起砂等现象		观察检查	/		
	3	浅色涂料粘结要求	浅色涂料应与防水层粘结牢固，厚薄应均匀，不得漏涂		观察检查	/		
	4	允许偏差	项目	块体材料(mm) / 水泥砂浆(mm) / 细石混凝土(mm)				
			表面平整度	4.0 / 4.0 / 5.0	2m靠尺和塞尺检查	5/5	抽查5处，全部合格	合格
			缝格平直	3.0 / 3.0 / 3.0	拉线和尺量检查	5/5	抽查5处，全部合格	合格
			接缝高低差	1.5 / — / —	直尺和塞尺检查	5/5	抽查5处，全部合格	合格
			板块间隙宽度	2.0 / — / —	尺量检查	5/5	抽查5处，全部合格	合格
			保护层厚度	设计厚度的10%，且不大于5mm	钢针插入和尺量检查	5/5	抽查5处，全部合格	合格
施工单位检查结果			主控项目全部符合要求，一般项目满足规范要求，本检验批符合要求 专业工长：王×× 项目专业质量检查员：张×× 2019年3月28日					
监理（建设）单位验收结论			主控项目全部合格，一般项目满足规范要求，本检验批合格 专业监理工程师：李×× （建设单位项目专业技术负责人）： 2019年3月28日					

注：检查数量按屋面面积每100m² 抽查一处，每处应为10m²，且不得少于3处。

6.3 保温与隔热工程

6.3.1 保温与隔热工程质量验收的一般规定

1. 适用范围

本节适用于板状材料、纤维材料、喷涂硬泡聚氨酯、现浇泡沫混凝土保温层和种植、架空、蓄水隔热层分项工程的施工质量验收。

将保温层分为板状材料、纤维材料、整体材料三种类型，隔热层分为种植、架空、蓄水三种形式，基本上反映了国内屋面保温与隔热工程的现状。本节仅讲述板块保温材料和架空隔热层。

316

2. 基层要求

铺设保温层的基层应平整、干燥和干净。

保温层的基层平整，保证铺设的保温层厚度均匀；保温层的基层干燥，避免保温层铺设后吸收基层中的水分，导致导热系数增大，降低保温效果；保温层的基层干净，保证板状保温材料紧靠在基层表面上，铺平、垫稳以防止滑动。

3. 保温材料防潮、防水和防火处理

保温材料在施工过程中应采取防潮、防水和防火等措施。

由于保温材料是多孔结构，很容易潮湿变质或改变性状，尤其是保温材料受潮后导热系数会增大。目前，在选用节能材料时，人们还比较热衷采用泡沫塑料型保温材料，但是，泡沫塑料具有易燃、多烟的特点，采用时应严格按照公安部、住房和城乡建设部联合颁发的《民用建筑外保温系统及外墙装饰防火暂行规定》的要求实施。

4. 保温与隔热工程的构造及材料选用

保温与隔热工程的构造及选用材料应符合设计要求。

屋面保温与隔热工程设计，应根据建筑物的使用要求、屋面结构形式、环境条件、防水处理方法、施工条件等因素确定。屋面保温材料应采用吸水率、表观密度和导热系数较低的材料，板状材料还应有一定的强度。保温材料的品种、规格和性能等应符合现行产品标准和设计要求。

5. 保温与隔热工程质量验收适用规范

保温与隔热工程质量验收除应符合本章规定外，尚应符合现行国家标准《建筑节能工程施工质量验收标准》GB 50411—2019 的有关规定。

对于建筑物来说，热量损失主要包括外墙体、外门窗、屋面及地面等围护结构的热量损耗，一般居住建筑的屋面热量损耗约占整个建筑热损耗的 20%。屋面保温与隔热工程，首先应按国家和地区民用建筑节能设计标准进行设计和施工，才能实现建筑节能目标，同时还应符合现行国家标准《建筑节能工程施工质量验收标准》GB 50411—2019 的有关规定。

6. 保温材料含水率要求

保温材料使用时的含水率，应相当于该材料在当地自然风干状态下的平衡含水率。

保温材料的干湿程度与导热系数关系很大，限制保温材料的含水率是保证工程质量的重要环节。由于每一个地区的环境湿度不同，规定统一的含水率限制要求在工程实践中难以达到。因此保温层的含水率设计应结合当地自然风干状态下的平衡含水率进行设计。

所谓平衡含水率是指在自然环境中，材料孔隙中的水分与空气湿度达到平衡时，这部分水的质量占材料干质量的百分比。

7. 保温材料的性能要求

保温材料的导热系数、表观密度或干密度、抗压强度或压缩强度、燃烧性能，必须符合设计要求。

建筑围护结构热工性能直接影响建筑采暖和空调的负荷与能耗，必须予以严格控制。保温材料的导热系数随材料的密度提高而增加，并且与材料的孔隙大小和构造特征有密切关系。一般是多孔材料的导热系数较小，但当其孔隙中所充满的空气、水、冰不同时，材料的导热性能就会显著降低。因此，要保证材料优良的保温性能，就要求材料尽量干燥不受潮，而吸水受潮后尽量不受冰冻。

保温材料的抗压强度或压缩强度是材料主要的力学性能。材料在使用时一般均会受到外力的作用，当材料受外力作用导致内部应力增大到超过材料本身所能承受的极限值时，材料就会产生破坏。因此，必须根据材料的主要力学性能因材施用，才能更好地发挥材料的优势。

保温材料的燃烧性能，是可燃性建筑材料分级的一个重要判定，保温材料的燃烧性能也是防止火灾隐患的重要条件。

8. 施工次序

种植、架空、蓄水隔热层施工前，防水层均应验收合格。

检验防水层的质量，主要是进行雨后观察、淋水或蓄水试验。防水层经验收合格后，方可进行种植、架空、蓄水隔热层施工。施工时必须对防水层采取有效保护措施。

9. 保温与隔热工程各分项工程检验批抽检数量

保温与隔热工程各分项工程每个检验批的抽检数量，应按屋面面积每 $100m^2$ 抽查 1 处，每处应为 $10m^2$，且不得少于 3 处。

按此计算，保温与隔热工程各分项工程每个检验批的抽检面积达到了屋面工程总面积的 1/10，有足够的代表性，工程实践也证明是可行的。

6.3.2 保温工程

1. 板状材料保温层

（1）铺设方法及质量要求

1）板状材料保温层采用干铺法施工时，板状保温材料应紧靠在基层表面上，应铺平垫稳；分层铺设的板块上下层接缝应相互错开，板间缝隙应采用同类材料的碎屑嵌填密实。

采用干铺法施工板状材料保温层，就是将板状保温材料直接铺设在基层上，而不需要粘结，但是必须要将板材铺平、垫稳，以便为铺抹找平层提供平整的表面，确保找平层厚度均匀。

而强调板与板的拼接缝及上下板的拼接缝要相互错开，并用同类材料的碎屑嵌填密实，主要是为了避免产生热桥。

2）板状材料保温层采用粘贴法施工时，胶粘剂应与保温材料的材性相容，并应贴严、粘牢；板状材料保温层的平面接缝应挤紧拼严，不得在板块侧面涂抹胶粘剂，超过 2mm 的缝隙应采用相同材料板条或片填塞严实。

采用粘贴法铺设板状材料保温层，就是用胶粘剂或水泥砂浆将板状保温材料粘贴在基层上。要注意所用的胶粘剂必须与板材的材性相容，以避免粘结不牢或发生腐蚀。板状材料保温层铺设完成后，在胶粘剂固化前不得上人走动，以免影响粘结效果。

3）板状保温材料采用机械固定法施工时，应选择专用螺钉和垫片；固定件与结构层之间应连接牢固。

机械固定法是使用专用固定钉及配件，将板状保温材料钉固在基层上的施工方法。规定选择专用螺钉和金属垫片则是为了保证保温板与基层连接固定，并允许保温板产生相对滑动，但不得出现保温板与基层相互脱离或松动。

（2）板状材料保温层分项工程检验批质量检验标准（表 6-11）

板状材料保温层分项工程检验批质量检验标准 表 6-11

项目类型	序号	验收项目	合格质量标准	检验方法	检查数量
主控项目	1	板状保温材料的质量	板状保温材料的质量，应符合设计要求	检查出厂合格证、质量检验报告和进场检验报告	按屋面面积每100m²，抽查一处，每处应为10m²，且不得少于3处
	2	板状材料保温层的厚度	板状材料保温层的厚度应符合设计要求，其正偏差应不限，负偏差应为5%，且不得大于4mm	钢针插入和尺量检查	
	3	屋面热桥部位处理	屋面热桥部位处理应符合设计要求	观察检查	
一般项目	1	板状保温材料铺设外观质量	板状保温材料铺设应紧贴基层，应铺平垫稳，拼缝应严密，粘贴应牢固	观察检查	
	2	固定件的规格、数量和位置	固定件的规格、数量和位置均应符合设计要求；垫片应与保温层表面齐平	观察检查	
	3	表面平整度允许偏差	板状材料保温层表面平整度的允许偏差为5mm	2m靠尺和塞尺检查	
	4	接缝高低差的允许偏差	板状材料保温层接缝高低差的允许偏差为2mm	直尺和塞尺检查	

关于板状材料保温层分项工程检验批质量检验的说明

1）主控项目第1项

规定所用板状保温材料的品种、规格、性能，应按设计要求和相关现行材料标准规定选择，不得随意改变其品种和规格。材料进场后应进行抽样检验，检验合格后方可在工程中使用。

2）主控项目第2项

保温层厚度将决定屋面保温的效果，检查时应给出厚度的允许偏差，过厚浪费材料，过薄则达不到设计要求。验收规范规定板状保温材料的厚度必须符合设计要求，其正偏差不限，负偏差为5%且不得大于4mm。

3）主控项目第3项

本条特别对严寒和寒冷地区的屋面热桥部位提出要求。屋面与外墙都是外围护结构，一般说来居住建筑外围护结构的内表面大面积结露的可能性不大，结露大都出现在外墙和屋面交接的位置附近，屋面的热桥主要出现在檐口、女儿墙与屋面连接等处，设计时应注意屋面热桥部位的特殊处理，即加强热桥部位的保温，减少采暖负荷。

4）一般项目第2项

板状保温材料采用机械固定法施工，固定件的规格、数量和位置应符合设计要求。当设计无要求时，固定件数量和位置宜符合表6-12的规定。当屋面坡度大于50%时，应适当增加固定件数量。

板状保温材料固定件数量和位置 表 6-12

板状保温材料	每块板固定件最少数量	固定位置
挤塑聚苯板、模塑聚苯板、硬泡聚氨酯板	各边长均≤1.2m时为4个；任一边长>1.2m时为6个	四个角及沿长向中线均匀布置，固定垫片距离板边缘不得大于150mm

规定垫片应与保温板表面齐平则是为了保证保温板被固定时，不出现因螺钉紧固而发生保温板破裂或断裂现象。

【例 6-5】假设案例项目 1 号教学楼为平屋面，屋面保温层设计采用 60mm 厚聚苯乙烯泡沫板，聚合物水泥浆胶粘剂粘贴，屋面面积为 430m²，屋面保温层检验批容量按屋面面积数确定，检查数量按每 100m² 检查一处，则应抽检 5 处。屋面保温层检验批质量验收记录见表 6-13。

验收时应注意：保温层的材料设计图纸采用聚合物水泥粘贴聚苯乙烯泡沫板，因此一般项目第 2 项"固定件、垫片质量要求"不验收。

板状材料保温层检验批质量验收记录

表 6-13

GB 50207—2012

桂建质 040201 |0|0|1|

单位（子单位）工程名称		1 号教学楼		分部（子分部）工程名称	建筑屋面（保温与隔热）	分项工程名称		板状材料保温层
施工单位		××建筑工程有限公司		项目负责人	张××	检验批容量		430m²
分包单位				分包单位项目负责人		检验批部位		屋面
施工依据		《屋面工程技术规范》GB 50345—2012			验收依据	《屋面工程施工质量验收规范》GB 50207—2012		

		验收项目		设计要求及规范规定	最小/实际抽样数量	检查记录	检查结果
主控项目	1	材料质量		符合设计要求	检查出厂合格证、质量检验报告和进场检验报告	/	检查合格，报告编号 W005	合格
	2	保温层厚度设计要求			钢针插入和尺量检查	5/5	抽查 5 处，全部合格	合格
		保温层厚度偏差	正偏差	无限定		5/5	抽查 5 处，全部合格	合格
			负偏差	5%且≤4mm		5/5	抽查 5 处，全部合格	合格
	3	屋面热桥部位处理		符合设计要求	观察检查		抽查 5 处，全部合格	合格
一般项目	1	板状保温材料铺设		板状保温材料铺设应紧贴基层，铺平垫稳，拼缝严密，粘贴牢固	观察检查	5/5	抽查 5 处，全部合格	合格
	2	固定件、垫片质量要求		固定件的规格、数量和位置符合设计要求；垫片与保温层表面齐平	观察检查	/		
	3	表面平整度		允许偏差 5mm	2m 靠尺和塞尺检查	5/5	抽查 5 处，全部合格	合格
	4	接缝高低差		允许偏差 2mm	直尺和塞尺检查	5/5	抽查 5 处，全部合格	合格
施工单位检查结果		主控项目全部符合要求，一般项目满足规范要求，本检验批符合要求 专业工长：王×× 项目专业质量检查员：张×× 2019 年 3 月 23 日						
监理（建设）单位验收结论		主控项目全部合格，一般项目满足规范要求，本检验批合格 专业监理工程师：李×× （建设单位项目专业技术负责人）： 2019 年 3 月 23 日						

注：检查数量按屋面面积每 100m² 抽查一处，每处应为 10m²，且不得少于 3 处。

2. 现浇泡沫混凝土保温层

(1) 基层要求

在浇筑泡沫混凝土前，应将基层上的杂物和油污清理干净；基层应浇水湿润，但不得有积水。

基层质量对于现浇泡沫混凝土质量有很大影响，浇筑前应清除基层上的杂物和油污，并浇水湿润基层，以保证泡沫混凝土的施工质量。

(2) 施工前调试

保温层施工前应对设备进行调试，并应制备试样进行泡沫混凝土的性能检测。

泡沫混凝土专用设备包括：发泡机、泡沫混凝土搅拌机、混凝土输送泵，使用前应对设备进行调试，并制备用于干密度、抗压强度和导热系数等性能检测的试件。

(3) 泡沫混凝土施工要求

1) 泡沫混凝土的配合比应准确计量，制备好的泡沫加入水泥料浆中应搅拌均匀。

泡沫混凝土配合比设计，是根据所选用原材料性能和对泡沫混凝土的技术要求，通过计算、试配和调整等求出各组成材料用量。由水泥、骨料、掺合料、外加剂和水等制成的水泥料浆，应按配合比准确计量，各组成材料称量的允许偏差：水泥及掺合料为±2%；骨料为±3%；水及外加剂为±2%。泡沫的制备是将泡沫剂掺入定量的水中，利用它减小水表面张力的作用，进行搅拌后便形成泡沫，搅拌时间一般宜为2min。水泥料浆制备时，要求搅拌均匀，不得有团块及大颗粒存在；再将制备好的泡沫加入水泥料浆中进行混合搅拌，搅拌时间一般为5~8min，混合要求均匀，没有明显的泡沫漂浮和泥浆块出现。

2) 浇筑过程中，应随时检查泡沫混凝土的湿密度。

由于泡沫混凝土的干密度对其抗压强度、导热系数、耐久性能的影响甚大，干密度又是泡沫混凝土在标准养护28d后绝对干燥状态下测得的密度。为了控制泡沫混凝土的干密度，必须在泡沫混凝土试配时，事先建立有关干密度与湿密度的对应关系。因此规定在浇筑过程中，应随时检查泡沫混凝土的湿密度，以有效保证施工质量。试样应在泡沫混凝土的浇筑地点随机制取，取样与试件留置应符合有关规定。

(4) 现浇泡沫混凝土保温层分项工程检验批检验标准（表6-14）

现浇泡沫混凝土保温层分项工程检验批检验标准 表6-14

项目类型	序号	验收项目	合格质量标准	检验方法	检查数量
主控项目	1	原材料的质量及泡沫混凝土配合比	现浇泡沫混凝土所用原材料的质量及配合比，应符合设计要求	检查原材料出厂合格证、质量检验报告和计量措施	按屋面面积每100m²，抽查一处，每处应为10m²，且不得少于3处
	2	泡沫混凝土保温层的厚度	现浇泡沫混凝土保温层的厚度应符合设计要求，其正负偏差应为5%，且不得大于5mm	钢针插入和尺量检查	
	3	屋面热桥部位处理	屋面热桥部位处理应符合设计要求	观察检查	
一般项目	1	现浇泡沫混凝土施工质量	现浇泡沫混凝土应分层施工，粘结应牢固，表面应平整，找坡应正确	观察检查	
	2	外观质量	现浇泡沫混凝土不得有贯通性裂缝，以及疏松、起砂、起皮现象	观察检查	
	3	表面平整度	现浇泡沫混凝土保温层表面平整度的允许偏差为5mm	2m靠尺和塞尺检查	

关于现浇泡沫混凝土保温层分项工程检验批质量检验的说明

1）主控项目第 1 项

为了检验泡沫混凝土保温层的实际保温效果，施工现场应制作试件，检测其导热系数、干密度和抗压强度。主要是为了防止泡沫混凝土料浆中泡沫破裂造成性能指标的降低。

2）主控项目第 2 项

泡沫混凝土保温层的厚度将决定屋面保温的效果，检查时应给出厚度的允许偏差，过厚会浪费材料，过薄则达不到设计要求。

3）一般项目第 2 项

"现浇泡沫混凝土的外观质量不得有贯通性裂缝"这一要求非常重要，施工时应重视泡沫混凝土终凝后的养护和成品保护。对已经出现的严重缺陷，应由施工单位提出技术处理方案，并经监理或建设单位认可后进行处理。

4）一般项目第 3 项

现浇泡沫混凝土施工后，其表面应平整，以确保铺抹找平层的厚度均匀。

【例 6-6】假设案例项目 1 号教学楼为平屋面，屋面保温层设计采用现浇泡沫混凝土，屋面面积为 430m²，屋面保温层检验批容量按屋面面积数确定，检查数量按每 100m² 检查一处，则应抽检 5 处。屋面保温层检验批质量验收记录见表 6-15。

现浇泡沫混凝土保温层检验批质量验收记录　　　　　　　　　表 6-15

GB 50207—2012　　　　　　　　　　　　　　　　　　　　桂建质 040204⓪⓪①

单位（子单位）工程名称			1 号教学楼	分部（子分部）工程名称	建筑屋面（保温与隔热）	分项工程名称	现浇泡沫混凝土保温层
施工单位			××建筑工程有限公司	项目负责人	张××	检验批容量	430m²
分包单位				分包单位项目负责人		检验批部位	屋面
施工依据			《屋面工程技术规范》GB 50345—2012	验收依据		《屋面工程施工质量验收规范》GB 50207—2012	

		验收项目		设计要求及规范规定	最小/实际抽样数量	检查记录	检查结果
主控项目	1	材料质量及配合比		符合设计要求	检查原材料出厂合格证、质量检验报告和计量措施	/	检查合格，报告编号 W0006	合格
	2	泡沫混凝土保温层厚度设计要求			钢针插入和尺量检验	5/5	检查合格，报告编号 W0006	合格
		厚度允许偏差	正偏差	5%且≤5mm		5/5	检查合格，报告编号 W0006	合格
			负偏差	5%且≤5mm			检查合格，报告编号 W0006	合格
	3	屋面热桥部位处理		符合设计要求	观察检查	5/5	检查合格，报告编号 W0006	合格

		验收项目	设计要求及规范规定		最小/实际 抽样数量	检查记录	检查 结果
一般项目	1	泡沫混凝土工艺要求	现浇泡沫混凝土应分层施工，粘结牢固，表面平整，找坡正确	观察检查	5/5	检查合格，报告编号 W0006	合格
	2	表面质量	现浇泡沫混凝土不得有贯通性裂缝，以及疏松、起砂、起皮现象	观察检查	5/5	检查合格，报告编号 W0006	合格
	3	表面平整度	允许偏差 5mm	2m 靠尺和塞尺检查	5/5	检查合格，报告编号 W0006	合格
施工单位 检查结果			主控项目全部符合要求，一般项目满足规范要求，本检验批符合要求 专业工长：王×× 项目专业质量检查员：张×× <div align="right">2019 年 3 月 23 日</div>				
监理（建设） 单位验收结论			主控项目全部合格，一般项目满足规范要求，本检验批合格 专业监理工程师： （建设单位项目专业技术负责人）：李×× <div align="right">2019 年 3 月 23 日</div>				

注：检查数量按屋面面积每 100m² 抽查一处，每处应为 10m²，且不得少于 3 处。

6.3.3 隔热工程

（1）架空隔热层高度

架空隔热层的高度应按屋面宽度或坡度大小确定。设计无要求时，架空隔热层的高度宜为 180～300mm。

屋面较宽时，风道中阻力增大，宜采用较高的架空层，反之，可采用较低的架空层。根据调研情况有关架空高度相差较大，如广东用的混凝土"板凳"仅 90mm，江苏、浙江、安徽、湖南、湖北等地有的高达 400mm。考虑到太低了隔热效果不好，太高了通风效果并不能提高多少且稳定性不好。验收规范规定设计无要求时，架空隔热层的高度宜为 180～300mm。

（2）中部通风屋脊设置

当屋面宽度大于 10m 时，应在屋面中部设置通风屋脊，通风口处应设置通风箅子。

为了保证通风效果，验收规范规定当屋面宽度大于 10m 时，在屋面中部设置通风屋脊，通风口处应设置通风箅子。

（3）支座底部加强措施

架空隔热制品支座底面的卷材、涂膜防水层，应采取加强措施。

考虑架空隔热制品支座部位负荷增大，支座底面的卷材、涂膜防水层应采取加强措施，避免损坏防水层。

（4）架空隔热制品质量

架空隔热制品的质量应符合下列要求：

1）非上人屋面的砌块强度等级不应低于 MU7.5；上人屋面的砌块强度等级不应低

于 MU10。

2）混凝土板的强度等级不应低于 C20，板厚及配筋应符合设计要求。

确定架空隔热制品的强度等级的因素主要考虑施工及上人时不易损坏。

（5）架空隔热层分项工程检验批质量检验标准（表 6-16）

架空隔热层分项工程检验批检验标准 表 6-16

项目类型	序号	验收项目	合格质量标准	检验方法	检查数量
主控项目	1	架空隔热制品的质量	架空隔热制品的质量，应符合设计要求	检查材料或构件合格证和质量检验报告	按屋面面积每100m²，抽查一处，每处应为 10m²，且不得少于 3 处
	2	铺设质量	架空隔热制品的铺设应平整、稳固，缝隙勾填应密实	观察检查	
一般项目	1	架空隔热制品距山墙或女儿墙距离	架空隔热制品距山墙或女儿墙不得小于 250mm	观察和尺量检查	
	2	架空隔热层的高度及通风屋脊、变形缝做法	架空隔热层的高度及通风屋脊、变形缝做法，应符合设计要求	观察和尺量检查	
	3	接缝高低差的允许偏差	架空隔热制品接缝高低差的允许偏差为 3mm	直尺和塞尺检查	

关于架空隔热层分项工程检验批质量检验的说明：

1）主控项目第 1 项

架空隔热层是采用隔热制品覆盖在屋面防水层上，并架设一定高度的空间，利用空气流动带走热量以起到隔热作用。架空隔热制品的质量必须符合设计要求，如使用有断裂和露筋等缺陷产品，日后会使隔热层受到破坏，对隔热效果带来不良影响。

2）主控项目第 2 项

考虑到屋面在使用中要上人清扫等情况，要求架空隔热制品的铺设应做到平整和稳固，板缝应填密实，使架空隔热制品板的刚度增大并形成一个整体。

3）一般项目第 1 项

架空隔热制品与山墙或女儿墙的距离不应小于 250mm，主要是考虑在保证屋面膨胀变形的同时，防止堵塞和便于清理。但是，间距过大和过宽则会降低架空隔热的效果。

4）一般项目第 2 项

为了保证架空隔热层的隔热效果，架空隔热层的高度及通风屋脊、变形缝做法应符合设计要求。

5）一般项目第 3 项

规定隔热制品接缝高低差的允许偏差为 3mm 则是为避免架空隔热层表面有积水。

【例 6-7】假设案例项目 1 号教学楼为平屋面，屋面架空隔热层设计采用 300×300 预制混凝土砖，屋面面积为 430m²，屋面架空隔热层检验批容量按屋面面积数确定，检查数量按每 100m² 检查一处，则应抽检 5 处。屋面架空隔热层检验批质量验收记录见表 6-17。

GB 50207—2012　　　　　　　　　　　　　　　　　　　　桂建质 040206⬚0⬚0⬚1

单位（子单位）工程名称	1号教学楼		分部（子分部）工程名称	建筑屋面（保温与隔热）	分项工程名称	架空隔热层
施工单位	××建筑工程有限公司		项目负责人	张××	检验批容量	430m²
分包单位			分包单位项目负责人		检验批部位	屋面
施工依据	《屋面工程技术规范》GB 50345—2012			验收依据	《屋面工程施工质量验收规范》GB 50207—2012	

		验收项目	设计要求及规范规定		最小/实际抽样数量	检查记录	检查结果
主控项目	1	架空隔热制品质量	符合设计要求	检查材料或构件合格证和质量检验报告	/	检查合格，报告编号 W0007	合格
	2	架空隔热制品铺设	平整、稳固，缝隙勾填应密实	观察检查	5/5	检查合格，报告编号 W0007	合格
一般项目	1	架空隔热制品距山墙或女儿墙距离	≥250mm	观察和尺量检查	5/5	检查合格，报告编号 W0007	合格
	2	架空隔热层高度及通风屋脊、变形缝做法	符合设计要求	观察和尺量检查	5/5	检查合格，报告编号 W0007	合格
	3	架空隔热制品接缝高低差	允许偏差3mm	直尺和塞尺检查	5/5	检查合格，报告编号 W0007	合格

施工单位检查结果	主控项目全部符合要求，一般项目满足规范要求，本检验批符合要求。 专业工长：王×× 项目专业质量检查员：张×× 2019年3月24日	监理（建设）单位验收结论	主控项目全部合格，一般项目满足规范要求，本检验批合格 专业监理工程师：李×× （建设单位项目专业技术负责人） 2019年3月24日

注：检查数量按屋面面积每100m²抽查一处，每处应为10m²，且不得少于3处。

6.4　防水与密封工程

6.4.1　防水与密封工程质量验收的一般规定

1.适用范围

本节适用于卷材防水层、涂膜防水层、复合防水层和接缝密封防水等分项工程的施工质量验收。

《屋面工程质量验收规范》GB 50207—2012 修订后保留了原规范中卷材防水层、涂膜防水层和接缝密封防水内容，取消了细石混凝土防水层，增加了复合防水层分项工程的施工质量验收。由于细石混凝土防水层的抗拉强度低，屋面结构易发生变形、自身干缩和温差变形，容易造成防水层裂缝而发生渗漏，新规范仅将细石混凝土作为卷材或涂膜防水层的保护层。

2. 基层要求

防水层施工前，基层应坚实、平整、干净、干燥。

虽然现在有些防水材料对基层不要求干燥，但对于屋面工程一般不提倡采用湿铺法施工。基层的干燥程度可采用简易方法进行检验。即应将 1m² 卷材平坦地干铺在找平层上，静置 3~4h 后掀开检查，找平层覆盖部位与卷材表面未见水印，方可铺设防水层。

3. 基层处理剂施工

基层处理剂应配比准确，并应搅拌均匀；喷涂或涂刷基层处理剂应均匀一致，待其干燥后应及时进行卷材、涂膜防水层和接缝密封防水施工。

在进行基层处理剂喷涂前，应按照卷材、涂膜防水层所用材料的品种，选用与其材性相容的基层处理剂。在配制基层处理剂时，应根据所用基层处理剂的品种，按有关规定或产品说明书的配合比要求，准确计量，混合后应搅拌 3~5min，使其拌合充分均匀。在喷涂或涂刷基层处理剂时应均匀一致，不得漏涂，待基层处理剂干燥后应及时进行卷材或涂膜防水层的施工。如基层处理剂未干燥前遭受雨淋，或是干燥后长期未进行防水层施工，则在防水层施工前必须再涂刷一次基层处理剂。

4. 成品保护

防水层完工并经验收合格后，应及时做好成品保护。

屋面防水层完工后，往往在后续工序作业时会造成防水层的局部破坏，所以必须做好防水层的保护工作。另外，屋面防水层完工后，严禁在其上凿孔、打洞，破坏防水层的整体性，以避免屋面渗漏。

5. 每个检验批抽检数量

防水与密封工程各分项工程每个检验批的抽检数量，防水层应按屋面面积每 100m² 抽查一处，每处应为 10m²，且不得少于 3 处；接缝密封防水应按每 50m 抽查一处，每处应为 5m，且不得少于 3 处。

本条规定了防水与密封工程各分项工程每个检验批的抽检数量均为 10%，有足够的代表性。

6.4.2 屋面防水工程

1. 卷材防水层

(1) 坡度较大屋面铺贴方式

屋面坡度大于 25% 时，卷材应采取满粘和钉压固定措施。

屋面坡度超过 25% 时，防水卷材易发生下滑现象，为此，故应采取防止卷材下滑措施。防止卷材下滑的措施除采取卷材满粘外，还要结合钉压固定等方法。由于钉压时对卷材造成局部破坏，因此对钉压固定点部位应采用密封油膏封闭严密和搭接时铺盖封闭。

(2) 铺贴方向

卷材铺贴方向应符合下列规定：

1）卷材宜平行屋脊铺贴；

2）上下层卷材不得相互垂直铺贴。

卷材铺贴方向应结合卷材搭接缝顺流水方向搭接和卷材铺贴可操作性两方面因素综合考虑。卷材铺贴应在保证顺直的前提下，宜平行屋脊铺贴，这种铺贴方式的防水效果更好。

当卷材防水层采用叠层工法时，上下层卷材不得相互垂直铺贴，主要是尽可能避免接缝出现叠加现象。

（3）卷材接缝宽度

卷材搭接缝应符合下列规定：

1）平行屋脊的卷材搭接缝应顺流水方向，卷材搭接宽度应符合表 6-18 的规定；

2）相邻两幅卷材短边搭接缝应错开，且不得小于 500mm；

3）上下层卷材长边搭接缝应错开，且不得小于幅宽的 1/3。

卷材搭接宽度   表 6-18

卷材类别		搭接宽度
合成高分子卷材	胶粘剂	80
	胶粘带	50
	单面焊	60，有效焊接宽度不小于 25
	双面焊	80，有效焊接宽 10×2+空腔宽
高聚物改性沥青防水卷材	胶粘剂	100
	自粘	80

为确保卷材防水层的质量，所有卷材均应用搭接法。表 6-18 中的搭接宽度，是根据我国现行主流做法及国外资料的数据作出规定的。同时，对"上下层的相邻两幅卷材的搭接缝应错开"作出修改。同一层相邻两幅卷材短边搭接缝错开，目的是避免四层卷材重叠，影响接缝质量；上下层卷材长边搭接缝错开，目的是避免卷材防水层搭接缝缺陷重合。

（4）卷材冷粘法铺贴

冷粘法铺贴卷材应符合下列规定：

1）胶粘剂涂刷应均匀，不应露底，不应堆积；

2）应控制胶粘剂涂刷与卷材铺贴的间隔时间；

3）卷材下面的空气应排尽，并应辊压粘牢固；

4）卷材铺贴应平整顺直，搭接尺寸应准确，不得扭曲、皱折；

5）接缝口应用密封材料封严，宽度不应小于 10mm。

采用冷粘法铺贴卷材时，胶粘剂的涂刷质量对保证卷材防水施工质量关系极大，涂刷不均匀、有堆积或漏涂现象，不但影响卷材的粘结力，还会造成材料浪费。

根据胶粘剂的性能和施工环境条件不同，有的可以在涂刷后立即粘贴，有的则要待溶剂挥发后粘贴，间隔时间还和气温、湿度、风力等因素有关。因此，本条提出原则性规定，要求控制好间隔时间。

卷材防水搭接缝的粘结质量，关键是搭接宽度和粘结密封性能。搭接缝平直、不扭曲，才能使搭接宽度有起码的保证；涂满胶粘剂才能保证粘结牢固、封闭严密。为保证搭接尺寸，一般在已铺卷材上以规定的搭接宽度弹出基准线作为标准。卷材铺贴后，要求接缝口用宽 10mm 的密封材料封严，以提高防水层的密封抗渗性能。

（5）卷材热熔法铺贴

热熔法铺贴卷材应符合下列规定：

1）火焰加热器加热卷材应均匀，不得加热不足或烧穿卷材；

2）卷材表面热熔后应立即滚铺，卷材下面的空气应排尽，并应辊压粘贴牢固；

3）卷材接缝部位应溢出热熔的改性沥青胶，溢出的改性沥青胶宽度宜为 8mm；

4）铺贴的卷材应平整顺直，搭接尺寸应准确，不得扭曲、皱折；

5）厚度小于 3mm 的高聚物改性沥青防水卷材，严禁采用热熔法施工。

采用热熔法铺贴卷材的施工要点是：施工加热时卷材幅宽内必须均匀一致，要求火焰加热器的喷嘴与卷材的距离应适当，加热至卷材表面有光亮黑色时方可粘合。若熔化不够，会影响卷材接缝的粘结强度和密封性能；加温过高，会使改性沥青老化变焦且把卷材烧穿。

因卷材表面所涂覆的改性沥青较薄，采用热熔法施工容易把胎体增强材料烧坏，使其降低乃至失去拉伸性能，从而严重影响卷材防水层的质量。对厚度小于 3mm 的高聚物改性沥青防水卷材，热熔法加热时容易烧穿卷材，因此严禁采用热熔法施工。铺贴卷材时应将空气排出，才能粘贴牢固；滚铺卷材时缝边必须采用溢出热熔的改性沥青胶封边，使接缝粘结牢固、封闭严密。

为保证铺贴的卷材平整顺直，搭接尺寸准确，不发生扭曲，应沿预留的或现场弹出的基准线作为标准进行施工作业。

（6）卷材自粘法铺贴

自粘法铺贴卷材应符合下列规定：

1）铺贴卷材时，应将自粘胶底面的隔离纸全部撕净；

2）卷材下面的空气应排尽，并应辊压粘贴牢固；

3）铺贴的卷材应平整顺直，搭接尺寸应准确，不得扭曲、皱折；

4）接缝口应用密封材料封严，宽度不应小于 10mm；

5）低温施工时，接缝部位宜采用热风加热，并应随即粘贴牢固。

采用自粘法铺贴卷材的施工要点：首先将隔离纸撕净，否则不能实现完全粘结。为了提高卷材与基层的粘结性能，应涂刷基层处理剂，并及时铺贴卷材。为保证接缝粘结性能，搭接部位提倡采用热风加热，尤其在温度较低时施工这一措施就更为必要。

采用自粘法铺贴工艺，考虑到施工的可靠度、防水层的收缩，以及外力使缝口翘边开缝的可能，要求接缝口用密封材料封严，以提高其密封抗渗的性能。

在铺贴立面或大坡面卷材时，立面和大坡面处卷材容易下滑，可采用加热方法使自粘卷材与基层粘结牢固，必要时还应采用钉压固定等措施。

（7）卷材防水层分项工程检验批质量检验标准

项目类型	序号	验收项目	合格质量标准	检验方法	检查数量
主控项目	1	防水卷材及其配套材料的质量	防水卷材及其配套材料的质量，应符合设计要求	检查出厂合格证、质量检验报告和进场检验报告	按屋面面积每 100m² 抽查一处，每处应为 10m²，且不得少于 3 处
	2	卷材防水层观感质量	卷材防水层不得有渗漏和积水现象	雨后观察或淋水、蓄水试验	
	3	卷材防水层在屋面细部的防水构造	卷材防水层在檐口、檐沟、天沟、水落口、泛水、变形缝和伸出屋面管道的防水构造，应符合设计要求	观察检查	
一般项目	1	卷材的搭接缝质量	卷材的搭接缝应粘结或焊接牢固，密封应严密，不得扭曲、皱折和翘边	观察检查	
	2	卷材防水层的收头处理	卷材防水层的收头应与基层粘结，钉压应牢固，密封应严密	观察检查	
	3	铺贴方向和卷材搭接宽度允许偏差	卷材防水层的铺贴方向应正确，卷材搭接宽度的允许偏差为 −10mm	观察和尺量检查	
	4	屋面排汽构造及排汽管安装	屋面排汽构造的排汽道应纵横贯通，不得堵塞；排汽管应安装牢固，位置应正确，封闭应严密	观察检查	

关于卷材防水层分项工程检验批质量检验的说明：

1）主控项目第 1 项

国内新型防水材料的发展很快。近年来，我国普遍应用并获得较好效果的高聚物改性沥青防水卷材，产品质量应符合现行国家标准《弹性体改性沥青防水卷材》GB 18242—2008、《塑性体改性沥青防水卷材》GB 18243—2008、《改性沥青聚乙烯胎防水卷材》GB 18967—2009 和《自粘聚合物改性沥青防水卷材》GB 23441—2009 的要求。

目前国内合成高分子防水卷材的种类主要为：PVC 防水卷材，其产品质量应符合现行国家标准《聚氯乙烯（PVC）防水卷材》GB 12952—2011 的要求；EPDM、TPO 和聚乙烯丙纶防水卷材，产品质量应符合现行国家标准《高分子防水材料第一部分：片材》GB 18173.1—2012 的要求。

同时还对卷材的胶粘剂提出了基本的质量要求，合成高分子胶粘剂质量应符合现行行业标准《高分子防水卷材胶粘剂》JC/T 863—2011 的要求。

2）主控项目第 2 项

防水是屋面的主要功能之一，若卷材防水层出现渗漏和积水现象，将是最大的弊病。检验屋面有无渗漏和积水、排水系统是否通畅，可在雨后或持续淋水 2h 以后进行。有可能作蓄水试验的屋面，其蓄水时间不应少于 24h。

3）主控项目第 3 项

檐口、檐沟、天沟、水落口、泛水、变形缝和伸出屋面管道等处，是当前屋面防水工程渗漏最严重的部位。因此，卷材屋面的防水构造设计应符合下列规定：

① 应根据屋面的结构变形、温差变形、干缩变形和振动等因素，使节点设防能够满足基层变形的需要；

② 应采用柔性密封、防排结合、材料防水与构造防水相结合；

③ 应采用防水卷材、防水涂料、密封材料等材性互补并用的多道设防，包括设置附加层。

4）一般项目第 1 项

卷材防水层的搭接缝质量是卷材防水层成败的关键，搭接缝质量好坏表现在两个方面：①搭接缝粘结或焊接牢固，密封严密；②搭接缝宽度符合设计要求和规范规定。冷粘法施工胶粘剂的选择至关重要；热熔法施工，卷材的质量和厚度是保证搭接缝的前提，完工的搭接缝以溢出沥青胶为度；热风焊接法关键是焊机的温度和速度的把握，不得出现虚焊、漏焊或焊焦现象。

5）一般项目第 2 项

卷材防水层收头是屋面细部构造施工的关键环节。如檐口 800mm 范围内的卷材应满粘，卷材端头应压入找平层的凹槽内，卷材收头应用金属压条钉压固定，并用密封材料封严；檐沟内卷材应由沟底翻上至沟外侧顶部，卷材收头应用金属压条钉压固定，并用密封材料封严；女儿墙和山墙泛水高度不应小于 250mm，卷材收头可直接铺至女儿墙压顶下，用金属压条钉压固定，并用密封材料封严；伸出屋面管道泛水高度不应小于 250mm，卷材收头处应用金属箍箍紧，并用密封材料封严；水落口部位的防水层，伸入水落口杯内不应小于 50mm，并应粘结牢固。

根据屋面渗漏调查分析，细部构造是屋面防水工程的重要部位，也是防水施工的薄弱环节，故验收规范规定卷材防水层的收头应用金属压条钉压固定，并用密封材料封严。

6）一般项目第 3 项

为保证卷材铺贴质量，验收规范规定了卷材搭接宽度的允许偏差为 -10mm，而不考虑正偏差。通常卷材铺贴前施工单位应根据卷材搭接宽度和允许偏差，在现场弹出尺寸基准线作为标准去控制施工质量。

7）一般项目第 4 项

排汽屋面的排汽道应纵横贯通，不得堵塞，并应与大气连通的排汽孔相通。找平层设置的分格缝可兼作排汽道，排汽道的宽度宜为 40mm，排汽道纵横间距宜为 6m，屋面面积每 36m² 宜设置一个排汽孔。排汽出口应埋设排汽管，排汽管应设置在结构层上，穿过保温层及排汽道的管壁四周均应打孔，以保证排汽道的畅通。排汽出口亦可设在檐口下或屋面排汽道交叉处。排汽管应安装牢固、封闭严密，避免出现使排汽管变成了进水孔，造成屋面漏水。

【例 6-8】假设案例项目 1 号教学楼为平屋面，屋面采用 3mmSBS 改性沥青防水卷材防水，屋面面积为 430m²，屋面卷材防水层检验批容量按屋面面积数确定，检查数量按每 100m² 检查一处，则应抽检 5 处。屋面卷材防水层检验批质量验收记录见表 6-20。

GB 50207—2012

桂建质 040301|0|0|1|

		单位（子单位）工程名称	1号教学楼	分部（子分部）工程名称	建筑屋面（防水与密封）	分项工程名称	卷材防水层
		施工单位	××建筑工程有限公司	项目负责人	张××	检验批容量	430m²
		分包单位		分包单位项目负责人		检验批部位	屋面
		施工依据	《屋面工程技术规范》GB 50345—2012	验收依据		《屋面工程施工质量验收规范》GB 50207—2012	

		验收项目	设计要求及规范规定	最小/实际抽样数量	检查记录	检查结果
主控项目	1	防水卷材质量	符合设计要求	检查出厂合格证、质量检验报告和进场检验报告	检查合格，报告编号W0008	合格
	2	渗漏和积水要求	卷材防水层无渗漏和积水现象	雨后观察或淋水、蓄水试验	检查合格，详见淋水试验记录W0014	合格
	3	细部防水构造要求	卷材防水层在檐口、檐沟、天沟、水落口、泛水、变形缝和伸出屋面管道的防水构造，应符合设计要求	观察检查	5/5	抽查5处，全部合格	合格
一般项目	1	搭接缝工艺要求	卷材的搭接缝应粘结或焊接牢固，密封严密，不得扭曲、皱折和翘边	观察检查	5/5	抽查5处，全部合格	合格
	2	收头工艺要求	卷材防水层的收头应与基层粘结，钉压牢固，密封严密	观察检查	5/5	抽查5处，全部合格	合格
	3	卷材防水层铺贴	铺贴方向正确	观察和尺量检查	5/5	抽查5处，全部合格	合格
	4	卷材搭接宽	允许偏差—10mm		5/5	抽查5处，全部合格	合格
	5	屋面排汽构造	排汽道应纵横贯通，不得堵塞；排汽管安装牢固，位置正确，封闭严密	观察检查	5/5	抽查5处，全部合格	合格

施工单位检查结果	主控项目全部符合要求，一般项目满足规范要求，本检验批符合要求 专业工长：王×× 项目专业质量检查员：张×× 2019 年 3 月 24 日	监理（建设）单位验收结论	主控项目全部合格，一般项目满足规范要求，本检验批合格 专业监理工程师：李×× （建设单位项目专业技术负责人） 2019 年 3 月 24 日

注：检查数量防水层应按屋面面积每100m²抽查一处，每处应为10m²，且不得少于3处。

2. 涂膜防水层

（1）防水涂料施工要求

1）多组分防水涂料应按配合比准确计量，搅拌应均匀，并应根据有效时间确定每次配制的数量。

采用多组分涂料时，由于各组分的配料计量不准和搅拌不均匀，将会影响混合料的充分化学反应，造成涂料性能指标下降。一般配成的涂料固化时间比较短，应按照一次涂布用量确定配料的多少，在固化前用完；已固化的涂料不能和未固化的涂料混合使用，否则将会降低防水涂膜的质量。当涂料黏度过大或涂料固化过快、过慢时，可分别加入适量的稀释剂、缓凝剂或促凝剂，调节黏度或固化时间，但不得影响防水涂膜的质量。

2）防水涂料应多遍涂布，并应待前一遍涂布的涂料干燥成膜后，再涂布后一遍涂料，且前后两遍涂料的涂布方向应相互垂直。

防水涂膜在满足厚度要求的前提下，涂刷的遍数越多对成膜的密实度越好，因此涂料施工时应采用多遍涂布，不论是厚质涂料还是薄质涂料均不得一次成膜。每遍涂刷应均匀，不得有露底、漏涂和堆积现象；多遍涂刷时，应待前遍涂层表干后，方可涂刷后一遍涂料，两遍涂层施工间隔时间不宜过长，否则易形成分层现象。

（2）胎体增强材料选择及施工

铺设胎体增强材料应符合下列规定：

1）胎体增强材料宜采用聚酯无纺布或化纤无纺布；

2）胎体增强材料长边搭接宽度不应小于50mm，短边搭接宽度不应小于70mm；

3）上下层胎体增强材料的长边搭接缝应错开，且不得小于幅宽的1/3；

4）上下层胎体增强材料不得相互垂直铺设。

胎体增强材料平行或垂直屋脊铺设可以按方便施工确定。

平行于屋脊铺设时，应由最低标高处向上铺设，胎体增强材料顺着流水方向搭接，避免呛水；胎体增强材料铺贴时，应边涂刷边铺贴，让涂料渗入胎体增强材料，避免两者分离；为了便于工程质量验收和确保涂膜防水层的完整性，规定长边搭接宽度不小于50mm，短边搭接宽度不小于70mm，没有必要按卷材搭接宽度来规定。当采用两层胎体增强材料时，上下层不得垂直铺设，使其两层胎体材料同方向有一致的延伸性；上下层胎体增强材料的长边搭接缝应错开且不得小于1/3幅宽，避免上下层胎体材料产生重缝及涂膜防水层厚薄不均匀。

（3）涂膜防水层分项工程检验批质量检验标准（表6-21）

涂膜防水层分项工程检验批质量检验标准   表6-21

项目类型	序号	验收项目	合格质量标准	检验方法	检查数量
主控项目	1	防水涂料和胎体增强材料的质量	防水涂料和胎体增强材料的质量，应符合设计要求	检查出厂合格证、质量检验报告和进场检验报告	按屋面面积每100m²，抽查一处，每处应为10m²，且不得少于3处
	2	涂膜防水层观感质量	涂膜防水层不得有渗漏和积水现象	雨后观察或淋水、蓄水试验	
	3	涂膜防水层在屋面细部的防水构造	涂膜防水层在檐口、檐沟、天沟、水落口、泛水、变形缝和伸出屋面管道的防水构造，应符合设计要求	观察检查	
	4	涂膜防水层的平均厚度及最小厚度	涂膜防水层的平均厚度应符合设计要求，且最小厚度不得小于设计厚度的80%	针测法或取样量测	
一般项目	1	涂膜防水层与基层粘结质量及外观质量	涂膜防水层与基层应粘结牢固，表面应平整，涂布应均匀，不得有流淌、皱折、起泡和露胎体等缺陷	观察检查	
	2	涂膜防水层的收头	涂膜防水层的收头应用防水涂料多遍涂刷。	观察检查	
	3	铺贴胎体增强材料铺设质量和搭接宽度	铺贴胎体增强材料应平整顺直，搭接尺寸应准确，应排除气泡，并应与涂料粘结牢固；胎体增强材料搭接宽度的允许偏差为−10mm	观察和尺量检查	

关于涂膜防水层分项工程检验批质量检验的说明

1）主控项目第1项

高聚物改性沥青防水涂料的质量，应符合现行行业标准《水乳型沥青防水涂料》JC/T 408—2005 等标准的要求。合成高分子防水涂料的质量，应符合现行国家标准《聚氨酯防水涂料》GB/T 19250—2013、《聚合物水泥防水涂料》GB/T 23445—2009 和现行行业标准《聚合物乳液建筑防水涂料》JC/T 864—2008 的要求。

胎体增强材料主要有聚酯无纺布和化纤无纺布。聚酯无纺布纵向拉力不应小于 150N/50mm，横向拉力不应小于 100N/50mm，延伸率纵向不应小于 10%，横向不应小于 20%；化纤无纺布纵向拉力不应小于 45N/50mm，横向拉力不应小于 35N/50mm；延伸率纵向不应小于 20%，横向不应小于 25%。

2）主控项目第2项

防水是屋面的主要功能之一，检验屋面有无渗漏和积水、排水系统是否通畅，可在雨后或持续淋水 2h 以后进行。有可能作蓄水试验的屋面，其蓄水时间不应少于 24h。

3）主控项目第4项

涂膜防水层使用年限长短的决定因素，除防水涂料技术性能外就是涂膜的厚度，本条规定平均厚度应符合设计要求，最小厚度不应小于设计厚度的 80%。涂膜防水层厚度应包括胎体增强材料厚度。

4）一般项目第1项

涂膜防水层应表面平整，涂刷均匀，成膜后如出现流淌、起泡和露胎体等缺陷，会降低防水工程质量而影响使用寿命。

防水涂料的粘结性是反映防水涂料性能优劣的一项重要指标，而且涂膜防水层施工时，基层的分格缝处或可预见变形部位宜采用空铺附加层。因此，验收时规定涂膜防水层应粘结牢固是合理的要求。

5）一般项目第2项

涂膜防水层收头是屋面细部构造施工的关键环节，涂膜防水层收头应用防水涂料多遍涂刷。原因如下：①防水涂料在常温下呈黏稠状液体，分数遍涂刷基层上，待溶剂挥发或反应固化后，即形成无接缝的防水涂膜；②防水涂料在夹铺胎体增强材料时，为了防止收头部位出现翘边、皱折、露胎体等现象，收头处必须用涂料多遍涂刷，以增强密封效果；③涂膜收头若采用密封材料压边，会产生两种材料的相容性问题。

6）一般项目第3项

胎体增强材料应随防水涂料边涂刷边铺贴，用毛刷或纤维布抹平，与防水涂料完全粘结，如粘结不牢固，不平整，涂膜防水层会出现分层现象。同一层短边搭接缝和上下层搭接缝错开的目的是避免接缝重叠，胎体厚度太大，影响涂膜防水层厚薄均匀度。胎体增强材料搭接宽度的控制，是涂膜防水层整体强度均匀性的保证，验收规定搭接宽度允许偏差为 -10mm，未规定正偏差。

【例 6-9】假设案例项目 1 号教学楼为平屋面，屋面采用高聚物改性沥青防水涂料防水，屋面面积为 430m²，屋面涂膜防水层检验批容量按屋面面积数确定，检查数量按每 100m² 检查一处，则应抽检 5 处。屋面涂膜防水层检验批质量验收记录见表 6-22。

GB 50207—2012   桂建质 040302 0 0 1

单位（子单位）工程名称	1号教学楼		分部（子分部）工程名称	建筑屋面（防水与密封）	分项工程名称	涂膜防水层
施工单位	××建筑工程有限公司		项目负责人	张××	检验批容量	430m²
分包单位			分包单位项目负责人		检验批部位	屋面
施工依据	《屋面工程技术规范》GB 50345—2012			验收依据	《屋面工程施工质量验收规范》GB 50207—2012	

		验收项目	设计要求及规范规定		最小/实际抽样数量	检查记录	检查结果
主控项目	1	材料质量	符合设计要求	检查出厂合格证、质量检验报告和进场检验报告	/	检查合格，报告编号 W0009	合格
	2	渗漏和积水要求	涂膜防水层不得有渗漏和积水现象	雨后观察或淋水、蓄水试验	/	试验合格，详见淋水试验记录 W0014	合格
	3	细部防水构造要求	涂膜防水层在檐口、檐沟、天沟、水落口、泛水、变形缝和伸出屋面管道的防水构造应符合设计要求	观察检查	5/5	抽查 5 处，全部合格	合格
	4	涂膜厚度	平均厚度符合设计要求，且≥80%设计厚度	针测法或取样量测	5/5	抽查 5 处，全部合格	合格
一般项目	1	涂膜施工	涂膜防水层与基层应粘结牢固，表面平整，涂布均匀，不得有流淌、皱折、起泡和露胎体等缺陷	观察检查	5/5	抽查 5 处，全部合格	合格
	2	收头施工	涂膜防水层的收头应用防水涂料多遍涂刷	观察检查	5/5	抽查 5 处，全部合格	合格
	3	铺贴胎体增强材料施工	平整顺直，搭接尺寸准确，应排除气泡，并与涂料粘结牢固	观察和尺量检查	5/5	抽查 5 处，全部合格	合格
		胎体增强材料的搭接宽度	允许偏差−10mm		5/5	检查 5 处，全部合格	合格

施工单位检查结果	主控项目全部符合要求，一般项目满足规范要求，本检验批符合要求 专业工长：王×× 项目专业质量检查员：张×× 2019 年 3 月 25 日	监理（建设）单位验收结论	主控项目全部合格，一般项目满足规范要求，本检验批合格 专业监理工程师：李×× （建设单位项目专业技术负责人） 2019 年 3 月 25 日

注：检查数量防水层应按屋面面积每 100m³ 抽查一处，每处应为 10m³，且不得少于 3 处。

3. 复合防水层

(1) 复合防水层中卷材和涂料的位置

卷材与涂料复合使用时，涂膜防水层宜设置在卷材防水层的下面。

复合防水层中涂膜防水层宜设置在卷材防水层下面，主要是体现涂膜防水层粘结强度高，可修补防水层基层裂缝缺陷，防水层无接缝、整体性好的特点；同时还体现卷材防水层强度高、耐穿刺，厚薄均匀，使用寿命长等特点。

(2) 防水卷材的粘结强度

卷材与涂料复合使用时，防水卷材的粘结质量应符合表 6-23 的规定。

防水卷材的粘结质量   表 6-23

项目	自粘聚合物改性沥青防水卷材和带自粘层防水卷材	高聚物改性沥青防水卷材胶粘剂	合成高分子防水卷材胶粘剂
粘结剥离强度（N/10mm）	≥10 或卷材断裂	≥8 或卷材断裂	≥15 或卷材断裂
剪切状态下的粘合强度（N/10mm）	≥20 或卷材断裂	≥20 或卷材断裂	≥20 或卷材断裂
浸水 168h 后粘结剥离强度保持率（%）	—	—	≥70

注：防水涂料作为防水卷材粘结材料复合使用时，应符合相应的防水卷材胶粘剂规定。

复合防水层防水涂料与防水卷材两者之间，能否很好地粘结是防水层成败的关键，本条对复合防水层的卷材粘结质量作了基本规定。

(3) 复合防水层施工质量

复合防水层施工质量应符合本章卷材防水和涂料防水的有关规定。

在复合防水层中，如果防水涂料既是涂膜防水层，又是防水卷材的胶粘剂，则不可能单独对涂膜防水层的验收，只能待复合防水层完工后整体验收。如果防水涂料不是防水卷材的胶粘剂，那么应对涂膜防水层和卷材防水层分别验收。

(4) 复合防水层分项工程检验批检验标准（表 6-24）

复合防水层分项工程检验批检验标准   表 6-24

项目类型	序号	验收项目	合格质量标准	检验方法	检查数量
主控项目	1	复合防水层所用防水材料及其配套材料的质量	复合防水层所用防水材料及其配套材料的质量，应符合设计要求	检查出厂合格证、质量检验报告和进场检验报告	按屋面面积每100m²，抽查一处，每处应为10m²，且不得少于 3 处
主控项目	2	复合防水层观感质量	复合防水层不得有渗漏和积水现象	雨后观察或淋水、蓄水试验	
主控项目	3	复合防水层在屋面细部的防水构造	复合防水层在天沟、檐沟、檐口、水落口、泛水、变形缝和伸出屋面管道的防水构造，应符合设计要求	观察检查	
一般项目	1	卷材与涂膜粘贴质量	卷材与涂膜应粘贴牢固，不得有空鼓和分层现象	观察检查	
一般项目	2	复合防水层的总厚度	复合防水层的总厚度应符合设计要求。	针测法或取样量测	

关于复合防水层分项工程检验批质量检验的说明

1) 一般项目第 1 项

卷材防水层与涂膜防水层应粘贴牢固，尤其是天沟和立面防水部位，如出现空鼓和分层现象，一旦卷材破损，防水层会出现窜水现象；另外由于空鼓或分层，也会加速卷材热老化和疲劳老化，降低卷材使用寿命。

2) 一般项目第 2 项

复合防水层的总厚度，主要包括卷材厚度、卷材胶粘剂厚度和涂膜厚度。在复合防水层中，如果防水涂料既是涂膜防水层，又是防水卷材的胶粘剂，那么涂膜厚度应给予适当增加。有关复合防水层的涂膜厚度，应符合涂膜防水层厚度的规定。

【例 6-10】假设案例项目 1 号教学楼为平屋面，屋面采用复合防水层防水，屋面面积为 $430m^2$，屋面复合防水层检验批容量按屋面面积数确定，检查数量按每 $100m^2$ 检查一处，则应抽检 5 处。屋面复合防水层检验批质量验收记录见表 6-25。

复合防水层分项工程检验批质量验收记录

表 6-25

GB 50207—2012

桂建质 040303 0 0 1

单位（子单位）工程名称		1 号教学楼		分部（子分部）工程名称		建筑屋面（防水与密封）	分项工程名称		复合防水层
施工单位		××建筑工程有限公司		项目负责人		张××	检验批容量		$430m^2$
分包单位				分包单位项目负责人			检验批部位		屋面
施工依据		《屋面工程技术规范》GB 50345—2012				验收依据	《屋面工程施工质量验收规范》GB 50207—2012		
		验收项目	设计要求及规范规定			最小/实际抽样数量		检查记录	检查结果
主控项目	1	材料质量	符合设计要求			检查出厂合格证、质量检验报告和进场检验报告	/	检查合格，报告编号 W0010	合格
	2	渗漏和积水要求	复合防水层不得有渗漏和积水现象			雨后观察或淋水、蓄水试验	/	试验合格，详见淋水试验记录 W0014	合格
	3	细部防水构造要求	复合防水层在天沟、檐沟、檐口、水落口、泛水、变形缝和伸出屋面管道的防水构造，应符合设计要求			观察检查	5/5	抽查 5 处，全部合格	合格
一般项目	1	卷材与涂膜施工	粘结牢固，不得有空鼓和分层现象			观察检查	5/5	抽查 5 处，全部合格	合格
	2	复合防水层厚度	总厚度符合设计要求			针测法或取样量测	5/5	抽查 5 处，全部合格	合格
施工单位检查结果		主控项目全部符合要求，一般项目满足规范要求，本检验批符合要求 专业工长：王×× 项目专业质量检查员：张×× <div align="right">2019 年 3 月 25 日</div>							
监理（建设）单位验收结论		主控项目全部合格，一般项目满足规范要求，本检验批合格 专业监理工程师：李×× （建设单位项目专业技术负责人） <div align="right">2019 年 3 月 25 日</div>							

注：检查数量防水层应按屋面面积每 $100m^2$ 抽查一处，每处应为 $10m^2$，且不得少于 3 处。

6.4.3 屋面接缝密封工程

（1）密封防水部位的基层要求

密封防水部位的基层应符合下列要求：

1）基层应牢固，表面应平整、密实，不得有裂缝、蜂窝、麻面、起皮和起砂现象；

2）基层应清洁、干燥，并应无油污、无灰尘；

3）嵌入的背衬材料与接缝壁间不得留有空隙；

4）密封防水部位的基层宜涂刷基层处理剂，涂刷应均匀，不得漏涂。

这是验收规范对密封防水部位基层的规定。

1）如果接触密封材料的基层强度不够，或有蜂窝、麻面、起皮和起砂现象，都会降低密封材料与基层的粘结强度。基层不平整、不密实或嵌填密封材料不均匀，接缝位移时会造成密封材料局部拉伸过大破坏现象，从而失去密封防水的作用。

2）基层不干净和不干燥，则会降低密封材料与基层的粘结强度。尤其是溶剂型或反应固化型密封材料，基层必须干燥。

3）接缝处密封材料的底部应设置背衬材料。背衬材料应选择与密封材料不粘或粘结力弱的材料，并应能适应基层的延伸和压缩，具有施工时不变形、复原率高和耐久性好等性能。

4）密封防水部位的基层宜涂刷基层处理剂。选择基层处理剂时，既要考虑密封材料与基层处理剂材性的相容性，又要考虑基层处理剂与被粘结材料有良好的粘结性。

（2）多组分密封材料配制及使用

多组分密封材料应按配合比准确计量，拌合应均匀，并应根据有效时间确定每次配制的数量。

使用多组分密封材料时，一般来说，固化组分含有较多的软化剂，如果配比不准确，固化组分过多，会使密封材料粘结力下降，过少会使密封材料拉伸模量过高，密封材料的位移变形能力下降；施工中如拌合不均匀，则会造成混合料反应不充分，导致材料性能指标达不到要求。

（3）成品保护

密封材料嵌填完成后，在固化前应避免灰尘、破损及污染，且不得踩踏。

嵌填完毕的密封材料，一般应养护 2～3d。并且在下一道工序施工前，应对接缝部位的密封材料采取保护措施，可采用卷材或木板保护，以防止被污染及碰损。密封材料嵌填对构造尺寸和形状都有一定的要求，未固化的材料尚不具备相应的弹性，踩踏后密封材料会发生塑性变形，导致密封材料构造尺寸不符合设计要求，所以对嵌填的密封材料固化前不得踩踏。

（4）接缝密封防水分项工程检验批质量检验标准（表6-26）

关于接缝密封防水分项工程检验批质量检验的说明：

1）主控项目第一项

改性石油沥青密封材料按耐热度和低温柔性分为Ⅰ和Ⅱ类，质量要求依据现行行业标准《建筑防水沥青嵌缝油膏》JC/T 207—2011，Ⅰ类产品代号为"702"，即耐热性为70℃，低温柔性为−20℃，适合北方地区使用；Ⅱ类产品代号为"801"，即耐热性为

80℃，低温柔性为－10℃，适合南方地区使用。

接缝密封防水分项工程检验批质量检验标准

表 6-26

项目类型	序号	验收项目	合格质量标准	检验方法	检查数量
主控项目	1	密封材料及其配套材料的质量	密封材料及其配套材料的质量，应符合设计要求	检查出厂合格证、质量检验报告和进场检验报告	按屋面面积每100m²，抽查一处，每处应为10m²，且不得少于3处
主控项目	2	密封材料嵌填	密封材料嵌填应密实、连续、饱满，粘结牢固，不得有气泡、开裂、脱落等缺陷	观察检查	
一般项目	1	密封防水部位的基层	密封防水部位的基层应符合"(1) 密封防水部位的基层要求"的规定	观察检查	
一般项目	2	嵌填深度及接缝宽度允许偏差	接缝宽度和密封材料的嵌填深度应符合设计要求，接缝宽度的允许偏差为±10%	尺量检查	
一般项目	3	嵌填的密封材料观感质量	嵌填的密封材料表面应平滑，缝边应顺直，应无明显不平和周边污染现象	观察检查	

合成高分子密封材料质量要求，主要依据现行行业标准《混凝土建筑接缝用密封胶》JC/T 881—2017 提出的，按密封胶位移能力分为 25、20、12.5、7.5 四个级别，25 级和 20 级密封胶按拉伸模量分为低模量（LM）和高模量（HM）两个次级别；12.5 级密封胶按弹性恢复率又分为弹性（E）和塑性（P）两个级别，故把 25 级、20 级和 12.5E 级密封胶称为弹性密封胶，而把 12.5P 级和 7.5P 级密封胶称为塑性密封胶。

2）主控项目第 2 项

采用改性石油沥青密封材料嵌填时应注意以下两点：

1）热灌法施工应由下向上进行，并减少接头；垂直于屋脊的板缝宜先浇灌，同时在纵横交叉处宜沿平行于屋脊的两侧板缝各延伸浇灌 150mm，并留成斜槎。密封材料熬制及浇灌温度应按不同材料要求严格控制。

2）冷嵌法施工应先将少量密封材料批刮到缝槽两侧，分次将密封材料嵌填在缝内，用力压嵌密实。嵌填时密封材料与缝壁不得留有空隙，并防止裹入空气。接头应采用斜槎。

采用合成高分子密封材料嵌填时，无论是用挤出枪还是用腻子刀施工，表面都不会光滑平直，可能还会出现凹陷、漏嵌填、孔洞、气泡等现象，故应在密封材料表干前进行修整。如果表干前不修整，则表干后不易修整，且容易将成膜固化的密封材料破坏。上述操作的目的是使嵌填的密封材料饱满、密实，无气泡、孔洞现象。

3）一般项目第 1 项

位移接缝的接缝宽度应按屋面接缝位移量计算确定。接缝的相对位移量不应大于可供选择密封材料的位移能力，否则将导致密封防水处理的失效。密封材料嵌填深度常取接缝宽度的 50%～70%，这是从国外大量资料和国内工程实践中总结出来的一个经验值。接缝宽度规定不应大于 40mm，且不应小于 10mm。考虑到接缝宽度太窄密封材料不易嵌填，太宽则会造成材料浪费，故规定接缝宽度的允许偏差为±10%。如果接缝宽度不符合上述要求，应进行调整或用聚合物水泥砂浆处理。

【例6-11】假设案例项目1号教学楼为平屋面，屋面的接缝密封采用合成高分子密封材料，屋面面积为430m²，屋面接缝密封防水检验批容量按屋面面积数确定，检查数量按每100m²检查一处，则应抽检5处。屋面接缝密封防水检验批质量验收记录见表6-27。

接缝密封防水分项工程检验批质量验收记录

表6-27

GB 50207—2012

桂建质 040304 [0][0][1]

单位（子单位）工程名称		1号教学楼	分部（子分部）工程名称	建筑屋面（防水与密封）	分项工程名称	接缝密封防水
施工单位		××建筑工程有限公司	项目负责人	张××	检验批容量	430m²
分包单位			分包单位项目负责人		检验批部位	屋面
施工依据		《屋面工程技术规范》GB 50345—2012		验收依据	《屋面工程施工质量验收规范》GB 50207—2012	

		验收项目	设计要求及规范规定	最小/实际抽样数量	检查记录	检查结果
主控项目	1	材料质量	符合设计要求	检查出厂合格证、质量检验报告和进场检验报告	/	检查合格，报告编号 W0011	合格
	2	密封材料施工	嵌填密实、连续、饱满，粘结牢固，无气泡、开裂、脱落等缺陷	观察检查	5/5	抽查5处，全部合格	合格
一般项目	1	防水部位基层施工	（1）基层牢固，表面平整、密实，无裂缝、蜂窝、麻面、起皮和起砂现象；（2）清洁、干燥，无油污、无灰尘；（3）涂刷基层处理剂，涂刷均匀，不漏涂	观察检查	5/5	抽查5处，全部合格	合格
	2	密封材料嵌填深度	符合设计要求	尺量检查	5/5	抽查5处，全部合格	合格
		接缝宽度	允许偏差±10％	尺量检查	5/5	抽查5处，全部合格	合格
	3	嵌填密封材料施工质量	嵌填的密封材料表面平滑，缝边顺直，无明显不平和周边污染现象	观察检查	5/5	抽查5处，全部合格	合格
施工单位检查结果		主控项目全部符合要求，一般项目满足规范要求，本检验批符合要求 专业工长：王×× 项目专业质量检查员：张×× 2019年3月26日		监理（建设）单位验收结论	主控项目全部合格，一般项目满足规范要求，本检验批合格 专业监理工程师：李×× （建设单位项目专业技术负责人）： 2019年3月26日	

6.5 细部构造工程

1. 一般规定

(1) 适用范围

本节适用于檐口、檐沟和天沟、女儿墙和山墙、水落口、变形缝、伸出屋面管道、屋面出入口、反梁过水孔、设施基座、屋脊、屋顶窗等分项工程的施工质量验收。

屋面的檐口、檐沟和天沟、女儿墙和山墙、水落口、变形缝、伸出屋面管道、屋面出入口、反梁过水孔、设施基座、屋脊、屋顶窗等部位，是屋面工程中最容易出现渗漏的薄弱环节。

根据相关调查结果表明，有70%的屋面渗漏是由于细部构造的防水处理不当引起的，所以对这些部位均应进行防水增强处理，并作重点质量检查验收。本节主要对几个比较常见屋面细部进行讲解。

(2) 细部构造各分项工程检验批抽检数量

细部构造工程各分项工程每个检验批应全数进行检验。

由于细部构造是屋面工程中最容易出现渗漏的部位，同时难以用抽检的百分率来确定屋面细部构造的整体质量，所以验收规范明确规定细部构造工程各分项工程每个检验批应按全数进行检验。

施工质量验收规范对采用全检的部位一般具有以下几个特点：①对结构安全和使用功能特别重要，如钢筋安装中的级别、规格、根数等，屋面的细部构造；②检验的成本不高，且比较方便，如钢筋的连接方式等。

(3) 材料质量要求

细部构造所使用卷材、涂料和密封材料的质量应符合设计要求，两种材料之间应具有相容性。

由于细部构造部位形状复杂、变形集中，构造防水和材料防水相互交融在一起，所以屋面细部节点的防水构造及所用卷材、涂料和密封材料，必须符合设计要求。进场的防水材料应进行抽样检验。必要时应做两种材料的相容性试验。

(4) 屋面细部构造热桥部位的保温处理

屋面细部构造热桥部位的保温处理，应符合设计要求。

2. 檐口分项工程检验批

(1) 檐口分项工程检验批质量检验标准（表6-28）

檐口分项工程检验批质量检验标准 表6-28

项目类型	序号	验收项目	合格质量标准	检验方法	检查数量
主控项目	1	檐口的防水构造	檐口的防水构造应符合设计要求	观察检查	全数检查
	2	檐口的排水坡度	檐口的排水坡度应符合设计要求；檐口部位不得有渗漏和积水现象	坡度尺检查和雨后观察或淋水试验	

项目类型	序号	验收项目	合格质量标准	检验方法	检查数量
一般项目	1	檐口 800mm 范围内铺贴方式	檐口 800mm 范围内的卷材应满粘	观察检查	全数检查
	2	卷材收头处理	卷材收头应在找平层的凹槽内用金属压条钉压固定，并应用密封材料封严	观察检查	
	3	涂膜收头处理	涂膜收头应用防水涂料多遍涂刷	观察检查	
	4	檐口端部处理	檐口端部应抹聚合物水泥砂浆，其下端应做成鹰嘴和滴水槽	观察检查	

关于檐口分项工程检验批质量检验的说明：

1）主控项目第 1 项

檐口部位的防水层收头和滴水是檐口防水处理的关键，其构造必须符合设计要求。瓦屋面的瓦头挑出檐口的尺寸、滴水板的设置要求等应符合设计要求。验收时对构造做法必须进行严格检查，确保符合设计和现行相关规范的要求。

2）主控项目第 2 项

准确的排水坡度能够保证雨水迅速排走，保证檐口部位不出现渗漏和积水现象，可延长防水层的使用寿命。

3）一般项目第 1 项

对于无组织排水屋面的檐口，无论防水卷材与屋面基层采用何种粘贴方式（满粘、条粘、点粘或空铺），在檐口 800mm 范围内的卷材均要求满粘，这样处理可以防止空铺、点铺或条铺的卷材防水层发生窜水或被大风揭起现象。

4）一般项目第 2 项

卷材的收头应压入找平层的凹槽内，用金属压条钉压牢固并进行密封处理，防止收头处因翘边或被风揭起而造成渗漏。

5）一般项目第 3 项

由于涂膜防水层与基层粘结较好，涂膜防水的收头应采用增加涂刷遍数的方法，以提高防水层的耐雨水冲刷能力。

6）一般项目第 4 项

由于檐口做法属于无组织排水，檐口雨水冲刷量大，檐口端部应采用聚合物水泥砂浆铺抹，以提高檐口的防水能力。为防止雨水沿檐口下端流向墙面，檐口下端应同时做鹰嘴和滴水槽（图 6-1），不能只施工其中一种。

【例 6-12】假设案例项目 1 号教学楼采用无组织排水平屋面，屋面采用 3mmSBS 改性沥青防水卷材防水，教学楼外形设计呈规则矩形，屋面檐口检验批容量按檐口数量确定，因檐口为屋面的细部之一，验收规范要求全数检验。屋面檐口检验批质量验收记录见表 6-29。

验收时应注意：因屋面防水设计采用卷材防水，因此一般项目第 3 项"涂膜收头"不验收。

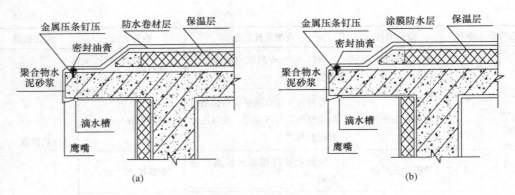

图 6-1　檐口构造防水示意图

(a) 卷材防水；(b) 涂膜防水

檐口检验批质量验收记录

表 6-29

GB 50207—2012

桂建质 040501 0 0 1

单位（子单位）工程名称	1号教学楼	分部（子分部）工程名称	建筑屋面（细部构造）	分项工程名称	檐口
施工单位	××建筑工程有限公司	项目负责人	张××	检验批容量	4处
分包单位		分包单位项目负责人		检验批部位	屋面
施工依据	《屋面工程技术规范》GB 50345—2012		验收依据	《屋面工程施工质量验收规范》GB 50207—2012	

		验收项目	设计要求及规范规定		最小/实际抽样数量	检查记录	检查结果
主控项目	1	防水构造	符合设计要求	观察检查	全/	检查4处，全部合格	合格
	2	排水坡度	符合设计要求	坡度尺检查和雨后观察或淋水试验	全/	检查4处，全部合格	合格
		渗漏和积水现象	檐口部位不得有渗漏和积水现象		/	试验合格，详见淋水试验记录 W0013	合格
一般项目	1	檐口卷材施工	檐口 800m 范围内卷材应满粘	观察检查	全/	检查4处，全部合格	合格
	2	卷材收头	在找平层凹槽内用金属压条钉压固定，并用密封材料封严	观察检查	全/	检查4处，全部合格	合格
	3	涂膜收头	用防水涂料多遍涂刷	观察检查	/		
	4	檐口施工	檐口端部应抹聚合物水泥砂浆，其下端应做成鹰嘴和滴水槽	观察检查	全/	检查4处，全部合格	合格
施工单位检查结果	主控项目全部符合要求，一般项目满足规范要求，本检验批符合要求 专业工长：王×× 项目专业质量检查员：张×× 2019 年 3 月 26 日			监理（建设）单位验收结论	主控项目全部合格，一般项目满足规范要求，本检验批合格 专业监理工程师：李×× （建设单位项目专业技术负责人）： 2019 年 3 月 26 日		

3. 檐沟和天沟

(1) 檐沟和天沟分项工程检验批质量检验标准（表 6-30）

檐沟和天沟分项工程检验批质量检验标准　　　　　　表 6-30

项目类型	序号	验收项目	合格质量标准	检验方法	检查数量
主控项目	1	檐沟、天沟的防水构造	檐沟、天沟的防水构造应符合设计要求	观察检查	全数检查
	2	檐沟、天沟的排水坡度	檐沟、天沟的排水坡度应符合设计要求；沟内不得有渗漏和积水现象	坡度尺检查和雨后观察或淋水、蓄水试验	
一般项目	1	檐沟、天沟附加层铺设	檐沟、天沟附加层铺设应符合设计要求	观察和尺量检查	
	2	收头处理	檐沟防水层应由沟底翻上至外侧顶部，卷材收头应用金属压条钉压固定，并应用密封材料封严；涂膜收头应用防水涂料多遍涂刷	观察检查	
	3	檐沟外侧顶部、侧面及下端处理	檐沟外侧顶部及侧面均应抹聚合物水泥砂浆，其下端应做成鹰嘴或滴水槽	观察检查	

(2) 关于檐沟和天沟分项工程检验批质量检验的说明

1) 主控项目第 1 项

檐沟、天沟是排水最集中部位，檐沟、天沟与屋面的交接处，由于构件断面变化和屋面的变形，常在此处发生裂缝。瓦屋面檐沟和天沟防水层下应增设附加层，附加层伸入屋面的宽度不应小于 500mm；檐沟和天沟防水层伸入瓦内的宽度不应小于 150mm，并应与屋面防水层或防水垫层顺流水方向搭接。烧结瓦、混凝土瓦伸入檐沟、天沟内的长度宜为 50～70mm，沥青瓦伸入檐沟内的长度宜为 10～20mm；验收时对构造做法必须进行严格检查，确保符合设计和现行相关规范的要求。

2) 主控项目第 2 项

由于檐沟、天沟排水坡度较小，因此必须精心施工才能保证坡度准确，檐沟、天沟坡度应用坡度尺检查；为保证沟内无渗漏和积水现象，屋面防水层完成后，应进行雨后观察或淋水、蓄水试验。

3) 一般项目第 1 项

檐沟、天沟与屋面的交接处，由于雨水冲刷量大，该部位应作附加层防水增强处理。附加层应在防水层施工前完成，验收时应按每道工序进行质量检验，并做好隐蔽工程验收记录。

4) 一般项目第 2 项

檐沟卷材收头应在沟外侧顶部，由于卷材铺贴较厚及转弯处粘贴不牢，常因卷材的弹性发生翘边或脱落现象，因此规定卷材收头应用金属压条钉压固定，并用密封材料封严。涂膜收头应用防水涂料多遍涂刷。

5）一般项目第3项

檐沟外侧顶部及侧面如不做防水处理，雨水会从防水层收头处渗入防水层内造成渗漏，因此檐沟外侧顶部及侧面均应抹聚合物水泥砂浆。为防止雨水沿檐沟下端流向墙面，檐沟下端应做鹰嘴或滴水槽（图6-2），这里只要求选做其中之一，与檐口下端两者都做不同。

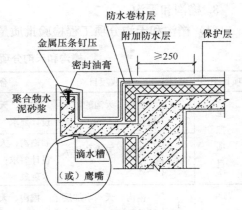

图6-2　檐沟防水构造

【例6-13】假设案例项目1号教学楼外型设计呈规则矩形，采用有组织排水平屋面，通过屋面四周4条檐沟收集雨水，再由雨水管排至地面，屋面采用3mmSBS改性沥青防水卷材防水，屋面檐沟和天沟检验批容量按檐沟和天沟数量确定，因檐沟和天沟为屋面的细部之一，验收规范要求全数检验。屋面檐沟和天沟检验批质量验收记录见表6-31。

檐沟和天沟分项工程检验批质量验收记录　　　　　　　　　　表6-31

GB 50207—2012　　　　　　　　　　　　　　　　　　　　　桂建质040502□0□0□1

单位（子单位）工程名称		1号教学楼	分部（子分部）工程名称		建筑屋面（细部构造）	分项工程名称		檐沟和天沟
施工单位		××建筑工程有限公司	项目负责人		张××	检验批容量		4处
分包单位			分包单位项目负责人			检验批部位		屋面
施工依据		《屋面工程技术规范》GB 50345—2012		验收依据		《屋面工程施工质量验收规范》GB 50207—2012		
		验收项目	设计要求及规范规定		最小/实际抽样数量	检查记录		检查结果
主控项目	1	檐沟、天沟防水构造	符合设计要求	观察检查	全/	检查4处，全部合格		合格
	2	檐沟、天沟排水坡度	符合设计要求	坡度尺检查和雨后观察或淋水、蓄水试验	全/	检查4处，全部合格		合格
		渗漏和积水现象	沟内不得有渗漏和积水现象		/	试验合格，详见淋水试验记录W0013		合格
一般项目	1	檐沟、天沟附加层铺设	符合设计要求	观察和尺量检查	全/	检查4处，全部合格		合格
	2	檐沟防水层、卷材收头、涂膜收头施工	檐沟防水层应由沟底翻上至外侧顶部，卷材收头应用金属压条钉压固定，并应用密封材料封严；涂膜收头应用防水涂料多遍涂刷	观察检查	全/	检查4处，全部合格		合格
	3	檐沟外侧顶部及侧面施工	均抹聚合物水泥砂浆，其下端做成鹰嘴和滴水槽	观察检查	全/	检查4处，全部合格		合格
施工单位检查结果		主控项目全部符合要求，一般项目满足规范要求，本检验批符合要求　　专业工长：王××　　项目专业质量检查员：张××　　2019年3月26日			监理（建设）单位验收结论	主控项目全部合格，一般项目满足规范要求，本检验批合格　　专业监理工程师：李××　　（建设单位项目专业技术负责人）：　　2019年3月26日		

344

4. 女儿墙和山墙

（1）女儿墙和山墙分项工程检验批检验标准（表 6-32）

女儿墙和山墙分项工程检验批检验标准

表 6-32

项目类型	序号	验收项目	合格质量标准	检验方法	检查数量
主控项目	1	女儿墙和山墙的防水构造	女儿墙和山墙的防水构造应符合设计要求	观察检查	全数检查
	2	压顶排水坡度及下端做法	女儿墙和山墙的压顶向内排水坡度不应小于5%，压顶内侧下端应做成鹰嘴或滴水槽	观察和坡度尺检查	
	3	女儿墙和山墙的根部	女儿墙和山墙的根部不得有渗漏和积水现象	雨后观察或淋水试验	
一般项目	1	泛水高度及附加层铺设	女儿墙和山墙的泛水高度及附加层铺设应符合设计要求	观察和尺量检查	
	2	卷材铺贴方式及收头处理	女儿墙和山墙的卷材应满粘，卷材收头应用金属压条钉压固定，并应用密封材料封严	观察检查	
	3	涂膜施工及收头处理	女儿墙和山墙的涂膜应直接涂刷至压顶下，涂膜收头应用防水涂料多遍涂刷	观察检查	

（2）关于女儿墙和山墙分项工程检验批质量检验的说明

1）主控项目第 1 项

女儿墙和山墙无论是采用混凝土还是砌体都会产生开裂现象，女儿墙和山墙上的抹灰及压顶出现裂缝也比较常见，如不做防水设防，雨水会沿裂缝或墙流入室内。泛水部位如不做附加层防水增强处理，防水层收缩易使泛水转角部位产生空鼓，防水层容易破坏。防水层泛水的收头若处理不当易产生翘边现象，使雨水从开口处渗入防水层下部。

2）主控项目第 2 项

压顶是防止雨水从女儿墙或山墙渗入室内的重要部位，砖砌女儿墙和山墙应用现浇混凝土或预制混凝土压顶，压顶形成向内不小于 5% 的排水坡度，其内侧下端做成鹰嘴或滴水槽以防止倒水。为避免压顶混凝土开裂形成渗水通道，压顶必须设分格缝并嵌填密封材料。采用金属制品压顶，无论从防水、立面、构造还是施工维护上讲都是最好的，需要注意的问题是金属扣板纵向缝的密封。

3）主控项目第 3 项

女儿墙和山墙与屋面交接处，由于温度应力集中容易造成墙体开裂，当防水层的拉伸性能不能满足基层变形时，防水层被拉裂而造成屋面渗漏。为保证女儿墙和山墙的根部无渗漏和积水现象，屋面防水层完成后，应进行雨后观察或淋水试验。

4）一般项目第 1 项

泛水部位容易产生应力集中导致开裂，因此该部位防水层的泛水高度和附加层铺设应符合设计要求，防止雨水从防水收头处流入室内。附加层在防水层施工前应进行验收，并填写隐蔽工程验收记录。

5）一般项目第 2 项

卷材防水层铺贴至女儿墙和山墙时，卷材立面部位应满粘以防止下滑。

低矮的砌体女儿墙和山墙的卷材防水层可直接铺贴至压顶下，卷材收头用金属压条钉压固定，并用密封材料封严。高砌体女儿墙和山墙可在距屋面不小于 250mm 的部位留设凹槽，将卷材防水层收头压入凹槽内，用金属压条钉压固定并用密封材料封严，凹槽上部的墙体应做防水处理。混凝土女儿墙和山墙难以设置凹槽，可将卷材防水层直接用金属压条钉压在墙体上，卷材收头用密封材料封严，再做金属盖板保护（图 6-3）。

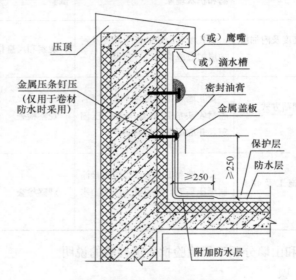

图 6-3　混凝土女儿墙防水构造

6）一般项目第 3 项

为防止雨水顺女儿墙和山墙的墙体渗入室内，涂膜防水层在女儿墙和山墙部位应涂刷至压顶下。涂膜防水层的粘结能力较强，故涂膜收头可用防水涂料多遍涂刷。

【例 6-14】假设案例项目 1 号教学楼外形呈规则矩形，屋面设计为上人屋面，200mm 厚砖砌女儿墙，高 1100mm，女儿墙压顶采用 C20 混凝土，内配置 3 根直径 14mm 的 HRB400 钢筋。屋面采用 3mmSBS 改性沥青防水卷材防水，屋面女儿墙检验批容量按女儿墙数量确定，因女儿墙为屋面的细部之一，验收规范要求全数检验。屋面女儿墙检验批质量验收记录见表 6-33。

验收时应注意：因屋面采用 3mmSBS 改性沥青防水卷材防水，因此不验收一般项目第 3 项"女儿墙和山墙涂膜"。

GB 50207—2012 桂建质 040503 ☐☐☐

单位（子单位）工程名称	1号教学楼		分部（子分部）工程名称	建筑屋面（细部构造）	分项工程名称	女儿墙和山墙
施工单位	××建筑工程有限公司		项目负责人	张××	检验批容量	4 处
分包单位			分包单位项目负责人		检验批部位	屋面
施工依据	《屋面工程技术规范》GB 50345—2012			验收依据	《屋面工程施工质量验收规范》GB 50207—2012	

		验收项目	设计要求及规范规定		最小/实际抽样数量	检查记录	检查结果
主控项目	1	防水构造	符合设计要求	观察检查	全/	检查 4 处，全部合格	合格
	2	压顶向内排水坡度	≥5%	观察和坡度尺检查	全/	检查 4 处，全部合格	合格
		压顶内侧下端施工	内侧下端做成鹰嘴或滴水槽		全/	检查 4 处，全部合格	合格
	3	渗漏和积水现象	女儿墙和山墙的根部不得有渗漏和积水现象	雨后观察或淋水试验	/	试验合格，详见淋水试验记录 W0013	合格
一般项目	1	泛水高度及附加层铺设	符合设计要求	观察和尺量检查	全/	检查 4 处，全部合格	合格
	2	女儿墙和山墙卷材	满粘，卷材收头用金属压条钉压固定，并用密封材料封严	观察检查	全/	检查 4 处，全部合格	合格
	3	女儿墙和山墙涂膜	直接涂刷至压顶下，涂膜收头用防水涂料多遍涂刷	观察检查	/		

施工单位检查结果	主控项目全部符合要求，一般项目满足规范要求，本检验批符合要求 专业工长：王×× 项目专业质量检查员：张×× 2019 年 3 月 26 日
监理（建设）单位验收结论	主控项目全部合格，一般项目满足规范要求，本检验批合格 专业监理工程师：李×× （建设单位项目专业技术负责人）： 2019 年 3 月 26 日

注：1. 检查数量：全数检验。

2. 细部构造所使用卷材、涂料和密封材料的质量符合设计要求，两种材料之间具有相容性。

3. 屋面细部构造热桥部位保温处理，符合设计要求。

5. 水落口

(1) 水落口分项工程检验批质量检验标准 (表 6-34)

水落口分项工程检验批质量检验标准 表 6-34

项目类型	序号	验收项目	合格质量标准	检验方法	检查数量
主控项目	1	水落口的防水构造	水落口的防水构造应符合设计要求	观察检查	
	2	水落口杯上口处理及观感质量	水落口杯上口应设在沟底的最低处；水落口处不得有渗漏和积水现象	雨后观察或淋水、蓄水试验	
一般项目	1	水落口的数量和位置	水落口的数量和位置应符合设计要求；水落口杯应安装牢固	观察和手扳检查	全数检查
	2	水落口周围处理	水落口周围直径 500mm 范围内坡度不应小于 5%，水落口周围的附加层铺设应符合设计要求	观察和尺量检查	
	3	防水层及附加层与水落口的连接处理	防水层及附加层伸入水落口杯内不应小于 50mm，并应粘结牢固	观察和尺量检查	

(2) 关于水落口分项工程检验批质量检验的说明

1) 主控项目第 1 项

水落口一般采用塑料制品，也有采用金属制品，由于水落口杯与檐沟、天沟混凝土材料的线膨胀系数不同，环境温度变化的热胀冷缩会使水落口杯与基层交接处产生裂缝。同时，水落口是雨水集中部位，要求能迅速排水，并在雨水的长期冲刷下防水层应具有足够的耐久能力。验收时对每个水落口均应进行严格的检查。由于防水附加增强处理在防水层施工前完成，并被防水层覆盖，验收时应按每道工序进行质量检查，并做好隐蔽工程验收记录。

2) 主控项目第 2 项

水落口杯的安设高度应充分考虑水落口部位增加的附加层和排水坡度加大的尺寸，屋面上每个水落口应单独计算出标高后进行埋设，保证水落口杯上口设置在屋面排水沟的最低处，避免水落口周围积水。为保证水落口处无渗漏和积水现象，屋面防水层施工完成后，应进行雨后观察或淋水、蓄水试验。

3) 一般项目第 1 项

水落口的数量和位置是根据当地最大降雨量和汇水面积确定的，施工时应符合设计要求，不得随意增减。水落口杯应用细石混凝土与基层固定牢固。

4) 一般项目第 2 项

水落口是排水最集中的部位，如果水落口周围坡度过小，则施工困难且会影响水落口的排水能力。同时，水落口周围的防水层受雨水冲刷也是屋面中最严重的，因此水落口周围直径 500mm 范围内增大坡度为不小于 5‰（图 6-4），并按设计要求做附加增强处理。

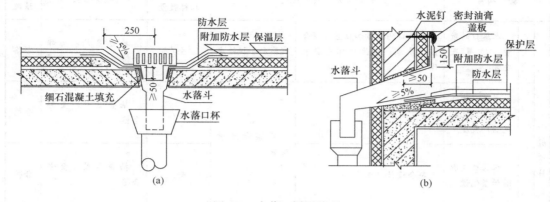

图 6-4 水落口周围处理
(a) 垂直式水落口防水构造；(b) 水平式水落口防水构造

5) 一般项目第 3 项

由于材质的不同，水落口杯与基层的交接处容易产生裂缝，故檐沟、天沟的防水层和附加层伸入水落口内不应小于 50mm，并粘结牢固，避免水落口处发生渗漏。

【例 6-15】假设案例项目 1 号教学楼外形设计呈规则矩形，采用有组织排水平屋面，通过屋面四周檐沟收集雨水，再分由 8 根雨水管排至地面，屋面采用 3mmSBS 改性沥青防水卷材防水，屋面水落口检验批容量按水落口数量确定，因水落口为屋面的细部之一，验收规范要求全数检验。屋面水落口检验批质量验收记录见表 6-35。

水落口检验批质量验收记录   表 6-35

GB 50207—2012   桂建质 040504 0 0 1

单位（子单位）工程名称	1 号教学楼	分部（子分部）工程名称	建筑屋面（细部构造）	分项工程名称	水落口
施工单位	××建筑工程有限公司	项目负责人	张××	检验批容量	8 处
分包单位		分包单位项目负责人		检验批部位	屋面
施工依据	《屋面工程技术规范》GB 50345—2012		验收依据	《屋面工程施工质量验收规范》GB 50207—2012	

		验收项目	设计要求及规范规定		最小/实际抽样数量	检查记录	检查结果
主控项目	1	防水构造	符合设计要求	观察检查	全/	抽查 8 处，全部合格	合格
	2	杯上口位置	水落口杯上口应设在沟底的最低处	雨后观察或淋水、蓄水试验	全/	抽查 8 处，全部合格	合格
		渗漏和积水现象	水落口处不得有渗漏和积水现象		/	试验合格，详见淋水试验记录	合格

	验收项目	设计要求及规范规定		最小/实际抽样数量	检查记录	检查结果
一般项目	1 水落口的数量、位置及安装	水落口的数量和位置应符合设计要求；水落口杯应安装牢固	观察和手扳检查	全/	抽查8处，全部合格	合格
	2 水落口周围直径500mm范围内坡度	≥5%	观察和尺量检查	全/	抽查8处，全部合格	合格
	水落口周围附加层铺设	符合设计要求		全/	抽查8处，全部合格	合格
	3 防水层和附加层伸入水落口杯内距离及要求	≥50mm，并粘结牢固	观察和尺量检查	全/	抽查8处，全部合格	合格
施工单位检查结果	主控项目全部符合要求，一般项目满足规范要求，本检验批符合要求 专业工长：王×× 项目专业质量检查员：张×× 2019年3月26日		监理（建设）单位验收结论	主控项目全部合格，一般项目满足规范要求，本检验批合格 专业监理工程师：李×× （建设单位项目专业技术负责人）： 2019年3月26日		

6. 变形缝

(1) 变形缝分项工程检验批质量检验标准（表6-36）

(2) 关于变形缝分项工程检验批质量检验的说明

1) 主控项目第1项

变形缝是为了防止建筑物产生变形、开裂甚至破坏而预先设置的构造缝，因此变形缝的防水构造应能满足变形要求。变形缝泛水处的防水层下应按设计要求增设防水附加层；防水层应铺贴或涂刷至泛水墙的顶部；变形缝内应填塞保温材料，其上铺设卷材封盖和金属盖板。由于变形缝内的防水构造会被盖板覆盖，故质量检查验收应随工序施工的开展而进行，并及时做好隐蔽工程验收记录。

2) 主控项目第2项

变形缝与屋面交接处，由于温度应力集中容易造成墙体开裂，且变形缝内的墙体均无法做防水设防，当屋面防水层的拉伸性能不能满足基层变形时，防水层被拉裂而造成渗漏。故变形缝与屋面交接处、泛水高度和防水层收头应符合设计要求，防止雨水从泛水墙渗入室内。为保证变形缝处无渗漏和积水现象，屋面防水层施工完成后，应进行雨后观察或淋水试验。

3) 一般项目第2项

为保证防水层的连续性，屋面防水层应铺贴或涂刷至泛水墙的顶部，封盖卷材的中间应尽量向缝内下垂，然后将卷材与防水层粘牢。

变形缝分项工程检验批质量检验标准   表 6-36

项目类型	序号	验收项目	合格质量标准	检验方法	检查数量
主控项目	1	变形缝的防水构造	变形缝的防水构造应符合设计要求	观察检查	
	2	变形缝处观感质量	变形缝处不得有渗漏和积水现象	雨后观察或淋水试验	
一般项目	1	变形缝的泛水高度及附加层铺设质量	变形缝的泛水高度及附加层铺设应符合设计要求	观察和尺量检查	全数检查
	2	防水层与泛水墙的衔接处理	防水层应铺贴或涂刷至泛水墙的顶部	观察检查	
	3	等高变形缝顶部做法（图 6-5a）	等高变形缝顶部宜加扣混凝土或金属盖板。混凝土盖板的接缝应用密封材料封严；金属盖板应铺钉牢固，搭接缝应顺流水方向，并应做好防锈处理	观察检查	
	4	高低跨变形缝的衔接防水处理（图 6-5b）	高低跨变形缝在高跨墙面上的防水卷材封盖和金属盖板，应用金属压条钉压固定，并应用密封材料封严	观察检查	

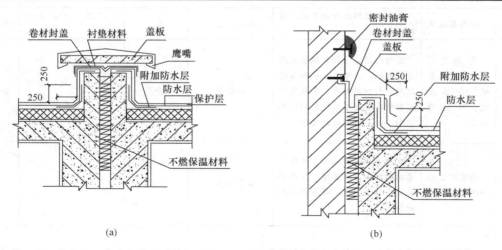

(a)   (b)

图 6-5 屋面变形缝防水构造
(a) 等高式变形缝防水构造；(b) 非等高式变形缝防水构造

4）一般项目第 3 项

为了保护变形缝内的防水卷材封盖，变形缝上宜加盖混凝土或金属盖板。金属盖板应固定牢固并做好防锈处理，为使雨水能顺利排走，金属盖板接缝应顺流水方向，搭接宽度一般不小于 50mm。

【例 6-16】 假设案例项目 1 号教学楼外形设计呈规则矩形，设计在轴线⑤和⑥之间设置等高式变形缝，缝宽为 200mm，因变形缝为屋面的细部之一，验收规范要求全数检验。屋面变形缝检验批质量验收记录见表 6-37。

变形缝分项工程检验批质量验收记录

表 6-37

GB 50207—2012

桂建质040504⓪⓪①

单位（子单位）工程名称	1 号教学楼	分部（子分部）工程名称	建筑屋面（细部构造）	分项工程名称	变形缝
施工单位	××建筑工程有限公司	项目负责人	张××	检验批容量	1 处
分包单位		分包单位项目负责人		检验批部位	屋面
施工依据	《屋面工程技术规范》GB 50345—2012		验收依据	《屋面工程施工质量验收规范》GB 50207—2012	

		验收项目	设计要求及规范规定		最小/实际抽样数量	检查记录	检查结果
主控项目	1	防水构造	符合设计要求	观察检查	全/	抽查 1 处，全部合格	合格
	2	渗漏和积水现象	变形缝处不得有渗漏和积水现象	雨后观察或淋水试验	/	试验合格，详见淋水试验记录 W0013	合格
一般项目	1	变形缝泛水高度及附加层铺设	符合设计要求	观察和尺量检查	全/	抽查 1 处，全部合格	合格
	2	防水层施工	防水层铺贴或涂刷至泛水墙的顶部	观察检查	全/	抽查 1 处，全部合格	合格
	3	等高变形缝、混凝土盖板、金属盖板、搭接缝施工	变形缝顶部宜加扣混凝土或金属盖板；混凝土盖板的接缝应用密封材料封严；金属盖板应铺钉牢固，搭接缝应顺流水方向，并应做好防锈处理	观察检查	全/	抽查 1 处，全部合格	合格
	4	高低跨变形缝施工	变形缝在高跨墙面上的防水卷材封盖和金属盖板，应用金属压条钉压固定，并应用密封材料封严	观察检查	/		

施工单位检查结果	主控项目全部符合要求，一般项目满足规范要求，本检验批符合要求 专业工长：王×× 项目专业质量检查员：张×× 2019 年 3 月 26 日	监理（建设）单位验收结论	主控项目全部合格，一般项目满足规范要求，本检验批合格 专业监理工程师：李×× （建设单位项目专业技术负责人） 2019 年 3 月 26 日

352

7. 伸出屋面管道

（1）伸出屋面管道分项工程检验批质量检验标准（表6-38）

伸出屋面管道分项工程检验批质量检验标准　　　　　　　　　表 6-38

项目类型	序号	验收项目	合格质量标准	检验方法	检查数量
主控项目	1	伸出屋面管道的防水构造	伸出屋面管道的防水构造应符合设计要求	观察检查	
	2	伸出屋面管道根部观感质量	伸出屋面管道根部不得有渗漏和积水现象	雨后观察或淋水试验	
一般项目	1	伸出屋面管道的泛水高度及附加层铺设	伸出屋面管道的泛水高度及附加层铺设，应符合设计要求	观察和尺量检查	全数检查
	2	伸出屋面管道周围的找平层处理	伸出屋面管道周围的找平层应抹出高度不小于30mm的排水坡	观察和尺量检查	
	3	防水层在伸出屋面管道处收头处理	卷材防水层收头应用金属箍固定，并应用密封材料封严；涂膜防水层收头应用防水涂料多遍涂刷	观察检查	

（2）关于伸出屋面管道分项工程检验批质量检验的说明

1）主控项目第1项

伸出屋面管道通常采用金属或PVC管材，由于温差变化引起的材料收缩会使管壁四周产生裂纹，所以在管壁四周应设附加层做防水增强处理。卷材防水层收头处应用管箍或镀锌铁丝扎紧后用密封材料封严。验收时应按每道工序进行质量检查，并做好隐蔽工程验收记录。

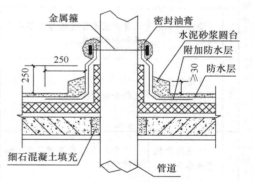

图 6-6　伸出屋面管道防水构造

2）主控项目第2项

伸出屋面管道无论是直埋还是预埋套管，管道往往直接与室内相连，因此伸出屋面管道是绝对不允许出现渗漏的。为保证伸出屋面管道根部无渗漏和积水现象，屋面防水层施工完成后，应进行雨后观察或淋水试验。

3）一般项目第1项

伸出屋面管道与混凝土线膨胀系数不同，环境变化易使管道四周产生裂缝，因此应设置附加层以增加设防可靠性。防水层的泛水高度和附加层铺设应符合设计要求，防止雨水从防水层收头处流入室内。附加层在防水层施工前应及时进行验收，并填写隐蔽工程验收记录。

4）一般项目第2项

为保证伸出屋面管道四周雨水能顺利排出，不产生积水现象，管道四周100mm范围内，找平层应抹出高度不小于30mm的排水坡（图6-6）。

5）一般项目第3项

卷材防水层伸出屋面管道部位施工难度大，与管壁的粘结强度低，因此卷材收头处应用金属箍固定，并用密封材料封严，充分体现多道设防和柔性密封的原则。

【例 6-17】假设案例项目 1 号教学楼外形设计呈规则矩形，采用上人平屋面，室内所有卫生间排污管道均伸出屋面，高度 1500mm，伸出屋面的管道数 4 根，屋面采用 3mmSBS 改性沥青防水卷材防水，屋面伸出屋面管道检验批容量按变形缝数量确定，因伸出屋面管道为屋面的细部之一，验收规范要求全数检验。伸出屋面管道检验批质量验收记录见表 6-39。

伸出屋面管道分项工程检验批质量验收记录　　　　　　　表 6-39

GB 50207—2012　　　　　　　　　　　　　　　　　　　桂建质 040506|0|0|1|

单位（子单位）工程名称	1 号教学楼		分部（子分部）工程名称	建筑屋面（细部构造）	分项工程名称	伸出屋面管道
施工单位	××建筑工程有限公司		项目负责人	张××	检验批容量	4 处
分包单位			分包单位项目负责人		检验批部位	屋面
施工依据	《屋面工程技术规范》GB 50345—2012			验收依据	《屋面工程施工质量验收规范》GB 50207—2012	

		验收项目	设计要求及规范规定	最小/实际抽样数量	检查记录	检查结果
主控项目	1	防水构造	符合设计要求	观察检查	全/	抽查 4 处，全部合格	合格
	2	渗漏和积水现象	伸出屋面管道根部不得有渗漏和积水现象	雨后观察或淋水试验	/	试验合格，详见淋水试验记录 W0013	合格
一般项目	1	管道的泛水高度及附加层铺设	符合设计要求	观察和尺量检查	全/	抽查 4 处，全部合格	合格
	2	管道周围找平层施工	找平层应抹出高度≥30mm 的排水坡	观察和尺量检查	全/	抽查 4 处，全部合格	合格
	3	卷材防水层和涂膜防水层施工	卷材防水层收头应用金属箍固定，并应用密封材料封严，涂膜防水层收头应用防水涂料多遍涂刷	观察检查	全/	抽查 4 处，全部合格	合格
施工单位结果	主控项目全部符合要求，一般项目满足规范要求，本检验批符合要求 专业工长：王×× 项目专业质量检查员：张×× 2019 年 3 月 26 日				监理（建设）单位验收结论	主控项目全部合格，一般项目满足规范要求，本检验批合格 专业监理工程师：李×× （建设单位项目专业技术负责人）： 2019 年 3 月 26 日

6.6　屋面工程验收

1.屋面工程验收基本规定

（1）分部（子分部）工程质量验收合格标准

分部（子分部）工程质量验收合格应符合下列规定：

1）分部（子分部）所含分项工程的质量均应验收合格；

2）质量控制资料应完整；

3）安全与功能抽样检验应符合现行国家标准《建筑工程施工质量验收统一标准》GB 50300—2013 的有关规定；

4）观感质量检查应符合"屋面工程观感质量检查"的规定。

分部（子分部）工程的验收在其所含各分项工程验收的基础上进行。本条给出了分部（子分部）工程质量验收合格的条件：①所含分项工程的质量均应验收合格；②相应的质量控制资料文件应完整；③安全与功能的抽样检验应符合有关规定；④观感质量检查应符合屋面工程验收规范的规定。

（2）屋面工程验收资料和记录要求

屋面工程验收资料和记录应符合表 6-40 的规定。

屋面工程验收资料和记录表 6-40

资料项目	验收资料
防水设计	设计图纸及会审记录、设计变更通知单和材料代用核定单
施工方案	施工方法、技术措施、质量保证措施
技术交底记录	施工操作要求及注意事项
材料质量证明文件	出厂合格证、型式检验报告、出厂检验报告、进场验收记录和进场检验报告
施工日志	逐日施工情况
工程检验记录	工序交接检验记录、检验批质量验收记录、隐蔽工程验收记录、淋水或蓄水试验记录、观感质量检查记录、安全与功能抽样检验（检测）记录
其他技术资料	事故处理报告、技术总结

屋面工程验收资料和记录体现了施工全过程控制，必须做到真实、准确，不得有涂改和伪造，各级技术负责人签字后生效。

（3）屋面工程隐蔽工程验收

屋面工程应对下列部位进行隐蔽工程验收：

1）卷材、涂膜防水层的基层；

2）保温层的隔汽和排汽措施；

3）保温层的铺设方式、厚度、板材缝隙填充质量及热桥部位的保温措施；

4）接缝的密封处理；

5）瓦材与基层的固定措施；

6）檐沟、天沟、泛水、水落口和变形缝等细部做法；

7）在屋面易开裂和渗水部位的附加层；

8）保护层与卷材、涂膜防水层之间的隔离层；

9）金属板材与基层的固定和板缝间的密封处理；

10）坡度较大时，防止卷材和保温层下滑的措施。

隐蔽工程为后续的工序或分项工程覆盖、包裹、遮挡的前一分项工程。例如防水层的基层，密封防水处理部位，檐沟、天沟、泛水和变形缝等细部构造，应经过检查符合质量标准后方可进行隐蔽，避免因质量问题造成渗漏或不易修复而直接影响防水效果。

（4）屋面观感质量验收

屋面工程观感质量检查应符合下列要求：

1）卷材铺贴方向应正确，搭接缝应粘结或焊接牢固，搭接宽度应符合设计要求，表面应平整，不得有扭曲、皱折和翘边等缺陷；

2）涂膜防水层粘结应牢固，表面应平整，涂刷应均匀，不得有流淌、起泡和露胎体等缺陷；

3）嵌填的密封材料应与接缝两侧粘结牢固，表面应平滑，缝边应顺直，不得有气泡、开裂和剥离等缺陷；

4）檐口、檐沟、天沟、女儿墙、山墙、水落口、变形缝和伸出屋面管道等防水构造，应符合设计要求；

5）烧结瓦、混凝土瓦铺装应平整、牢固，应行列整齐，搭接应紧密，檐口应顺直；脊瓦应搭盖正确，间距应均匀，封固应严密；正脊和斜脊应顺直，应无起伏现象；泛水应顺直整齐，结合应严密；

6）沥青瓦铺装应搭接正确，瓦片外露部分不得超过切口长度，钉帽不得外露；沥青瓦应与基层钉粘牢固，瓦面应平整，檐口应顺直；泛水应顺直整齐，结合应严密；

7）金属板铺装应平整、顺滑；连接应正确，接缝应严密；屋脊、檐口、泛水直线段应顺直，曲线段应顺畅；

8）玻璃采光顶铺装应平整、顺直，外露金属框或压条应横平竖直，压条应安装牢固；玻璃密封胶缝应横平竖直、深浅一致，宽窄应均匀，应光滑顺直；

9）上人屋面或其他使用功能屋面，其保护及铺面应符合设计要求。

关于观感质量检查往往难以定量，只能以观察、触摸或简单量测的方式进行，并由个人的主观印象判断，检查结果并不给出"合格"或"不合格"的结论，而是综合给出质量评价。对于"差"的检查点应通过返修处理等补救。

本条对屋面防水工程观感质量检查的要求，是根据本规范各分项工程的质量内容规定的。

（5）屋面质量检测

1）检查屋面有无渗漏、积水和排水系统是否通畅，应在雨后或持续淋水2h后进行，并应填写淋水试验记录。具备蓄水条件的檐沟、天沟应进行蓄水试验，蓄水时间不得少于24h，并应填写蓄水试验记录。

按《建筑工程施工质量验收统一标准》GB 50300—2013的规定，建筑工程施工质量验收时，对涉及结构安全、节能、环境保护和主要使用功能的重要分部工程应进行抽样检验。因此，屋面工程验收时，应检查屋面有无渗漏，积水和排水系统是否畅通，可在雨后或持续淋水 2h 后进行。有可能作蓄水检验的屋面，其蓄水时间不应小于 24h。检验后应填写安全和功能检验（检测）记录，作为屋面工程验收资料和记录之一。

2）对安全与功能有特殊要求的建筑屋面，工程质量验收除应符合《屋面工程质量验收规范》GB 50207—2012 的规定外，尚应按合同约定和设计要求进行专项检验（检测）和专项验收。

本规范适用于新建、改建、扩建的工业与民用建筑及既有建筑改造屋面工程的质量验收。有的屋面工程除一般要求外，还会对屋面安全与功能提出特殊要求，涉及建筑、结构以及抗震、抗风揭、防雷和防火等诸多方面；为满足这些特殊要求，设计人员往往采用较为特殊的材料和工艺。为此，本条规定对安全与功能有特殊要求的建筑屋面，工程质量验收除应执行本规范外，尚应按合同约定和设计要求进行专项检验（检测）和专项验收。

（6）资料填写

屋面工程验收后，应填写分部工程质量验收记录，并应交建设单位和施工单位存档。

屋面工程完成后，应由施工单位先行自检，并整理施工过程中的有关文件和记录，确认合格后会同建设或监理单位，共同按质量标准进行验收。子分部工程的验收，应在分项工程通过验收的基础上，对必要的部位进行抽样检验和使用功能满足程度的检查。子分部工程应由总监理工程师或建设单位项目负责人组织施工技术质量负责人进行验收。

屋面工程验收时，施工单位应按照所列内容项目的规定，将验收资料和记录提供总监理工程师或建设单位项目负责人审查，检查无误后方可作为存档资料。

本 章 小 结

屋面工程的主要功能就是排水、防水、保温和隔热，因此屋面工程的质量验收也主要围绕这些施工内容进行。排水要求排水坡度要正确，要流畅，这些功能主要依靠屋面正确的排水坡度、排水沟及降水排至地面的一些管道完成。防水主要由屋面设置防水层、防水构造等完成；防水层的材料主要有卷材、涂料或两者的结合体；采用材料防水时，防水层的厚度、防水层收头的处理以及卷材防水材料搭接部位的粘结质量是影响防水功能的关键点。而防水构造主要由泛水高度、滴水线、鹰嘴等；对于突出屋面的构件，其泛水高度一般均不小于 250mm，而对于突出墙面的部位一般要求设置滴水线（滴水槽或鹰嘴）。保温主要由保温材料完成，保温层施工一要材料质量合格、厚度符合设计要求、施工完成品中不能出现热桥现象等；而隔热主要采用架空层、蓄水屋面或种植屋面等实现。因此，屋面工程的质量验收同样是主要材料质量和施工质量两个方面来进行控制和验收。

本 章 习 题

1. 屋面工程施工时，应建立各道工序的"三检"制度，"三检"指的是什么？
2. 屋面防水工程完工后，其防水质量验收的方法有哪些？
3. 屋面设置隔离层和建筑地面的厕浴间等部位设置隔离层有什么不一样？

4. 什么是复合防水层，单层和双层复合防水层之间怎么区别？

5. 卷材防水材料的施工方法有冷粘、热熔等多种方法，小结一下其施工质量的共性要求是什么？

6. 采用涂料防水材料时，在涂膜层内铺设胎体增强材料的作用是什么？

7. 屋面采用密封油膏防水时，密封防水部位的基层应符合哪些要求？

8. 屋面的细部包括哪些部位？细部防水验收时抽检的数量是多少？

7 竣工验收及备案资料的编制与管理

本章要点

本章的知识点：单位（子单位）工程施工质量竣工验收条件；单位工程施工质量竣工验收的程序和组织；建设单位提交工程竣工验收报告的时间和内容；其他常见建筑安装工程施工资料的编制；建筑安装工程施工资料的组成；建筑安装工程施工资料的收集；建筑工程资料的来源；建筑工程竣工备案资料的编制整理要求。

本章技能点：能参与单位工程质量竣工验收并编制相应验收记录资料；能编制常见建筑安装工程施工资料；能完成建筑安装工程施工资料的收集、整理。

7.1 单位工程竣工验收

建筑工程的竣工验收一般以单位工程为对象组织验收，单位工程经过竣工验收，施工单位就可以与建设单位就该单位工程的工程价款进行结算，结算后将单位工程移交给建设单位保管并投入使用；建设单位除了可以将单位工程投入使用产生效益外，从财务上可以将单位工程列入固定资产处理。

7.1.1 单位（子单位）工程施工质量竣工验收条件

根据我国《建设工程质量管理条例》和《房屋建筑和市政基础设施工程竣工验收规定》的规定，单位工程施工质量竣工验收应具备的条件：

1) 完成工程设计和合同约定的各项内容。

2) 施工单位在工程完工后对工程质量进行了检查，确认工程质量符合有关法律、法规和工程建设强制性标准，符合设计文件及合同要求，并提出工程竣工报告。工程竣工报告应经项目经理和施工单位有关负责人审核签字。

3) 对于委托监理的工程项目，监理单位对工程进行了质量评估，具有完整的监理资料，并提出工程质量评估报告。工程质量评估报告应经总监理工程师和监理单位有关负责人审核签字。

4) 勘察、设计单位对勘察、设计文件及施工过程中由设计单位签署的设计变更通知书进行了检查，并提出质量检查报告。质量检查报告应经该项目勘察、设计负责人和勘察、设计单位有关负责人审核签字。

5) 有完整的技术档案和施工管理资料。

6) 有工程使用的主要建筑材料、建筑构配件和设备的进场试验报告，以及工程质量检测和功能性试验资料。

7) 建设单位已按合同约定支付工程款。

8) 有施工单位签署的工程质量保修书。

9）对于住宅工程，进行分户验收并验收合格，建设单位按户出具《住宅工程质量分户验收表》。

10）建设主管部门及工程质量监督机构责令整改的问题全部整改完毕。

11）法律、法规规定的其他条件。

在竣工验收时，对某些甩项工程和缺陷工程，在不影响交付的前提下，经建设单位、设计单位、施工单位和监理单位协商，施工单位应在竣工验收后的限定时间内完成。

7.1.2 单位工程施工质量竣工验收的程序和组织

1. 施工单位自验收

单位工程施工完成后，施工单位项目部按照验收标准组织自验收，对工程是否符合国家（或地方政府主管部门）规定的竣工标准；工程完成项目内容是否符合设计图纸的要求；工程质量是否符合相关法律法规、质量验收标准和合同约定的要求等。

施工单位竣工自验收应由项目经理组织，项目部负责生产、技术、质量、合同的人员以及有关的专业施工工长等共同参加。自验收采取分专业验收的方式和综合验收的方式，专业验收由相关专业技术负责人组织，综合验收验收由项目经理组织。检查验收过程中要做好相应记录和摄像摄影。对不符合要求的部位和项目，制订相应的处理措施和方法，并指定专人负责，定期处理完成。对于分包项目，验收由分包单位的项目部组织进行，项目总承包单位要委派相应专业和管理人员参加验收，分包过程验收完成后，分包单位应将分包过程的技术资料交给总包单位汇总整理。

2. 监理单位竣工预验收

施工单位在自验收合格后，向项目监理单位提出竣工预验收报告，监理单位收到施工单位的竣工预验收报告后，总监理工程师组织相关人员进行预验收，对预验收发现的问题，应督促施工单位及时整改。对需要进行功能试验的项目（包括单机试车和无负荷试车），监理工程师应督促施工单位及时组织试验，并对重要项目进行监督、检查，必要时请建设单位和设计单位参加。未委托监理的工程，施工单位应直接编制工程竣工报告并提交建设单位。

监理单位预验收合格后，施工单位应编制《工程竣工报告》，由项目负责人、单位法定代表人和技术负责人签字并加盖单位公章后，和全部竣工资料一起提交给建设单位。

《工程竣工报告》应当包括以下主要内容：已完工程情况、技术档案和施工管理资料情况、安全和主要使用功能的核查及抽查结果、观感质量验收结果、工程质量自验结论等。

预验收合格后，监理单位应向建设单位提出质量评估报告；预验收不合格的，监理单位应提出具体整改意见，由施工单位根据监理单位的意见进行整改。

3. 正式验收

（1）正式验收准备

1）建设单位收到施工单位《工程竣工报告》和总监理工程师签发的质量评估报告后，对符合竣工验收要求的工程，组织设计、施工、监理等单位和有关方面的专业人士组成验收组，并制定《建设工程施工质量竣工验收方案》与《单位工程施工质量竣工验收通知书》。建设单位的项目负责人、施工单位的技术负责人和项目经理（含分包单位的项目负责人）、监理单位的总监理工程师、设计单位的项目负责人必须是验收组的成员。验收方案中应包含验收的程序、时间、地点、人员组成、执行标准等，各责任主体准备好验收的报告材料。

2）建设单位应当在工程竣工验收 7 个工作日前将验收的时间、地点及验收组名单通知工程质量监督机构。工程质量监督机构接到通知后，于验收之日应列席参加验收。

（2）正式验收

工程质量监督机构验收之日应派人列席参加验收会议，对工程质量竣工验收的组织形式、验收程序、执行验收标准等情况进行现场监督。

正式验收会议由建设单位宣布验收会议开始。建设单位应首先汇报工程概况和专项验收情况，介绍工程验收方案和验收组成员名单，并安排参验人员签到，然后按步骤进行验收：

1）建设、设计、施工、监理等单位按顺序汇报工程合同的履约情况，以及工程建设各个环节执行法律、法规和工程建设强制性标准情况。

2）验收组审阅建设、勘察、设计、施工、监理等单位提交的工程施工质量验收资料（放在现场），形成《单位（子单位）工程施工质量控制资料检查记录》、验收组相关成员签字。

3）明确有关工程安全和功能检查资料的核查内容，确定抽查项目，验收组成员进行现场抽查，对每个抽查项目形成检查记录，验收组相关成员签字，再汇总到《单位（子单位）工程安全和功能检验资料检查及主要功能抽查记录》之中，验收组相关成员签字。

4）验收组现场查验工程实物观感质量，形成《单位（子单位）工程观感质量检查记录》，验收组相关成员签字。

验收组对以上四项验收内容作出全面评价，形成工程施工质量竣工验收结论意见，验收组人员签字。如果验收不合格，验收组提出书面整改意见，限期整改，重新组织工程施工质量竣工验收；如果验收合格，填写《单位（子单位）工程施工质量竣工验收记录》，相关单位签字盖章。

参与工程竣工验收的建设、设计、施工、监理等各方不能形成一致意见时，应当协商提出解决的办法，协商不成的可请建设行政主管部门或工程质量监督机构协调处理。

7.1.3 单位工程竣工验收资料的编制

建筑工程的竣工验收以单位工程为个体进行，单位工程竣工验收合格应符合下列规定：

1）所含分部工程的质量均应验收合格；

2）质量控制资料应完整；

3）所含分部工程中有关安全、节能、环境保护和主要使用功能的检验资料应完整；

4）主要功能项目的抽查结果应符合相关专业质量验收规范的规定；

5）观感质量验收应符合要求。

单位工程所含的分部工程、分项工程以及检验批的验收和资料填写在前述各章均已讲解，这里仅介绍单位工程竣工验收资料表格的编制。

（1）单位工程所含分部工程质量资料汇总

每个单位工程竣工验收前，首先检查本单位工程所含的分部工程质量验收资料是否齐全，是否均已验收合格无遗漏，并将单位工程所含分部（分项）工程按当地城建档案资料管理归档要求装订成册。

（2）质量控制资料汇总

单位工程的质量控制资料主要涉及施工的依据、原材料构配件等质量证明资料、成品半成品等质量证明资料、施工过程的质量控制资料、工程质量事故及事故调查处理资料等，具体见表7-1。

单位工程的质量控制资料   表7-1

序号	资 料 名 称
1	图纸会审、设计变更、洽商记录
2	工程定位测量、放线记录
3	原材料出厂合格证书及进场检（试）验报告
4	施工试验报告及见证检测报告
5	隐蔽工程验收表
6	施工记录
7	半成品、成品、构配件、配件等合格证及质量检验报告
8	涉及结构安全、使用功能、建筑节能、环境安全等检验及抽样检测资料
9	分项、分部工程质量验收记录
10	工程质量事故及事故调查处理资料

单位工程的质量控制资料中涉及地基与基础工程、主体结构工程、装饰装修工程、屋面工程等4个分部工程的统一归并在"建筑与结构"项目统计，其他6个分部工程则单独统计。

【例7-1】假设案例项目1号教学楼涵盖有地基与基础工程、主体结构工程、装饰装修工程、屋面工程、建筑给水与排水及采暖、建筑电气、智能建筑、建筑节能等8个分部工程（注：一般房屋建筑工程均涵盖这8个分部工程），没有通风与空调和电梯工程等2个分部工程，且经检查这8个分部工程均已验收合格。则1号教学楼的《单位（子单位）工程质量竣工验收记录工程质量主要控制资料核查记录》见表7-2。

验收时应注意：因1号教学楼没有通风与空调和电梯工程等2个分部工程，因此通风与空调和电梯工程等2个分部工程的质量控制资料不用核查，应用"/"删除。如果该工程没有采用新技术、新材料且没有发生重大质量问题，涉及这些验收项目也要用"/"删除。

（3）有关安全、节能、环境保护和主要使用功能的检验资料汇总及主要功能抽查

竣工验收时，对单位工程所涵盖的所有有关安全、节能、环境保护和主要使用功能的检验资料要进行统计汇总，检查有无缺漏资料或没有进行相关检验的，如果进行相关检验，则应在竣工验收前完成检验并检验合格，形成相应检验资料。质量控制资料的验收也是对涉及地基与基础工程、主体结构工程、装饰装修工程、屋面工程等4个分部工程的统一归并在"建筑与结构"项目统计，其他6个分部工程则单独统计。

GB 50300—2013

桂建质 00（二）

单位工程名称		1号教学楼		子单位工程名称				
序号	项目	资料名称	份数	施工单位		监理单位		
				核查意见	核查人	核查意见	核查人	
1	建筑与结构	图纸会审记录、设计变更通知单、工程洽商记录	5	✓	张××	✓	
2		工程定位测量、放线记录	6	✓	张××	✓	
3		原材料出厂合格证及进场检验、试验报告	9	✓	张××	✓	
4		结构混凝土设计配合比报告/强度统计验收记录	2	✓	张××	✓	
5		防水混凝土设计配合比报告					
6		砌筑砂浆设计配合比报告/强度统计验收记录	3	✓	张××	✓	
7		施工试验报告及见证检测报告	12	✓	张××	✓	
8		隐蔽工程验收记录	6	✓	张××	✓	李××
9		施工记录	6	✓	张××	✓	
10		预测构件、预拌混凝土合格证	3	✓	张××	✓	
11		地基、基础、主体结构检验及抽样检测资料	2	✓	张××	✓	
12		分项、分部工程质量验收记录	9	✓	张××	✓	
13		工程质量事故及事故调查处理资料					
14		新技术论证、备案及施工记录					
15							
1	给水排水与供暖	图纸会审记录、设计变更通知单、工程洽商记录	2	✓	张××	✓	
2		原材料出厂合格证书及进场检验、试验报告	3	✓	张××	✓	
3		管道、设备强度试验、严密性试验记录	2	✓	张××	✓	
4		隐蔽工程验收记录	3	✓	张××	✓	
5		系统清洗、灌水、通水、通球试验记录	1	✓	张××	✓	
6		施工记录	3	✓	张××	✓	
7		分项、分部工程质量验收记录	3	✓	张××	✓	
8		新技术论证、备案及施工记录					
9							
1	通风与空调	图纸会审记录、设计变更通知单、工程洽商记录					
2		原材料出厂合格证书及进场检验、试验报告					
3		制冷、空调、水管管道强度试验、严密性试验记录					
4		隐蔽工程验收记录					
5		制冷设备运行调试记录					
6		通风、空调系统调试记录					
7		施工记录					
8		分项、分部工程质量验收记录					
9		新技术论证、备案及施工记录					
10							

序号	项目	资料名称	份数	施工单位		监理单位	
				核查意见	核查人	核查意见	核查人
1	建筑电气	图纸会审记录、设计变更通知单、工程洽商记录	2	√	张××	√	
2		原材料出厂合格证书及进场检验、试验报告	7	√	张××	√	
3		设备调试记录	1	√	张××	√	
4		接地、绝缘电阻测试记录	1	√	张××	√	
5		隐蔽工程验收记录	3	√	张××	√	赵××
6		施工记录	3	√	张××	√	
7		分项、分部工程质量验收记录	4	√	张××	√	
8		新技术论证、备案及施工记录					
9							
1	智能建设	图纸会审记录、设计变更通知单、工程洽商记录	1	√	张××	√	
2		原材料出厂合格证书及进场检验、试验报告	2	√	张××	√	
3		隐蔽工和验收记录	3	√	张××	√	
4		施工记录	3	√	张××	√	
5		系统功能测定及设备调试记录	1	√	张××	√	
6		系统技术、操作和维护手册	1	√	张××	√	赵××
7		系统管理、操作人员培训记录	1	√	张××	√	
8		系统检测报告	1	√	张××	√	
9		分项、分部工程质量验收记录	3	√	张××	√	
10		新技术论证、备案及施工记录					
11							
1	建筑节能	图纸会审记录、设计变更通知单、工程洽商记录	1	√	张××	√	
2		原材料出厂合格证书及进场检验、试验报告	2	√	张××	√	
3		隐蔽工程验收记录	2	√	张××	√	
4		施工记录	2	√	张××	√	赵××
5		外墙、外窗节能检验报告	1	√	张××	√	
6		设备系统节能检测报告	1	√	张××	√	
7		分项、分部工程质量验收记录	4	√	张××	√	
8		新技术论证、备案及施工记录					
9							
1	电梯	图纸会审记录、设计变更通知单、工程洽商记录					
2		设备出厂合格证书及开箱检验记录					
3		隐蔽工程验收记录					
4		施工记录					
5		接地、绝缘电阻测试记录					
6		负荷试验、安全装置检查记录					
7		分项、分部工程质量验收记录					
8		新技术论证、备案及施工记录					
9							

结论：

资料基本齐全，能反应工程质量情况，达到保证结构安全和使用功能的要求，同意验收

施工单位项目负责人：张××　　　　监理（建设）单位项目负责人：王××

2019 年 5 月 22 日　　　　　　　　2019 年 5 月 22 日

注：资料核查人应为竣工验收组成员，可以为同一人，也可以为多人。

除此以外，施工单位在正式提交竣工验收，还应与监理单位一起对单位工程的主要功能项目进行抽查检验，竣工验收时对主要功能的抽查是复核性的，因为这些项目在之前的专业检验批完成后进行过专项检查，在分部工程验收时进行过专项检查和综合性的功能系统检查。

施工单位对有关安全、节能、环境保护和主要使用功能的检验资料统计汇总后确认符合要求，填写《单位（子单位）工程质量竣工验收记录安全和功能检验资料核查及主要功能抽查记录》。

【例7-2】假设案例项目1号教学楼涵盖有地基与基础工程、主体结构工程、装饰装修工程、屋面工程、建筑给水与排水及采暖、建筑电气、智能建筑、建筑节能等8个分部工程，没有通风与空调和电梯工程等2个分部工程，且经检查这8个分部工程均已验收合格。则1号教学楼的《单位（子单位）工程质量竣工验收记录安全和功能检验资料核查及主要功能抽查记录》见表7-3。

安全和功能检验资料核查及主要功能抽查记录　　　　表7-3

GB 50300—2013　　　　　　　　　　　　　　　　　　　　桂建质00（三）

单位工程名称		1号教学楼	子单位工程名称			
序号	项目	安全和功能检查项目	份数	核查意见	抽查结果	核查（抽查）人
1		地基承载力检测报告				
2		桩基承载力检测报告	2	√	符合要求	
3		混凝土强度试验报告	4	√	符合要求	
4		砂浆强度试验报告	3	√	符合要求	
5		主体结构尺寸、位置抽查记录	1	√	符合要求	
6		建筑物垂直度、标高、全高测量记录	1	√	符合要求	
7		屋面淋水或蓄水试验记录	1	√	符合要求	
8	建筑与结构	地下室渗漏水检测记录				李××
9		有防水要求的地面蓄水试验记录				
10		抽气（风）道检查记录				
11		外窗气密性、水密性、耐风压检测报告	1	√	符合要求	
12		幕墙气密性、水密性、耐风压检测报告				
13		建筑物沉降观测测量记录	1	√	符合要求	
14		节能、保温测试记录	1	√	符合要求	
15		室内环境检测报告	1	√	符合要求	
16		土壤氡气浓度检测报告				
17						

序号	项目	安全和功能检查项目	份数	核查意见	抽查结构	核查（抽查）人
1	给水排水与采暖	给水管道通水试验记录	1	√	符合要求	李×××
2		暖气管道、散热器压力试验记录				
3		卫生器具满水试验记录	1	√	符合要求	
4		消防管道、燃气管道压力试验记录				
5		排水干管通球试验记录	1	√	符合要求	
6		室内（外）给水管道（网）消毒检测报告	1	√	符合要求	
7		锅炉试运行、安全阀及报警联动测试记录				
8						
1	通风与空调	通风、空调系统试运行记录				
2		风量、温度测试记录				
3		空气能量回收装置测试记录				
4		洁净室洁净度测试记录				
5		制冷机组试运行调试记录				
6						
1	建筑电气	建筑照明通电试运行记录	1	√	符合要求	李×××
2		灯具固定装置及悬吊装置的载荷强度试验记录	1	√	符合要求	
3		绝缘电阻测试记录	1	√	符合要求	
4		剩余电流动作保护器测试记录	1	√	符合要求	
5		应急电源装置应急持续供电记录	1	√	符合要求	
6		接地电阻测试记录	1	√	符合要求	
7		接地故障回路阻抗测试记录	1	√	符合要求	
8						
1	智能建筑	系统试运行记录	1	√	符合要求	李×××
2		系统电源及接地检测报告	1	√	符合要求	
3		系统接地检测报告	1	√	符合要求	
4						
1	建筑节能	外墙节能构造检查记录或热工性能检验报告	1	√	符合要求	
2		设备系统节能性能检查记录				
3						
1	电梯	电梯运行记录				
2		电梯安全装置检测报告				
3						

结论：

安全和功能检验记录无遗漏，检测报告结论满足要求，主要功能抽查结果全部合格

施工单位项目负责人：张×× 　　　　　　 监理（建设）单位项目负责人：王××

2019 年 5 月 22 日 　　　　　　　　　　 2019 年 5 月 22 日

注：1. 抽查项目由验收组协商确定。

　　2. "份数"栏目由施工单位统计并填写，"核查意见"，"抽查结果"两栏由监理（建设）单位填写。

验收时应注意： 因1号教学楼没有通风与空调和电梯工程等2个分部工程，因此通风与空调和电梯工程等2个分部工程的安全和功能检验资料及主要功能不用核查，应用"/"删除。如果该工程采用桩基础，则地基承载力不用检查，即被验收项目中没有涵盖的验收项目要用"/"删除。

（4）观感质量验收

单位工程的观感质量验收一般在竣工验收小组完成竣工资料验收后，根据验收方案由观感质量专项验收小组进行，也可由整个竣工验收小组一起进行。观感质量的验收涉及地基与基础工程、主体结构工程、装饰装修工程、屋面工程等4个分部工程统一归并在"建筑与结构"项目统计，其他6个分部工程则单独统计。具体抽查的部位和抽查量按照经批准的验收方案执行。

【例7-3】 假设案例项目1号教学楼涵盖地基与基础工程、主体结构工程、装饰装修工程、屋面工程、建筑给水与排水及采暖、建筑电气、智能建筑、建筑节能等8个分部工程，没有通风与空调和电梯工程等2个分部工程，且经检查这8个分部工程均已验收合格。则1号教学楼的《单位（子单位）工程质量竣工验收记录观感质量检查记录》见表7-4。

单位（子单位）工程质量竣工验收记录观感质量检查记录　　　　　表7-4

GB 50300—2013　　　　　　　　　　　　　　　　　　　　　桂建质00（四）

单位工程名称		1号教学楼	子单位工程名称			
序号	项目		抽查质量状况	质量评价		
				好	一般	差
1	建筑与结构	主体结构外观	共检查6点，好5点，一般1点，差0点	✓		
2		室外墙面	共检查4点，好4点，一般0点，差0点	✓		
3		变形缝、雨水管	共检查6点，好4点，一般2点，差0点	✓		
4		屋面	共检查3点，好3点，一般0点，差0点		✓	
5		室内墙面	共检查6点，好2点，一般4点，差0点	✓		
6		室内顶棚	共检查6点，好5点，一般1点，差0点	✓		
7		室内地面	共检查6点，好4点，一般2点，差0点	✓		
8		楼梯、踏步、护栏	共检查3点，好3点，一般0点，差0点	✓		
9		门窗	共检查6点，好3点，一般3点，差0点	✓		
10		雨罩、台阶、坡道、散水	共检查2点，好2点，一般0点，差0点	✓		
1	给水排水与供暖	管道接口、坡度、支架	共检查8点，好5点，一般3点，差0点	✓		
2		卫生器具、支架、阀门	共检查7点，好2点，一般5点，差0点		✓	
3		检查口、扫除口、地漏	共检查10点，好10点，一般0点，差0点	✓		
4		散热器、支架	共检查　点，好　点，一般　点，差　点			

序号	项目		抽查质量状况	质量评价		
				好	一般	差
1	建筑电气	配电箱、盘、板、接线盒	共检查2点，好2点，一般0点，差0点	✓		
2		设备器具、开关、插座	共检查6点，好4点，一般2点，差0点	✓		
3		防雷、接地、防火	共检查4点，好3点，一般1点，差0点	✓		
1	通风与空调	风管、支架	共检查 点，好 点，一般 点，差 点			
2		风口、风阀	共检查 点，好 点，一般 点，差 点			
3		风机、空调设备	共检查 点，好 点，一般 点，差 点			
4		管道、阀门、支架	共检查 点，好 点，一般 点，差 点			
5		水泵、冷却塔	共检查 点，好 点，一般 点，差 点			
6		绝热	共检查 点，好 点，一般 点，差 点			
1	电梯	运行、平层、开关门	共检查 点，好 点，一般 点，差 点			
2		层门、信号系统	共检查 点，好 点，一般 点，差 点			
3		机房	共检查 点，好 点，一般 点，差 点			
1	智能建筑	机房设备安装及布局	共检查 点，好 点，一般 点，差 点			
2		现场设备安装	共检查 点，好 点，一般 点，差 点			
	观感质量综合评价		好			

结论：

施工单位名称：××建筑工程有限公司

施工单位项目负责人：张××

同意验收   2019 年 5 月 22 日

总监理工程师：王××

（建设单位项目负责人）   2019 年 5 月 22 日

注：1. 以监理（建设）单位为主，会同竣工验收组人员复查分部工程验收时的质量状况是否有变化、成品保护情况等。

  2. 在分部工程验收时未形成观感质量的，在竣工验收中加以确认。

  3. 质量评价为差的项目，应进行返修。若因条件限制不能返修的，只要不影响结构安全和使用功能，可协商接收并在表中注明。

  4. 观感质量现场检查原始记录应作为本表附件。

  验收时应注意：因1号教学楼没有通风与空调和电梯工程等两个分部工程，因此通风与空调和电梯工程等两个分部工程的观感质量不用核查，应用"/"删除。

（5）单位工程竣工验收记录汇总

  单位工程竣工验收合格后，对单位工程涵盖的分部工程验收项、质量控制资料的验收项、主要功能的抽查及观感质量的抽查项等进行统计，将验收结果统计填入《单位（子单位）工程质量竣工验收记录汇总表》。

【例7-4】假设案例项目1号教学楼涵盖有地基与基础工程、主体结构工程、装饰装修工程、屋面工程、建筑给水与排水及采暖、建筑电气、智能建筑、建筑节能等8个分部工程（注：一般房屋建筑工程均涵盖这8个分部工程），没有通风与空调和电梯工程等两个分部工程，且经检查这8个分部工程均已验收合格。则1号教学楼的《单位（子单位）工程质量竣工验收记录汇总表》见表7-5。

验收时应注意：因1号教学楼没有通风与空调和电梯工程等2个分部工程，因此通风与空调和电梯工程等两个分部工程应用"/"删除。相应统计项目和统计数应与单位工程验收的质量控制资料、安全和功能抽查以及观感质量的抽查项数吻合。

单位（子单位）工程质量竣工验收记录汇总表　　　　　　　　　表7-5

GB 50300—2013　　　　　　　　　　　　　　　　　　　　　　　桂建质00（一）

单位工程名称	1号教学楼		子单位工程名称			
建筑面积 （或投资规模）	2600m²		结构类型	框架结构	层数	地上　3　层 地下　0　层
施工单位	××建筑工程有限公司		技术负责人	刘××	开工日期	2018年7月13日
项目负责人	张××		项目技术负责人	魏××	完工日期	2019年5月11日
序号	分部工程名称	分部工程验收组验收意见			监理（建设）单位验收结论	
1	地基与基础	本分部合格，同意验收				
2	主体结构	本分部合格，同意验收				
3	建筑装饰装修	本分部合格，同意验收			本工程共含8分部。经查8分部，符合标准及设计要求8分部。 结论（是否同意验收）： 同意验收	
4	建筑屋面	本分部合格，同意验收				
5	建筑给水、排水及采暖	本分部合格，同意验收				
6	建筑电气	本分部合格，同意验收				
7	智能建筑	本分部合格，同意验收				
8	通风与空调					
9	建筑节能	本分部合格，同意验收				
10	电梯					
质量控制资料核查情况	共　41　项。经查符合要求　41　项，经核定符合规范要求　0　项。			（情况是否属实，是否同意验收）		
安全和功能检验（检测）及抽查情况	共检查　10　项，符合要求　10　项； 共检查　15　项，符合要求　15　项； 经返工处理符合要求　0　项。			（情况是否属实，是否同意验收）情况属实，同意验收		
观感质量验收	共抽查　16　项，达到"好"和"一般"的　16　项。 经返修处理符合要求的　0　项。			总体评价（好、一般、差）： 好 （是否同意验收）：同意验收		

序号	分部工程名称	分部工和验收组验收意见			监理（建设）单位验收结论
	竣工验收组 综合验收结论	（是否符合设计和规范要求，合格或不合格） 本单位（或子单位）工程符合设计和规范要求，工程质量合格			
	竣工验收组 成员签名	王××、张××、陆××、章××、周××			2019 年 5 月 22 日
	勘察单位	设计单位	施工单位	监理单位	建设单位
	项目负责人： （签名）： 章×× （公章） 2019 年 5 月 22 日	项目负责人： （签名）： 陆×× （公章） 2019 年 5 月 22 日	项目负责人： （签名）： 张×× （公章） 2019 年 5 月 22 日	项目负责人： （签名）： 王×× （公章） 2019 年 5 月 22 日	项目负责人： （签名）： 周×× （公章） 2019 年 5 月 22 日

注：1. 项目负责人由相应单位的法人代表书面授权，与签署工程质量终身责任承诺书的人员一致。

2. 完工日期指竣工预验收合格，且发现的质量问题整改完成后总监签认的日期。

3. 本表中企业公章处省略。

7.1.4　建设单位提交工程竣工验收报告

工程竣工验收合格后，建设单位应当在 3 日内向工程质量监督机构提交工程竣工验收报告和竣工验收证明书。工程质量监督机构在工程竣工验收之日起 5 日内，向备案机关提交工程质量监督报告。

工程竣工验收报告应包括以下内容：

（1）工程概况：描述工程名称、工程地点、结构类型层次、建筑面积、开竣工日期、验收日期；

（2）简述竣工验收时间、程序、内容、组织形式；

（3）建设单位执行基本建设程序情况；对工程勘察、设计、施工、监理等方面的评价；

（4）勘察、设计、监理、施工等单位工作情况和执行强制性标准的情况；

（5）工程竣工验收结论：应描述验收组对工程结构安全、使用功能是否符合设计要求，是否同意竣工验收的意见；

（6）附件：勘察、设计、施工、监理单位签字的验收文件。

建设单位应当自工程竣工验收合格之日起 15 日内，依照《房屋建筑和市政基础设施工程竣工验收备案管理办法》（住房和城乡建设部令第 2 号）的规定，向工程所在地的县级以上地方人民政府建设主管部门备案。

7.2　其他常见建筑安装工程施工资料的编制

7.2.1　开工前资料的编制

1. 施工现场质量管理检查记录表的填写

施工现场应具有健全的质量管理体系、相应的施工技术标准、施工质量检验制度和综合施工质量水平评定考核制度。施工现场质量管理可按表 7-1 的检查项目进行检查记录。《施工现场质量管理检查记录》表是《建筑工程施工质量验收统一标准》GB 50300—2013 第 3.0.1 条的附表，是对健全的质量管理体系的具体要求。一般一个标段或一个单位（子单位）工程检查一次，在开工前检查，由施工单位现场负责人填写，表 7-6 中内容仅是示范填写内容，具体内容根据项目具体情况和项目部的实际情况填写。现场质量管理检查记录由项目监理部的总监理工程师（建设单位项目负责人）验收。下面分三个部分来说明填表要求和填写方法。

施工现场质量管理检查记录   表 7-6

开工日期：×××年××月××日

工程名称	××工程		施工许可证（开工证）	××××
建设单位	××有限公司		项目负责人	×××
设计单位	××建筑设计院		项目负责人	×××
监理单位	××建设工程咨询有限公司		总监理工程师	×××
施工单位	××建设公司	项目经理 ×××	项目技术负责人	×××

序号	项目	内容
1	项目部质量管理体系	质量例会制度；安全检查奖罚制度；重大危险源诊断制度；质量"三检"制度等，制度齐全
2	现场质量责任制	项目经理、项目技术负责人和专业工长等岗位责任制；技术交底制度；质量隐患诊断制度
3	主要专业工种操作岗位证书	测量工、钢筋工、木工、混凝土工、电工、焊工、起重工、架子工等主要专业工种操作上岗证书齐全，符合要求
4	分包方管理制度	分包方资格满足施工要求，总包对分包单位制定管理制度可行
5	施工图审查记录	施工图已审核通过，施工图已经设计交底和图纸会审
6	岩土勘察资料	建设单位提供给施工单位的岩土勘察资料齐全
7	施工技术标准	现场有施工企业标准×项，其余采用国家、行业标准
8	施工组织设计、（专项）施工方案编制及审批	施工组织设计、主要专项施工方案编制、审批手续齐全有效
9	物资采购管理制度	材料、设备和构配件采购制度完善
10	施工设施和机械设备管理制度	施工设施和机械设备合格证、生产许可证等质量保证资料齐全，塔吊等特种设备安装、检测等合格资料完善
11	计量设备配备	计量设备经有资质单位标定并在有效期内
12	检测试验管理制度	现场配有标准养护室，有自检项目检测试验制度，有送第三方检测的见证取样制度等

序号	项目	内　容
13	工程质量检验制度	有原材料及施工检验制度；有同条件养护试块等涉及结构安全的检验制度，有防水等涉及使用功能的质量检验制度

自检结论：已制定满足项目施工的各项管理制度、施工组织设计和专项施工方案已制定并审核审批手续齐全，相关管理人员、技术人员具备上岗资格，各类专业个人（含特殊工种）具有上岗资格等。具备了开始施工条件 施工单位项目负责人：××× 　　　　　　　　××年××月××日	检查结论：通过上述项目的检查，项目部施工现场质量管理制度明确到位，质量责任制措施得力，主要专业工种操作上岗证书齐全，施工组织设计、主要施工方案已逐级审批，现场工程质量检验制度齐全。满足施工条件 总监理工程师：××× 　　（建设单位项目负责人） 　　　　　　　　××年××月××日

注：本表摘自《建筑工程施工质量验收统一标准》GB 50300—2013。

（1）表头部分

填写参与工程建设各方责任主体的概况。由施工单位的项目负责人填写。

工程名称栏。应填写工程名称的全称，与合同或招标投标文件中的工程名称一致。

施工许可证（开工证），填写当地建设行政主管部门批准发给的施工许可证（开工证）的编号。

建设单位栏填写合同文件中的甲方，单位名称也应写全称，与合同签章上的单位名称相同。建设单位项目负责人栏，可填写建设单位的法人代表或法人代表书面委托的代表，俗称"工地代表"。

设计单位栏填写设计合同中签章单位的名称，其全称应与印章上的名称一致。设计单位的项目负责人栏，应与设计图纸图签上的项目负责人一致。

监理单位栏填写单位全称，应与合同或协议书中的名称一致。总监理工程师栏应是合同或协议书中明确的项目监理负责人，且经监理单位以文件形式明确的该项目监理负责人。

施工单位栏填写施工合同中签章单位的全称，与签章上的名称一致。项目经理栏、项目技术负责人栏与合同中明确的项目经理（即项目负责人）、项目技术负责人一致。标头部分可统一填写，不需具体人员签名，只是明确负责人职位。

（2）检查项目涉及的检查内容

填写各项检查项目文件的名称或编号，并将文件（复印件或原件）附在表的后面供检查，检查后应将文件归还。

1）项目部质量管理体系。项目部的质量方针，质量的控制流程，质量控制的方法，质量缺陷的处理，质量的改进等。

2）现场质量管理制度。主要是图纸会审、设计交底、技术交底、施工组织设计编制审批程序、工序交接、质量检查评定制度，质量奖惩办法，以及质量例会制度以及质量问题处理制度等。质量负责人的分工，各项质量责任的落实规定，定期检查及有关人员奖惩制度等。

3) 主要专业工种操作岗位证书。起重、塔吊等垂直运输司机和信号工，电工、电焊工、架子工等特殊工种上岗证；测量工、钢筋、混凝土、机械、焊接、瓦工、防水工等工种上岗证（如有）。

4) 分包方管理制度。专业承包单位的资质应在其承包业务的范围内承建工程，否则不能承包工程。如有分包，总包单位应有相应分包管理制度，主要是质量、技术的管理制度等。

5) 施工图审查记录。主要检查建设单位提供的图纸是否加盖有审图机构的审图章。如果图纸是分批提交的话，施工图审查可分段进施工进行。

6) 地质勘察资料。有勘察资质的单位出具的正式项目岩土勘察报告。

7) 施工技术标准。项目施工涉及的技术规范、技术标准是否齐全、有效。如果提供的是企业标准，其标准不应低于国家标准或行业标准，并有有效批准手续。

8) 施工组织设计、施工方案编制及审批。检查施工组织设计和施工方案编写内容、具体措施是否有针对性，编制、审核和批准手续是否完善。

9) 物资采购管理制度。这是为保持材料、设备质量必须有的措施。要根据材料、设备性能制订管理制度，建立相应的库房等。

10) 施工设施和机械设备管理制度。

11) 计量设备配备。主要是说明设置在工地搅拌站的计量设施的精确度、管理制度等内容。若采用预拌混凝土或安装专业就没有这项内容。

12) 检测试验管理制度。检测试验室的管理制度，检测试验设备的管理制度，试验人员责任制度，检测试验的操作流程等。

13) 工程质量检验制度。包括三个方面的检验：①原材料、设备进场检验制度；②施工过程的试验报告；③竣工后的抽查检测。

（3）检查项目内容填写

1) 直接将有关资料的名称写明，资料较多时，也可将有关资料进行编号，填写编号并注明份数。

2) 现场质量管理检查记录要求在开工前完成，项目总监理工程师（建设单位项目负责人）应对表内资料和施工现场进行复核检查，确保施工单位已具备开工条件。

3) 项目内容由施工单位负责人填写，填写完后，将有关文件的原件或复印件附在表后，报请项目总监理工程师（建设单位项目负责人）验收核查，验收核查后，返还施工单位，并签字认可。

4) 工程实践中，通常一个工程的一个标段或一个单位工程只检查一次，如出现重要人员更换，或现场管理不到位时，可重新检查认定。

5) 如总监理工程师或建设单位项目负责人检查验收不合格，施工单位必须限期改正，未经整改验收合格不许开工。

2. 工程开工报审表

施工单位完成施工前期准备工作后，且《施工现场质量管理检查记录》检查内容经项目总监理工程师审核通过后，具备了开工条件，施工单位项目经理部可以填报《工程开工报审表》并报送给项目监理部和建设单位审核。《工程开工报审表》具体格式见表7-7。

工程名称：××项目   编号：××项目

致：_____××_____（建设单位）
_____××（项目监理机构）
 	
我方承担___××___工程，已完成相关准备工作，具备开工条件，申请___××___年___××___月___××___日开工，请予以审批。
 	
附件：证明文件资料
 	
                                施工单位（盖章）：
                                项目经理（签字）：
                                      年   月   日

审核意见：
 	
                                项目监理机构（盖章）：
                                总监理工程师（签字、盖执业印章）：
                                      年   月   日

审核意见：
 	
                                建设单位（盖章）：
                                建设单位代表（签字）：
                                      年   月   日

注：本表一式三份，项目监理机构、建设单位、施工单位各一份。

《工程开工报审表》通过审核后，项目监理机构的总监理工程师紧接着会向施工单位签发《工程开工令》。施工单位收到《工程开工令》后可以开始组织现场施工工作，合同工期也会以开工令标明的开工日期开始计算。

7.2.2 施工过程中资料的编制

施工过程中，施工单位常与建设单位和监理单位就施工中的问题进行工作联系，这种联系可以采用口头联系，也可以采用书面联系。口头联系一般适用于即时性的工作，不涉及设计变更等涉及有费用产生和工期影响的事项；而涉及有费用产生和工期影响的事项一般采用书面联系，紧急时也可以先采用口头联系，事后再采取书面确认的方式。如最常见的《工作联系单》（表 7-8）、《原始签证记录单》（表 7-9）等。

工作联系单填写范例：

工程名称：××项目   建设单位：××××   编号：××

事由：锤沉桩最后贯入度技术参数调整
 	
内容：1号楼桩基础于××年××月××日进行自编号为34号，231号桩工程试压，得出了初步数据。经过与设计单位联系，施工技术参数确认为：
 	
（1）最后3次锤击平均贯入度
 	
当桩身入土深度小于11m时，最后3次锤击平均贯入度桩径400mm桩为20mm，桩径500mm桩为15mm。
 	
当桩身入土深度为11～13m时，最后3次锤击平均贯入度桩径400mm桩为25mm，桩径500mm桩为20mm。
 	
当桩身入土深度为13～15m时，最后3次锤击平均贯入度桩径400mm桩为30mm，桩径500mm桩为25mm。
 	
（2）桩身进入持力层深度，当不能达到设计要求的1.5m时，要确保达到2倍桩径。
 	
上述数据请建设单位和设计单位正式书面确认。
 	
顺颂商祺！
 	
            单   位：××建设工程有限责任公司
 	
                负责人：
 	
                日   期：

监理单位意见	
建设单位意见	
设计单位意见	

注：联系单内内容为示范填写内容。

工程名称：   施工单位：   编号：

发生日期	签证原因	计算方式（必要时附图）	
建设单位代表：	监理单位代表：	施工单位代表：	

除了施工单位与建设单位和监理单位的联系外，施工单位内部的一些工作安排也常采用书面形式进行。如技术交底，见表 7-10。施工单位的技术交底和安全交底采用分级进行，项目技术负责人对专业工长（安全员）交底，专业工长（安全员）再对专业队组交底，交底采用书面进行，交底内容必须清晰具体、明白，交底完后交底人与被交底人要签字确认。

技术交底记录

表 7-10

施工单位：××建筑工程有限公司　　　××年××月××日　　　　　　　　编号：×××-××

工程名称	1号教学楼	分部工程	主体混凝土结构工程（0201）

分项工程名称：现浇框架结构钢筋工程

交底内容

一、施工准备

1. 材料及主要机具

(1) 钢筋：应有出厂合格证和性能检测报告，钢筋应无老锈及油污。进场验收合格后按施工平面图位置分类架空堆放，并按规定做力学性能复试。当加工过程中发生脆断等特殊情况，还需化学成分检验。

(2) 绑扎用铁丝：可采用20～22号镀锌铁丝，铁丝长度要满足安装要求。

(3) 垫块：用水泥砂浆制成，50mm见方，厚度同保护层，垫块内预埋20～22号镀锌铁丝，或用塑料卡、拉筋、支撑筋。

(4) 主要机具：钢筋钩子、撬棍、扳子、绑扎架、钢丝刷子、手推车、粉笔、尺子等。

2. 作业条件

(1) 熟悉图纸、按设计要求检查已加工好的钢筋规格、形状、数量是否正确。

(2) 做好抄平放线工作，弹好水平标高线，柱、墙外皮尺寸线。

(3) 根据弹好的外皮尺寸线，检查下层预留搭接钢筋的位置、数量、长度、如不符合要求时，应进行调整处理。绑扎前先调直下层伸出的钢筋，并将锈蚀、水泥砂浆等污垢清除干净。

(4) 根据标高检查楼层竖向结构构件伸出钢筋处的混凝土表面标高（柱顶、墙顶）是否符合图纸要求，如有松散不实之处，要剔除并清理干净。

(5) 模板安装完并办理预检，将模板内杂物清理干净。

(6) 按要求搭好脚手架。

(7) 根据设计图纸及工艺标准要求，向班组进行技术交底。

二、操作工艺

绑柱子钢筋：

(1) 工艺流程

套柱箍筋→焊接接长（或搭接绑扎）竖向受力筋→画箍筋间距线→绑箍筋

(2) 柱（墙）钢筋安装：按图纸要求间距，计算好每根柱箍筋数量，先将箍筋套在下层伸出的钢筋上，箍筋开口位置应相互错开；然后焊接连接接长柱子钢筋，焊缝冷却后敲除焊渣并清理干净，如果是搭接连接，则在搭接长度内，绑扣不少于3个，绑扣要向柱中心；在柱（墙）钢筋上用粉笔画出箍筋位置线，将箍筋提上来逐个绑扎安装固定；再安装柱（墙）内水电管线预埋，安装钢筋保护层垫块，竖向和水平间距不大于1m且不少于2个。

技术负责人		交底人		接受人	

施工过程中产生的一些测试记录，见表 7-11 "单位工程垂直度测试记录"。

单位工程垂直度测试记录 表 7-11

施工单位：××建筑工程有限公司 测量日期：××年××月××日

建设单位	×××教育局	单位工程名称	1号教学楼	层数/全高	4/16.8m
（图纸此处略）				工长审查意见： 工长： 月　　日	
				建设单位意见： 工地代表： 月　　日	
技术负责人：			测量员：		

注：1. 此表由测量人员填写，工长及建设单位审查并签证。
　　2. 此表一式四份，测量员一份，工长一份，建设单位一份，公司档案一份。

7.3　建筑工程资料收集与整理

7.3.1　建筑安装工程施工资料的组成

建筑安装工程施工资料是施工阶段形成的资料文件，它是建筑工程资料中最重要的组成内容之一，它主要由 7 部分组成：开工前资料；质量验收资料；试验资料；材料、产品、构配件等合格证资料；施工过程资料；施工过程中增补的资料以及竣工资料等。这 7 部分资料在工程竣工验收合格后，将本工程所涵盖的资料归类装订成册（注：并不是任一个工程都涵盖上述所列资料），送交当地的城市建设档案资料馆归档管理。这 7 部分的资料的具体组成如下：

1. 开工前资料

1）中标通知书及施工许可证；

2）施工合同；

3）委托监理的工程监理合同；

4）施工图审查批准书及施工图审查报告；

5）质量监督登记书；

6）质量监督交底要点及质量监督工作方案；

7）岩土工程勘察报告；

8）施工图会审记录；

9）经监理（或业主）批准的施工组织设计或施工方案；

10）开工报告；

11）质量管理体系登记表；

12）施工现场质量管理检查记录；

13）技术交底记录；

14）测量定位记录。

2. 质量验收资料

1）地基验槽记录；

2）基桩工程质量验收报告；

3）地基处理工程质量验收报告；

4）地基与基础分部工程质量验收报告；

5）主体结构分部工程质量验收报告；

6）特殊分部工程质量验收报告；

7）线路敷设验收报告；

8）地基与基础分部及其所含子分部、分项、检验批质量验收记录；

9）主体结构分部及其所含子分部、分项、检验批质量验收记录；

10）装饰装修分部及其所含子分部、分项、检验批质量验收记录；

11）屋面分部及其所含子分部、分项、检验批质量验收记录；

12）给水、排水及采暖分部及其所含子分部、分项、检验批质量验收记录；

13）电气分部及其所含子分部、分项、检验批质量验收记录；

14）智能分部及其所含子分部、分项、检验批质量验收记录；

15）通风与空调分部及其所含子分部、分项、检验批质量验收记录；

16）建筑节能分部及其所含子分部、分项、检验批质量验收记录；

17）电梯分部及其所含子分部、分项、检验批质量验收记录；

18）单位工程质量验收记录；

19）室外工程的分部（子分部）、分项、检验批质量验收记录。

3. 试验资料

1）水泥物理性能检验报告；

2）砂、石检验报告；

3）各强度等级混凝土配合比试验报告；

4）混凝土试件强度统计表、评定表及试验报告；

5）各强度等级砂浆配合比试验报告；

6）砂浆试件强度统计表、评定表及试验报告；

7）砖、石、砌块等砌体材料强度试验报告；

8）钢材力学、弯曲性能检验报告及钢筋焊接接头拉伸、弯曲检验报告或钢筋机械连接接头检验报告；

9）预应力筋、钢丝、钢绞线力学性能进场复验报告；

10）桩基工程试验报告；

11）钢结构工程试验报告；

12）幕墙工程试验报告；

13）防水材料试验报告；

14）金属及塑料外门、外窗检测报告；

15）外墙饰面砖的拉拔强度试验报告（含材料等）；

16）建（构）筑物防雷装置验收检测报告；

17）有特殊要求或设计要求的回填土密实度试验报告；

18）质量验收规范规定的其他试验报告；

19）地下室防水效果检查记录；

20）有防水要求的地面蓄水试验记录；

21）屋面淋水试验记录；

22）抽气（风）道检查记录；

23）节能、保温测试记录；

24）管道、设备强度及严密性试验记录；

25）系统清洗、灌水、通水、通球试验记录；

26）照明全负荷试验记录；

27）大型灯具牢固性试验记录；

28）电气设备调试记录；

29）电气工程接地、绝缘电阻测试记录；

30）制冷、空调、管道的强度及严密性试验记录；

31）制冷设备试运行调试记录；

32）通风、空调系统试运行调试记录；

33）风量、温度测试记录；

34）电梯设备开箱检验记录；

35）电梯负荷试验、安全装置检查记录；

36）电梯接地、绝缘电阻测试记录；

37）电梯试运行调试记录；

38）智能建筑工程系统试运行记录；

39）智能建筑工程系统功能测定及设备调试记录；

40）单位（子单位）工程安全和功能检验所必须的其他测量、测试、检测、检验、试验、调试、试运行记录。

4. 材料、产品、构配件等合格证资料

1）水泥出厂合格证（含 28 天补强报告）；

2）砖、砌块出厂合格证；

3）钢筋、预应力筋、钢丝、钢绞线、套筒出厂合格证；

4）钢桩、混凝土预制桩、预应力管桩出厂合格证；

5）钢结构工程构件及配件、材料出厂合格证；

6）幕墙工程配件、材料出厂合格证；

7）防水材料出厂合格证；

8）金属及塑料门窗出厂合格证；

9）焊条及焊剂出厂合格证；

10）预制构件、预拌混凝土合格证；

11）给水排水与采暖工程材料出厂合格证；

12）建筑电气工程材料、设备出厂合格证；

13）通风与空调工程材料、设备出厂合格证；

14）电梯工程设备出厂合格证；

15）智能建筑工程材料、设备出厂合格证；

16）施工要求的其他合格证。

5. 施工过程资料

1）设计变更、洽商记录；

2）工程测量、放线记录；

3）预检、自检、互检、交接检记录；

4）建（构）筑物沉降观测测量记录；

5）新材料、新技术、新工艺施工记录；

6）隐蔽工程验收记录；

7）施工日志（施工单位自存、不报送）；

8）混凝土开盘报告；

9）混凝土施工记录；

10）混凝土配合比计量抽查记录；

11）工程质量事故报告单；

12）工程质量事故及事故原因调查；

13）工程质量整改通知书；

14）工程局部暂停施工通知书处理记录；

15）工程质量整改情况报告及复工申请；

16）工程复工通知书。

6. 必要时应增补的资料

1）勘察、设计、监理、施工（包括分包）单位的资质证明；

2）建设、勘察、设计、监理、施工（包括分包）单位的变更、更换情况及原因；

3）勘察、设计、监理单位执业人员的执业资格证明；

4）施工（包括分包）单位现场管理人员及各工种技术工人的上岗证明；

5）经建设单位（业主）同意认可的监理规划或监理实施细则；

6）见证单位见证人授权书及见证人上岗证明；

7）设计单位派驻施工现场设计代表委托书或授权书；

8）其他要求的资料。

7. 竣工资料

1）施工单位工程竣工报告；

2）监理单位工程竣工质量评价报告；

3）勘察单位勘察文件及实施情况检查报告；

4）设计单位设计文件及实施情况检查报告；

5）建设工程质量竣工验收意见书或单位（子单位）工程质量竣工验收记录；

380

6）竣工验收存在问题整改意见书；

7）工程具备竣工验收条件的通知及重新组织竣工验收通知；

8）单位（子单位）工程质量控制资料核查记录（质量保证资料审查记录）；

9）单位（子单位）工程安全和功能检验资料核查及主要功能抽查记录；

10）单位（子单位）工程观感质量检查记录（观感质量评定表）；

11）定向销售商品房或职工集资住宅的用户签收意见表；

12）工程质量保修合同（书）；

13）建设工程竣工验收报告（由建设单位填写）。

7.3.2 建筑安装工程施工资料的收集

1. 开工前资料的收集

开工前资料大部分是由施工企业或建设单位提供给施工企业项目部，资料员负责从本企业或建设单位获取这部分资料并加以整理保管。

（1）施工企业提供给施工企业项目部的资料

1）中标通知书；

2）施工合同。

（2）建设单位提供给施工企业项目部的资料

1）委托监理的工程监理合同；

2）施工图审查批准书及施工图审查报告；

3）质量监督登记书；

4）质量监督交底要点及质量监督工作方案；

5）岩土工程勘察报告；

6）施工图会审记录；

7）施工许可证。

（3）施工企业项目部在施工前编制、编写并报送项目监理部审批的资料

1）经监理（或业主）批准的施工组织设计或施工方案；

2）开工报告；

3）质量管理体系登记表；

4）施工现场质量管理检查记录；

5）技术交底记录；

6）测量定位记录。

施工组织设计按编制对象，可分为施工组织总设计、单位工程施工组织设计和施工方案。施工组织设计由项目技术负责人主持编制，可根据需要分阶段编制和审批；施工组织总设计应由总承包单位技术负责人审批；单位工程施工组织设计应由施工单位技术负责人或技术负责人授权的技术人员审批。施工方案应由专业技术负责人组织编制，由项目技术负责人负责审核；重点、难点分部（分项）工程和专项施工方案还应由施工单位组织相关专家评审，由施工单位技术负责人批准；由专业承包单位分包的分部（分项）工程或专项工程的施工方案，应由专业承包单位技术负责人或技术负责人授权的技术人员审批；有总承包单位时，应由总承包单位项目技术负责人核准备案；规模较大的分部（分项）工程和专项工程的

施工方案应按单位工程施工组织设计进行编制和审批。施工组织设计或施工方案经过施工企业内部审核通过后报送给项目监理部的专业监理工程师和总监理工程师审批。

开工报告、质量管理体系登记表等5项资料在施工前或初期形成。

2. 质量验收资料的收集

质量验收资料是施工过程中形成的资料，也是数量最大的一部分资料，它主要包括施工质量验收记录、检验批、分项工程、分部工程和单位工程质量验收记录资料。它的填写已在本教材前6章中详细讲解，资料员在上述资料形成后，收集并整理归档管理。

3. 试验资料、材料、产品、构配件等合格证资料、施工过程资料、必要时应增补的资料及竣工资料的收集

（1）试验和检测资料的收集

试验资料主要是涉及结构安全、使用功能、建筑节能及室内环境安全的材料、构配件、半成品和成品的质量检测。质量检测涉及三部分：

1）涉及结构安全、使用功能及室内空气质量的材料、构配件、半成品和成品的见证取样送检形成的试验和复检结果报告资料。对涉及结构安全、使用功能及室内空气质量的材料、构配件、半成品和成品，进入施工现场后，一般在监理单位或建设单位的人员见证下，由施工单位的取样员在现场取样，由监理单位或建设单位的人员对取样样品做好封志，封志要求具有唯一性标识，并将取样过程和结果实时上传到当地质量监督部门信息中心备案，并与施工单位的取样员一起送至有检测资质的检测单位进行检测。如：混凝土强度试块、砂浆强度试块、钢筋原材料样件、钢筋焊接接头试件等；

2）针对不能取样送检的一些半成品和成品，则由具有检测资质的单位在现场进行检测，如桩基工程检测、建筑物的防雷检测等。这些检测资料由检测单位在事后提供。

3）在现场的监理单位的参与和见证下，由施工单位或安装单位组织对施工成品、设备在无负荷或有负荷的条件下进行的试运行测试。如：屋面的淋水试验、卫生间的蓄水试验、照明全负荷试验。这些试验在测试时及测试完成后应做好相应的测试记录。

（2）材料、产品、构配件等合格证资料的收集

材料、产品、构配件等合格证资料是在购买材料、产品、构配件时由厂家或经销商提供，有时提供的一些材料合格证是一些复印件，一般情况下，复印件不能作为有效的验收资料和备案资料，为解决复印件不能作为有效的验收资料和备案资料问题，国家相关验收规范规定，合格证原件复印件提供人（如经销商）必须在合格证复印件上签注该复印件的原件保管处，并加盖原件保管单位的法人公章，经办人签字和签署明确的出具时间等。

（3）施工过程资料的收集

施工过程资料是在施工中逐步形成，如设计变更，一旦出现施工图纸变更，则应办理设计变更手续后才开始设计变更施工。

（4）增补资料及竣工资料的收集

对于增补资料及竣工资料的收集，则由相关参建单位提供或具体的施工人员提供。如勘察、设计、监理、施工（包括分包）单位的资质证明，建设、勘察、设计、监理、施工（包括分包）单位的变更、更换情况及原因，应由建设单位或监理单位收集提供给施工单位项目部。施工（包括分包）单位现场管理人员及各工种技术工人的上岗证明则由施工单位资料员向相关人员收集。

7.3.3　建筑工程资料的来源和收集

建筑工程资料涵盖前述的建筑安装工程施工资料，按其来源可以分为 A 类、B 类、C 类、D 类、E 类等五部分资料，文件归档时应按类汇总整理并装订成册。A 类资料主要来源于行政主管部门、建设单位、勘察单位和设计单位，个别来源于监理单位和施工单位。从形成的过程来说，这些资料主要是开工前资料。B 类资料主要来源于监理单位和施工单位；从形成的过程来说，这些资料主要是施工过程中的监理资料。C 类资料主要来源于施工单位、第三方检测单位；D 类资料主要来源于施工单位；E 类资料主要来源于参建各方和行政主管部门，文件类型主要是对工程竣工验收的结论性文件等。以下为五部分竣工资料详细来源及目录（表 7-12）。

建筑工程文件归档范围

表 7-12

类别	归档文件	资料来源	保存单位				
			建设单位	设计单位	施工单位	监理单位	城建档案馆
工程准备阶段文件（A类）							
A1	**立项文件**						
1	项目建议书批复文件及项目建议书	建设行政管理部门	▲				▲
2	可行性研究报告批复文件及可行性研究报告	建设行政管理部门	▲				▲
3	专家论证意见、项目评估文件	建设单位	▲				▲
4	有关立项的会议纪要、领导批示	建设单位	▲				▲
A2	**建设用地、拆迁文件**						
1	选址申请及选址规划意见通知书	建设单位、规划单位	▲				▲
2	建设用地批准书	建设单位、规划单位	▲				▲
3	拆迁安置意见、协议、方案等	建设单位	▲				△
4	建设用地规划许可证及其附件	规划行政主管部门	▲				▲
5	土地使用证明文件及其附件	土地行政主管部门	▲				▲
6	建设用地钉桩通知单	规划行政主管部门	▲				▲
A3	**勘察、设计文件**						
1	工程地质勘察报告	勘察单位	▲	▲			▲
2	水文地质勘察报告	勘察单位	▲	▲			▲
3	初步设计文件（说明书）	设计单位	▲	▲			
4	设计方案审查意见	规划行政主管部门	▲				▲
5	人防、环保、消防等有关主管部门（对设计方案）审查意见	人防、环保、消防等有关主管部门	▲	▲			▲
6	设计计算书	设计单位	▲	▲			△
7	施工图设计文件审查意见	施工图审查机构	▲	▲			▲
8	节能设计备案文件	建设行政主管部门	▲				▲

类别	归档文件	资料来源	保存单位 建设单位	设计单位	施工单位	监理单位	城建档案馆
A4	**招标投标文件**						
1	勘察、设计招标投标文件	建设单位、勘察单位、设计单位	▲	▲			
2	勘察、设计合同	建设单位、勘察单位、设计单位	▲	▲			▲
3	施工招标投标文件	建设单位、施工单位	▲		▲	△	
4	施工合同	建设单位、施工单位	▲		▲	△	▲
5	工程监理招标投标文件	建设单位、监理单位	▲			▲	
6	监理合同	建设单位、监理单位	▲			▲	▲
A5	**开工审批文件**						
1	建设工程规划许可证及其附件	规划部门	▲		△	△	▲
2	建设工程施工许可证	建设行政主管部门	▲		▲	▲	▲
A6	**工程造价文件**						
1	工程投资估算材料	建设单位	▲				
2	工程设计概算材料	建设单位	▲				
3	招标控制价格文件	建设单位	▲				
4	合同价格文件	建设单位	▲		▲		△
5	结算价格文件	建设单位	▲		▲		△
A7	**工程建设基本信息**						
1	工程概况信息表	建设单位	▲		△		▲
2	建设单位工程项目负责人及现场管理人员名册	建设单位	▲				▲
3	监理单位工程项目总监及监理人员名册	监理单位	▲			▲	▲
4	施工单位工程项目经理及质量管理人员名册	施工单位	▲		▲		▲
监理文件（B类）							
B1	**监理管理文件**						
1	监理规划	监理单位	▲			▲	▲
2	监理实施细则	监理单位	▲		△	▲	▲
3	监理月报	监理单位	△			▲	
4	监理会议纪要	监理单位	▲		△	▲	
5	监理工作日志	监理单位				▲	
6	监理工作总结	监理单位				▲	▲
7	工作联系单	监理单位	▲		△	△	
8	监理工程师通知	监理单位	▲		△	△	△

类别	归档文件	资料来源	保存单位				
			建设单位	设计单位	施工单位	监理单位	城建档案馆
9	监理工程师通知回复单	监理单位	▲		△	△	△
10	工程暂停令	监理单位	▲		△	△	▲
11	工程复工报审表	监理单位	▲		▲	▲	▲
B2	**进度控制文件**						
1	工程开工报审表	施工单位	▲		▲	▲	▲
2	施工进度计划报审表	施工单位	▲		△	▲	
B3	**质量控制文件**						
1	质量事故报告及处理资料	施工单位	▲		▲	▲	▲
2	旁站监理记录	监理单位	△		△	▲	
3	见证取样和送检人员备案表	监理单位	▲		▲	▲	
4	见证记录	监理单位	▲		▲	▲	
5	工程技术文件报审表	施工单位				△	
B4	**造价控制文件**						
1	工程款支付	施工单位	▲		△	△	
2	工程款支付证书	监理单位	▲		△	△	
3	工程变更费用报审表	施工单位	▲		△	△	
4	费用索赔申请表	施工单位	▲		△	△	
5	费用索赔审批表	监理单位	▲		△	△	
B5	**工期管理文件**						
1	工程延期申请表	施工单位	▲		▲	▲	▲
2	工程延期审批表	监理单位	▲		▲	▲	▲
B6	**监理验收文件**						
1	竣工移交证书	监理单位	▲		▲	▲	▲
2	监理资料移交书	监理单位	▲		▲	▲	
施工文件（C类）							
C1	**施工管理文件**						
1	工程概况表	施工单位	▲		▲	▲	△
2	施工现场质量管理检查记录				△	△	
3	企业资质证书及相关专业人员岗位证书	施工单位	△		△	△	△
4	分包单位资质报审表	施工单位	▲		▲	▲	
5	建设单位质量事故勘查记录	建设单位、调查单位	▲		▲	▲	▲
6	建设工程质量事故报告书	调查单位	▲		▲	▲	▲
7	施工检测计划	施工单位	△		△	△	

类别	归档文件	资料来源	保存单位				
			建设单位	设计单位	施工单位	监理单位	城建档案馆
8	见证检验检测汇总表	施工单位	▲		▲	▲	▲
9	施工日志	施工单位			▲		
C2	**施工技术文件**						
1	工程技术文件报审表	施工单位	△		△	△	
2	施工组织设计及施工方案	施工单位	△		△	△	
3	危险性较大分部分项工程施工方案	施工单位	△		△	△	
4	技术交底记录	施工单位	△		△		
5	图纸会审记录	施工单位	▲	▲	▲	▲	▲
6	设计变更通知单	施工单位	▲	▲	▲	▲	▲
7	工程洽商记录（技术核定单）	施工单位	▲	▲	▲	▲	▲
C3	**进度造价分文件**						
1	工程开工报审表	施工单位	▲	▲	▲	▲	▲
2	工程复工报审表	施工单位	▲	▲	▲	▲	▲
3	施工进度计划报审表	施工单位			△		
4	施工进度计划	施工单位			△	△	
5	人、机、料动态表	施工单位			△	△	
6	工程延期申请表	施工单位	▲		▲	▲	▲
7	工程款支付申请表	施工单位	▲		△	△	
8	工程变更费用报审表	施工单位	▲		△	△	
9	费用索赔申请表	施工单位	▲		△	△	
C4	**施工物资出厂质量证明及进场检测文件**						
	出厂质量证明文件及检测报告						
1	砂、石、砖、水泥、钢筋、保温、防腐材料、轻骨料出厂证明文件	施工单位	▲		▲	▲	△
2	其他物资出厂合格证、质量保证书，检测报告和报关单或商检证等	施工单位	△		▲	△	
3	材料、设备的相关检验报告、型式检测报告、3C强制认证合格证或3C标志	采购单位	△		▲	△	
4	主要设备、器具的安装使用说明书	采购单位	▲		▲	△	
5	进口的主要材料设备的商检证明文件	采购单位	△		▲		
6	涉及消防、安全、卫生、环保、节能的材料、设备的检测报告或法定机构出具的有效证明文件	采购单位	▲		▲	▲	△
7	其他施工物资产品合格证、出厂检验报告	施工单位、采购单位					

类别	归档文件	资料来源	保存单位				
			建设单位	设计单位	施工单位	监理单位	城建档案馆
	进场检验通用表格						
1	材料、构配件进场检验记录	施工单位			△	△	
2	设备开箱检验记录	施工单位			△	△	
3	设备及管道附件试验记录	施工单位	▲		▲	△	
	进场复试报告						
1	钢材试验报告	检测单位	▲		▲	▲	▲
2	水泥试验报告	检测单位	▲		▲	▲	▲
3	砂试验报告	检测单位	▲		▲	▲	▲
4	碎（卵）石试验报告	检测单位	▲		▲	▲	▲
5	外加剂试验报告	检测单位	△		▲	▲	▲
6	防水涂料试验报告	检测单位	▲		▲	△	
7	防水卷材试验报告	检测单位	▲		▲	△	
8	砖（砌块）试验报告	检测单位	▲		▲	▲	▲
9	预应力筋复试报告	检测单位	▲		▲	▲	▲
10	预应力锚具、夹具和连接器复试报告	检测单位	▲		▲	▲	▲
11	装饰装修用门窗复试报告	检测单位	▲		▲	△	
12	装饰装修用人造木板复试报告	检测单位	▲		▲	△	
13	装饰装修用花岗石复试报告	检测单位	▲		▲	△	
14	装饰装修用安全玻璃复试报告	检测单位	▲		▲	△	
15	装饰装修用外墙面砖复试报告	检测单位	▲		▲	△	
16	钢结构用钢材复试报告	检测单位	▲		▲	▲	▲
17	钢结构用防火涂料复试报告	检测单位	▲		▲	▲	▲
18	钢结构用焊接材料复试报告	检测单位	▲		▲	▲	▲
19	钢结构用高强度大六角头螺栓连接副复试报告	检测单位	▲		▲	▲	▲
20	钢结构用扭剪型高强螺栓连接副复试报告	检测单位	▲		▲	▲	▲
21	幕墙用铝塑板、石材、玻璃、结构胶复试报告	检测单位	▲		▲	▲	▲
22	散热器、供暖系统保温材料、通风与空调工程绝热材料、风机盘管机组、低压配电系统电缆的见证取样复试报告	检测单位	▲		▲	▲	▲
23	节能工程材料复试报告	检测单位	▲		▲	▲	▲
24	其他物资进场复试报告	检测单位					
C5	施工记录文件						
1	隐蔽工程验收记录	施工单位	▲		▲	▲	▲
2	施工检查记录	施工单位			△		

右上角：续表

类别	归档文件	资料来源	保存单位				
			建设单位	设计单位	施工单位	监理单位	城建档案馆
3	交接检查记录	施工单位			△		
4	工程定位测量记录	施工单位	▲		▲	▲	▲
5	基槽验线记录	施工单位	▲		▲	▲	▲
6	楼层平面放线记录	施工单位			△	△	△
7	楼层标高抄测记录	施工单位			△	△	△
8	建筑物垂直度、标高观测记录	施工单位	▲		▲	△	△
9	沉降观测记录	建设单位委托的测量单位	▲		▲	△	▲
10	基坑支护水平位移监测记录	施工单位			△	△	
11	桩基、支护测量放线记录	施工单位			△	△	
12	地基验槽记录	施工单位	▲	▲	▲	▲	▲
13	地基钎探记录	施工单位	▲		△	△	▲
14	混凝土浇灌申请书	施工单位			△	△	
15	预拌混凝土运输单	施工单位			△		
16	混凝土开盘鉴定	施工单位			△	△	
17	混凝土拆模申请单	施工单位			△	△	
18	混凝土预拌测温记录	施工单位			△		
19	混凝土养护测温记录	施工单位			△		
20	大体积混凝土养护测温记录	施工单位			△		
21	大型构件吊装记录	施工单位	▲		△	△	▲
22	焊接材料烘焙记录	施工单位	▲		△		
23	地下工程防水效果检查记录	施工单位	▲		▲	△	
24	防水工程试水检查记录	施工单位	▲		▲	△	
25	通风（烟）道、垃圾道检查记录	施工单位	▲		▲	△	
26	预应力筋张拉记录	施工单位	▲		▲	▲	▲
27	有粘结预应力结构灌浆记录	施工单位	▲		▲	▲	▲
28	钢结构施工记录	施工单位	▲		▲	△	
29	网架（索膜）施工记录	施工单位	▲		▲	▲	▲
30	木结构施工记录	施工单位	▲		▲		
31	幕墙注胶检查记录	施工单位	▲		▲	△	
32	自动扶梯、自动人行道的相邻区域检查记录	施工单位	▲		▲	△	
33	电梯电气装置安装检查记录	施工单位	▲		▲	△	
34	自动扶梯、自动人行道电气装置检查记录	施工单位	▲		▲	△	
35	自动扶梯、自动人行道整机安装质量检查记录	施工单位	▲		▲	△	

类别	归档文件	资料来源	保存单位				
			建设单位	设计单位	施工单位	监理单位	城建档案馆
36	其他施工记录文件	施工单位					
C6	**施工试验记录及检测文件**						
	通用表格						
1	设备单机试运转记录	施工单位	▲		▲	△	△
2	系统试运转调试记录	施工单位	▲		▲	△	△
3	接地电阻测试记录	施工单位	▲		▲	△	△
4	绝缘电阻测试记录	施工单位	▲		▲	△	△
	建筑与结构工程						
1	锚杆试验报告	检测单位	▲		▲	△	△
2	地基承载力检验报告	检测单位	▲		▲	△	△
3	桩基检测报告	检测单位	▲		▲	△	△
4	土工击实试验报告	检测单位	▲		▲	△	△
5	回填土试验报告（应附图）	检测单位	▲		▲	△	△
6	钢筋机械连接试验报告	检测单位	▲		▲	△	△
7	钢筋焊接连接试验报告	检测单位	▲		▲	△	△
8	砂浆配合比申请书、通知单	试验室、施工单位	△		△		△
9	砂浆抗压强度试验报告	检测单位	▲		▲	△	▲
10	砌筑砂浆试块强度统计、评定记录	施工单位	▲		▲		△
11	混凝土配合比申请书、通知单	施工单位	△		△		△
12	混凝土抗压强度试验报告	检测单位	▲		▲	△	▲
13	混凝土试块强度统计、评定记录	施工单位	▲		▲	△	△
14	混凝土抗渗试验报告	检测单位	▲		▲	△	△
15	砂、石、水泥放射性指标报告	施工单位	▲		▲	△	△
16	混凝土碱总量计算书	施工单位	▲		▲	△	△
17	外墙饰面砖样板粘结强度试验报告	检测单位	▲		▲	△	△
18	后置埋件抗拔试验报告	检测单位	▲		▲	△	△
19	超声波探伤报告、探伤记录	检测单位	▲		▲	△	△
20	构件射线探伤报告	检测单位	▲		▲	△	△
21	磁粉探伤报告	检测单位	▲		▲	△	△
22	高强度螺栓抗滑移系数检测报告	检测单位	▲		▲	△	△
23	钢结构焊接工艺评定	检测单位	△		△	△	△
24	网架节点承载力试验报告	检测单位	▲		▲	△	△
25	钢结构防腐、防火涂料厚度检测报告	检测单位	▲		▲	△	△

类别	归档文件	资料来源	保存单位				
			建设单位	设计单位	施工单位	监理单位	城建档案馆
26	木结构胶缝试验记录	检测单位	▲		▲	△	
27	木结构构件力学性能试验报告	检测单位	▲		▲	△	△
28	木结构防护剂试验报告	检测单位	▲		▲	△	△
29	幕墙双组分硅酮结构胶混匀性及拉断试验报告	检测单位	▲		▲	△	△
30	幕墙的抗风压性能、空气渗透性、雨水渗透性能及平面内变形性检测报告	检测单位	▲		▲	△	△
31	外门窗的抗风压性能、空气渗透性能和雨水渗透性能检测报告	检测单位	▲		▲	△	△
32	墙体节能工程保温板材与基层粘结强度现场拉拔试验	检测单位	▲		▲	△	△
33	外墙保温浆料同条件养护试件试验报告	检测单位	▲		▲	△	△
34	结构实体混凝土强度验收记录	施工单位	▲		▲	△	△
35	结构实体钢筋保护层厚度验收记录	施工单位	▲		▲	△	△
36	围护结构现场实体检验	检测单位	▲		▲	△	△
37	室内环境检测报告	检测单位	▲		▲	△	△
38	节能性能检测报告	检测单位	▲		▲	△	▲
39	其他建筑与结构施工试验与检测文件						
	给水排水及供暖工程						
1	灌（满）水试验记录	施工单位	▲		△	△	
2	强度严密性试验记录	施工单位	▲		▲	△	
3	通水试验记录	施工单位	▲		△	△	
4	冲（吹）洗试验记录	施工单位	▲		▲	△	
5	通球试验记录	施工单位	▲		△	△	
6	补偿器安装记录	施工单位			△	△	
7	消火栓试射记录	施工单位	▲		△	△	
8	安全附件安装检查记录	施工单位			▲	△	
9	锅炉烘炉试验记录	施工单位			▲	△	
10	锅炉煮炉试验记录	施工单位			▲	△	
11	锅炉试运行记录	施工单位	▲		▲	△	
12	安全阀定压合格证书	检测单位	▲		▲	△	
13	自动喷水灭火系统联动试验记录	施工单位	▲		▲	△	△
14	其他给水排水及供暖施工试验记录与检测文件	施工单位					
	建筑电气工程						

类别	归档文件	资料来源	保存单位				
			建设单位	设计单位	施工单位	监理单位	城建档案馆
1	电气接地装置平面示意图表	施工单位	▲		▲	△	△
2	电气器具通电安全检查记录	施工单位	▲		△	▲	
3	电气设备空载试运行记录	施工单位	▲		▲	△	
4	建筑物照明通电试运行记录	施工单位	▲		▲	△	
5	大型照明灯具承载试验记录	施工单位	▲		▲	△	
6	漏电开关模拟试验记录	施工单位	▲		▲	▲	
7	大容量电气线路结点测温记录	施工单位	▲		▲	△	
8	低压配电电源质量测试记录	施工单位	▲		▲	△	
9	建筑物照明系统照度测试记录	施工单位	▲		▲	△	
10	其他建筑电气施工试验记录与检测文件						
	智能建筑工程						
1	综合布线测试记录	施工单位	▲		▲	△	△
2	光纤损耗测试记录	施工单位	▲		▲	△	△
3	视频系统末端测试记录	施工单位	▲		▲		
4	子系统检测记录	施工单位	▲		▲		
5	系统试运行记录	施工单位	▲		▲	△	
6	其他智能建筑施工试验记录与检测记录						
	通风与空调工程						
1	风管漏光检测记录	施工单位	▲		△	△	
2	风管漏风检测记录	施工单位	▲		▲	▲	
3	现场组装除尘器、空调机漏风检测记录	施工单位			△	△	
4	各房间室内风量测量记录	施工单位	▲		△	△	
5	管网风量平衡记录	施工单位	▲		△	△	
6	空调系统试运转调试记录	施工单位	▲		▲	△	
7	空调水系统试运转调试记录	施工单位	▲		▲	△	△
8	制冷系统气密性试验记录	施工单位	▲		▲	△	
9	净化空调系统检测记录	施工单位	▲		▲	▲	
10	防排烟系统联合试运行记录	施工单位	▲		▲	△	△
11	其他通风与空调施工试验记录与检测文件						
	电梯工程						
1	轿厢平层准确度测量记录	施工单位	▲		△	△	
2	电梯层门安全装置检测记录	施工单位	▲		▲		
3	电梯电气安全装置检测记录	施工单位	▲		▲	△	

类别	归档文件	资料来源	保存单位				
			建设单位	设计单位	施工单位	监理单位	城建档案馆
4	电梯整机功能检测记录	施工单位	▲		▲	△	
5	电梯主要功能检测记录	施工单位	▲		▲	△	
6	电梯负荷运行试验记录	施工单位	▲		▲	△	△
7	电梯负荷运行试验曲线图表	施工单位	▲		▲	△	△
8	电梯噪声测试记录	施工单位	△		△	△	
9	自动扶梯、自动人行道安全装置检测记录	施工单位	▲		▲	△	
10	自动扶梯、自动人行道整机性能、运行试验记录	施工单位	▲		▲	△	△
11	其他电梯施工试验记录与检测文件						
C7	**施工质量验收文件**						
1	检验批质量验收记录	施工单位	▲		△	△	
2	分项工程质量验收记录	施工单位	▲		▲	▲	
3	分部（子分部）工程质量验收记录	施工单位	▲		▲	▲	▲
4	建筑节能分部工程质量验收记录	施工单位	▲		▲	▲	▲
5	自动喷水系统验收缺陷项目记录	施工单位	▲		△	△	
6	程控电话交换系统分项工程质量验收记录	施工单位	▲		▲	△	
7	会议电视系统分项工程质量验收记录	施工单位	▲		▲	△	
8	卫星数字电视系统分项工程质量验收记录	施工单位	▲		▲	△	
9	有线电视系统分项工程质量验收记录	施工单位	▲		▲	△	
10	公共广播与紧急广播系统分项工程质量验收记录	施工单位	▲		▲	△	
11	计算机网络系统分项工程质量验收记录	施工单位	▲		▲	△	
12	应用软件系统分项工程质量验收记录	施工单位	▲		▲	△	
13	网络安全系统分项工程质量验收记录	施工单位	▲		▲	△	
14	空调与通风系统分项工程质量验收记录	施工单位	▲		▲	△	
15	变配电系统分项工程质量验收记录	施工单位	▲		▲	△	
16	公共照明系统分项工程质量验收记录	施工单位	▲		▲	△	
17	给水排水系统分项工程质量验收记录	施工单位	▲		▲	△	
18	热源和热交换系统分项工程质量验收记录	施工单位	▲		▲	△	
19	冷冻和冷却水系统分项工程验收记录	施工单位	▲		▲	△	
20	电梯和自动扶梯系统分项工程验收记录	施工单位	▲		▲	△	
21	数据通信接口分项工程质量验收记录	施工单位	▲		▲	△	
22	中央管理工作站及操作分站分项工程质量验收记录	施工单位	▲		▲	△	
23	系统实时性、可维护性、可靠性分项工程质量验收记录	施工单位	▲		▲	△	

类别	归档文件	资料来源	保存单位				
			建设单位	设计单位	施工单位	监理单位	城建档案馆
24	现场设备安装及检测分项工程质量验收记录	施工单位	▲		▲	△	
25	火灾自动报警及消防联动系统分项工程质量验收记录	施工单位	▲		▲	△	
26	综合防范功能分项工程质量验收记录	施工单位	▲		▲	△	
27	视频安防监控系统分项工验收记录	施工单位	▲		▲	△	
28	入侵报警系统分项工程质量验收记录	施工单位	▲		▲	△	
29	出入口控制（门禁）系统分项工程质量验收记录	施工单位	▲		▲	△	
30	巡更管理系统分项工程质量验收记录	施工单位	▲		▲	△	
31	停车场（库）管理系统分项工程质量验收记录	施工单位	▲		▲	△	
32	安全防范综合管理系统分项工程质量验收记录	施工单位	▲		▲	△	
33	综合布线系统安装分项工程验收记录	施工单位	▲		▲	△	
34	综合布线系统性能检测分项工程质量验收记录	施工单位	▲		▲	△	
35	系统集成网络连接分项工程验收记录	施工单位	▲		▲	△	
36	系统数据集成分项工程质量验收记录	施工单位	▲		▲	△	
37	系统集成整体协调分项工程验收记录	施工单位	▲		▲		
38	系统集成综合管理及冗余功能分项工程质量验收记录	施工单位	▲		▲	△	
39	系统集成可维护性和安全性分项工程质量验收记录	施工单位	▲		▲	△	
40	电源系统分项工程质量验收记录	施工单位	▲		▲	△	
41	其他施工质量验收文件						
C8	施工验收文件						
1	单位（子单位）工程竣工预验收报验表	施工单位	▲		▲		▲
2	单位（子单位）工程质量竣工验收记录	施工单位	▲	△	▲		▲
3	单位（子单位）工程质量控制资料核查记录	施工单位	▲		▲		▲
4	单位（子单位）工程安全和功能检验资料核查及主要功能抽查记录	施工单位	▲		▲		▲
5	单位（子单位）工程观感质量检查记录	施工单位	▲		▲		▲
6	施工资料移交书	施工单位	▲		▲		
7	其他施工验收文件						
竣工图（D类）							
1	建筑竣工图	编制单位	▲		▲		▲
2	结构竣工图	编制单位	▲		▲		▲
3	钢结构竣工图	编制单位	▲		▲		▲

类别	归档文件	资料来源	保存单位 建设单位	设计单位	施工单位	监理单位	城建档案馆
4	幕墙竣工图	编制单位	▲		▲		▲
5	室内装饰竣工图	编制单位	▲		▲		▲
6	建筑给水排水及供暖竣工图	编制单位	▲		▲		▲
7	建筑电气竣工图	编制单位	▲		▲		▲
8	智能建筑竣工图	编制单位	▲		▲		▲
9	通风与空调竣工图	编制单位	▲		▲		▲
10	室外工程竣工图	编制单位	▲		▲		▲
11	规划红线内的室外给水、供热、供电、照明管线等竣工图	编制单位	▲		▲		▲
12	规划红线内的道路、园林绿化、喷灌设施等竣工图	编制单位	▲		▲		▲
工程竣工验收文件（E类）							
E1	**竣工验收与备案文件**						
1	勘察单位工程质量检查报告	勘察单位	▲		△	△	▲
2	设计单位工程质量检查报告	设计单位	▲	▲	△	△	▲
3	施工单位工程竣工报告	施工单位	▲		▲	△	▲
4	监理单位工程质量评估报告	监理单位	▲		△	▲	▲
5	工程竣工验收报告	建设单位	▲	▲	▲	▲	▲
6	工程竣工验收会议纪要	建设单位	▲	▲	▲	▲	▲
7	专家组竣工验收意见	建设单位	▲	▲	▲	▲	▲
8	工程竣工验收证书	建设单位	▲	▲	▲	▲	▲
9	规划、消防、环保、民防、防雷等部门出具的认可文件或准许使用文件	规划、消防、环保、民防、防雷等部门	▲	▲	▲	▲	▲
10	房屋建筑工程质量保修书	施工单位	▲		▲		▲
11	住宅质量保证书、住宅使用说明书	施工单位	▲		▲		▲
12	建设工程竣工验收备案表	建设单位	▲	▲	▲	▲	▲
13	建设工程档案预验收意见	城建档案馆	▲		△		▲
14	城市建设档案移交书	建设单位	▲				▲
E2	**竣工决算文件**						
1	施工决算文件	施工单位	▲		▲		△
2	监理决算文件	监理单位	▲			▲	△
E3	**工程声像资料等**						
1	开工前原貌、施工阶段、竣工新貌照片	建设单位	▲		△	△	▲
2	工程建设过程的录音、录像资料（重大工程）	建设单位	▲		△	△	▲
E4	**其他工程文件**						

注：表中符号"▲"表示必须归档保存；"△"表示选择性归档保存。

7.4 建筑工程竣工验收备案

建筑工程竣工验收备案制度是加强政府监督管理，防止不合格工程流向社会的一个重要手段。在组织工程竣工验收前，建设单位应提请当地的城建档案管理机构对工程档案进行预验收；未经城建档案馆预验收并取得工程档案验收认可文件的工程，不得组织工程竣工验收。

7.4.1 建筑工程竣工备案的时间要求及提交材料

1. 备案的时间要求

建筑工程竣工备案时间，按照《房屋建筑和市政基础设施工程竣工验收备案管理办法》（住房和城乡建设部令第2号）规定，建设单位应当自工程竣工验收合格之日起15日内，向工程所在地的县级以上地方人民政府建设行政主管部门备案。

2. 竣工验收备案提交的材料

建设单位办理工程竣工验收备案应提交以下材料：

1）房屋建设工程竣工验收备案表。

2）建设工程竣工验收报告（包括工程报建日期、施工许可证号，施工图设计文件审查意见，勘察、设计、施工、工程监理等单位分别签署的工程验收文件及验收人员签署的竣工验收原始文件，市政基础设施的有关质量检测和功能性试验资料以及备案机关认为需要提供的有关资料）。

3）法律、行政法规规定应由规划、消防、环保等部门出具的认可文件或者准许使用的文件（注：目前消防验收暂由住房和城乡建设主管部门负责）。

4）施工单位签署的工程质量保修书、住宅工程的《住宅工程质量保修书》和《住宅工程使用说明书》。

5）法规、规范规定必须提供的其他文件。

7.4.2 竣工备案资料的编制整理要求

1. 竣工备案资料的归集责任

工程竣工备案资料是工程竣工验收合格后，由建设单位向当地城市建设档案馆移交的工程文件资料，工程竣工备案资料一般包括前述的建筑安装工程施工资料及建设单位、监理单位、设计单位、勘察单位等参建主体的部分资料。工程竣工备案资料具体的归档范围，则由各地的城建档案管理机构决定，可以是表7-12中全部资料，也可以是其中部分资料。工程竣工备案资料按以下五部分分阶段和责任主体分别收集、整理：

（1）工程准备阶段文件，由建设单位形成；

（2）监理文件，由监理单位形成；

（3）施工文件，由施工单位形成；

（4）竣工图，由施工单位形成；

（5）竣工验收文件，由各参建单位形成。

工程文件应随工程建设进度同步形成，不得事后补编。每项建设工程应编制一套电子档案，随纸质档案一并移交城建档案管理机构。

施工单位对资料的归集整理责任，如果建设工程项目实行总承包管理的，总包单位应负责收集、汇总各分包单位形成的工程档案；各分包单位应将本单位形成的工程文件整理、立卷后及时移交总包单位。建设工程项目由几个单位承包的，各承包单位应负责收集、整理立卷其承包项目的工程文件，并应及时向建设单位移交。

勘察、设计和监理等单位在本单位形成的工程文件立卷后，也应及时向建设单位移交。

工程档案资料最后由建设单位汇总报送当地市城建档案馆。报送资料必须是原件，其中向城建档案管理机构报送的立项文件、建设用地文件、开工审批文件可以为复制件，但应加盖建设单位印章。

2. 竣工验收备案资料的立卷流程、原则和方法

（1）立卷的流程

立卷应按下列流程进行：

1）对属于归档范围的工程文件进行分类，确定归入案卷的文件材料；

2）对卷内文件材料进行排列、编目、装订（或装盒）；

3）排列所有案卷，形成案卷目录。

（2）立卷的原则

1）立卷应遵循工程文件的自然形成规律和工程专业的特点，保持卷内文件的有机联系，便于档案的保管和利用；

2）工程文件应按不同的形成、整理单位及建设程序，按工程准备阶段文件、监理文件、施工文件、竣工图、竣工验收文件分别进行立卷，并可根据数量多少组成一卷或多卷；

3）一项建设工程由多个单位工程组成时，工程文件应按单位工程立卷；

4）不同载体的文件应分别立卷。

（3）立卷的方法

1）工程准备阶段文件应按建设程序、形成单位等进行立卷；

2）监理文件应按单位工程、分部工程或专业、阶段等进行立卷；

3）施工文件应按单位工程、分部（分项）工程进行立卷；

4）竣工图应按单位工程分专业进行立卷；

5）竣工验收文件应按单位工程分专业进行立卷；

6）电子文件立卷时，每个工程（项目）应建立多级文件夹，应与纸质文件在案卷设置上一致，并应建立相应的标识关系；

7）声像资料应按建设工程各阶段立卷，重大事件及重要活动的声像资料应按专题立卷，声像档案与纸质档案应建立相应的标识关系。

其中施工文件的立卷应符合下列要求：

1）专业承（分）包施工的分部、子分部（分项）工程应分别单独立卷；

2）室外工程应按室外建筑环境和室外安装工程单独立卷；

3）当施工文件中部分内容不能按一个单位工程分类立卷时，可按建设工程立卷。

（4）立卷的工程图纸幅面及卷厚要求

不同幅面的工程图纸，应统一折叠成 A4 幅面（297mm×210mm）。图面应朝内，首先沿标题栏的短边方向以 W 形折叠，然后再沿标题栏的长边方向以 W 形折叠，并使标题栏露在外面。

案卷不宜过厚，文字材料卷厚度不宜超过 20mm，图纸卷厚度不宜超过 50mm。案卷内不应有重份文件。印刷成册的工程文件宜保持原状。建设工程电子文件的组织和排序可按纸质文件进行。

3. 竣工备案资料的归档质量要求

（1）内容和深度要求

内容及深度必须符合国家有关工程勘察、设计、施工、监理等方面的技术规范和规程。工程文件的内容必须真实、准确，与工程实际相符合。

（2）归档文件的图面文字图案要求

工程文件应字迹清楚，图样清晰，图表整洁，签字盖章手续应完备。工程文件中文字材料幅面尺寸规格宜为 A4 幅面（297mm×210mm）。工程文件采用耐久性强的书写材料。如碳素墨水、蓝黑墨水，不得使用易褪色的书写材料，如：红色墨水、纯蓝墨水，圆珠笔、复写纸、铅笔等。

（3）归档文件的编目要求

卷内文件均应按有书写内容的页面编号。每卷单独编号，页号从"1"开始，页号编写位置：单面书写的文件在右下角；双面书写的文件，正面在右下角，背面在左下角。折叠后的图纸一律在右下角。

成套图纸或印刷成册的文件材料，自成一卷的，原目录可代替卷内目录，不必重新编写页码；案卷封面、卷内目录、卷内备考表不编写页号。

卷内目录的编制应符合下列规定：

1）卷内目录排列在卷内文件首页之前，式样宜符合《建设工程文件归档规范》GB/T 50328—2014附录 C 的要求。

2）序号应以一份文件为单位编写，用阿拉伯数字从 1 依次标注。

3）责任者应填写文件的直接形成单位或个人。有多个责任者时，应选择两个主要责任者，其余用"等"代替。

4）文件编号应填写文件形成单位的发文号或图纸的图号，或设备、项目代号。

5）文件题名应填写文件标题的全称。当文件无标题时，应根据内容拟写标题，拟写标题外应加"［ ］"符号；

6）日期应填写文件的形成日期或文件的起止日期，竣工图应填写编制日期。日期中"年"应用四位数字表示，"月"和"日"应分别用两位数字表示。如：2019 年 4 月 1 日应填写为"20190401"。

7）页次应填写文件在卷内所排的起始页号，最后一份文件应填写起止页号。

8）备注应填写需要说明的问题。

案卷封面的编制应符合下列规定：

1）案卷封面应印刷在卷盒、卷夹的正表面，也可采用内封面形式。案卷封面的式样宜符合《建设工程文件归档规范》GB/T 50328—2014 附录 E 的要求。

2）案卷封面的内容应包括档号、案卷题名、编制单位、起止日期、密级、保管期限、本案卷所属工程的案卷总量、本案卷在该工程案卷总量中的排序。

3) 档号应由分类号、项目号和案卷号组成。档号由档案保管单位填写。

4) 案卷题名应简明、准确地显示卷内文件的内容。

5) 编制单位应填写案卷内文件的形成单位或主要责任者。

6) 起止日期应填写案卷内全部文件形成的起止日期。

7) 保管期限应根据卷内文件的保存价值在永久保管（指无限期地、尽可能长远地保存下去）、长期保管（保存至工程被彻底拆除）、短期保管（保存 10 年以下）三种保管期限中选择划定。当同一案卷内有不同保管期限的文件时，该案卷保管期限应从长。

8) 密级应在绝密、机密、秘密三个级别中选择划定。当同一案卷内有不同密级的文件时，应以高密级为本卷密级。

案卷题名编写应符合下列规定：

1) 建筑工程案卷题名应包括工程名称（含单位工程名称）、分部工程或专业名称及卷内文件概要等内容；当房屋建筑有地名管理机构批准的名称或正式名称时，应以正式名称为工程名称，建设单位名称可省略；必要时可增加工程地址内容。

2) 卷内文件概要应符合《建设工程文件归档规范》GB/T 50328—2014 附录 A 中所列案卷内容（标题）的要求。

3) 外文资料的题名及主要内容应译成中文。

案卷脊背应由档号、案卷题名构成，由档案保管单位填写；式样宜符合《建设工程文件归档规范》GB/T 50328—2014 附录 F 的规定。卷内目录、卷内备考表、案卷内封面宜采用 70g 以上白色书写纸制作，幅面应统一采用 A4 幅面。

（4）竣工图的编制要求

竣工图应由建设单位负责组织编制，也可委托其他单位编制。图纸宜采用国家标准图幅。工程文件的纸张应采用能长期保存的韧力大、耐久性强的纸张。图纸一般采用蓝晒图，竣工图应用新蓝图。计算机出图必须清晰，不得使用计算机出图的复印件。利用施工图改绘竣工图，必须标明变更修改依据；并应符合下列规定：

1) 应采用杠（划）改或叉改法进行绘制；

2) 应使用新晒制的蓝图，不得使用复印图纸。

凡施工图结构、工艺、平面布置等有重大改变，或变更部分超过图画面积 1/3 的，应当重新绘制竣工图。

所有竣工图均应加盖竣工图章。图章应使用不易褪色的红印泥，应盖在图标栏上方空白处。竣工图章的内容和尺寸要求见图 7-1，竣工图章尺寸应为：50mm×80mm；竣工图章的基本内容应包括："竣工图"字样、施工单位、编制人、审核人、技术负责人、编制日期、监理单位、现场监理、总监理工程师等。

（5）电子文档资料要求

归档的建设工程电子文件应采用表 7-13 所列开放式文件格式或通用格式进行存储。专用软件产生的非通用格式的电子文件应转换成通用格式。

归档的建设工程电子文件应包含元数据，保证文件的完整性和有效性。元数据应符合现行行业标准《建设电子档案元数据标准》CJJ/T 187—2012 的规定。归档的建设工程电子文件应采用电子签名等手段，所载内容应真实和可靠。归档的建设工程电子文件的内容

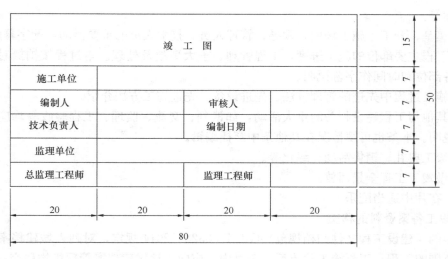

竣 工 图			
施工单位			
编制人		审核人	
技术负责人		编制日期	
监理单位			
总监理工程师		监理工程师	

图 7-1 竣工图章

必须与其纸质档案一致。离线归档的建设工程电子档案载体，应采用一次性写入光盘，光盘不应有磨损、划伤。存储移交电子档案的载体应经过检测，应无病毒、无数据读写故障，并应确保接收方能通过适当设备读出数据。

工程电子文件存储格式表 表 7-13

文件类别	格式
文本（表格）文件	PDF、XML、TXT
图像文件	JPEG、TIFF
图形文件	DWG、PDF、SVG
影像文件	MPEG2、MPEG4、AV1
声音文件	MP3、WAV

（6）声像资料片制作要求

声像档案是城建档案的重要组成部分，因其本身的独特性和不可替代性变得越来越重要，但同时也是工程竣工档案报送时比较受忽视的部分。根据国家标准，声像资料是工程竣工档案报送的必备资料，不按要求报送的工程，城建档案馆将不予验收其竣工档案。

建设单位可以委托有拍摄能力的单位拍摄工程声像资料片，也可以自拍。拍摄活动应从开工前到工程竣工，拍摄各个时期工地的面貌、工程的进度，以及各种与工程建设相关的重大活动。

拍摄结束后对资料进行适当编辑，使之成为资料片。编辑必须按城建档案馆规定的制作程序进行，且成片长度为 10～25min（重大或特殊工程另行规定），并配文字说明。报送工程竣工档案时将其录像带或光盘与其他资料一起报送城建档案馆。

制作编辑资料基本流程：

1）片名。

2）竣工后工程全景。配字幕，介绍工程的规模、投资额、开竣工的日期等。

3）回顾：开工前原貌、工地周围环境、征地拆迁活动、规划设计意图、模型、图片、建设目标等。

　　4）奠基、开工、施工场面，领导、管理人员、技术人员的重要活动，配字幕解说。

　　5）工程主要部位的施工进度，工程管理、重大事故及处理。本过程按拍摄时间流水叙述。各部位和时间作字幕说明。

　　6）施工过程中先进的管理方法、先进设备、先进施工方法介绍。

　　7）其他与工程建设相关的重大活动，如谈判、交流、监理、工程验收等均应作字幕或配音说明。本条也可视情况在其他条中穿插编辑。

　　8）竣工典礼、销售活动、绿化等。

　　9）做竣工工程全景回放。

　　10）在片中适当配乐。

　　4. 竣工备案资料的移交

　　我国的《建设工程文件归档规范》GB/T 50328—2014 规定，对列入城建档案管理机构接收范围的工程，工程竣工验收后 3 个月内，应向当地城建档案管理机构移交一套符合规定的工程档案。

　　备案机关收到建设单位报送的竣工验收备案文件，验证文件齐全后，应当在工程竣工验收备案表上签署文件收讫。工程竣工验收备案表一式两份，一份由建设单位保存；另一份留备案机关存档。当建设单位向城建档案管理机构移交工程档案时，应提交移交案卷目录，办理移交手续，双方签字、盖章后方可交接。

　　工程质量监督机构应当在工程竣工验收之日起 5 日内，向备案机关提交工程质量监督报告。

本 章 小 结

　　我国建筑工程的竣工验收是以单位工程进行的，竣工备案资料的整理归档也是按单位工程进行的。在完成前述各章的学习后，基本完成了检验批、分项工程和分部工程的质量验收和资料编制的学习，因此本章在上述学习的基础上，学习单位工程的竣工验收和竣工验收资料的编制要求，进而学习建筑工程竣工备案资料的整理归档。

本 章 习 题

　　1. 单位（子单位）工程施工质量竣工验收条件是什么？

　　2. 单位工程施工质量竣工验收的程序如何开展？验收组织包括哪些单位？竣工验收由谁主持进行？

　　3. 建设单位提交工程竣工验收报告的时间和内容是什么？

　　4. 建筑安装工程施工资料的组成内容是什么？

　　5. 建筑工程竣工验收备案资料与建筑安装工程施工资料、建筑工程资料有什么联系？

参 考 文 献

[1] 中华人民共和国住房和城乡建设部. 建筑工程施工质量验收统一标准：GB 50300—2013[S]. 北京：中国建筑工业出版社，2014.

[2] 中华人民共和国住房和城乡建设部. 建筑地基基础工程施工质量验收标准：GB 50202—2018[S]. 北京：中国计划出版社，2018.

[3] 中华人民共和国住房和城乡建设部. 砌体结构工程施工质量验收规范：GB 50203—2011[S]. 北京：中国建筑工业出版社，2011.

[4] 中华人民共和国住房和城乡建设部. 混凝土结构工程施工质量验收规范：GB 50204—2015[S]. 北京：中国建筑工业出版社，2015.

[5] 中华人民共和国住房和城乡建设部. 屋面工程质量验收规范：GB 50207—2012[S]. 北京：中国建筑工业出版社，2012.

[6] 中华人民共和国住房和城乡建设部. 地下防水工程质量验收规范：GB 50208—2011[S]. 北京：中国建筑工业出版社，2011.

[7] 中华人民共和国住房和城乡建设部. 建筑地面工程施工质量验收规范：GB 50209—2010[S]. 北京：中国计划出版社，2010.

[8] 中华人民共和国住房和城乡建设部. 建筑装饰装修工程质量验收标准：GB 50210—2018[S]. 北京：中国建筑工业出版社，2018.

[9] 中华人民共和国住房和城乡建设部. 岩土工程勘察规范(2009 年版)：GB 50021—2001[S]. 北京：中国建筑工业出版社，2009.

[10] 中华人民共和国住房和城乡建设部. 混凝土结构工程施工规范：GB 50666—2011[S]. 北京：中国建筑工业出版社，2012.

[11] 中华人民共和国住房和城乡建设部. 建筑地基基础设计规范：GB 50007—2011[S]. 北京：中国建筑工业出版社，2012.

[12] 中华人民共和国住房和城乡建设部. 建筑桩基技术规范：JGJ 94—2008[S]. 北京：中国建筑工业出版社，2008.

[13] 中华人民共和国住房和城乡建设部. 建设工程文件归档规范：GB/T 50328—2014[S]. 北京：中国建筑工业出版社，2015.

[14] 中华人民共和国住房和城乡建设部. 建筑工程资料管理规程：JGJ/T 185—2009[S]. 北京：中国建筑工业出版社，2010.

[15] 中华人民共和国住房和城乡建设部. 建设工程监理规范：GB/T 50319—2013[S]. 北京：中国建筑工业出版社，2013.

[16] 中华人民共和国住房和城乡建设部. 混凝土泵送施工技术规程：JGJ/T 10—2011[S]. 北京：中国建筑工业出版社，2011.

[17] 中华人民共和国住房和城乡建设部. 地下工程防水技术规范：GB 50108—2008[S]. 北京：中国建筑工业出版社，2009.

[18] 中华人民共和国住房和城乡建设部. 屋面工程技术规范：GB 50345—2012[S]. 北京：中国建筑工业出版社，2012.

[19]　吴松勤. 建筑工程施工质量验收规范应用讲座(验收表格)(第二版)[M]. 北京：中国建筑工业出版社，2007.

[20]　鲁辉，詹亚民. 建筑工程施工质量检查与验收[M]. 北京：人民交通出版社，2007.

[21]　中华人民共和国住房和城乡建设部. 建筑基桩检测技术规范：JGJ 106—2014[S]. 北京：中国建筑工业出版社，2014.

[22]　中华人民共和国住房和城乡建设部. 混凝土强度检验评定标准：GB/T 50107—2010[S]. 北京：中国建筑工业出版社，2010.